JN045346

システム運用アンチパターン

エンジニアがDevOpsで解決する
組織・自動化・コミュニケーション

Jeffery D. Smith　著

田中 裕一　訳

Operations Anti-patterns, DevOps Solutions

JEFFERY SMITH

MANNING
SHELTER ISLAND

序文

私はDevOpsに関するものであれば何でも熱心に読みます。私がテクノロジの分野に携わるようになったのは、ニューヨーク州北部にある地方の保険会社で働き始めたころでした。その会社は、その地方では大きな規模でしたが、テクノロジの世界では決して強力な存在とは言えませんでした。私の友人の多くは同じような会社で働いていました。そういった会社でもテクノロジは重要ですが、それ自体が製品というわけではなく、あくまでも顧客が購入する商品やサービスを提供するための手段でしかありませんでした。

それから10年が経ちました。私はシカゴに移り住み、地元のテクノロジ業界に関わるようになりました。シカゴにはテクノロジを製品とする企業がたくさんあります。そういった企業は、私がそれまで経験したよりも、技術的に洗練され、新しいアイデアや手法の最先端を行っていました。

しかし、こういった業界にいる人々の多くは似た考えを持っています。この同質性がフィルタバブル[†1]やエコーチェンバー[†2]のようなものを生み出し、誰もが同じような進化の段階にあると考えてしまうのです。しかし、それは事実とまるでかけ離れています。この断絶こそが、本書のきっかけとなりました。

人々はFacebookやApple、Netflix、Uber、Spotifyのブログ記事を読んで、自分たちも成功するには、これらの大成功を収めている人気企業と同じ方法を踏襲する必要があると考えてしまいます。DevOpsの実践についても同じことが起きています。DevOpsを実践している人たちと何度か話した後、DevOpsを正しく行うためにはパブリッククラウド上でDockerを実行し、1日に30回デプロイしなければならないと結論づけてしまいます。

しかしDevOpsは反復的な旅です。その旅路は、ほとんどの企業で同じように始まりますが、最終的に向かう先は、その企業の状況や事情によって大きく異なります。1日に30回のデプロイは、あなたの組織の最終目標ではないかもしれません。またレガシーアプリケーションの運用上の問題でKubernetesを採用できないかもしれません。しかし、だからといってDevOpsによる変革の

†1　訳注：検索エンジンなどのフィルタによって自分が見たくない情報が遮断された結果、自分が見たい情報しか目に入らなくなる状態のこと。

†2　訳注：同質的な人々のグループの中でのコミュニケーションを繰り返すことで、そのグループの中で受け入れられる考えが強化され、正しいものとして疑わなくなる状態のこと。

メリットが得られないわけではありません。

DevOpsは、テクノロジやツールと同様に、人に関わるものです。私は本書を通して、チームを悩ませるよくある問題に対して、技術スタック全体を書き換えることなく適用できるDevOpsの解決策があることを示したいと考えています。チーム間のやりとり、コミュニケーション、目標やリソースの共有のやり方を変えることで、DevOpsのポジティブな変化をもたらすことができます。皆さんの組織において、このようなパターンを特定し、それを打破するために必要なツールを本書で提示できるよう願っています。

本書について

本書は、一般のエンジニアやチームリーダーがDevOpsによる変革を起こすための手助けとなるよう書かれたものです。まずDevOpsによる変革の軸となる柱を定め、その軸を使って組織の問題を整理します。

本書の対象者

本書は、技術チームの運用担当や開発担当のチームリーダーや一般のエンジニアを対象としています。より上位のマネージャーやシニアリーダーも本書から多くの有用なヒントを得ることができるでしょう。しかし、本書で提示する解決策やアプローチは、読者が限られた権限しか持たないという前提で書かれています。組織のより上位のリーダーは、本書ではカバーされていない、より広範なツールを利用できるでしょう。

あなたがDevOpsの実践を検討している経営幹部の場合、本書は役に立つでしょうが完全とはいえません。経営幹部であれば、会社の文化を変えるために、本書の対象読者が持っていないような選択肢を利用できます。それでも、私は本書を読むことをお勧めしますが（そしてスタッフ全員に1冊ずつ購入したり、友人や家族へのプレゼントとして購入してくれるとさらにうれしいです）、変革の担い手としてのあなたが持つ力を考慮したほかの本をここで紹介しないのはフェアではありません。そういった方々にはジーン・キム、ケビン・ベア、ジョージ・スパッフォード著『The DevOps 逆転だ！究極の継続的デリバリー』（日経BP、2018年、原書“The Phoenix Project”、IT Revolution Press、2018年）と、ジーン・キム、ジェズ・ハンブル、パトリック・ボア、ジョン・ウィリス著『The DevOpsハンドブック 理論・原則・実践のすべて』（日経BP、2017年、原書“The DevOps Handbook”、IT Revolution Press、2016年）の2冊が良いでしょう。

本書の構成：ロードマップ

本書は、組織に共通して見られるアンチパターンを中心に構成されています。各章では、アンチパターンの定義から始まり、そのパターンを解消するための方法や解決策を説明しています。

- **1章**では、DevOps組織の構成要素と、DevOpsコミュニティにおいてよく使われる用語について説明します。
- **2章**では、最初のアンチパターンである**パターナリスト症候群**を紹介し、組織内の信頼が低いことの影響について考察します。本章では、ゲートキーパーがプロセスや変化のスピードに与える影響を検証します。また、スタッフに力を与え、変化のスピードを安全に上げるために、自動化によってゲートキーパーによる懸念を解消する方法を取り上げます。
- **3章**では、**盲目状態での運用**というアンチパターンを紹介し、運用におけるシステムの可視化の必要性について説明します。また、システムの理解・データ・メトリクスによって、システムが期待通りに機能しているかどうかを確認するプロセスを説明します。
- **4章**では**情報ではなくデータ**というアンチパターンを取り上げます。データをどのように構造化し、どのように提示すれば、それを見る人にとってより有用なものになるか説明します。時にデータ単体で有用な場合もありますが、多くの場合はストーリーに沿ってデータを伝える必要があります。
- **5章**では**最後の味付けとしての品質**というアンチパターンを紹介し、システムの品質を高めるには、システムのすべての構成要素の品質を保証する必要があるという点について説明します。プロセスの最終段階で品質を確保しようとしてもうまくいきません。
- **6章**では**アラート疲れ**というアンチパターンを紹介します。本番環境を運用する際、私たちはさまざまなアラートを設定します。しかし、それらのアラートがノイズだらけのまま修正されないと有害なものになります。本章では、このような状況を解決するためのアプローチとして、アラートの作成をより慎重に行い、アラートの真の目的を理解することについて説明します。
- **7章**では**空の道具箱**というアンチパターンについて紹介します。チームの役割や責務が拡大するにつれて、その役割を果たすためのツールに時間と労力を投資することが大事です。適切なツールを使わずに責務を増やしてしまうと、その責務を果たすための作業を何度も反復する必要が生じ、チームの全体的なスピードが低下します。
- **8章**では**業務時間外のデプロイ**というアンチパターンを紹介し、デプロイプロセスにおける不安について述べます。本章では、不安をどうにかするのではなく、デプロイプロセスに対するアプローチを変えることによって、プロセスに安全性を持たせる方法について説明します。自動化することで、ロールバックも可能な反復可能なデプロイプロセスを作成できます。
- **9章**では**せっかくのインシデントを無駄にする**というアンチパターンを紹介します。多くのインシデントは解決された後に、それについて議論されることはありません。インシデントは、システムに対する理解がシステムの実態と乖離したときに発生します。本章では、組織内で継続的な学習を行うための体制を確立する方法を紹介します。

- **10章**では**情報のため込み**というアンチパターンを取り上げます。情報のため込みは、ツールのアクセス権限や共有の機会の不足など、無意識のうちに起こっていることがあります。本章では、情報がため込まれることを減らし、チーム間で情報を共有するための実践的な方法を説明します。
- **11章**では組織文化についてとその形成方法について説明します。組織文化は、スローガンや価値観の表明によってではなく、組織内で評価される（もしくは評価されない）行動・習慣・振る舞いによって形成されます。
- **12章**では、組織がチームをどのように評価し、目標を設定するかについて説明します。チームの評価方法によっては、チーム間の対立を生むことがあります。あるチームがシステムを安定的に運用することで評価され、別のチームがシステムへの変更の頻度で評価される場合、チーム間の対立を生むことになります。本章では、複数のチームが同じ方向に向かうための目標と優先事項の共有について説明します。

基本的には、各章をどのような順番で読んでもかまいませんが、中にはほかの章で紹介した概念を前提として話を進めている章もあります。章によって、内容が運用チームと開発チームのどちらかに偏っているように思えるものもあるかもしれませんが、各章で紹介する概念がチーム間でどのようにつながっているかを理解するために、いずれはすべての章を読むことをお勧めします。

コードについて

本書にはわずかなコード例しか掲載されておらず、すべてのコードは説明のためのものです。使用されているコードは標準的なフォーマットに従っています。

お問い合わせ

本書に関する意見、質問等は、オライリー・ジャパンまでお寄せください。

株式会社オライリー・ジャパン
電子メール　japan@oreilly.co.jp

この本のWebページには、正誤表やコード例などの追加情報を掲載しています。

https://www.oreilly.co.jp/books/9784873119847（和書）
https://www.manning.com/books/operations-anti-patterns-devops-solutions（原書）

オライリーに関するその他の情報については、次のオライリーのWebサイトをご参照ください。

https://www.oreilly.co.jp
https://www.oreilly.com（英語）

謝辞

私の人生には、大小さまざまな形で本書に貢献してくれた人がたくさんいます。まずは私の大ファンであり、親友であり、人生のパートナーに感謝したいと思います。妻のStephanieは、私が休みがちなこと、いらいらしがちなこと、不安になりがちなことに対してサポートし、愛と理解をもって耐えてくれました。あなたは私の支えであり、あなたがいなければ本書は存在していません。私はあなたを深く愛しています。

母のEvelynには、これまで私にしてくれたこと、そしてこれからもしてくれることすべてに感謝します。私のコンピュータへの情熱を見抜き、励ましてくれました。最初のコンピュータを買うために目一杯の額の小切手を振り出してくれたこと。私が何時間も電話をかけ続けても、怒らなかったこと。私に善悪を教えてくれたこと。私が恥ずかしくてできなかった自慢話をしてくれたこと。私を立ち上がらせ、教会でスピーチをさせてくれたこと。そのほか、当時は嫌だったけど、今の私を作ってくれたすべてのことをやらせてくれました。永遠に感謝しています。

妹のGloria、いつも私の味方でいてくれてありがとう。あなたは私たち家族を支えてくれていて、あなたの心はとても大きく、あなたの愛は自分でも気付いていないほど底なしです。私が最も感銘を受けるのは、あなたの無私無欲の精神ではなく、それがどれほど容易に身についているかということです。あなたを手本にして、私は毎日、より良い人間になろうと努力しています。

高校時代の数学の先生、Debbie Maxwellへ。私がどんなに言い訳をしても、あなたは私を見捨てませんでした。私が高校を卒業できたのは、あなたの指導、サポート、そして私を信じ続けてくれたおかげです。ありがとうございました。

最後になりましたが、私の最初のマネージャーであり、メンターでもあるMickey McDonaldに感謝します。あなたは、私がTCP/IPの本を読んでいても、それをほとんど理解できていないのをわかっていました。しかし、あなたは果敢にも正規の学校教育も受けておらず、正式な訓練も受けていない私をデータ入力の仕事に採用してくれました。あなたは私の人生を変えてくれました。

また、この本を実現してくれたManningのすばらしいチームにも感謝したいと思います。特に、開発編集のToni Arritolaには、辛抱強くサポートしていただきました。また技術開発編集の

Karl Geoghagenには、レビューとフィードバックをしていただきました。またレビュー編集のAleksandar Dragosavljevic、プロジェクト編集のDeirdre Hiam、コピー編集のSharon Wilkey、校正のKeri Hales、組版のGordan Salinovicにも感謝します。

レビュアーの皆様、皆様のご意見のおかげで本書がより良いものになりました：Adam Wendell、Alain Couniot、Andrew Courter、Asif Iqbal、Chris Viner、Christian Thoudahl、Clifford Thurber、Colin Joyce、Conor Redmond、Daniel Lamblin、Douglas Sparling、Eric Platon、Foster Haines、Gregory Reshetniak、Imanol Valiente、James Woodruff、Justin Coulston、Kent R. Spillner、Max Almonte、Michele Adduci、Milorad Imbra、Richard Tobias、Roman Levchenko、Roman Pavlov、Simon Seyag、Slavomir Furman、Stephen Goodman、Steve Atchue、Thorsten Weber、Hong Wei Zhuo。

目　次

1章
DevOpsを構成するもの

本章の内容

- DevOpsの定義
- CAMSモデルの紹介

ある金曜日の午後11時30分、IT運用マネージャーのジョンに電話がかかってきました。その着信音は、会社からだとすぐにわかるようにジョンが設定したものです。電話の相手はジョンの会社のシニアソフトウェア開発者のバレンティナでした。本番環境に問題が発生したとのことです。

前回のソフトウェアリリースでは、アプリケーションがデータベースにアクセスする方法が変更されていました。しかしテスト環境に十分なハードウェアがなかったためリリース前にアプリケーション全体をテストしていませんでした。今晩10時30分ころ、3ヵ月に一度しか実行されない定期実行タスクが処理を開始しました。このジョブはリリース前にテストされていませんでした。仮にテストを行ったとしても、テスト環境のデータが不十分で正確なテストは行えなかったでしょう。バレンティナはこのジョブのプロセスを停止する必要がありましたが本番サーバへのアクセス権を持っていませんでした。彼女はこの45分間、社内のイントラネットサイトを検索してジョンの連絡先を探していました。バレンティナが知っている中で本番環境へのアクセス権を持っているのはジョンだけだったためです。

定期実行タスクは簡単に停止できるように作られていませんでした。このタスクは通常夜間に実行され、処理の途中で停止するよう設計されていませんでした。バレンティナは本番環境にアクセスできないので、電話でジョンに暗号のようなコマンドを伝えるしかありませんでした。何度か失敗した後、ジョンとバレンティナはようやくタスクを停止できました。2人は、何が悪かったのか、どうすれば次の定期実行に向けて改善できるのかを月曜日に検討することにしました。しかし、ジョンとバレンティナは週末の間、別のジョブで同じようなことが起こらないよう見張っている必要がありました。

皆さんもこういった話は聞いたことがあるでしょう。適切にテストされていないコードを本番環境で運用することは、回避できるシナリオのように思われます。特にチームメンバーの休日を邪魔した場合はなおさらです。テスト環境が開発グループのニーズに合っていないのはなぜでしょうか？ 定期実行タスクが停止や再開が簡単にできるよう書かれていないのはなぜでしょうか？ バレンティナが指示したものをジョンがただ盲目的にタイプするだけなら、ジョンとバレンティナのやりとりの価値は何でしょうか？ 言うまでもなく、この2人は組織の変更承認プロセスをスキップしたでしょう。変更の内容を理解できない人がたとえ5人承認したとしても、変更の安全性は高まるはずがありません！

こういった疑問はあまりにも日常的なものになっているため、多くの組織では詳細に検討しようとさえ思わないでしょう。開発チームとIT運用チームの間の機能不全は役割の違いから生じる避けることのできないものとして受け入れられがちです。組織は核心的な問題の対処をする代わりに、より多くの承認やプロセスといったより厳しい制限を増やし続けています。安全性を手に入れるために俊敏性を犠牲にしていると経営層は考えるかもしれませんが、実際はどちらも得られていません（これまでに「変更管理プロセスのおかげで助かった！」と思ったことがありますか？）。このようなチーム間やプロセス間の有害で、時に無駄なやりとりこそがDevOpsが解決しようとしているものです。

1.1 DevOpsとは？

最近では「DevOpsとは何か」という質問はエンジニアよりも哲学者に聞くべきように感じられます。私の定義を紹介する前にDevOpsの物語と歴史を説明します。もしカンファレンスで喧嘩を始めたいのであれば、5人のグループに「DevOpsとは何か」という質問をしてすぐにその場を離れると良いでしょう。彼らが大混乱に陥る様を見ることができるはずです。幸いなことに私たちはカンファレンス会場の廊下で話しているわけではなく書籍の著者と読者の関係ですので、私は気兼ねなく自分の定義を紹介します。しかしまずは物語から始めましょう。

1.1.1 DevOpsの簡単な歴史

2007年Patrick Deboisというシステム管理者は、ベルギー政府の大規模なデータセンター移行プロジェクトのコンサルティングを行っていました。彼はこの移行プロジェクトのテストを担当していたため、開発チームと運用チームの両方との連携にかなりの時間を費やしていました。しかし開発チームと運用チームの間には大きな隔たりがありました。Deboisはこの状況にフラストレーションを感じ、この問題に対する解決策を考え始めていました。

2008年Andrew Clay Shaferという開発者がトロントで開催されたAgileカンファレンスに参加しました。彼はそこで「アジャイルインフラストラクチャー」というディスカッションセッションを提案しました。しかしその提案に対するフィードバックがあまりにも悪かったため、彼自身ですらそのセッションに参加しませんでした。このセッションに実際に参加したのはPatrick Deboisだけでした。Deboisはこのテーマについて熱心だったため廊下でShaferを見つけ、お互いの考えや目標について徹底的に話し合いました。この会話がきっかけとなって、アジャイルシステムアドミニストレーターグループが結成されました。

2009年6月ベルギーにいたDeboisは、O'Reilly Velocity 09カンファレンスのライブストリームを見ていました。そこではFlickrの社員であるJohn AllspawとPaul Hammondが「10 Deploys per Day: Dev & Ops Cooperation at Flickr（1日10回のデプロイ：FlickrにおけるDevとOpsの協力）」と題して講演しました。この講演に感動したDeboisはベルギーのゲントで自分のカンファレンスを始めることにしました。彼は開発者と運用の専門家を招待し、どのように異なる役割や異なるチームのメンバーがより協力できるか、どのようにインフラを管理するかといった点についてさまざまなアプローチを議論しました。Deboisはこの2日間のカンファレンスを「DevOps Days」と名付けました。このカンファレンスに関する会話の多くはTwitter上で行われました。Twitterの140文字までという制限に対してDeboisは貴重な文字数を節約するために、カンファレンスのハッシュタグを#devopsdaysから#devopsに短縮しました。こうしてDevOpsという言葉が生まれました。

DevOpsとは、ソフトウェア開発の考え方をほかの役割に適用するようなソフトウェア開発手法のことです。DevOpsでは、ソフトウェア開発のライフサイクルに関わるすべてのチームが責任を共有することを重視しています。従来は開発者中心であった業務を運用チームのメンバーが担い、開発チームのメンバーも同様の業務を行うことで、職能の垣根が低くなります。DevOpsという言葉は、開発（Dev）とIT運用（Ops）に関連するものとしてよく知られています。しかしこのアプローチはセキュリティ（DevSecOps）、QA、データベース運用、ネットワークなど、ほかのグループにも拡張できます。

あの運命的な出会いから10年以上が経ちました。それ以来、DevOpsは小規模なWebスタートアップを超えて大企業にも浸透し始めています。しかし、DevOpsの成功は、あらゆるムーブメントにとって最もやっかいな敵をもたらしました。それは市場の力です。

LinkedIn Talent Solutionsによると、2018年に非技術系を含むジョブマーケット全体の中で最も募集された職種はDevOpsエンジニアでした。DevOpsをソフトウェア開発手法として定義したことを思い出してください。そういった仕事のやり方についての考え方が職種名になったのは奇妙なことです。アジャイルエンジニアという言葉を聞いたことはないでしょう。なぜならそれは馬鹿げて聞こえるからです。DevOpsも同じように変革をもたらすものですが、市場の力から逃れることはできませんでした。このようにDevOpsという職種に需要があるため、多くの候補者が自分自身をDevOpsエンジニアとして再定義するようになりました。

製品のマーケティング担当者は、DevOpsのブームに乗ろうとしています。メトリクスやモニタリングのような単純な製品は「DevOpsダッシュボード」とブランド変更され、言葉の意味をさらに薄めています。こうして「DevOps」という言葉は人によって異なる意味を持つようになりました。本章全体を使ってDevOpsという言葉が何を意味すべきで、何を意味すべきでないかを議論できますが、その代わりに私がさきほど提示した定義を使用します。しかし、もしカンファレンスで私を見かけて私が長々と議論するのを見たいと思ったら、「DevOpsマネージャー」とは何かと聞いてみてください。

1.1.2 DevOpsは何でないか

皮肉なことにDevOpsとは何かよりも、DevOpsとは何でないかを定義する方が簡単です。市場のブームに乗ろうとしている人にはこういった詳細は聞き流されるでしょうが、これは私の本なのでこのトピックを扱います！ まず第一にDevOpsはツールについての話ではありません。JenkinsやDocker、Kubernetes、AWSについて学びたいと思ってこの本を購入した人は、とてもがっかりすることになるでしょう。だからといって返金はしませんが、どうぞ遠慮なく空に向かって私への軽蔑の念を叫んでください。

DevOpsではツールについてではなく、チームがどのように一緒に働くかについて考えます。テクノロジはたしかに関係していますが、正直なところツールよりも人が重要です。Jenkinsの最新版をインストールしたり、CircleCIにサインアップしても、しっかりとしたテストスイートがなければ意味がありません。自動テストを価値あるものと考える文化がなければ、ツールは価値を提供しません。DevOpsはまず人、次にプロセス、**そしてその次にようやく**ツールについて考えるのです。

文化を変えるためには、周りの人々に参加してもらい変化への準備をしてもらう必要があります。そして人々がその気になったら、彼らをプロセスの作成に巻き込み、参加してもらう必要があります。プロセスができたらようやく次は適切なツールを選ぶ時です！

多くの人はまずツールに注目し、そこから逆算して作業を進めようとします。これは恐らくDevOpsにおける最大の過ちの1つです。ツールを選択した後で、周囲の人々に対して彼らのすべてのプロセスを変更してくださいと伝えるようなやり方をしてはいけません。私たちの脳はそのようなやり方には反発するようにできています。そのようにツールが導入されると、ツールに対して**納得感を持てず**、使うよう**強制されている**ように感じられます。このようなアプローチでは人々は新しいアイデアを受け入れてくれません。まずは賛同を得なければなりません。

また新しいツールに夢中になっていると、そのツールを使うべきではない問題にもそのツールを使い始めます。たとえば、電動ノコギリを買うと家の中のあらゆることでそれを使いたくなります。これはソフトウェアツールでも同じです。

つまり本書とDevOpsの主眼は人々とその相互作用にあります。本書で特定のツールについて言及することはあっても、そのツール自体に焦点を当てた具体例を示すことは避けています。ツール自体に焦点を当てる代わりに、それによって可能になることに焦点を当てます。このアプローチを強調するために、DevOpsの哲学はCAMSというモデルの上に構成されています。このモデルは問題を解決する際に人々を第一に考えることを目的としています。

「新しい」システム管理者としてのDevOps

テクノロジ関連のイベントに参加すると、DevOpsの普及は「伝統的な」システム管理者の破滅を意味すると考えている人によく出くわします。仮想マシン、ソフトウェア定義ネットワーク、インフラ構築のためのAPIアクセスの台頭により、ソフトウェア開発のスキルがシステム管理者にとってますます重要になってきているのは当然のことであり、多くの企業ではすでに必須の要件となっています。このように開発に特化したシステム管理者が増えていることからDevOpsはシステム管理の終わりの始まりだと推測する人も少なくありません。

しかし、運用部門の終焉というのはかなり誇張されています。運用チームの仕事の進め方はたしかに流動的ですが、それは1960年ごろからずっと続いていることです。開発者が運用業務でより多くの役割を担うようになることには同意しますが、運用業務は開発者が日常的に行っている業務とは別のものであり続けるでしょう。

誰がその仕事をするかにかかわらず、インフラのアーキテクチャ計画、キャパシティ計画、システム運用、モニタリング、パッチの実装、セキュリティの監視、社内ツールの開発、プラットフォームの管理などの仕事は存在し続けます。オペレーションズエンジニアリングは今後も専門的なエンジニアリングの1つであり続けるでしょう。システム管理者が新たなスキルを習得しなければならないことは間違いありませんが、これもまた新しい現象ではありません。システム管理者がトークンリングからIPX/SPX、TCP/IP、IPv6への移行を生き延びたのであれば、Pythonを学ぶことも乗り越えられない課題ではありません。

1.2　DevOpsの柱となるCAMS

DevOpsは4つの柱に支えられています。その柱とは文化（culture）、自動化（automation）、メトリクス（metrics）、そして共有（sharing）です。これらを略してCAMSと呼ばれています。**図1-1**に示すように、これらの柱はDevOpsの構造全体を支えるために不可欠なものです。

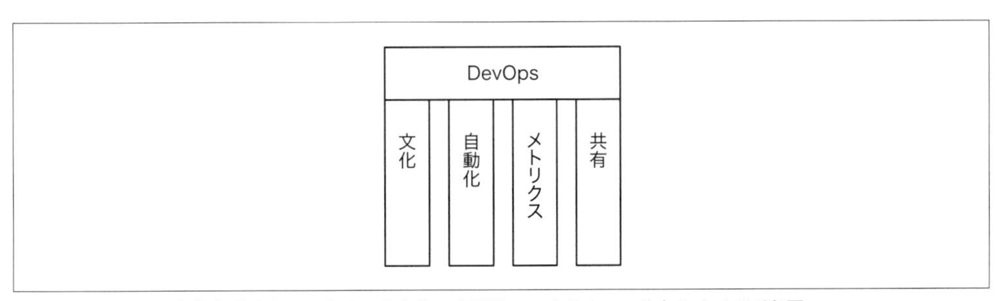

図1-1　DevOpsの変革を成功させるためには文化、自動化、メトリクス、共有のすべてが必要

4つの柱の詳細は次の通りです。

- **文化**では、チームが活動する上での基準を変えることについて扱います。その基準とは、チーム間の新しいコミュニケーションパターンであったり、まったく新しいチーム構造であったりします。文化をどう変えるかはその組織がどういった文化的な問題を抱えているのかに左右されます。本書では具体的な例を挙げて説明していますが、自分で問題を特定する方法も学ぶことができます。そのため、本書で取り上げるもの以外の問題も解決できるようになります。企業の文化がテクノロジの成果に与える価値と影響を過小評価してはいけません。本書で紹介してくように、ほとんどの問題はテクノロジの問題ではなく人の問題です。
- **自動化**は、シェルスクリプトを書くことだけではありません（たしかにそれも自動化の一部ですがもう少し私の話を聞いてください）。自動化とは、人的資本を平凡な作業から解放することです。自動化とは人的資本が安全かつ自律的に仕事ができるようにすることなのです。自動化は組織内での仕事の進め方の文化をより強化するために使用されるべきです。単に「自動テストは文化的価値がある」と言うことは簡単ですが、マージするための条件のチェックを自動化してプロセスに組み込むことで、その文化的価値を強化できます。自動化を適切に実装することで、仕事を完了させるための新しい基準を作ることができます。
- **メトリクス**は、物事がうまく機能しているかどうかを判断するために必要です。エラーが発生していないことを確認するだけでは不十分です。システムを評価する方法を強化するものとしてメトリクスは使われるべきです。注文処理でエラーが発生しないだけでは十分ではなく、注文処理がシステム上を問題なく流れていることを示す必要があるのです。
- **共有**を重視する根底には、知識は自由であるべきだという考えがあります！　人間は誰かに教えるときに最もよく学びます。共有によって文化はより強化されていくのです！　知識マネジメントは、より複雑なシステムを構築し続ける世界において非常に重要です。

本書ではその都度CAMSの各要素に焦点を当てていきますが、この4つの柱がDevOpsの変革におけるすべての基盤であることを理解してください。この4つの柱を思い返してみると組織内の多くの問題を解決できます。

なぜCALMSの「L」を含めていないのか？

最近では、Andrew Clay Shafer自身を含め、CALMSという言葉を使う人もいます。「L」は「lean」の頭文字です。私は元のCAMSが好みなので本書でもこちらを使います。ただし皆さんがCALMSという言葉を目にした時のために、それらの違いを説明します。

CALMSの背景にある考え方は、頻繁に小規模なソフトウェアアップデートを提供することが望ましいアプローチであり、より多機能なバージョンを6ヵ月間待つよりも最小限の製品を顧客にすぐ届けた方が良いというものです。

私はこの考え方に全面的に賛成ですが、同時に業界によってはその考え方が異なることも認識しています。頻繁なアップデートを望まない顧客をもつ会社もあるでしょう。ハードウェアの認証プロセスがあるために、小規模な組織では最新のアップデートを許可するのが少し面倒な場合もあるでしょう。業界によっては、最小限の製品では顧客に試してもらうことすらできない場合もあるでしょう。すでに成熟している市場であれば、幅広い機能を備えたツールでなければ検討してもらうことすら難しいでしょう。

リーンなアプローチは非常に賢明です。しかしDevOpsの文化的メリットは、リーンなアプローチが現実的でない分野にも適用できます。私は2つのアプローチを切り離し、たとえソフトウェアを顧客に頻繁にリリースしていなくても人々がDevOpsから恩恵を受けることができるように「L」を省いています。

1.3 また別のDevOps本？

あなたは本書について「私の会社の文化がだめだと教えてくれる別の本を読む必要があるのだろうか？」と自問しているかもしれません。恐らくそういった本を読む必要はないでしょう。私はこの業界に長年身を置いていますが、誰かにその人の会社の文化が悪いと言うことでその人を「啓蒙」したことはありません。そのようなことをしても、ほとんどの人は**なぜ**自分の会社の文化が悪いのかを理解するに至りません。

文化は組織のトップから生まれることが多いのは事実です。しかしそれと同時に同じ組織の中でも、良いものや悪いものを含め、さまざまな文化が存在するのも事実です。DevOpsを信じるだけで組織全体を変革できるとは約束できませんが、組織の一角を変革する手助けはできると約束します。

私が本書を執筆した動機は、私が出会う多くの人々が上司が乗り気でないためにDevOpsを行うことができないと感じていることにあります。ある程度はその通りです。いくつかの分野ではシニアリーダーの賛同が必要です。しかし個人のコントリビューターやチームリーダーが、自分たちの仕事やプロセスをより良くするために推し進めることができる変化は依然としてたくさんあります。また少しの投資で現在無駄で価値の低い作業に費やされている時間を解き放ち、より生産的な仕事に使うことができます。本書は、私が学んだ多くの教訓をもとにDevOpsへの変革を経営層から現場に持ち込むための具体的なアクションをまとめたものです。

最後に、本書では組織の随所で必要とされる変化について具体的に説明します。単なるX社のケーススタディではなく、あなたが組織の中で実行し、調整し、繰り返すことのできる具体的なアクションを提案します。ここで「あなた」と言ったことに注目してください。この本は、あなたを不幸なマネジメントの犠牲者として描くものではありません。あなたは自分の状況を改善する力を持っています。あなたは組織がDevOpsの旅を始めるために必要な変革者となります。必要なのは計画だけです。さっそく始めましょう。

1.4 本章のまとめ

- DevOpsは単なる新しいツールではありません。DevOpsの真の目的は仕事に対する見方や、異なるチームにまたがるタスクの関係を再定義することです。DevOpsの変革がもたらす変化は、純粋な技術を超えて仕事の本質に対する考えにまでおよびます。
- 変化をもたらすためには、組織内の問題を検証し、生産性を低下させる要因に対処する方法が必要です。それがこの本の要点です。
- 文化を変える必要性がある一方、この本を読んでいる皆さんの多くはエンジニアであり具体的な行動に着目しがちでしょう。本書の前半では、皆さんの組織が直面している可能性の高い問題を例に挙げ、その解決に向けた具体的なアプローチをいくつか紹介します。その際にも企業文化がその状況に与えている影響を強調します。まずはバレンティナが夜中にジョンに電話しなければならなかった理由から見ていきましょう。

2章
パターナリスト症候群

本章の内容

- プロセスにおける障壁を安全装置に置き換える方法
- ゲートキーパーという概念の理解
- 自動化によるゲートキーパーの排除
- 承認プロセスを自動化する際に生じる問題の解決方法

組織の中では、あるグループがほかのグループに比べて圧倒的な力を持っているように見えることがあります。こういった権力は、あるリソースへのアクセス制限や承認プロセスから生じます。たとえば、運用グループがシステムの変更に対して広範なレビュープロセスを実施するよう要求する場合がそうです。また、セキュリティチームが1984年以降に開発された技術をほかのチームが採用することを禁止する場合もあるでしょう。ほかにも、開発グループが自分たちの目が届かないところでの変更を可能にするツールの構築を拒否するかもしれません。

もとをたどれば、このような強硬な規則や命令を正当化するような出来事があったはずです。しかし、チームをより効果的にする意図で作られたものが、むしろチームを停滞させてしまうのです。もしあなたが自分の会社やチームでこのようなことを経験したことがあるなら、それはあなただけではありません。

私はこれを**パターナリスト**[†1]**症候群**と呼んでいます。これは、あるグループがほかのグループに対して親のような関係を築いていることから名付けました。パターナリスト症候群では仕事の進め方やタイミングをゲートキーパーと呼ばれる、権力を持つ人に委ねます。このような権力の集中は、最初は賢明な判断のように見えますがすぐに生産性の低下を招きます。

本章では、ゲートキーパーがプロセスに導入される一般的な例を紹介します。そしてゲートキー

†1　訳注：親子関係のように、強い立場にある者が弱い立場の者に対して介入することを指す。https://ja.wikipedia.org/wiki/パターナリズム

パーをプロセスに導入することで生じる、見過ごされがちな悪影響を説明します。その後、プロセスやゲートキーパーが本来実現しようとしていた安全性の向上とはどういったものなのかを例を使って説明します。

続けて、その目標を自動化によって、より効果的に達成することについて説明します。自動化の価値は何度でも実行できるという点にあります。スクリプトやプログラムを使って、まったく同じ方法で同じタスクを実行することでばらつきを抑え、一貫したアプローチによってプロセスの監視を容易にします。その後、承認プロセスの本当の目的を分析し、その目的を達成するための自動化をどう進めるかについて説明します。

2.1 安全装置ではなく障壁を作ってしまう

時には、ほかのチームやグループからの承認を得るというプロセスが価値をもたらすこともあります。しかし、多くの場合ほかのチームの関与は何か別の問題が起きていることの兆候です。その問題とは、お互いの信頼関係の欠如やシステム内部の安全性の欠如です。たとえば私が「スープを食べなさい」と言ったのに食器を渡さなかったとします。そしてその理由がステーキナイフでスープを食べようとすると口を切ってしまうからだと説明したとしましょう。これは馬鹿げているように聞こえます。しかし多くの組織はこういったおかしなことを行っているのです。システムの安全性を考えると、より良い選択肢は、スープを食べるのに最適なツールであるスプーンを渡すことです。

皆さんの中にはシステムの安全性という考え方に馴染みがない人もいるでしょう。しかし、これまでのキャリアの中で事故を引き起こすような操作が簡単に行えてしまうシステムを見た経験があるのではないでしょうか。たとえば確認のプロンプトなしにデータを永久に削除できるシステムを考えてみてください（Linux、お前のことだ！）。どうしてこんなことが起こるのかと困惑するでしょう。想定外の動作が再び起こる場合に備えてファイルのコピーを複数保存するなど、特別な予防措置を取るようになるでしょう。同じシステムでも、危険な動作をユーザーに確認してくれるシステムと比較してみてください。これが私の言うシステムの安全性です。

システムを使いやすくするためには、知らず知らずのうちに危険な操作をしてしまわないように設計するべきです。ただ多くのシステムにはこのような安全対策が施されていないため、多くの組織ではこれらのタスクを実行できる人を少数の人に制限することで対処しています。しかしあるタスクの「権限を持つもの」に選ばれたからといって、その人が間違いを犯さないわけではありません。権限を与えられた人でもミスをしたり、間違ったコマンドを入力したり、操作の影響を誤解したりすることはあります。

このようにタスクを実行できる人を制限することで実際には何が得られているのでしょうか。本当の意味でリスクを減らすことができているわけではなく、一部の人にそのプレッシャーを集中させているだけです。また、こうすることで問題をシステムに由来するものではなく、特定の人に由来するものとして扱うことになります。権限を与えられたエンジニアは影響を理解できるだけの能力がありますが、ほかのエンジニアはそうではないというわけです。システムに安全性が欠けていると、その影響は作業の受け渡し・承認・過度なアクセス制限などの形で現れます。

過度にアクセスを制限すると次のような問題を引き起こします。

- 多くの組織では、複数のチームの間で責任範囲が重なっているでしょう。このようにチームの境界があいまいになると、タスクがいつ終わり、いつ別のチームにそのタスクを受け渡すのか明確にすることが難しくなります。たとえば私がテストスイートを担当している開発者だとして、テストスイートを動作させるのに必要なソフトウェアをサーバにインストールすることは許されるのでしょうか？　また、インストールしたことを運用チームに知らせる必要があるのでしょうか？
- そのインストールによってサーバが壊れたり互換性がなかった場合、誰にその問題を解決する責任があるのでしょうか？
- 実際のトラブルシューティングに必要なアクセス権限を持っているのは誰でしょうか？

このような疑問は責任がチームをまたいで重複しているときに生じます。そのため、責任範囲を明確にして安全に作業できるように、アクセスを制限することが正当化されます。誰も悪意を持ってこういった判断をしているわけではありませんが、こうした手続きはたいてい理不尽な結果をもたらします。

承認プロセスに関しては、その時点でのプロセスでうまく対処できない問題が発生するたびにプロセスが重厚になっていきます。問題が起こるたびに、承認プロセスで確認するべき事項が追加されたり、最悪の場合は承認者が追加されることになります。こうして、もともと意図していた価値を提供しない上に、重くて負担の大きいプロセスができあがります。

承認会議に出席したことがある人はこういった状況に見覚えがあるでしょう。多くの場合、マネージャーを中心とした人たちが変更のリスクを評価しようとします。時間が経つにつれ、この会議は判子を押すだけの委員会のようになっていきます。変更の大部分はマイナスの影響がないため承認のハードルが低くなります。多くの組織において、変更承認は何の付加価値もないただの障壁であるとすぐにみなされ始めます。あなたにも経験があるでしょう。心の奥底ではこういった承認プロセスは悪いことだとわかっているはずです。

多くの伝統的な組織では、障壁を取り除きコラボレーションを促進するという目標が語られ、多くの聞こえの良い会話がなされています。しかし問題が発生すると、こういった話はすぐに頓挫します。伝統的な組織では、将来の問題を防ぐためとして承認プロセスという手段を採用しがちです。DevOps組織ではこの衝動を全力で抑えます。DevOps組織では、価値を付加するものは残しつつ人為的な障壁を取り除くことに常に気を配ります。

人為的な障壁はチーム間のパワーダイナミクスを生み出し、依頼をする人と承認をする人の間に**親子のような**関係をもたらします。依頼をする人は、子どもが親にデートのためにフェラーリを貸してくれと頼むような気持ちになります。これは権力の不均衡を生み出し、チーム間の摩擦につながります。

ここまでに議論されている問題のいくつかは、皆さんの組織にも存在していると思ったことでしょう。しかし同時にあなたの頭の中には「なぜDevOpsなのか？」という疑問も生じていることでしょう。このような組織的な問題を解決する方法はいくつかありますが、DevOpsムーブメントが注目されているのにはいくつかの理由があります。

まず文化的な問題に正面から取り組んでいることです。エンジニアの中には技術的な解決策以外のことは考えたくないと感じる人もいるかもしれません。しかし自分の組織を見て、何が問題になっているかを批判的に考えてみると、問題は技術よりも人（に加えてその人たちがどのように協力しているか）にあることが多いと気付くはずです。どんなテクノロジでも、優先順位付けのプロセスにある問題の解決はできません。どんなテクノロジでも、目標に向けて複数のチームがお互いに反目するのではなく協力して働くように方向性をそろえてはくれません。電子メールは私たちのコミュニケーション上の問題を解決するはずでした。その後、携帯電話が登場し、今ではインスタントメッセージやチャットアプリケーションが登場しています。結局これらのツールによって得られた結果は、貧弱なコミュニケーションをより速く行えるようになるというものだけでした。テクノロジがDevOpsの変革の一部ではないと言っているわけではありませんが、扱いがたいへんなのはテクノロジ以外の部分です。

DevOpsムーブメントのもう一つの重要な点は、人間の能力の浪費によるコストに焦点を当てていることです。皆さんの普段の仕事を思い出してみてください。おそらくプログラムやスクリプトで置き換えられるような作業を日常的に行っているでしょう。これらを実際にプログラムやスクリプトで置き換えることで、よりインパクトのあることに取り組めます。DevOpsでは、組織に永続的な価値をもたらす仕事を最大限に行うことに重点を置きます。これが意味することは、通常であればわずか5分で完了する作業を1週間かけて自動化する場合もあるということです。これによってリクエストした人の待ち時間は長くなります。しかしそれ以後はリクエストした人が一切待たされることなく作業が完了するという点に、自動化に時間を費やすことの価値があります。もはや5分の無駄な待ち時間は発生しません。毎日の仕事の中で無駄な時間をなくすことは生産性の向上につながります。技術的な観点から言えば人材のつなぎとめにも役立ちます。エンジニアは、誰でもできる機械的な作業ではなく、より複雑で興味深い仕事に取り組むことができるからです。

DevOpsでは次のようなゴールを目指します。

- チーム間のコラボレーションの強化
- 不必要なゲートや作業の受け渡しの削減
- 開発チームがシステムを所有するために必要なツールと権限の提供
- 再現性のある予測可能なプロセスの構築
- アプリケーションの本番環境に対する責任の共有

DevOpsではCAMSモデルに沿ってこれらを実現します。前章で学んだようにCAMSとは

culture（文化）、automation（自動化）、metrics（メトリクス）、sharing（共有）の略語です（p.5「1.2　DevOpsの柱となるCAMS」参照）。これらの4つの領域はDevOpsの導入が成功するために必要な条件を整えるのに役立ちます。

仕事のやり方に関する**文化**や考え方を変えることによって、人々が自分の仕事に集中し、無駄なゲートを取り除くことが可能になります。この文化の変化によってチームは自動化が必要であると考えるようになります。**自動化**は反復可能なプロセスを生み出す強力なツールであり、適切に導入すればチームの誰もが一貫したアクションを実行できるようになります。文化の変化と責任の共有化により、システムの状態を誰もが理解できるような**メトリクス**が必要になります。何かが機能していると確認できることは、単にエラーがないと確認できることよりも価値があります。最後に**共有**という要素は、一部の人だけにDevOpsの理念をとどめるのではなくチーム全体で成長し続けることを可能にします。知識を共有することは責任を共有するために必要なことです。チームメンバーの学習ニーズに何らかの形で対応しなければ、チームメンバーにさらなるオーナーシップを求めることはできません。責任の拡大に対応するためにはシステムの全体像を少なくとも一定のレベルで理解する必要があります。そのためには共有を促進するしくみを作る必要があります。自動化のレベルが上がり責任の分担が増えると情報をため込むインセンティブが失われていきます。

チーム間のすべてのやりとりに承認や依頼、権力の誇示が関わっていてはこういった目標を達成できません。プロセスにおけるこういった活動を**ゲートキーパー**タスクと呼びます。ゲートキーパータスクに気を付けていないと不必要な遅延が発生したりチーム間の摩擦が生じます。そうするとなんとしてもゲートを避けようとする動機付けとなり、時には最適ではない解決策を生み出すことになります。

ゲートキーピングは、あるリソースにアクセスする際に、人やプロセスが人為的な障壁となっている場合に生じます。

ゲートキーパーはパターナリスト症候群の中心的存在です。パターナリスト症候群は、信頼の欠如によってゲートキーパーが導入されるときに起こります。その信頼の欠如は、それ以前に発生した障害によって失われた場合もあれば、もとから信頼など存在しなかったという場合もあります。パターナリスト症候群は**ある行動の実行や承認に必要な資格や信頼性を持つのは特定の人物やグループだけである**という考えに基づいています。ゲートプロセスがチームが仕事を終わらせるための障壁となるため、こういった考えはチーム間の摩擦を引き起こします。ゲートが一切価値を付加しない場合、ゲートキーパーは依頼する側の人にとって単に自分の要求を説明したり正当化する必要のある親のような存在となります。

2.2　ゲートキーパーの導入

ステファニーは地元の医療機関のIT運用部門で働いています。彼女は、請求チームの開発者であるテレンスから今日の午後4時に請求書作成アプリケーションをデプロイしてほしいと依頼を受けました。テレンスは週末に予定されている請求処理の実行前にパッチを適用したいと考えています。そして、デプロイ後に万一ロールバックが必要になった場合に備えて、十分な時間を確保したいとも考えています。

ステファニーは詳細を聞いて、午後4時にデプロイすれば問題ないと同意しました。彼女は請求チームと定期的に仕事をしており、このグループのどのメンバーも毎日正午までしかそのアプリケーションを使っていないと知っていたからです。ステファニーは午後4時の開始時刻まで待ってからデプロイを開始しました。プロセスはスムーズに進み何の問題もなく終了しました。デプロイを開始した際、2人アプリケーションにログインしている人がいることに気付きましたが、多くの人がシステムの使用を終えた後もログインしたままであり、それは珍しいことではありませんでした。テレンスはアプリケーションが意図したとおりに機能していることを確認し、2人はデプロイは成功したと考えました。

翌朝ステファニーは上司のオフィスに呼ばれました。テレンスはうなだれた様子ですでに部屋にいました。ステファニーの上司は、数人の請求チームのメンバーが売掛金チームからの急ぎの依頼を満たすために、いつもより遅くまでシステムで作業をしていたと彼女に伝えました。依頼を受けた彼らは大量の請求書を手動で更新しており、これには3つのプロセスが必要でした。今回のデプロイはそのプロセスの途中で行われたため、データを入力していた貴重な時間が失われ再度入力が必要になったとのことでした。請求部門のマネージャーは憤慨し、二度とこのようなことが起こらないように何とかしてほしいと要求しました。これにより、この会社初の**変更管理**ポリシーが誕生しました。

変更管理とは、アプリケーションやシステムに変更を加えるために行われる、組織内で標準化されたプロセスのことです。このプロセスでは通常、実施すべき作業内容を記述し管理部門に提出して一定期間の間に承認を得ます。

請求チームとIT部門で状況を話し合う中で、すべてのデプロイは正式なレビュープロセスを経るべきだということになりました。ステファニーをはじめとする運用スタッフは、デプロイ前に請求部門からの承認が必要になりました。請求部門ではデプロイのタイミングを調整して承認します。そして請求部門全員の承認を得るために、最低でもデプロイ実施の1日前には通知をするよう請求部門は要求しました。ステファニーは請求システム以外の運用も担当しているので、彼女の側でもこの計画に対応できるようにしておく必要があります。

ステファニーは、開発チームからのデプロイの依頼は依頼日の少なくとも3日前までに行うよう求めました。こうすることでステファニーとチームメンバーは依頼をスケジュールに組み込むのに十分な時間を確保できます。また請求チームにも十分な時間を持って通知し、彼らの側で適切な承認を集めることも可能になります。さらに、システムにログイン中のユーザーがいる場合、彼らの接続が切断されるのを防ぐために、デプロイを続行しないことにも同意しました。議論を重ねチームは次のプロセスに同意しました。

1. 開発者は運用部門に変更のチケットを提出する。
2. 少なくとも3日前までに変更のチケットが運用部門に通知されていない場合、そのチケットはただちに却下され開発者は新しい日付で再提出するよう求められる。
3. 請求チームは自分たちのスケジュールを確認する。請求チームのほかの作業と変更のスケジュールが重なっている場合、その変更は却下され開発者は新しい日付で再提出するよう求められる。
4. 変更が正式に承認される。
5. 変更が実行される。

こうして決められたプロセスはグループの懸念を和らげているように見えます。しかしこれは昔からある問題に昔ながらのやり方で対応してしまっています。DevOps組織ではこのように依頼に対してゲートを追加することはせず、効率的で迅速なデリバリに重点を置きます。こうした効率的で迅速なデリバリは、ボトルネックを追加するのではなく自動化するという解決策によって可能になります。さらに先のプロセスにはチームに影響を与える、いくつかの副作用があります。次の節ではここで提示したプロセスをさらに深く掘り下げ、何が足りないのかを明らかにします。

2.3 ゲートキーパーの分析

この新しいプロセスによって今後は先の例で挙げた問題を防ぐことができ、変更に関するコミュニケーションが大幅に強化されると誰もが同意しています。しかしこの新しいポリシーによっていくつかの新しい問題が発生します。チームは今後の問題を防ぐことばかりに注目しており、組織にかかる負担が増えることに着目していないのです。

加えて、ゲートキーパーはシステム全体を考えていません。この解決策は問題の局所的な最適解でしかありません。この解決策は1つの問題を解決するかもしれませんが、システム全体の観点からは新たな問題を引き起こすことになります。たとえばデプロイプロセスは3日前に通知する必要があります。これにより請求アプリケーションのデプロイを行うことができるのは実質的に週1回に制限されます。これではバグ修正などの緊急性の高い変更を迅速にデプロイすることが難しくなります。実際、緊急性の高いデプロイは新しいプロセスを回避する必要が出てくるでしょう。ある特定の問題（作業が失われないようにするための承認）に最適化することで請求アプリケーションの迅速なデプロイが制限され、システム全体の変更を遅らせているのです。

また新しいプロセスではチーム間の余分なコミュニケーションが必要になります。通常チームメンバーと話をすることは悪いことではありません。ただし請求チームが即座に対応できないときは、承認プロセスのオーバーヘッドによりデプロイプロセスが停止してしまいます。こうしたプロセスによって生み出された遅延によって人々はプロセスを恨むようになり、なんとしてもプロセスを避けようとします。私個人はこれまでに週末のバーベキュー中に電話がかかってこないようにするために、問題を大げさにして緊急の変更が必要であると正当化し、承認プロセスを回避したことはありません。しかし誰かがそうする可能性はあるでしょう。

最後の意図しない副作用として、請求アプリケーションのユーザーの不注意によってデプロイがキャンセルされる可能性が生じるというものがあります。ユーザーが1日の終わりにしっかりログオフしないという何気ないミスによって、デプロイはキャンセルされてしまいます。このようなキャンセルはビジネスに何の利益ももたらさず、顧客に新機能を提供する機会を奪うことになります。さらにリリースがキャンセルされた理由を人々に説明するのが非常に困難です。「デプロイの準備をしていたのですが、フランクがメールに返信してくれなかったので、リリースをすべてキャンセルしました」などという言い訳は説得力がありません。

ユーザーのログオフ忘れが続くと、運用チームはユーザーが本当にアクティブなのかそれとも単に仕事終わりにログオフし忘れただけなのかの判断が必要となり混乱します。**表2-1**に、変更管理ポリシーを追加することが有効かどうかを判断する際に考慮するべき点をまとめています。ここには変更管理ポリシーを導入することによってもたらされる新しい問題を記載しています。

表2-1 変更管理ポリシーがもたらす新たな問題

変更	発生する問題	議論
3日前の通知が必要	請求アプリケーションのデプロイが週に1回に制限される	バグ修正を迅速にリリースする能力への影響はどの程度だろうか？
チーム間の余分なコミュニケーション	請求チームが不在の場合、承認プロセスがさらに遅くなる	請求チームはどうやって合意に至るのか？　それにかかる時間的コストはどれくらいだろうか？
ログイン中のユーザーがいる場合はデプロイを中止する	ユーザーが勤務終了時にログオフするのを忘れることがある	運用チームがユーザーセッションが有効なのか、それともログオフし忘れただけなのかをどう評価するか？

このような過剰反応がパターナリスト症候群を助長しているのです。システム自体や、そのシステムによってどのようにして問題が発生しているのかを検討する代わりに、チームはメンバーが下した個々の判断の良し悪しに着目しています。これは非生産的であり、プロセスではなく人に責任を押し付けることになります。さらに悪いことに、これでは問題は解決せず、その代わりにワークフロー全体に余分な時間がかかるようになってしまいます。

まずコミュニケーションにかかる時間が最低でも3日かかるようになりました。つまり綿密な計画を立てなければ、請求アプリケーションのデプロイは週に1回が限度となります。チームの機能開発のスピードによっては、この頻度は許容範囲内の場合もあるでしょう。しかしこのような遅延が発生したのはたった一度の出来事が原因です。ほかのすべてのデプロイは問題なく完了していたのです。それが今ではすべてのデプロイにこのプロセスを強要しているのです！　さらに仕事終わりに適切にログアウトしていないユーザーによって、すべてのデプロイがキャンセルされる可能性も加わりました。**図2-1**では、このプロセス自体とその結果発生する問題を記しています。

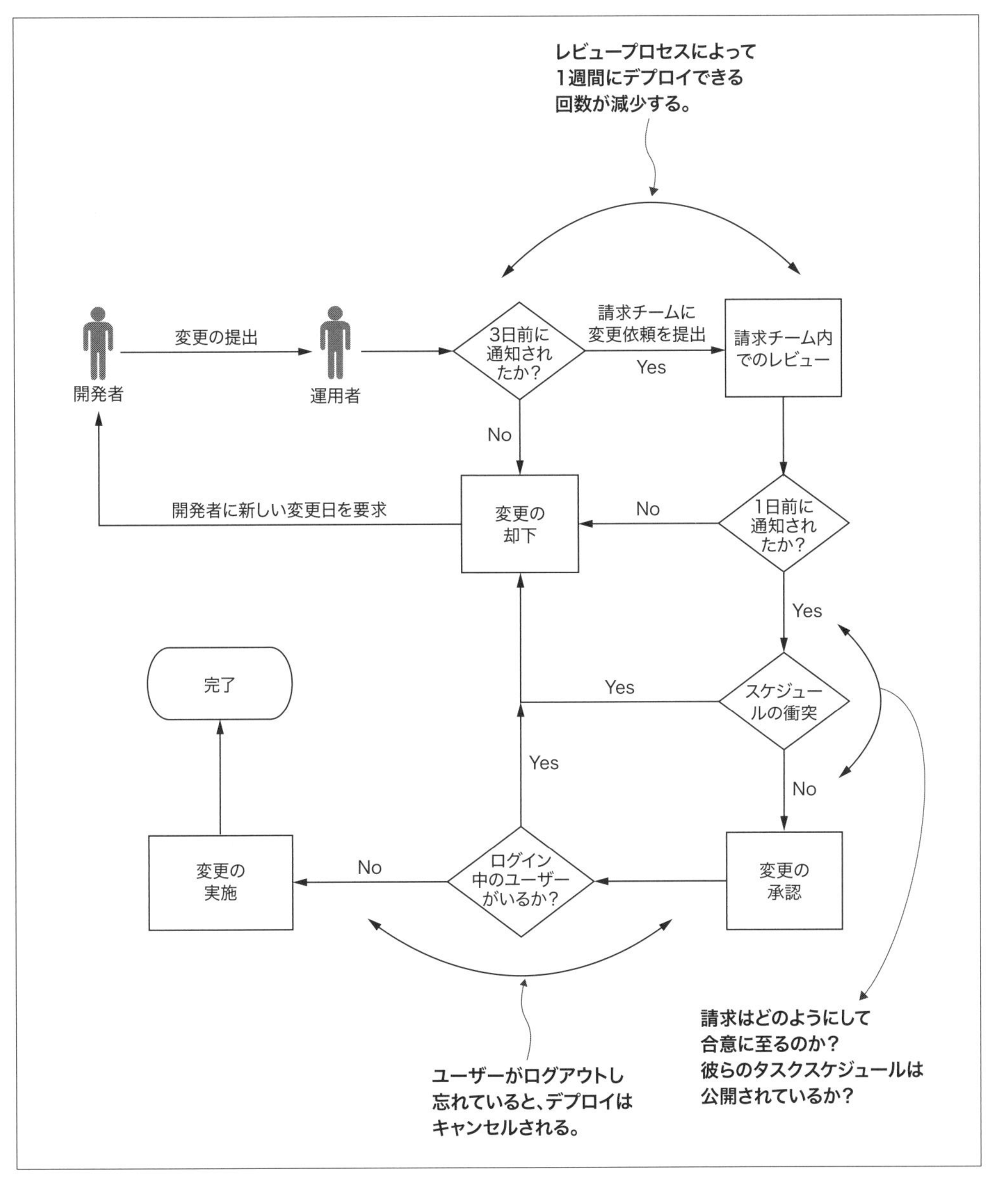

図2-1　新しい承認プロセスがもたらす新たな問題

この新しいプロセスの目的は、アプリケーションのデプロイによる業務の中断を防ぐことです。しかしこのプロセスはその目標を達成していません。目標を達成できていないだけでなく、この特定の失敗を取り除くために採用された筋の悪い解決策によって、将来のすべての変更が大幅に遅くなります。

現実にはプロセス中に誰かが単純なミスをしてしまい、それによってユーザーの作業を中断させ、生産性の損失につながるような可能性も生じます。**図2-2**では、人為的なミスが発生しやすく、結果的に作業が中断されてしまう可能性のあるプロセスのポイントをいくつか紹介しています。

「でもそれって、誰かがルールを守らなかったってことでしょ！」と思われるかもしれません。たしかにこのプロセスの中には、ルールを守っていない人に対して依頼を却下し、ルールを守ることがいかに重要であるかを指摘する機会が何度もあります。しかし作業者がプロセスを守っていても、作業が失われるリスクがいくつか考えられます。たとえば請求チームのユーザーが今日はデプロイの日だと忘れることもあるでしょう。あるいは、あるユーザーが変更について相談を受けていなかったということもあるでしょう。実際、請求部門内の承認プロセス全体がうまく行われるかは非常に疑わしいです！

こういった理由でDevOpsは手動による承認よりもそれを自動化することを推奨します。手動の承認プロセスは簡単に迂回できるため、あるデプロイと別のデプロイの間にばらつきが生じます。プロセスを監査したり、プロセスが毎回正確に手順にしたがっていることを確認する際に、こういったばらつきがあることは非常に苦痛です。

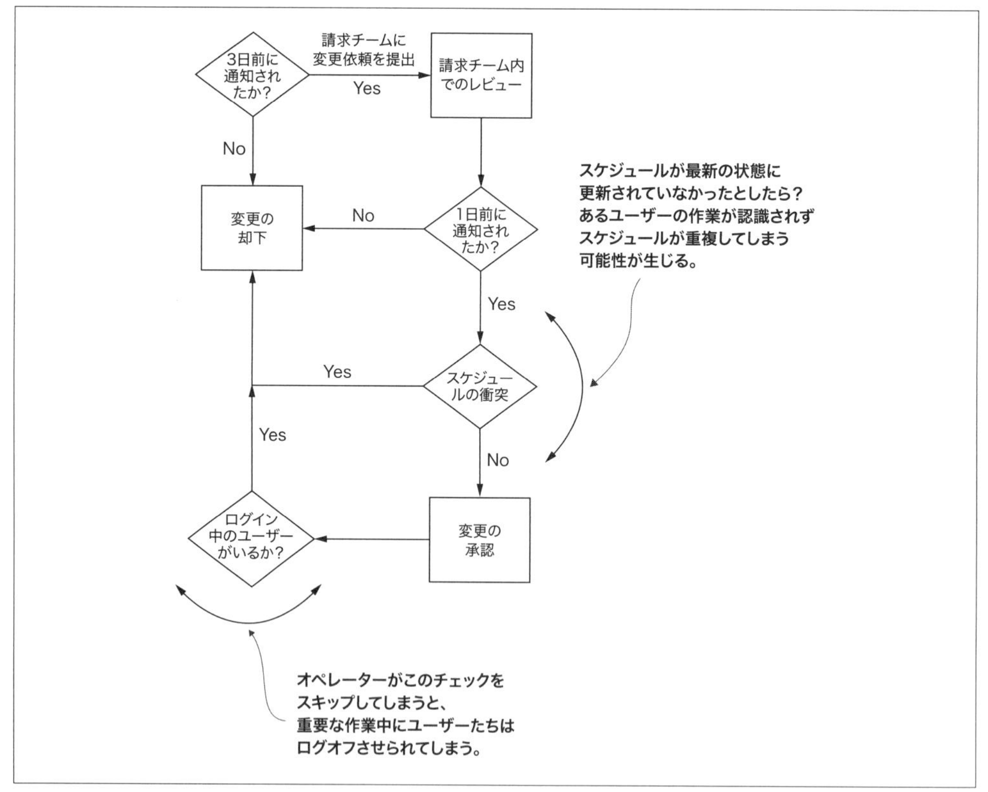

図2-2 プロセス内のいくつかの重要なエリアはエラーの影響を受けやすく、その結果データ損失の可能性がある

2.4 自動化によるパターナリスト症候群の解消

手動の承認プロセスの多くはテクノロジで置き換えることができます。前述のデプロイプロセスの例を用いて、自動化によってどのように問題を解決できるかを考えてみましょう。3日前の通知義務は、進行中の作業を確認しデプロイに問題がないことを確認するのに十分な時間を人間に与えるためのものでした。しかし機械はこの作業を即座に行うことができ、人間の承認者が抱えるスケジュールや優先順位の問題もありません。自動化はこのような承認プロセスに最適な解決策です。

プロセスの性質によって、簡単に自動化できるものもあればリスクを考慮してもう少し検討が必要なものもあります。承認の自動化の実現可能性はさまざまであり、まずは承認プロセスの目的を検討する必要があります。

そのためにはまずチームを編成しましょう。このチームに参加するのはプロセスの自動化を検討しているエンジニアだけではありません。この解決策にはさまざまな観点からの意見を取り込む必要があるので、ゲートキーパーやプロセスに関わる人たちもチームに含めましょう。こうすることでシステムに対するあらゆる観点を考慮できます。

特にゲートキーパーがプロセスの設計に参加しているかどうかは大切です。ゲートキーパーは、それが現実のものであれ想像上のものであれリスクを軽減するために存在します。ゲートキーパーが新しいプロセスや解決策の設計に参加していないと、彼らは自分の懸念が却下されたり軽視されていると感じるでしょう。このように彼らが関与していないと、彼らの支持を得ることは非常に難しくなります。

チームを編成したら、すぐにプロセスを自動化するという目標に向かおうと考えるでしょう。これは当たり前に聞こえますが、多くの自動化作業が失敗するのは、どういった形でプロセスを自動化するのかについてのチームの共通認識を作ることができないためです。中には承認は人間がするものだという考えが根付いていて、それが自動処理でどのように置き換えられるか、そのステップがどのようなものかを想像できない人もいます。その結果、自動化するというアイデアは手に負えないとして拒絶されてしまいます。「自動化するには複雑すぎる」というのがよくある言い訳です。しかしジェット旅客機の着陸ですら自動化できるのですから、承認プロセスも自動化できるはずです。

チームでの最初の議論では、プロセスを自動化することのメリットに着目するのが良いでしょう。その際、次のようなトピックを取り上げましょう。

- 承認プロセスに費やす時間の削減
- 管理タスクに費やす時間の削減
- 反復時間の短縮
- プロセスフローの一貫性の確立

この最初の議論で、承認プロセスを改善できるという点にチームで合意することは、解決策を明確にすることよりも重要です。現在のプロセスの価値についてメンバー間で意見の相違があることは珍しくありません（特にゲートキーパーは異なる意見を持っている場合が多いです）。チームとして何が問題であるかについて全員が同意していなければ、問題は解決できません。この最初の議論では、**なぜ**承認プロセスに改善が必要なのかをチームに理解してもらいましょう。これはあなたの組織やそのプロセスに特有のものになるでしょうが、その際にそのプロセスの意図していない副作用を検討するようにしてください。この段階ではまだ解決策に着目しないでください。それは後回しにしましょう。この段階では、問題点と最終的な目標について合意を得るために時間を使いましょう。

その後のミーティングではチームと協力してアプローチの概要を作っていきます。一度にすべてに取り組む必要はありません。もし簡単に解決できる問題が見つかったらすぐにそれを解決しましょう！　この作業を繰り返し、時間をかけて自動化する領域を増やしていくことで多くの価値を得ることができます。さまざまなリスクを考慮して、プロセスの一部を人による承認にとどめる必要があると判断することもあるでしょう。そのリスクが実際に存在し、それに対して人による承認が最善策であるとワーキンググループが同意していればまったく問題ありません。覚えておいてほしいのは、人による承認のすべてを自動化したいわけではなく、何の価値も生み出していない承認プロセスを自動化したいという点です。

こういった項目を議論することで、手動プロセスの欠陥についてチームの合意を作り出すことができます。これは、「なぜ自動化が失敗するんだ」と匙を投げてしまうこととは対照的です。チームの同意が得られれば、上層部に対してこの作業を承認し優先してほしいと要求しましょう。

こういった要求を上層部に伝える際には、チームが期待する効率の向上だけでなく現在のプロセスの不十分な点も強調するようにしてください。確かなことは、ほとんどの手動プロセスには、ばらつきが含まれているという点です。自動化によってこのばらつきを排除したり大幅に減らすことが可能です。その結果ヒューマンエラーやプロセス上のミスが起きる可能性が下がります。必要であれば、変更のたびに必要な会議や調整にかかる金銭的コストを算出しましょう。上層部が同意し作業を優先して取り組む準備ができたら、プロセスを変更する実際の作業に移ることができます。

今回の例では、承認プロセスの導入はある人から要求された形でした。最初はこれを自動化するのは難しいと感じるでしょう。しかし、承認プロセスでゲートを設けるというのは別の問題をすり替えているだけに過ぎません。その問題を具体的に定義できれば自動化が容易になります。

2.5　承認の目的を把握する

承認プロセスを作成すること自体が喜びであるような人は本当に異常な人だけです。通常は承認プロセスが作成される背景には何らかの懸念事項を解決したいという動機が存在します。この懸念事項はプロセスごとに異なります。承認ステップを自動化する際には、承認プロセスが解決しようとしている懸念事項についてまずは考えるべきです。

まずはテクノロジとは関連のない例を挙げましょう。あなたが銀行からお金を借りるとき、いくつかの質問に答える必要があります。そして、ずいぶん根掘り葉掘り聞くものだと感じるでしょう。しかし、それらの質問が、より大きな懸念を解消するためであると理解すれば、そういった質問の必要性を理解できるはずです。あなたが個人でローンを申し込む場合、ローンを融資する側はあなたのほかの借金について聞いてくるでしょう。この質問をする理由は、あなたがほかにどのような借金をしているかに興味があるからではありません。あなたのほかの未払いの負債がローン返済能力にどのような影響を与えるかを知りたいのです。

次に技術的な例を挙げましょう。承認者は、ある変更に対してレビューが実施されたかどうか知りたいでしょう。これは、その変更が信用できないからというわけではなく、複数の視点から確認することが重要だからです。これは承認の目的を明確にした例です。

典型的な手動の承認ステップでは次のような事実を明確にし、伝えようとします。

- プロセスのすべての部分が作業を継続するのに適切な状態であること
- 作業が発生していることを必要な人に知らせていること
- 変更を中止する必要があるような、アクションの衝突がないこと
- 変更のリスクが組織にとって許容できるものであること

これらの懸念事項は自動化によってある程度簡素化し、面倒な承認プロセスを省くことができます。

2.6 自動化のためのコードの構成

本章の最初の例では、請求システムのデプロイプロセスは順調に機能していましたが、あるデプロイによって請求チームが行っていた作業が失われてしまいました。このデプロイの問題により承認プロセスが必要になりました。チームはすべてが順調に進んでいることを確認するために、複数の手動の承認ステップと納品スケジュールを設定しました。しかし、これは問題に対する過剰反応です。

手動のゲートを追加することで、問題をより早く解決できるように見えますが、チームにはデプロイプロセスをより賢明で安全にするという選択肢もあるはずです。最初は大変な作業に見えるかもしれませんが、自動化は小さく控えめに始めることができます。まずは物事が期待通りに進んでいる場合に関して自動化を進めるのです。何か問題が発生した場合にはメッセージを表示してエラーにし、手動プロセスに切り替えます。この節では承認に関するさまざまな問題をコード化するためのアプローチについて説明します。

プロセスを自動化する場合、適切に段階分けすることが重要です。自動化されたワークフローでは次のような一連の問題を処理する必要があります。

- **承認プロセス**：実行を許可するために必要なチェック項目は何か？

- **ロギングプロセス**：依頼・承認・実行・結果をどこに記録するか？
- **通知プロセス**：処理が実行されたことを自動ツールがどこで人々に通知するか？（この通知プロセスはロギングプロセスに含めることもできるが、人によってはログを自分から見にいくのではなくメールのようにプッシュされる通知を好むこともある）
- **エラー処理**：どの程度まで自動復旧を行うか？

時間が経つにつれて当初の自動化の方向性に対して要件や指針の変更が入り、自動化の必要性が変化することがあるでしょう。これはアプリケーション設計においてよくある問題です。しかし、ここでの落とし穴はプロセスの自動化がすぐに作ることのできる単純なスクリプトとして見られがちであるということです。ここでアクバー提督[†2]の不朽の名言を引用しましょう。「それは罠だ！」

これらの自動化作業はきちんと注意を払って実施しないと柔軟性に欠け、エラーが発生しやすく、理解しづらく、メンテナンスが困難なものになってしまいます。極めて平凡なスクリプトであっても本格的なアプリケーションと同じように慎重に構成してください。スクリプトにはさまざまな関心事があると捉え、それぞれの関心事を管理・保守可能なコードに分離しましょう。それではまずは承認プロセスから始めましょう。

2.6.1 承認プロセス

承認プロセスを実装する際には、手動の承認プロセスが生まれた理由を考える必要があります。繰り返しになりますが、一般的な承認プロセスでは少なくとも次の4つの懸念を軽減しようとします。

- プロセスのすべての部分が作業を継続するのに適切な状態であること
- 作業が発生していることを必要な人に知らせていること
- 変更を中止する必要があるような、アクションの衝突がないこと
- 変更のリスクが組織にとって許容できるものであること

2.6.1.1 作業が適切な状態であること

承認プロセスにおいて、チームが仕事を進められるように作業ステップが適切な状態にあると承認者は確認する必要があるでしょう。これは承認者にとって重要な関心事であり、自動化する必要があるでしょう。ここで行われるのは、依頼がレビュー済みであることを確認するといった単純な場合もありますし、実行する前にデータベースが正しい状態にあることを確認するというような複

†2 訳注：スターウォーズシリーズに登場するキャラクタ。ここで引用されている台詞はこのキャラクタの代名詞。https://ja.wikipedia.org/wiki/アクバー提督

雑な場合もあります。

本章の例では、請求チームメンバーの間でスケジュールの衝突がないことを確認するためにデプロイの承認が必要でした。請求システムで誰かが作業をしている間にデプロイを実行すると、その作業内容が失われてしまうというのがその理由です。良い承認プロセスとは単なる感覚的なチェックではありません。承認者が通常確認している内容を自動化することによって、デプロイを承認すべきかどうかの決定は苦もなく下すことができるはずです。これは承認者が通常確認している作業を自動化することによって可能となります。承認者が承認するかどうかを判断する際には、評価の対象となる条件があるはずです。この条件は解決策や組織に固有のものです。しかし私の経験上、おおよその承認プロセスでは次のような条件を確認しています。

- チームのタスク管理システムに存在するすべての作業が完了していること
- データやファイルの転送など前提となるタスクが完了していること
- 依存するデータが正しい状態にあること
- レビューが行われていること
- 操作や変更が適切なテストサイクルを経ていること

このリストは自動化しようとしているプロセスや組織によって異なりますが、こういった要素を必ず洗い出してください。これらの情報を得るための最良の手段は承認者に聞くことです。承認者に承認プロセスに関する質問をすることで、承認者がプロセスの中で何を確認しているかについて良い情報が得られるはずです。次のような質問をしてみてください。

- 承認依頼を即座に却下する原因となるものは何か？
- 承認依頼に疑問を感じるのはどのような時か？
- 承認するすべての依頼が満たしているべき条件は何か？

こうした質問をしてみると、承認者が確認しているはずの項目と実際に確認している項目との間に多くの差異があることに驚くでしょう。ある項目がなぜ重要なのか、もしくはプロセス上の別の場所で既に確認されている項目があるのかといった詳細を遠慮なく聞いてみてください。こういった情報はすべてプロセスの自動化に役立ちます。

承認者が確認している項目のリストが得られたら、その確認作業をどう自動化するかを考え始めます。これらの確認項目の結果はすべて、はい・いいえ、正しい・間違っている、承認する・承認しない、といった単純な2値で表すことができるはずです。ほとんどの場合、自動化するのはこういった2値のチェックの部分です。これらのチェックがすべて成功すれば依頼は承認されゲートで待機していた作業を続行できます。

2.6.1.2 必要な人に通知する

必要な人に確実に通知することはおそらく最も簡単です。加えて誰がプロセスを実行する場合でも必ず行う必要があるため付加価値が最も高いものでもあります。自動スクリプトの中では、プロセス上のさまざまなタイミングで通知を送ることもできますし、プロセスが完了したりステータスが変わったときにまとめて通知を送ることもできます。重要なのはこのタスクを一貫して実行するという点です。正しく設計されていれば通知するユーザーを簡単に追加または削除できます。

2.6.1.3 アクションの衝突がない

調整や編成は解決が難しい問題ですが、これに対処するための多くのパターンがあります。手動操作と自動処理が混在している状況で作業を調整する際に、あまり採用されないですが有効な手段としてロック機構の採用があります。

あるリソースへのアクセスに排他性を持たせることで、コード上の一部分や関数を保護する必要がある場合がよくあります。これを実現するにはロック機構やセマフォを利用するのが一般的です。あるコードがセマフォにアクセスしている場合、ほかのコードはいったん停止してロックを排他的に取得できるまで待つ必要があります。人間が関わるプロセスでも同じ原則を適用しない理由はありません。

2.6.1.4 変更のリスクが組織にとって許容できるものである

変更のリスクを許容できるかを確認することは、おそらく自動化の全体の中で最も難しい部分です。そのためには、変更を標準的な変更と非標準的な変更の2つのカテゴリに分けることが重要です。

これをITサービスマネジメント（ITSM）の用語を使って説明すると「**標準的な変更**とは、サービスやインフラストラクチャに対する変更の中で、すでに社内で受け入れられ確立された変更管理によって事前に承認されたものを指す」となります。平たく言えば関係者全員が行うべき作業に同意し、そのやり方や影響を理解しているということです。Webサーバの再起動は標準的な変更とみなされるでしょう。なぜならそのやり方は十分にドキュメント化され、承認済みであり、その結果もわかっているからです。しかしその場限りのスクリプトを実行することは、スクリプトの内容が実行ごとに変わる可能性があるため、標準的な変更とはみなされないでしょう。

こういった場面で人による承認が必要になる可能性があります。承認する際にはアクション（デプロイやスクリプトの実行など）と変更を分離するようにしてください。デプロイのシナリオでは、新しいコードのデプロイは常に非標準的な変更として扱った方が良いと考えるかもしれません。結局のところ変更される内容は毎回新しいものであり、前述のその場限りのスクリプトの例と同様に各リリースで異なるためです。しかし大きな違いとして、コードの変更はすでに承認プロセスを経てデプロイできる状態になっているという点です。機能リクエスト、ユーザー受け入れテスト、プルリクエストのレビューなどは新しいコードをデプロイできる状態にするためのゲートの例です。デプロイプロセス自体は標準的な変更であり、すでにほかの承認チェックを通過していれば、追加の承認なしに自動化して進めることができるはずです。

同様のプロセスがスクリプトの実行に関しても適用できます。承認プロセス上は、どんなスクリプトであれシニアエンジニアによるレビューが必要となっているかもしれません。しかし、そのアクションがプロセスを進むこと自体は標準的な変更と考えられます。レビュープロセスをどの程度徹底する必要があるかは、最終的にはその組織でレビューをすでにどれだけ行っているかによります。

2.6.2 承認の自動化

承認プロセスによって解消しようとしている主な懸念事項を理解したので、次に自動スクリプトでこれらの懸念事項をどう扱うかについて考え始めましょう。自動化したとしても、プロセスの中で作業を適切な状態にすること、必要な人に知らせること、アクションに衝突がないと確認すること、組織に対するリスクを受け入れることという4つの確認事項は依然として存在し続けます。しかし、これらの確認作業を自動化することにより承認プロセスにおける人間の作業負荷を大幅に軽減できます。承認プロセスは時間とともに変化していくものであることを念頭に置いてください。確認する状態の数も変わってきます。先ほどの請求システムの例で言えば、現時点ではユーザーがシステムにログインしているかどうかだけをチェックすれば良いかもしれません。これはデプロイをキャンセルする必要のある、衝突するアクションです。しかし、明日には新しい条件が追加されるかもしれません。その場合、システムにログインしているユーザーと、この新しい追加条件の2つを確認する必要があります。自動化を設計する際にはこのような承認基準の変更に対応できるようにする必要があります。

ここをうまく設計するには先見の明と計画性が必要です。まず最初に自動化を2つの領域に分けます。一つは実際の承認を処理する領域、もう一つは承認が得られた場合に実行する必要のあるコマンドを処理する領域です。この節では実際の承認を処理する部分に焦点を当てます。

まず依頼が提出されたときに承認者が最初に確認する項目を考えてみましょう。本章では承認者が確認する内容の例をいくつか挙げました。

- データやファイルの転送など前提となるタスクが完了していること
- 依存するデータが正しい状態にあること
- レビューが行われていること
- アクションや変更が適切なテストサイクルを経ていること

これらをそれぞれプログラムで表現する必要があります。しかしこれらの確認事項の中身はそれぞれ大きく異なります。このように確認内容に違いがあっても、それらを同じように扱う必要があります。そうすることで新しい確認項目を簡単に追加できるからです。

これを実現するために、承認を表現するための**ベースクラス**を定義するのが良いでしょう。ベースクラスを定義することで、それを継承したすべての承認クラスは同じ構造に従うようになります。ここでの最も便利なパターンは、すべての承認が同じ方法で承認または拒否という結果を返すようにすることです。これにより承認の際の確認事項がどれだけ複雑なのかを知らなくても、複数の承認項目の結果を同じように扱うことができます。

例2-1 承認のためのベースクラスの定義

```
class BaseApproval:                        ❶
    def is_approved(self):                 ❷
        raise NotImplementedError()        ❸
    def error_message(self):               ❹
        raise NotImplementedError()
```

❶ ベースクラスを定義する

❷ 承認状況を確認するための標準的なメソッドを定義する

❸ 継承したクラスにこのメソッドをオーバーライドさせる

❹ エラーメッセージを取得するための標準的なメソッドを定義する

ベースクラスを定義することで、このクラスを継承してそれぞれの承認を定義できます。ベースクラスは抽象クラスのようなもので直接インスタンスを生成することはなく、これを継承したクラスを介してのみ生成します。それぞれの承認をインスタンス化したリストを作成することで、すべての承認項目が満たされていることを確認できます。

ベースクラスを定義し、すべての承認事項はベースクラスを継承します。これによりすべての承認がis_approvedメソッドを定義する必要が生じ、承認の成否の確認が容易になります。たとえばレビューの要件はPeerApprovalという承認クラスの中で確認します。これにより変更依頼に対するレビューが承認されたかどうかを確認するために必要なロジックを1ヵ所にまとめることができます。PeerApprovalクラスのis_approvedメソッドはレビューが承認されたかどうかを確認するためのロジックを実行し、承認または拒否を示す値を返します。このロジックはすべてPeerApprovalクラスの中に含まれており、is_approvedメソッドがきちんと定義されているおかげで、このメソッドを使う人は承認の具体的な内部構造を知る必要はありません。

例として**例2-2**ではグループ内の同僚が依頼を承認したかどうかをチェックする承認クラスを示しています。こうすることでグループ内で衝突するようなアクションを予定していないかどうかを確認します。

例2-2 ベースクラスを継承したPeerApprovalクラス

```
class PeerApproval(BaseApproval):
    def is_approved(self):
        approvers = self.check_approvers()          ❶
        if len(approvers) > 0:                      ❷
            return (True, "")                       ❸
```

```
        else:
            return (False, "No approvals submitted")   ❹
```

❶ 承認者のリストを取得するためのヘルパーメソッド
❷ 承認者のリストのサイズを確認
❸ 承認者のリストに誰かが含まれている場合、エラーメッセージは空で確認を通過
❹ 承認者が見つからない場合は、エラーメッセージとともにfalseを返す

このコードはタプルオブジェクトを返しており、タプルの最初の値は確認が承認されたかどうかを示す真偽値です。2番目の値はエラーメッセージです。これは、確認が失敗した理由を呼び出したプログラムに伝えるためのもので、最終的にはエンドユーザーに報告されます。このメソッドは非常に簡単ですが状況に応じて複雑になることもあります。こういった設計にすることの利点は、確認内容の複雑さがすべてオブジェクトにカプセル化されており、自動処理が実行する実際のコマンドからは分離されている点です。

請求システムにログインしているユーザーがいないことを確認するような別の承認クラスを作成する場合はSessionsApprovalというクラスを作成するとよいでしょう。これはBaseApprovalクラスを継承した別のクラスになります。このパターンを承認事項ごとに繰り返すことで、満たされているかどうかを確認する必要のあるすべての承認のコレクションができあがります。**図2-3**はBaseApprovalクラスと継承したクラスの実装との関係を示しています。そして、それらの承認をすべて配列のような何らかのコレクションにまとめます。

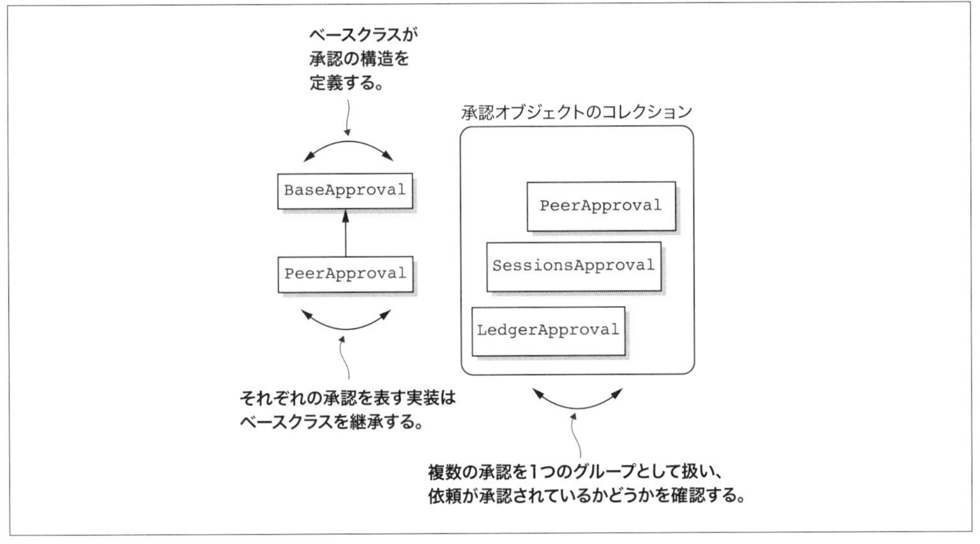

図2-3 承認プロセスのためのクラスの構成

それぞれの承認を作成できたので、次に承認プロセスに属するすべてのオブジェクトのリストを作成します。そしてループの中で、これらのオブジェクトのメソッドを呼ぶことで、一連の承認処理を実装できます。こうすることでメインの実行コードにたいした変更を加えることなく、新しい承認ステップを簡単に追加できます。

例2-3 承認のループ処理

```
import sys
def main():
    approval_classes = [PeerApproval,SessionApproval,LedgerApproval]   ❶
    for approval_class in approval_classes:
        result = approval_class().is_approved()                          ❷
        if result[0] == False:
            sys.exit(result[1])                                          ❸
```

❶ すべてのApprovalオブジェクトを列挙する
❷ クラスのインスタンスを生成し、承認されているかどうかを確認する
❸ 承認されていない場合はエラーメッセージを表示して終了する

この方法を承認に関するすべての領域で繰り返し、それぞれの確認を個別の承認クラスにカプセル化します。こうすることでシステムが堅牢になり、承認基準の変化に応じて承認のリストを増減できます。

2.6.3 ロギングプロセス

承認のログを確実に取ることで、必要な人に変更について知らせるという課題に対処できます。ログはプッシュ型よりもプル型のプロセスです。つまりユーザーが自ら情報を取得できるようにするためのしくみであり、システムからユーザーに情報を送るものではありません。自動処理の中にロギングプロセスを含めることで、後から監査やトラブルシューティングをする際に役に立ちます。さまざまな自動処理のログを共通の場所に記録することで、変更に関わっていない人も変更の詳細を容易に把握できます。マーフィーの法則によれば、あなたが変更に関与している限りはそこから発生する問題に巻き込まれることはありません。

組織やその監査要件によって、アプリケーションが行ったさまざまなステップをどのように記録するかは変わってきます。ここでの私のお勧めは、あらゆる自動タスクを、企業で使用しているイシュートラッキングツールや作業トラッキングツールのチケットに結び付けることです。ほとんどのイシュートラッキングソフトウェアソリューションにはきちんとドキュメントが整備されたAPIがあり、チケットを作成することで自動処理を開始するといった連携が可能です。自動処理をチケットに結び付けることで、組織内のほかのプロセスが現在行っているのと同じシステム・管理・ルールに従って、追跡・可視化・レポートが可能になります。これは自動化されたプロセスで起きていることを皆に共有する上で非常に役に立ちます。

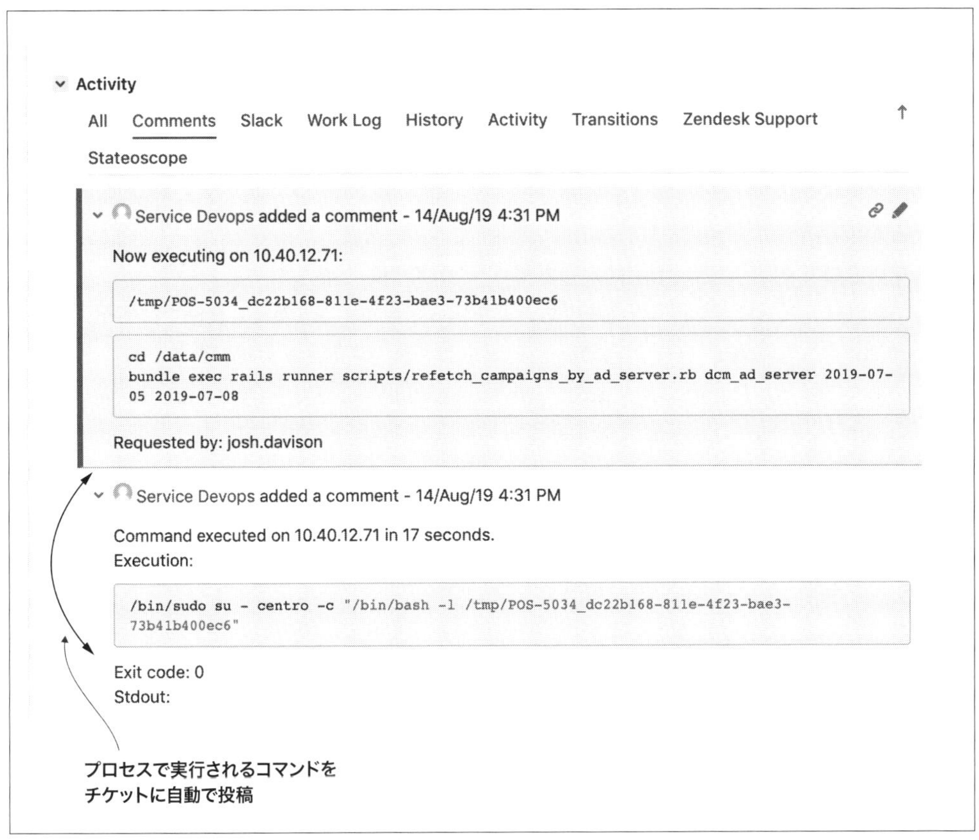

図2-4　プロセス中のチケットへのコメントの自動化

私の現在の勤め先であるCentroでは自動処理のトラッキングツールとしてJira Softwareを使用しています（**図2-4**）。チケットに書き込まれるコメントを通じて自動コードが作業を進めていく様子を見ることができます。自動ツールはJira Softwareのチケットに自動的にコメントを書き込むように作られています。これによりプロセスのばらつきをなくすことができます。というのも人間は必要なコメントを忘れたり、変更された時間を間違って記載したりすることがあります。自動化によってこういったミスがなくなり、プロセスが一貫したものになります。

こういったシステムは監査役がとても気に入ります。監査役からランチをおごってもらいたいなら、できるだけ多くのプロセスの依頼・承認・追跡・ログの記録を一ヵ所で行う必要があります。この目的にはチケットシステムが最も理にかなっています。仮にこういった処理が複数のシステムに分かれているとしても、各ステップやトランザクションは単一のシステムに記録しましょう。あなたが直近の変更でお金を横領していないことを証明するために、7つの異なるシステムからスクリーンショットを取らなければならなくなるような構成は避けましょう。

2.6.4 通知プロセス

通知プロセスは平常時には必要とされませんが、必要なステップの1つです。何か問題が起きたときは、プロセスの実行の際に適切に通知が行われているかどうか皆が騒ぐでしょう。しかし何度も実行が成功すると、その通知はメールフィルタによって「15日後に削除」フォルダに送られます。通知が参照されるのは、ある人が通知を受け取っていないと文句を言いたいがために自分が通知を受けたかを確認するときだけです。これが現実です。このように通知メッセージはほとんど参照されないものですが、それでも通知が必要というのは合理的な要求です。

可能であれば、送信処理を行う既存のシステムを使って通知するのが最も良いでしょう。最も一般的な通知はもちろん電子メールですが、渋い顔をしてテキストメッセージの方が良いと要求する人もいるでしょう。PagerDuty（https://www.pagerduty.com/）やOpsgenie（https://www.atlassian.com/software/opsgenie）のようなオンコールシステムがあれば、そういったサービスのAPIを利用することは良いやり方です。これによりメッセージの送信処理が簡素化され、ユーザーが自分で通知をどう受け取るか（電子メール、テキストメッセージ、電話）を設定でき、サービスにその通知処理を任せることができます。この方法の欠点は、通知の対象がそれらのサービスのアカウントを持っている人に限られてしまうことです。ユーザー単位でライセンスされるサービスではコストがかさむ可能性があります。この方法を採用できない場合は昔ながらの電子メールに頼ることになるでしょう。

電子メールでの通知を設計する際には不必要な作業をしないように気を付けましょう。まず、通知する先のメールアドレスをアプリケーションで管理しないようにしましょう。その代わりに可能な限りアプリケーションから独立した既存の配信リストを利用しましょう。そうすることでいくつかのことを防げます。

- メールアドレスリストの追加や削除といった面倒な作業が不要になります。
- 従業員が退職する際には退職プロセスでそのユーザーをシステムから削除するはずです。配信リストもこのしくみによって管理されていれば、アプリケーションで個別にリストを維持したり、誰かが退職するたびに大量のバウンスメールを送信してしまうことがなくなります。
- 通知リストの管理は組織のサービスデスクのプロセスで行うことができるはずです。もちろんあなたがサービスデスクである場合は、このユーザー管理の苦痛から逃れることはできませんが。

通知プロセスを設計する際には、自分やチームの管理作業を増やしてしまって、付加価値のある活動のための貴重な時間を奪うことのないように注意しましょう。たとえばユーザー管理・リスト管理・採用と退職・通知の配信確認などがそういった管理作業に該当します。これらの作業は絶対に避けてください。（PagerDutyのような組織内で使っているツールを使って）プロセスを完全にアウトソースするか、サービスデスクのような組織内の既存のプロセスを利用することでほかの人に任せましょう。

2.6.5 エラー処理

あなたの仕事で唯一確実なことは遅かれ早かれ失敗するということです。これはタスクを自動化するために書いたコードも同様です。エラー処理は複雑な問題です。エラーへの対処法としては、最も妥当と考えられる対応をデフォルトの挙動としてすべてのエラーを自動的に修復したくなるでしょう。しかしこの自然な反応に対しては全身全霊をかけて抵抗しましょう。

よく起きるエラーケースに対処するのは良いことです。しかしそのエラーケースに対して、よく知られている解決策を安易に当てはめて自動で復旧しようとするのは良い考えではありません。たとえばWebサーバが、ある異常状態になることがあり、その状態になったら再起動が必要であるとわかっているとします。とても単純な話に聞こえますが、もしそのサービスが別の理由で同じような異常状態になるとしたらどうでしょうか？　Webサーバにおいて、計算量の多い重要な処理が実行されて過剰な負荷がかかったときの挙動が、別の原因で引き起こされる障害と同じだとしたらどうでしょう？　こういった障害が起きる原因は多岐にわたり、それに対する明確な対処法を特定するのは想像以上に困難です。

私の意見では、迷ったときの最良の選択肢はエラーを出してユーザーにできるだけ多くの情報を提供し、タスクを再起動するかどうかはユーザーに判断してもらうというものです。エラーメッセージは自動タスクのログメッセージと同じ場所（できればチケットシステム）に記録しましょう。どこまで詳細な情報を記録するかはプロセスによりますが、チケットに記載される情報が多ければ多いほど、何が問題だったのかを理解しやすくなります。エラーからの自動修復についても同様です。コードが十分に賢いおかげでエラーを検出し適切な修復手段を実行できるとしても、エラーを検出したこととその修復手段は、そのプロセスで使っているログシステムに記録するべきです。

さまざまな失敗するケースを経験するはずですので、そういったケースに対処するコードを書いていきましょう。そうすることで、賢く自動修復できるケースを徐々に増やしていくことができます。初めからすべてを解決しようとしないでください。多くの変化が起きるので、時には自動修復ではなく単にエラーを出すことが最良の解決策となる場合もあります。

2.7 継続的な改善に向けて

自動化に向けたアプローチの準備ができたら実装を始めましょう。しかし最初から完璧である必要はありません！　このアプローチを繰り返し、時間をかけて少しずつ改善していきましょう。人為的なゲートの一部だけでも取り除くことができれば、チームメンバーは自信を持ち、開発と運用の間であれ開発と顧客サポートの間であれチーム間の関係がよくなっていることにすぐに気付くでしょう。手作業で行われる付加価値の低いゲートキーピングタスクを取り除くことでサイクルタイムを短縮し、より早く物事を終わらせることができます。ほかのチームに承認や実装を依頼して

1、2日待つ必要がなくなることで、どんなに多くのことが可能になるか考えてみてください！

ただしこれが1回限りのものだとは決して思わないでください。作成されたコードは新しいユースケースが発生するたびにメンテナンスやアップデートが必要になります。このような作業を確実に行うために、チームに継続的に適切なキャパシティを確保し、優先順位付けのプロセスを盛り込む必要がありますが、これについては後の章で説明します。

2.8　本章のまとめ

- 不要なゲートキーピングがないかプロセスを検証しましょう。
- なぜ承認が必要なのかを理解しましょう。
- 承認プロセスが解決しようとしている懸念事項を自動化で解消しましょう。
- 自動処理におけるログ・通知・エラー処理に関する懸念事項をうまく解決できるような設計をしましょう。
- 自動化の継続的な改善に取り組みましょう。

3章 盲目状態での運用

本章の内容

- 運用の役割の変化
- アプリケーションに役立つメトリクスの作成
- 価値のあるログを生み出すための習慣

システムを起動するとき、一連のタスクが決まった順序で実行され、いくつかの結果が得られることを私たちは期待します。時にはプロセスの中でエラーが発生し、それを解決するために何らかのクリーンアッププロセスを実行する必要が生じるでしょう。完璧な状態でシステムを動作させることは非常に複雑であり、システムの異常を把握するためには多くの改善が必要です。

期待通りの処理が行われているかどうかを確認するためのツールがないと、システムで何が起こっているのかを明確に把握できません。その場合チームは簡単に得られるメトリクスに頼ることになりますが、それではシステムがどのように機能しているのか、実際のビジネスにどういった影響があるのかを把握できません。一般的なパフォーマンスの数値はあったとしても、運用の観点からは事実上、盲目状態なのです。このような状態で運用していては、システムに関して適切な意思決定はできません。

3.1 苦労話

ある日、昼間に運用グループに通知が届きました。その呼び出しとほぼ同時にメールやインスタントメッセージが飛び交います。人々はデスクから立ち上がり、通知が自分のコンピュータだけに届いたのか、それとも何か大きな問題が起こっているのかを確かめようとしています。Webサイトがダウンしていました。外部からの監視によるヘルスチェックが直近で3回失敗したためアラートが発生しました。

残念ながら、このアラートにはチームが何に注目するべきなのか十分に記載されておらず、チームは調査をゼロから始める必要がありました。彼らは最初に最もよく疑われる項目から調査を始めました。Webサーバのシステムメトリクスは正常でした。メモリは問題なく、CPUのわずかなスパイクやディスクパフォーマンスも許容範囲内でした。次にデータベース層でも同じチェックを行いましたがそれらのメトリクスも同様に問題ありませんでした。

サーバが正常に機能しているように見えたので運用チームは開発チームにエスカレーションしました。開発チームも何を調べれば良いのか完全にはわかっていません。開発チームは本番システムにアクセスできないので運用チームに指示を出しながら調査を進めました。その結果データベース上で大量のクエリが実行されており、そのほとんどが待機状態であることがわかりました。Webサーバを見ると同じように多くのプロセスがありました。おそらくWebリクエスト内で発行したSQLクエリの終了を待っているのでしょう。ある時点でWebサーバは限界に達し、ヘルスチェックページへのリクエストに応答しなくなりました。より深く調査した結果、チームはブロックしているクエリを停止できました。これによりほかのすべてのクエリも完了し、Webサーバのキューは空になり、再び新しいリクエストの処理を開始できました。

問題の原因を突きとめるために多くの時間が費やされました。問題がエスカレーションされたとき、エスカレーションされた人たちはトラブルシューティングに役立つシステムの状態を確認する権限を与えられていませんでした。その代わり彼らは運用グループに大きく依存していました。ダウンタイムに金銭的なコストが発生する場合、システムの信頼性はお金に直結します。

チームメンバーはシステムメトリクスに関するグラフ・チャート・アラートのすべてを持っていましたが、システムがなぜ誤動作したのかを理解するには不十分でした。CPU使用率が急上昇したのは関係あるのでしょうか？　CPU使用率が90％になったとして、それが顧客に影響を与えるのでしょうか？　チームがこれらのメトリクスを監視しているのは、多くの場合それが利用可能であるからというだけの理由です。先の例ではこれらのシステムメトリクスには問題がなかったため、運用チームがそれ以上トラブルシューティングできずエスカレーションを余儀なくされました。しかしエスカレーションした後も、役に立つメトリクスは収集されておらず、したがってそういったメトリクスを使ったアラートも発生していませんでした。システムはパフォーマンスについて正しい疑問を投げかけていない（答えていない）状態だったのです。多くの組織において、ログの中にはシステムで起こっていることについての驚くほど多くの情報が含まれています。たとえば長時間実行されているクエリをデータベースのログに自動的に記録するように設定できます。しかし、さまざまな理由でこういった洞察はシステムのパフォーマンスを理解する目的では利用されずにいます。本章では皆さんがメトリクスとログの両方をより効果的に活用できるよう手助けをしていきます。

本章ではDevOps組織がメトリクスを利用するさまざまな方法と、ビジネスの文脈でシステムがどのように動作しているかについて、それらのメトリクスが何を示すかを学びます。しかし、このようなビジネスの文脈を理解するためには、開発者や運用スタッフは、運用しているアプリケーションシステムをより深く、より詳細に理解する必要があります。本章ではシステムで追跡すべきメトリクスを作成するさまざまな方法について紹介します。本章の最後ではログの記録と集約について議論します。システムはより広範囲に分散するようになってきており、どのような規模の組織でもログを集約する必要がでてきています。

3.2 開発と運用の役割を変える

本書ではDevOpsが単なる技術的な変化を超えて、チームの連携やコラボレーションの方法を変えるものであると述べてきました。その例としてDevOps組織における開発チームと運用チームの役割と責任の変化以上のものはありません。

従来、開発と運用の責任は真っ赤な線で分けられていました。運用はアプリケーションのデリバリを可能にする基盤となるハードウェアとインフラを担当していました。皮肉なことに「デリバリ」の定義はあいまいで近視眼的なものでした。サーバが稼働し、ネットワークが機能し、CPUやメモリのステータスに問題がなければ、アプリケーションに問題があったとしてもそれはコードの書き方が悪かったからだと考えられていました。逆に言えば開発者は自分のコードが本番環境に移行した後の責任を負いませんでした。ローカルの開発環境で再現できない問題は明らかにインフラに関わる問題だとされました。開発モードと本番モードでアプリケーションの動作が異なるはずがない！というわけです。こうして、なぜ本番環境のアプリケーションサーバが異なった動作をしているのかを解明するのは運用チームの責任となったわけです！

このような話に心当たりがある人はあなただけではありません。何年もの間、多くの組織がこのように機能してきました。しかしDevOpsは両チームの仕事のやり方を変えます。

すべての企業が本質的にはソフトウェア企業になってきており、運用チームがサポートするアプリケーションはもはや重要度が低く社内でしか使わないようなアプリケーションではありません。多くの企業においてアプリケーションは収益の原動力であり、企業が利益を上げるための中核となっています。社内ツールから収益源への変化に伴い、サポート対象のアプリケーションをより深く理解する必要性がますます高まっています。

サービスに異常が発生すると企業は相当な額の金銭を失うことになります。有名なKnight Capitalの騒動では、ソフトウェアの設定上の問題で株取引プラットフォームが誤った株取引をしてしまったため、1分間に1,000万ドルの損失が発生しました（https://mng.bz/aw7X）。アプリケーションが誤動作している間もCPUとメモリのグラフはまったく問題なかったはずです。CPUやメモリレベルのメトリクスは必ずしもビジネスを語るものではありません。

その一方で、アプリケーション開発者は自分たちが開発したシステムが本番でどのように動作するかをより詳細に理解することが求められています。システムが成長し、ますます複雑になるにつれ、本番前の環境で完全かつ徹底的にテストするのは実行不可能になりつつあります。本番前の環境には本番環境と同じトラフィックパターンがありません。本番前の環境には本番環境と同じようなバックグラウンド処理・サードパーティとのやりとり・エンドユーザーの行動もありません。こういった違いが実際に意味するのは、本番環境で初めてテストされる処理もあるということです。このような現実に直面したとき、開発者は自分のコードが本番環境でどう動作しているかを理解で

きなければなりません。この点を理解できなければ、開発者の書いたコードは長期間にわたって未知の挙動に悩まされるでしょう。

このような新たな現実に伴って、開発と運用はどちらも新たな責任を負うことになります。この挑戦に対処するには両チームともシステムが何を行うのかを理解する必要があります。そして、システムが期待通りに動いているかを確認できなければなりません。エラーがないからといって期待通りに動いているとは限らないのです。

3.3　プロダクトの理解

あなたのアプリケーションは何をするものでしょうか？　これは簡単な質問に見えるかもしれません。たとえば必要最低限の機能だけを持つeコマースサイトは一見すると非常にシンプルです。ユーザーがサイトにアクセスし、カートに商品を入れてチェックアウトすると商品は顧客に発送されます。しかし、このようにシンプルなeコマースサイトでも詳細を見てみると信じられないほど複雑です。たとえば次のような疑問が浮かび上がってきます。

- クレジットカードの処理はアプリケーション自身が行うのか、それともサードパーティと連携するのか？
- 在庫の確認は購入が完了する前に行うのか、後に行うのか？
- 注文データはどのように出荷施設に送信されるのか？
- クレジットカードの処理は同期的に行われるのか、非同期的に行われるのか？
- 追加購入のお勧めはどのように生成されるのか？

これらはシステムに想定される動作の例です。これらを理解することはアプリケーション全体の動作を理解する上で重要です。

サポートしているプロダクトを理解することによって、システムが期待通りに機能しているかを確認するためのメトリクスをより深く理解できます。たとえばクレジットカードを処理するためにサードパーティと連携しているアプリケーションの場合、クレジットカードを処理する速度を測定するメトリクスを取得すると良いでしょう。このメトリクスの値が低下した場合、サードパーティに問題が発生して処理時間が増加している可能性があります。出荷施設に送信した注文は確認されているでしょうか？　送信した注文と確認された注文の間に大きな不一致が生じた場合、これら2つの施設間で何らかの通信問題が発生している可能性があります。

これらの情報の多くはシステムを構築することを仕事としている開発者にとっては当然のものでしょう（システムが**なぜ**そのような方法で処理を行っているかを理解することは別の話題になります）。しかし、このようなレベルでアプリケーションを理解することは、これまで多くの運用チームの範疇を超えていました。運用チームはインフラやネットワークに重点を置き、アプリケーションの部分は開発者に任せてきました。

しかしDevOps組織ではこのようなことはあり得ません。DevOps組織では、機能やプロダクトをエンドユーザーに迅速に提供することを継続的に推進し、実現することが目標となります。これは結果的に、チーム間の調整を少なくすることにつながります（協力と調整は同じものではありません）。運用チームが異常事態に対応できるかどうかは、正常とは何かを理解しているかどうかにかかっています。こういった知識はプロダクトを理解し、時間をかけて観察することで初めて得られます。プロダクトを理解していない運用エンジニアは、Amazonの多くのIaaSサービスのようなソリューションにすぐに取って代わられてしまうでしょう。もしあなたがプロダクトを理解しようとしないのであれば、あなたはIaaSが提供するAPIよりも役に立っているでしょうか？　ツールに関する専門知識と会社のプロダクトやビジネスに関する知識の組み合わせが運用エンジニアの価値であり必要とされているものなのです。プロダクトを理解することはDevOps組織では必須です。ビジネスの観点から理解して価値を付加しなければ、単純なAPIコールに置き換えられて失業する可能性があります。

3.4 運用の可視化

運用の可視化はメトリクスとログという2つの主要な情報源によって可能になります。これら2つはどちらかだけでも問題ないように思われるかもしれませんがそれは確実に違います。**メトリクス**とはシステムリソースのある時点での測定値のことです。一方**ログ**は、システムで発生したイベントを記述した、システムが生成するメッセージです。ログにはイベントについての説明が記載されており、メトリクスよりも細かな詳細を把握できます。この節ではメトリクスを中心に説明し、ログについてはのちほど説明します。

メトリクスは、システムで発生しているさまざまなアクティビティの状態を伝えるのに適しています。CPU使用率・メモリ使用率・ディスク使用率などの標準的なシステムメトリクスを超えて、アプリケーションやそれをサポートするチームにとって最も重要なメトリクスを設計・開発・可視化するのは、残念ながらエンジニアであるあなたに委ねられています。このことを念頭に置いて、運用の可視化を実現するための最初のステップは、システムメトリクスに加えてアプリケーション用のカスタムメトリクスを開発することです。

システムを扱う際に、その動作を理解するのに役に立つメトリクスが3つあります。それはスループット・エラー率・レイテンシの3つです。別の言い方をすれば、これらのメトリクスについて考えるということは測定対象について次の3つの質問をするということです。どのくらいの頻度でこの処理が発生しているか？　どれくらいの頻度で失敗しているか？　完了するまでにどのくらいの時間がかかるか？

スループットは一定期間内にシステムを流れる仕事の量として定義されます。Webサーバを運用している場合、スループットは一定期間内に処理したリクエストの数になります。スループットの時間軸はシステムのアクティビティの量に大きく影響されます。それなりに人気のあるWebサイトでは、スループットを1秒あたりのヒット数で測定するでしょう。スループットはシステムがどれだけ忙しいかを知るのに役立ちます。また、このメトリクスを1秒あたりの注文数のような、よりビジネスに特化した文脈で表すこともできます。これを測定するには、ある一定期間内に注文を確定した（チェックアウトした）ユーザーの数を使うと良いでしょう。

エラー数とエラー率は似ているようでまったく異なります。**エラー数**はほとんどのエンジニアがよく知っているメトリクスです。これはプロセスやシステムが開始されてから発生したエラーの数を集計することで計測します。すべてのシステムにはWebリクエストのような作業の単位があります。この作業単位はアプリケーション内の基準に基づいて成功または失敗と判断されます。エラー数とは、システムにおいて失敗した作業単位の数を単純に集計したものです。

エラー率はリクエストの総数に対するエラー数の割合で表されます。エラー率を計算するには失敗した作業単位の数を計測し、それを作業単位の総数で割ります。たとえば作業単位がWebリクエストで100件のリクエストがあったとすると、それが作業単位の総数となります。これらのWebリクエストのうち10件が失敗した場合、エラー率は10％（10 ÷ 100）となります。

エラー率はシステムに詳しくない人でも文脈がわかるのでエラー数よりも役に立ちます。たとえば1分間に500件のエラーが発生したと聞くと多いと感じるかもしれません。しかし、そのサンプル期間のリクエスト総数が1万件であると聞けばその印象も変わるでしょう。普段のリクエスト数を把握していない人にとって500件という数字は心配になるかもしれません。しかし、0.005％という数字であれば総トラフィック量と比較したエラーの範囲を伝えることができます。またトラフィック量が変動してもアラートを出しやすくなります。

最後に、**レイテンシ**とは特定のアクションが完了するまでの時間を測定したものです。Webリクエストを例にとると、レイテンシはWebリクエストが完了するまでの時間を表します。スループットと組み合わせることでレイテンシは将来のキャパシティプランニングの指標となります。5つのリクエストを同時に処理でき、各リクエストを処理するためのレイテンシが1秒の場合、もし1秒間に10のリクエストを受け取っていたら、その量のリクエストを処理するのに十分なキャパシティがないので、処理待ちの列が無限に増えていくことになります！　何を測定するかを決める際、この3つメトリクスを検討すると良いでしょう。

3.4.1　カスタムメトリクスの作成

アプリケーションの運用状況を可視化するためにはカスタムメトリクスを作成する必要があります。具体的にどのように設定するかは使っている監視システムによって大きく異なります。この節では、監視システムごとにどう設定するかをすべて列挙するのではなく、カスタムメトリクスを定義するしくみに焦点を当てます。そのメトリクスを設定する作業は読者の皆様にお任せします。

メトリクスには一般的にゲージとカウンタという2種類があります。**ゲージ**とは、ある特定の瞬間の数値を表します。車の速度計を思い浮かべてみてください。そこには速度が表示されますが、これは特定の瞬間における速度を表しています。システムにおけるゲージとしては、たとえば「利用可能なディスク容量」があります。このメトリクスはあるタイミングで計測され記録されます。

カウンタは、あるイベントが発生した回数を表し、増加し続ける値です。カウンタは車の走行距離計のようなものだと考えてください。車が1キロ走るたびに1ずつ値が増えていきます。値は常に増加します。システムにおけるカウンタとしては、たとえばWebページのヒット数があります。ユーザーがWebサイトを訪問するたびにカウンタが1つ増えて訪問を記録します。また一定期間カウンタを測定し、ちょっとした計算をすることでイベントが発生する割合を計算できます。最初にカウンタをチェックしたときの値が100で、1時間後の2回目のチェックで200だった場合、カウンタは1時間に100回のイベントが発生していると判断できます。より細かい測定が必要な場合は測定頻度を上げると良いでしょう。ほかのタイプのカウンタもありますが、これらの2つのカウンタで多くのことが得られます。

3.4.2 何を測定するかを決める

何を測定するかを決めるのは難しい作業です。この項ではキューイングシステムに焦点を当てます。ほとんどのアプリケーションシステムは何らかの形でキューイングシステムを使っており、ほとんどすべてのキューイングシステムアーキテクチャではよく知られたパターンが使われます。

キューイングシステムは大規模な作業をより小さく分割するために使用されます。それと同時に作業の非同期実行や関心事の分離にも使われます。キューイングシステムでは、作業を作成するプロセスとそれを実行するプロセスを分離します。こうすることで、作業を処理する速さやリソース面でのシステムの負担に柔軟に対応できます。

キューイングシステムの中心となるのはメッセージキューそのものです。パブリッシャプロセスは作業を開始してキューにメッセージを作成する責任を持ちます。コンシューマプロセスはそのメッセージを読み、要求されているタスクを実行する責任を持ちます。図3-1にこのプロセスの概要を示します。

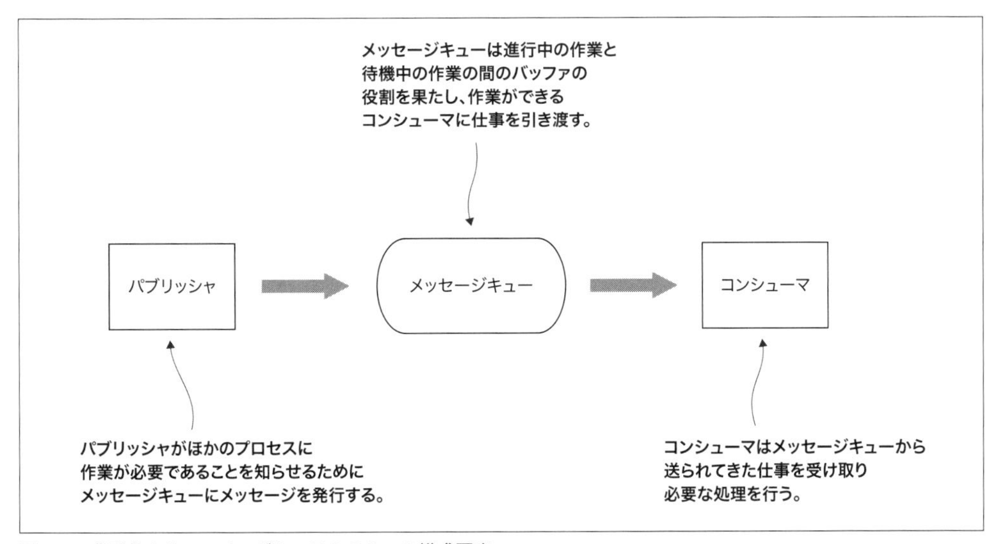

図3-1 典型的なキューイングシステムの3つの構成要素

実世界でのキューイングシステムの例として郵便ポストが挙げられます。手紙を郵送する場合、あなたはシステムにおける**パブリッシャ**の役割を果たします。手紙を準備してポストに持っていきます。ポストは**キュー**の役割を果たします。ポストはあなたの手紙を受け取り、コンシューマがその手紙を受け取りに来るのを待ちます。このシナリオでは**コンシューマ**は郵便局です。郵便局員はポストに立ち寄りキューを空にして、手紙を宛先に届けるプロセスを開始します。パブリッシャであるあなたは、郵便局がどのようにして宛先に手紙を届けているのかを知る必要はありません！あなたがやるべきことは、決められた手順にしたがってメッセージをキューに入れるだけです（手紙を送るには差出人の住所・受取人の住所・切手が必要です）。定期的にポストが満杯になるようであれば、郵便局員はポストをチェックする頻度を増やします。ポストが空になることが多ければ、郵便局員はポストをチェックする頻度を減らします。

アプリケーションではこういったキューイングシステムのパターンをよく使います。キューイングシステムにはいくつかの重要なメトリクスがあります。アプリケーションの各部分に着目して、測定する必要のあるものについて考えてみましょう。このシステムには3つのフェーズがあります。メッセージを作成する・メッセージをキューに入れる・メッセージを消費し処理する、という3つです。この3つの動作を合わせたものが、キューイングシステムのスループットとなります。しかし監視なしでは、処理が遅くなったり停止したりしても、何が問題の原因なのかを把握できません。これを解決するのがメトリクスです。この3つのコンポーネントにメトリクスを追加することで、システムを監視できます。まずパブリッシャから見てみましょう。

パブリッシャはコンシューマが処理するためのメッセージをキューに発行する役割を担っています。これを追跡するにはパブリッシャがその仕事をしていることを知る必要があります。ここでは発行されたメッセージを追跡するカウンタメトリクスが最も理にかなっています。このメトリクスを`messages.published.count`と呼ぶことにします。このメトリクスによりパブリッシャアプリケーションがメッセージを発行していることを確認できます。メッセージが発行されるたびに`messages.published.count`の値を1増やします。`messages.published.count`の値を1分ごとにサンプリングすれば、メッセージが発行される速度を知ることができます。このメトリクスを使用すると3つの重要なことが一目でわかります。

- `messages.published.count`の値の増加が止まった場合、メッセージ処理システムの全体的なスループットはパブリッシャ側のプロセスによって影響を受けていると判断できる。
- 発行されたメッセージ数が急増した場合、メッセージの流入によりコンシューマ側で処理できる作業量を超えてしまい、処理が追いついていない可能性があると判断できる。
- 発行されたメッセージの数の増加が遅くなった場合、入ってくる仕事の速度が遅くなり、その結果メッセージ処理システムのスループットも遅くなると判断できる。

たった1つのメトリクスでメッセージ処理システムの多くの情報を収集できます。これはキューが満杯になったときに非常に役に立つでしょう！　発行されるメッセージの数が増えているのか、それとも消費され処理されるメッセージの数が減っているのか？

次にシステムのキュー部分について考えてみましょう。ここでは2つの主要なメトリクスを構築して観察します。まずは**キューのサイズ**で、これはゲージメトリクスです。キューのサイズを知ることでシステムがどのように振る舞っているのかをある程度知ることができます。このメトリクスを`messages.queue.size`と呼ぶことにします。キューが複数ある場合はそれぞれのキューごとに別のメトリクスにすると便利でしょう。その場合、`messages.queue.new_orders.size`のように、キューの名前をメトリクスに含めることで実現できます。簡単にするために今回は`messages.queue.size`という名前を使用しますが、キューの名前をメトリクス名に含める場合も同じ考えを適用できます。

キューのサイズのメトリクスはグラフ化するのに向いています。グラフ化したときにキューのサイズが継続的に増加していたとすると、パブリッシャが発行するよりもコンシューマの消費速度が遅い可能性を示しています。キューのサイズが継続的に増加すると、アプリケーションに壊滅的な結果をもたらす可能性があります。どんなキューでも容量に限界があります。最終的にはキューは容量の限界に達し、キューイングシステムは新しいメッセージを拒否し始めるでしょう。それらのメッセージはどうなるのでしょう？　パブリッシャはリトライするでしょうか？　リトライする場合どのくらいの頻度でしょうか？　これらの疑問への対策はアプリケーションごとに検討する必要があります。しかし、どのような対策をとるにせよ、いつ容量の限界に近付いているかを知ることは大切です。たいていの場合、キューサイズはメッセージキューイングシステムから何らかの形で取得できます。RabbitMQ、ActiveMQ、Amazon Simple Queue Service（SQS）、およびKafkaでは、すべてキューサイズに関するメトリクスを取得できます。このメトリクスを取得して監視プラットフォームに送信します。

キューのサイズに加えて、**キューレイテンシ**も収集すべき有用なメトリクスです。キューレイテンシとは、メッセージがコンシューマによって取得され処理されるまでのキュー内での平均待ち時間です。これは、アプリケーションのコードに大きく依存しており、このメトリクスを出力するためにはアプリケーションを変更する必要があります。しかしその変更は非常に簡単でしょう。

まずキューに発行されるメッセージの中に何らかの形でタイムスタンプを含めましょう。ほとんどのメッセージバスは自動的にこれを行いますが、複数のメッセージバスプラットフォーム間の一貫性を保つために、明示的にメッセージに含めても良いでしょう。パブリッシャのコードに簡単な修正を加えるだけで各メッセージにこのデータを含めることができます。そしてコンシューマがそのメッセージを取得する際に、メッセージが発行されたタイムスタンプから現在までの経過時間を計算します。コンシューマはそのメッセージに対して必要な処理を開始する前に、キューレイテンシメトリクスを発行します。**図3-2**にこのプロセスのフローを示します。

なぜ実際の処理を行う前にメトリクスを発行するのかと思われるかもしれません。運用面を考えると、メッセージの取得にかかった時間（キュー時間）とメッセージの処理にかかった時間（処理時間）を分けて考えた方が良いです。アプリケーションの処理が終わった後にメトリクスを発行する場合を想像してみましょう。その時間が1500ミリ秒（ms）だったとして、これだけでは何を最適化すれば良いのかわかりません。1400ミリ秒間キューに入っていて実際の処理には100ミリ秒しかかからなかったとしたらどうでしょう？　その場合を最適化するのと、メッセージがキューに入っていた時間が100ミリ秒で実際の処理に1400ミリ秒かかった場合を最適化するのとではまったく異なります。キュー時間と処理時間のメトリクスが分かれていることは、今後のトラブルシューティングに役立ちます。

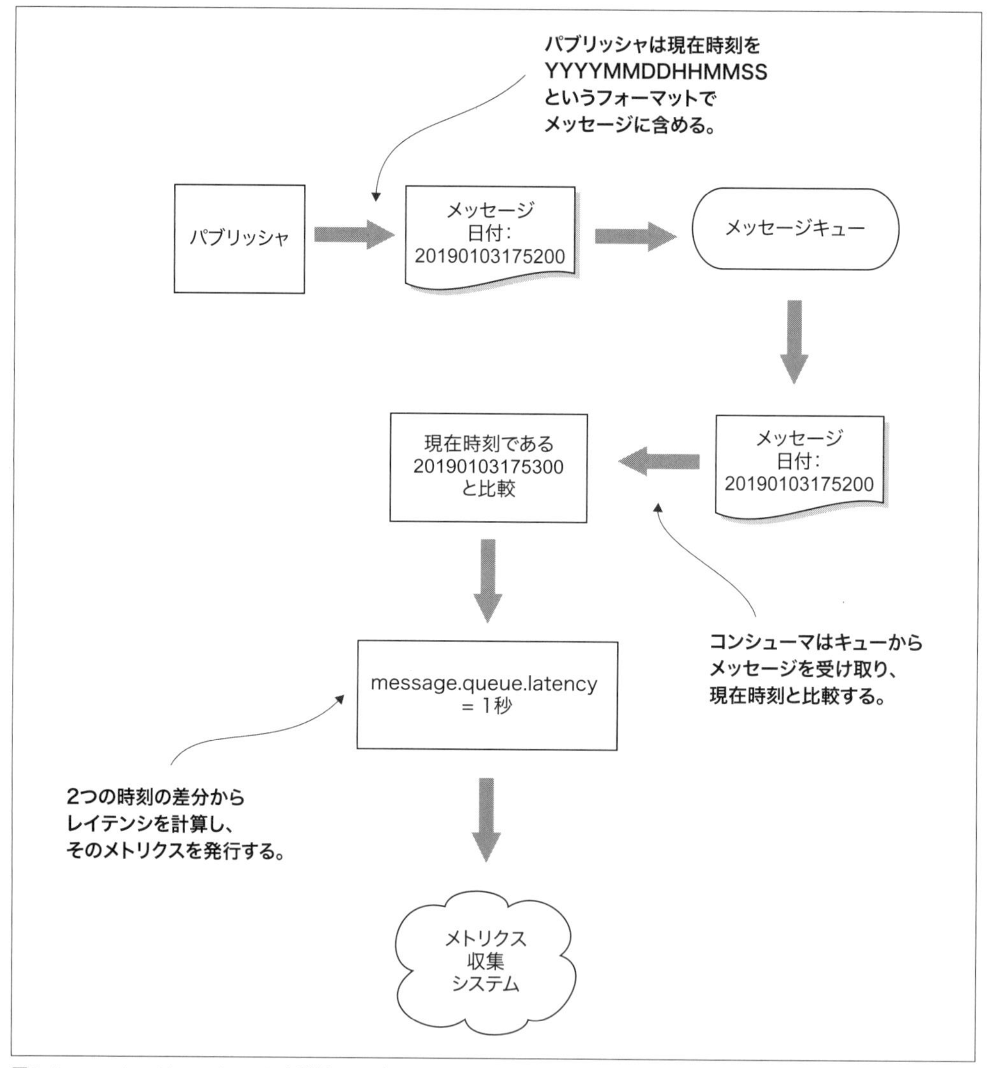

図3-2　メッセージのレイテンシを計算するプロセス

そしてプロセスの最後の部分であるコンシューマが登場します。コンシューマのメトリクスはパブリッシャのメトリクスと似ていますが、逆です。コンシューマのメトリクスは`messages.processed.count`といった名前で、発行するときと同じようなメトリクスを、今度は消費する側で収集します。このメトリクスを頻繁にサンプリングすることで消費速度を算出できます。

最低限、こういったメトリクスをキューイングシステムから収集しましょう。ほかにも収集しておくと便利なメトリクスはあります。

- システム内で応答のないメッセージの数
- メッセージバスに現在接続しているコンシューマの数
- メッセージバスに現在接続しているパブリッシャの数

このようなメッセージキューイングのパターンは、メッセージバスを使っていない場合でもかなり一般的です。Webサーバとその背後で動作するアプリケーションを考えてみましょう。たとえばApache HTTPサーバを使ってユーザーからのリクエストを受け取り、そのリクエストをTomcatアプリケーションサーバにプロキシし、リクエストの動的な部分を処理するシステムを考えてみます。信じられないかもしれませんが、ここでもキューが働いています。

Apache HTTPサーバは、リクエストを受け取りTomcatに渡します。しかしHTTPサーバが一度に扱える同時接続数は限られています。Tomcatも同様に一度に扱える同時接続数は決まっています。HTTPサーバが、あるTomcatインスタンスにリクエストを送信しようとしてそのインスタンスがビジー状態の場合、HTTPサーバはTomcatインスタンスが利用可能になるまでそのリクエストを内部にキューイングします。HTTPサーバのキューサイズを監視することで、HTTPサーバがTomcatインスタンスの処理能力を超えた仕事を受けているかどうかがわかります。

このようにコンポーネントごとに考えることで、システムに適用できる新しい監視パターンを発見できます。今回はメッセージバスシステムを例にとりましたが、TomcatとHTTPサーバの例は明示的にメッセージバスアプリケーションを使っていない場合でもこのパターンを使用できることを示しています。

3.4.3 健全なメトリクスを定義する

メトリクスを定義したら、健全なメトリクスと不健全なメトリクスを分けるものは何かを定義する必要があります。もしくは少なくとも、メトリクスの値がどうなった場合にそれを確認したりエスカレーションして詳細な調査をするかを定義しましょう。後の章でも説明しますが、これは単純にアラートを出せば良いというものではありません。これには、サービスのパフォーマンスが大きく変化したことを知り、システムが「健全」かどうかを再評価するきっかけとなるものが必要です。

本章の冒頭の例をここでも使いましょう。チームがシステム上で実行されている同時クエリの平均数を常時監視していたとします。しきい値を超えた場合にアラートを出せば緊急の問題が発生していると知らせることができます。そしてデータベースが問題の原因である可能性を指摘し、ダウンタイムを減らすことができるでしょう。

もっと長期的な視点で考えると、このメトリクスはキャパシティプランニングなどにも役立ちます。Webサイトにより多くのリクエストが集まると、同時クエリ数は増加します。同時クエリ数のメトリクスを定義することは、データベースのサイジングについての議論を始める良いきっかけになります。同時クエリ数の増加は予想されたものでしょうか？ あるいは、コードの一部が誤って過剰な数のクエリを発行しているのでしょうか？ あるいはアプリケーションが成長段階に達して、運用環境のサイズが適切かどうかを評価する必要があるのかもしれません。いずれにしても、健全な状態とはどのようなものかを定義することが重要です。その定義がなければ、あるメトリクスの数値が上昇し続けたとしても、それが今後問題が発生することを示す先行指標としては機能せず、実際に問題が発生した際のアラートによって初めて気付くようになってしまいます。

健全なメトリクスは開発や運用だけが関わる領域のように思えますが、ぜひプロダクトチームも巻き込んでください。レスポンスタイムのようないくつかのメトリクスでは、プロダクトチームが顧客の声を代弁しアプリケーションのどの部分が特に大切なのかを判断できます。たとえばダッシュボードアプリケーションであれば、ダッシュボード画面の読み込みはすぐに表示されるべきで、レポート表示や解析のような部分は少し遅くても良いといったようなことをプロダクトチームが判断するのです。アプリケーションのパフォーマンスはユーザー体験と密接に関係しています。またどの程度のアプリケーションのパフォーマンスを目指すのかによって、開発者の時間という限られたリソースがどのくらい必要なのかが左右されます。プロダクトチームに健全なメトリクスを定義するプロセスに参加してもらい、理解してもらうことで、**許容できる**パフォーマンスについて全員の合意を得ることができます。健全なメトリクスの定義については、6章で詳しく説明しますが、ここでも検討する価値があります。

3.4.4 故障モード影響分析

昔から使われる別の手法として、製造業などの安全性を重視する業界から借用したものがあります。それは**故障モード影響分析**（FMEA = failure mode and effects analysis）と呼ばれています。FMEAの目的は、プロセスを詳細に調査し、プロセスが失敗またはエラーになる可能性のあるすべての領域を特定することです。ここでいうプロセスとは、ソフトウェアに当てはめると、アプリケーションメソッドコールやHTTPリクエストなど、システムが正常に動作するために相互作用する必要のあるさまざまなものが相当します。

チームが、エラーが発生する可能性のある箇所を特定すると、そのエラーを3つの軸で1から10の尺度で評価します。1つ目の軸は**深刻度**で、これはそのエラーが発生した場合にどれだけひどいことになるかを評価するものです。各企業におけるビジネスへの影響から深刻度の順位付けをします。航空業界のような場合、深刻度が10は人命が失われることを意味します。フードデリバリのようなほかの業界では、10は顧客が注文した品を受け取ることができないという意味になるでしょう。2つ目の軸は**発生頻度**で、これはエラーがどのくらい発生しやすいかを評価するもので、10であれば確実に発生する、もしくはすでに発生したことを表します。そして最後は**検出可能性**で、これは社内の監視システムやメトリクスがエラーを検出する前に、顧客がそのエラーに気付く可能性を評価します。

これら3つのスコアを掛け合わせて、エラーに**リスク優先度番号**（RPN = risk priority number）を付与します。RPNにより最もリスクの高いものがどれか、優先順位をつけることができます。エラーをリストアップしRPNが割り当てられると、チームの目標はRPNの値を減らすことになります。そのためにはプロセスを変更してエラーが発生したときの深刻度を下げるか、エラーが発生する可能性を下げるか、自分たちよりも先に顧客が問題に気付く可能性を下げる必要があります。本章では最後の検出についての部分に焦点を当てます。そうすることで監視の選択肢を検討する際に必要な基準が得られます。

FMEAのプロセスは非常に綿密で、実施するには会議が何度も必要になることもよくあります。しかし定期的に発生する障害をどのようにして防げばよいのか途方に暮れている場合、FMEAプロセスはチームにとって非常に有益なものとなります。FMEAによって、アプリケーションがどのように動作するか定まっていない部分を表面化させることができます。私はFMEAを実施するたびに対象となるシステムについて非常に貴重なことを学んできました。

3.4.4.1 はじめに

まず検証するプロセスの範囲を決定します。プロセスの範囲を前もって定義することは重要です。Webアプリケーションの特定のエンドポイントが問題になっているのでしょうか？　もしくはバックグラウンド処理のジョブが問題かもしれません。いずれにしてもその範囲、つまり調査するプロセスの始まりと終わりを定義します。

選んだプロセスに基づいてチームを編成します。チームは運用・開発・ビジネスユーザー・そのほかのステークホルダーで構成し、問題に関する専門知識を持ったクロスファンクショナルなチームでなければなりません。このような包括的なチームにすることで、さまざまな視点やメンタルモデルでプロセスを見ることができます。開発者はHTTPコールの失敗とそれによって引き起こされる技術的影響について考えるでしょうし、カスタマーサポートの担当者は部分的に失敗することによってユーザーが混乱するだろうと考えるでしょう。データアナリストはデータベースが中途半端に更新されることによってレポートにどのような影響があるかを気にするかもしれません。このように、さまざまな視点から見ることで、プロセスの中でうまくいかない可能性のある事柄をより幅広く知ることができます。

チームを編成したら、大規模なチームミーティングの前にできるだけ詳細にプロセスをマッピングする必要があります。これはサブジェクトマターエキスパート（SME）[†1]からなる小規模なチームで行いましょう。この事前ミーティングの理想的な成果物はシステムとプロセス、チーム間の相互作用を示すスイムレーン図[†2]ベースのドキュメントです。

†1　訳注：ある特定の領域に詳しい人の事。

†2　訳注：プロセスを可視化する手法の1つ。プロセス上の関係者をそれぞれプールのレーンのように配置して、プロセスのステップがその関係者間をどのように推移するかを表したもの。

3.4.4.2 プロセスの例

あるWebshopper.comという架空のサービスのチームでは最近、顧客がチェックアウトする際に注文が失敗するケースに何度も遭遇してきました。これはビジネスにおいて非常に重要な部分であるため会社の上層部はFMEAプロセスを実施して問題を解決するか、少なくとも監視とアラートによって問題を検出する能力を高めることにしました。複数のSMEが集まり、**図3-3**に示すようなスイムレーン図を作成しました。

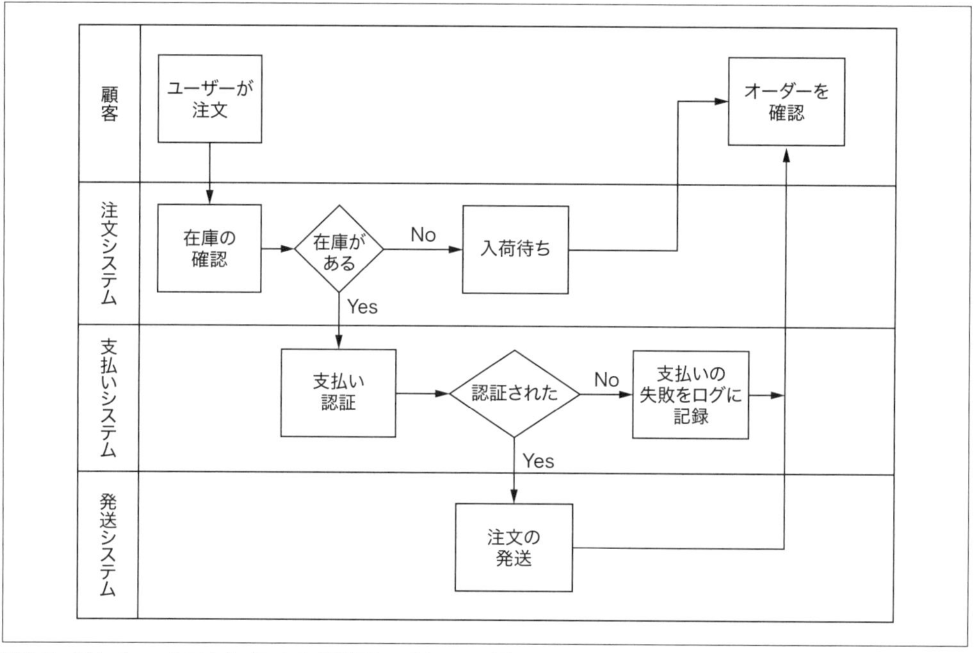

図3-3 Webチェックアウトプロセスの概要のスイムレーン図

Webチェックアウトプロセスをまとめた後、SMEチームは潜在的な障害ポイントを洗い出すブレーンストーミングに着手しました。障害ポイントとしては、2つのシステム間の通信の失敗のようなものから、エンドユーザーが入力したデータが適切にサニタイズされないといったことまでさまざまなものが考えられます。ここでは受注処理システムと外部の決済代行業者との間の通信に注目しましょう。決済代行業者がオフラインになったらどうなるでしょうか。決済処理に失敗し、システムは注文を拒否します。チームがこのリスクを特定したらそのスコアを付けます。

- **深刻度10**：直ちに収益が失われるため。
- **発生頻度6**：決済代行業者はこれまで非常に高い可用性を誇ってきたが、なにごとも時には失敗する。

- **検出可能性10**：ユーザーは注文のチェックアウト時にエラーを受け取るが、チームは現在この決済エンドポイントの死活監視を行っていない。
- **RPN 600**：これは次のように計算される。深刻度10 × 発生頻度6 × 検出可能性10 = 600。

RPNが600ということは、この問題はチームが遭遇しうるエラーの中でもかなり上位に位置するでしょう。次に評価した3つの軸のうち、どれかを下げることができるかを検討します。深刻度を下げるにはシステムを変更し、条件付きで注文を受け付け、決済代行業者がオンラインに戻るまで支払い処理部分をキューに入れる必要があります。発生頻度を下げるには複数の決済代行業者を利用することで対応できます。いずれも確実な解決策ですが、かなり大がかりな開発が必要になります。

しかし検出可能性についてはもっと簡単な解決策があります。決済代行業者の問題を検出するのに役立ちそうな次のメトリクスを監視すると良いでしょう。

- 決済代行業者へのコールのレイテンシを測定するメトリクスを作成する。レイテンシが上昇した場合、決済代行プラットフォームのパフォーマンスが低下している可能性がある。
- 決済代行業者へのコールが失敗した割合を示すエラー率メトリクスを作成する。
- 決済代行業者のヘルスチェックを行う。

これらのメトリクスにより決済代行業者の潜在的な問題を把握できます。これにより、今後の注文に影響を与える問題に対して先を見越して対処できます。また、これらのメトリクスに基づいてアプリケーションの動作を変更することで、たとえその注文の支払いをすぐに処理できなくても注文処理が中断されないようにできるでしょう。ここに挙げた障害やメトリクスはごく一般的な例です。

このような障害を検出できるようになったので、チームはRPNの検出可能性を再度評価します。チームは少し自信がついたので検出可能性を6に下げました。新たなRPNは360（深刻度10 × 発生頻度6 × 検出可能性6 = 360）となりました。これによって懸念が減り、ほかの問題よりRPNが低くなる可能性があります。

どこまで障害を掘り下げるべきか？

取り上げるべき障害は数多くあるでしょうが、チームがコントロールできるプロセスの範囲内であるべきです。たとえば注文システムへのWeb HTTPコールは、注文システムが過負荷になることによって失敗する可能性があります。またデータセンター全体がオフラインになったために失敗することもあります。FMEAチームの範囲にもよりますがデータセンター自体が停止することまで検討するのは、チームの範囲としては広すぎるでしょう。

必要に応じて、FMEAを実施して障害が起きる可能性のある箇所を発見し、それをどう緩和するか対策を検討するプロセスを継続しましょう。しかし何事もバランスが大切であることを忘れてはいけません。メトリクスの有用性と、それを収集するためのコストとのバランスを考慮しなければなりません。

3.4.4.3 インシデントや失敗から得られるメトリクス

見落とされがちですが、システムに障害が発生した際には、それを振り返ることで優れたメトリクスを見つけ出すことができます。障害が起きたあとは必ずその障害を振り返る**ポストモーテム**を行うべきです。この会議の名称はこれまでに変遷しているので、本書を読むころにはまた別の新しい名称で呼ばれているかもしれません。ただ失敗した後は、人が集まって失敗について話し合うべきだということだけは覚えておいてください。

ポストモーテムを行う際には「システムとその現状について答えられないような疑問があったか？」と継続的にグループに問いかけましょう。そうすることで監視システムに潜在する多くの欠落部が浮き彫りになります。Webサーバが新しい接続を受け付けることができなくなって拒否されたリクエストの数を知る必要があったとしたら、そのメトリクスを収集して監視システムに送信する方法を考えましょう。今あるメトリクスだけに満足してはいけません。システムに対して常に自問し、メトリクスによってその疑問に答えられるようにしなければなりません。

時には単純なカウンタでは得られない、もう少し深い情報が必要な場合があります。あるイベントについてより詳細な情報が必要な場合もあります。また特定の顧客からのリクエストに関する情報が必要な場合もあります。これらの情報はメトリクスからは取得できないでしょう。そのような場合にはログインフラに頼る必要があります。

オブザーバビリティについて

監視の世界では**オブザーバビリティ**が最新のトレンドになっています。オブザーバビリティは、メトリクスやログから得られる詳細な情報を可視化します。HTTPリクエストを見て、その情報を顧客IDを使って絞り込み、潜在的な問題やホットスポットを切り分けることができるのは、驚くべきことであり強力な技術です。

残念ながら本書を書いている時点では、オブザーバビリティツールやその長所・短所について本書で紹介できるほどの経験が私にはありません。しかし監視ツールキットの中でオブザーバビリティが主要なコンポーネントになると信じているので、いくつかの選択肢を検討することを強くお勧めします。調べるべきベンダーはVMwareによるWavefront（https://www.wavefront.com）[†3]、Honeycomb（https://www.honeycomb.io/）、そしてSplunk（https://www.splunk.com/）に買収されたSignalFXです。

3.5 ログを価値のあるものにする

ログは監視ツールキットの中でも最も古く、今でも非常に有用なツールの1つです。それと同時に適切に使われないことが多いツールでもあります。

3.5.1 ログの集約

最初に注意すべきこととして、ログは必ず構造化するべきです。**構造化されたログ**は、明確に定義されパース可能なフィールドと値を持つ、機械が読み取り可能なフォーマットにしたがって記述します。最も広く普及している構造化ログ形式はJavaScript Object Notation（JSON）で、ほとんどの言語やフレームワークにはJSON形式でログを作成するためのライブラリが用意されています。

機械が読み取り可能なフォーマットの利点は、ログ集約システムにログを記録して取り込むことができる点です。**ログ集約システム**はさまざまな異なるシステムからのログを集約し、一ヵ所での検索を可能にします。ログ集約システムはさまざまなものが存在します。有償SaaSソリューションとしてはSplunk（https://www.splunk.com/）やSumo Logic（https://sumologic.com）、無料のオープンソースのソリューションとしてはELK（https://elastic.co/what-is/elk-stack）と呼ばれるElasticsearch・Logstash・KibanaのスタックやGraylog（https://www.graylog.org）があります。構造化されたログフォーマットでは、フィールドや値を取得するための複雑で壊れやすい正規表現が不要なため、あらゆるシステムへのログの取り込みが非常に簡単になります。JSONのようなよく知られたフォーマットは、ログシッパーや集約サーバによって簡単に解釈できます。

ログ集約が必要になる背景には技術的な理由だけではなく文化的な理由もあります。まずDevOpsの中心的な考え方には、チームに権限を与え可能な限り多くの情報を共有し民主化するというものがあることを思い出してください。ログ集約がない世界ではログへのアクセスは運用サポートスタッフに限定されるか、開発者がアクセスしやすい場所にログをコピーする必要が生じ、どちらのチームにとっても非常に大きな負担となります。ログにアクセスする必要のある人に対して本番環境へのアクセスを与えないようにするためには、このゲートキーパー機能はたしかに必要になります。しかしログ集約ツールを使えばゲートキーパーの必要性を見直して完全に取り除くことができます。これは、データを生成したサーバからログ集約システムにログを送ることで実現できます。こうすることで、複数の部門がログにアクセスし、アプリケーションがどう動作しているかをほぼリアルタイムで把握できるようになり、可能性が広がります。

またログ集約は、これまで可能だとは思っていなかったようなログの新しいビジネスユースケースを生み出します。ログが伝える情報量は、気付かないうちにプロセスフロー全体を表していることがよくあります。プロセスの各機能やステップがどのように動作しているかという情報をログに記録することで、ビジネスの流れを垣間見ることができるのです。次のような場合を考えてみて

†3　訳注：現在はVMware Tanzu Observabilityと言う名称で提供されている。https://tanzu.vmware.com/observability

ください。パブリッシャプロセスが注文115番のメッセージを発行したことをログに記録し、コンシューマプロセスがその注文115番のメッセージを消費したことをログに記録し、支払処理者が注文115番の支払いを確認したことをログに記録した場合、ログをうまく検索することで、システムを通過する注文全体の流れをリアルタイムで見ることができます。これは技術チームだけでなく、エンジニアリング以外のビジネスユニットにも価値をもたらします。

私の前職では、エンジニアリング部門がログ集約ツールの検索フィルタだけでカスタマーサービスの注文ポータルを構築しました。必要な検索フィルタを作成する以外には追加のプログラミングは必要なく、1日程度の作業で済みました。こういったことはログ集約ツールなしでは実現できません。なぜならログやイベントは多くのシステムで発生している可能性があり、全体像を描くためにログを集約する方法が必要だからです。ログの集約は誰がデータにアクセスできるか、そのデータを使って何を設計・構築できるかという面で、組織の文化に大きな影響を与えます。

しかしそのメリットは文化的なものだけではありません。ログの一元化は、特にアプリケーションスタックの監視に多くのメリットをもたらします。従来はログを使ってアラートを出すというのは現実的ではありませんでした。なぜなら多くのサーバを持つ大規模なシステムでは、ログを調査し、解析し、アラートを出すのはたいへんな作業だからです。また全体像を描きづらいという問題にも悩まされていました。1つのシステムでの活動だけではアラートを出すかどうか判断できなくても、複数のシステムの活動を組み合わせることでアラートを出す判断が可能になる場合もあります。

たとえばシステム全体にわたるエラーに対してアラートを出したい場合、単一のシステムでどれだけのエラーが発生したら問題とみなす必要があるのかを判断するのは困難です。ログの集約をしていなくても、1つのノードのエラー数が高い水準にあるのであればそのエラーに気付くことは可能でしょう。しかし多くのノードでわずかなエラーが発生している場合、各ノードが自分自身のエラー数のみに基づいてアラートを出すようなやり方ではこの問題に気付くことはできないでしょう。20台のWebノードがある環境で、1台のノードでリクエストの1％でエラーが発生していたとしてもそれは真夜中に誰かを起こすほどのことではないでしょう。しかし、20台のノードすべてのリクエストの1％でエラーが発生しているとしたら、それは調査する価値があります。ログを集約していなければこのようなアラートや分析はできません。

さらに、ログを集約することで複数の関心事に関連したアラートや監視が可能になります。たとえば失敗したWebリクエストの数が多いことと、失敗したデータベースログインの数が多いことを関連付けるといったことは、ログを集約することによって初めて可能になります。多くのログ集約ツールは高度な計算機能を備えており、複数のフィールドにまたがってログを解析したり、計算処理を行ったり、それらをグラフやチャートに変換できます。ログは構造化してシステムに入力しているので、これらの解析はキーバリューペアを解析するのと同じくらい簡単です。これはgrepのようなツールを使って解析をする場合とは複雑さが大きく異なります。これにより障害発生時の問題調査のオーナーシップがさらに民主化されます。

3.5.2　何を記録すべきか？

何をログに記録するかを決める前に、ログを記録する際に設定できるさまざまなログレベルを確認しておきましょう。よく知られているログレベルのパターンがありますのでそれに従いましょう。最も一般的なレベルはDEBUG・INFO・WARN・ERROR・FATALです。それぞれのログレベルで想定されている情報は次のようなものです。

- DEBUG：プログラム内で起こっていることに関連するあらゆる情報。プログラマーがデバッグのために書いたメッセージであることが多い。
- INFO：ユーザーが開始したアクションや、スケジュールされたタスクの実行、システムのスタートアップやシャットダウンなどのシステム操作。
- WARN：将来的にエラーになる可能性のある状態。ライブラリの廃止に関する警告、使用可能なリソースの不足、パフォーマンスの低下など。
- ERROR：すべてのエラー状態。
- FATAL：システムをシャットダウンさせるすべてのエラー状態。たとえばシステムの起動に32GBのメモリが必要だが16GBしか利用できない場合、プログラムはFATALエラーメッセージを記録し、ただちに終了する。

これらのレベル定義に従うことは残念ながら強制はできません。適切なレベルでログを出すかどうかはエンジニア次第です。適切なログレベルが設定されていないと何かの情報をログから探すことが困難になります。もしあなたがエラーを探しているのであれば、おそらくステータスがERRORであるログエントリを解析の対象とするようフィルタリングするでしょう。しかし探しているエラーメッセージが実際にはINFOとして記録されていた場合、関係のないメッセージの山に埋もれてしまいます。

ログメッセージを適切なカテゴリに分類することは、そもそもメッセージを記録することと同じくらい重要です。検索・フィルタリング・監視など、多くのログを使ったアクションはログメッセージが適切なカテゴリに分類されていることに依存しています。ログメッセージをどのカテゴリに入るべきかがわかったところで、次に何をログに含めるかを考えていきましょう。

3.5.2.1　良いログメッセージとは

良いログメッセージの鍵となるのは**文脈**です。ログを見る人はそのログメッセージしか見ないという前提で、すべてのログメッセージは書かれるべきです。たとえば「トランザクション完了」というメッセージは意味がありません。このメッセージは、おそらくその前のメッセージに依存しており、トランザクションの詳細はこのメッセージより前のログメッセージから推測する必要があるのでしょう。しかし、さまざまなサーバから多くのログメッセージが送られてきて1つのインスタンスに集約されている状態で、この2つの別々のログメッセージを結び付けるのは難しいでしょう。言うまでもなく、ログメッセージの1つがINFOで記録され、それに関連するエラーメッセージがERRORで記録された場合、これらの2つのメッセージの関連を見出すことはさらに難しくなります。

目標は、ログを読む人が理解できるようにログメッセージに必要な文脈を詰め込むことです。それだけでなく、それを構造化されたログフォーマットで行うのです。注文を処理するシステムの場合、次のような構造が必要でしょう。

```
{
  "timestamp": "2019-08-01:23:52:44",
  "level": "INFO",
  "order_id": 25521,
  "state": "IN PROCESS",
  "message": "Paymentverified",
  "subsystem": "payments.processors.credit_card"
}
```

このログメッセージには文脈が含まれています。このメッセージは特定の注文IDに結び付いています。プログラミング言語によっては、メッセージにさらなる文脈を与える、ほかの便利なプロパティを追加できます。このログメッセージを見て、さらに詳細を知りたい場合は`order_id`でログメッセージをフィルタリングすることで、その特定の注文に関する文脈を得ることができます。

この例は、ログはトラブルシューティングのためだけに取るものではないという別のポイントにつながります。監査やプロファイルを取るためにもログは使えるのです。たとえば特定のコールがあるしきい値を超えたときにメッセージをログに記録できます。あるいは注文プロセス全体の状態の変化をログに記録し、どのサブシステムがなぜそれを変更したかを記録してもよいでしょう。ユーザーパスワードのリセット、ログイン試行の失敗など、ログに記録できるアクションの種類は枚挙にいとまがありません。ログを取ることで、システムで発生する多くのアクションについて詳細なストーリーを構築できます。ただし正しいログレベルで記録するという点には注意を払ってください。これにより後からのフィルタリングや解析が容易になります。

エラーメッセージをログに記録するとき、開発者はエラーメッセージに何を記載するかについて気を配る必要があります。ここではいくつかの重要な情報を紹介します。

- 何のアクションが実行されたのか？
- そのアクションの期待される結果は何か？
- そのアクションの実際の結果は何か？
- 取るべき修復手順は何か？
- (もしあれば) このエラーによって引き起こされる潜在的な結果は何か？

最後の行はもう少し説明が必要でしょう。たとえば「クレジットカードの認証を完了できませんでした」というエラーメッセージは最悪です。これは何を意味しているのでしょうか？　注文は拒否されたのでしょうか？　それとも中途半端な状態なのでしょうか？　ユーザーには通知されるでしょうか？　オペレーターが実行すべき後処理はあるでしょうか？　このエラーには必要な情報が含まれていないため役に立ちません。思い出してください、メトリクスにはないログの利点は、エラーの詳細を示すことができるという点です。イベントが発生したことだけを記録するのであれば、それはログエントリではなくメトリクスを生成した方が良いでしょう。

ログを読む人のことを考え、エラーメッセージを読むときに生じる疑問を想定してみてください。先のメッセージは「クレジットカードの認証を完了できませんでした。注文は拒否され顧客に通知されます」とすると良いでしょう。これで、何が起こったのか、その結果としてシステムがとったアクションについての全体を把握できます。また別のアクションを取った場合はそれに合わせてエラーメッセージを変更しましょう（たとえばシステムが自動的に別の支払い方法を試みたというような場合です）。

ここまでログを集約することの利点について、いくつかの例を挙げてきました。願わくば、これは価値のある取り組みでありエネルギーを費やす価値があると納得してもらえたことでしょう。しかし、このように効率化や改善をもたらしてくれるものにも欠点はあります。

3.5.3　ログ集約のハードル

多くの読者にとってログ集約の利点は理解できたでしょう。おそらく問題となるのは時間やお金についてです。ログ集約ツールを購入するには高額の費用がかかります。ほとんどのログ集約ツールはデータボリューム（ログの総容量）、データスループット（1時間に送信されるログの数）、またはイベント総数（送信される個別のログエントリの数）のいずれかによって費用が発生します。

オープンソースのソフトウェアを使ってセルフホスティングする場合でも、ソフトウェア自体は無料ですがソリューションは無料ではありません！　システムを構築して管理するためには従業員のリソースが必要になります。またシステムを稼働させるためにはハードウェアが必要で、中でもディスクストレージが重要です。ログの量が増えるとキャパシティプランニングが必要になります。

ログの集約をすることで、通常よりも記録するログを減らしたいという逆のインセンティブが生じます。ログが直接サービスのコストとして計上されている場合、ログメッセージの必要性を評価するのは簡単です。これは必ずしも悪いことではありません。しかし多くの場合、ログプラットフォームへの支出を削減することが求められます。そうすると、有用性の低いメッセージを見つけて削除するよりも、単に頻繁に出力されているログメッセージを削除するということが起きがちです。乗り越えなければならないハードルはたくさんありますが、DevOpsの変革に必要不可欠なこの取り組みをけっして諦めないでください。

3.5.3.1 お金をかけるべき理由

構築するか購入するかという話になると私はかなりシンプルに考えます。システムやサービスが自社の技術ソリューションの中核をなしておらず独自のノウハウもない場合、私は常にサービスの購入を選択します。ログの取り方は誰でも同じです。電子メールの使い方は誰でも同じです。ディレクトリサービスもみんな同じように使います。こういったタイプのサービスをカスタマイズする必要性はほとんどなく、その結果自分でホスティングや管理をしても付加価値はほとんどありません。

この考え方はログに関しては特に当てはまります。企業によってはログデータを第三者に送信することに厳しいルールや要件がある場合もありますがこれについては後述します。しかし、ログを第三者に送ることは、ポリシーというよりもむしろ金銭的なハードルで頓挫することが多いです。買うか作るかの選択をする前にまずは予算を確保するための手段を紹介します。

会社のお金を使おうとするときには、それによって得られるビジネス上の利益という観点で説得しなければなりません。それは生産性の向上、収益の確保、コンプライアンス上の義務の軽減など多岐にわたります。重要なのは上司（あるいは説得すべき相手）が気にかけていることは何かを理解し、そのストーリーの中で今回の購入がどのように位置付けられるかを理解することです。

たとえば私の前職では、私が所属していた運用チームはほかのチームからの要求によって常に業務が遅れていました。開発者は顧客の問題を解決するためにログにアクセスする必要があり、ログを取得する依頼によって私たちのプロジェクトは常に締め切りに遅れていました。このような状況では仕事になりません。私は自分の仕事ができず、開発者は私のチームからのログの提供を待つことで常に業務が妨げられ、顧客は問題が長引くことの影響を被っていました。上司がプロジェクトの納期の改善を求め始めたとき、私はこの機会を利用して、開発者が問題解決するためのログを収集するのにどれだけの時間が費やされているかを指摘しました。私のチームが週に費やしている時間と、開発者が私たちのチームを待つために浪費している時間と、プロジェクト作業への影響を大まかに計算してみると、ログ集約ソリューションの金額はかなり妥当なものに思えました。上司が理解できるような言葉で説明し、会社の求めるものを得るためにそのツールがどう役立つかという文脈で位置付けたことが、最終的に予算を承認してもらえた理由です。

もう一つの大きなヒントは事前に購入の計画を立てることです。自分の部署の予算サイクルを把握し、そのサイクルの中でプロジェクトに必要な費用を要求します。一般的に組織は予定外の出費を嫌います。多くの組織では予算編成の手順に関する優れたコミュニケーションやプロセスが存在しないため、多くの技術的なプロジェクトが考慮から漏れてしまい年度の半ばになって問題となることがあります。予算プロセスにしたがってソリューションを提案することで、すぐに購入することはできませんが、支出が承認される可能性ははるかに高くなります。

最後に、小さく始めて支出をコントロールしましょう。最初からすべてのログを送信する必要はありません。まずは要求の多いログだけを送信しましょう。そうすることでコストを下げつつ、ログ集約ツールに対する機運を高めることができます。すぐに、利用者が迅速にログにアクセスできるようになったと賞賛し、もっと多くのログが欲しいと言うようになるでしょう。こうして、この取り組みに対する支援の輪が広がり、この取り組みは運用部門から技術部門全体のものへと変わっていくのです。小さく始め、サポートを得て、価値を証明し、時間をかけてソリューションを拡大していくのです。

支出を抑制するもう一つの方法はログの保存期間を変えることです。多くの企業ではログを一定期間保存することを要求していますが、その場合ストレージやSaaSプロバイダのコストが増加します。しかし、保存期間のレベルを複数設けることで、特定の種類のログファイルの保存期間を短くし、全体的な支出を抑えることができます。たとえば、Webアクセスのログは1年間保存する必要があるかもしれませんが、ユーザーがログインしたログは2週間保存すればよい場合もあるでしょう。多くのプロバイダはログの保存期間に応じて価格を設定しているため、全体的なストレージコストやSaaSのコストを削減できます。

3.5.3.2　構築 vs. 購入

ログシステムの話題では構築するか購入するかという問題が非常によく取り上げられます。多くの企業がログ集約サービスをオンプレミスで運用しています。企業によっては、ログデータをサードパーティのサービスへ送信することを禁止している場合もあります。そのような場合この判断は非常に単純明快です。

いずれにしても私は可能な限りサードパーティのサービスを利用してログを収集することをお勧めします。そうすることで、まずあなたのチームが管理しなければならないものが1つ減ります。自分のチームの運用能力を率直に振り返ってみると、定期的に行うべきだが取り組めていないものがあるのではないでしょうか。サーバには最新のパッチが適用されていますか？　脆弱性管理のプロセスは適切に行われていますか？　キャパシティプランニングに必要なデータを定期的に確認していますか？　ログシステムを自分たちで運用することは負担を増やすだけです。

またログシステムは、多くのチームメンバーのワークフローにすぐに影響を与える内部システムでもあります。ログシステムに障害が発生すると、運用チームは優先度の高いチケットとして扱う必要があるでしょう。サードパーティのホスティングプロバイダでも障害が発生しないわけではありませんが復旧までの労力は格段に少なくなります。言うまでもなく、ログSaaSプロバイダはログのインデックス作成とログの取り込みおよび受け入れを分離できるレベルの冗長性を備えているため、実際にログデータが失われることはほとんどありません。もし自分でログ集約システムを構築する場合には、次のようないくつかのポイントを押さえておく必要があります。

- ログの量は予期せず変化するものです。アプリケーションサーバがDEBUGモードになるとかなり多くのデータが記録される可能性があります。このような場合でもレートリミット、特定のメッセージタイプの削除、ある種の弾力的なスケーリングなど、この問題に対処できる方法をインフラが備えていることを確認しましょう。
- ログのフィールドによってはインデックス作成はコストがかかる場合があります。ログ集約システムの主要なパフォーマンスメトリクスを理解し、インデックス作成が遅延しないように注意しましょう。

- 可能であればホットボリュームとコールドボリュームの考え方でストレージソリューションを設計しましょう。検索されるログの多くは1週間から2週間以内のものです。それらのログを最も高速なディスクに格納し、古いログをより低速で価格重視のディスクに移すようなシステムを設計することも、ログ集約にかかる費用を節約する方法の1つです。

もちろんタダで手に入るものなどありません。ログ集約システムをSaaSプロバイダから購入することにはいくつかの落とし穴があります。

- ログの送信制限を超えた場合にどういった請求が発生するかを必ず確認しましょう。SaaSプロバイダによっては、ログの送信制限を超えた後はデータへのアクセスが制限される場合もあります。新しいログの取り込みは継続したとしても、データの検索ができなければ意味がありません。制限超過による影響を必ず理解しましょう。
- ログには機密情報が含まれている場合があります。このようなデータはSaaSプロバイダに送信する前に取り除く必要があります（これはオンプレミスでも問題になりますが、その場合機密情報を他社に提供しないようにするという責任は発生しません）。
- ログ集約にかかるコストによって、何をどのようにログに記録するかを決めないように注意しましょう。場合によってはログを減らすことが賢明なこともありますが（デバッグログがその一例です）、ログ集約ツールのコストを節約するために貴重な情報がログに記録されないというシナリオは避けたいものです。このコストは十分元が取れるものです（障害が発生してログから必要な情報が得られず、問題を早く解決できないという事態が発生したらすぐにわかります）。

ログ集約システムには潜在的な問題がありますがチームに大きな恩恵をもたらすことは間違いありません。この恩恵は技術的な機能だけでなくチーム全体の情報を民主化することによってもたらされます。この変化は、システムの責任と所有権をめぐる組織の文化的変化につながります。データを利用可能にすることの重要さを理解したので、次の章ではダッシュボードを使って、そのデータにアクセスできるようにするための方法を紹介します。

3.6 本章のまとめ

- 運用対象の製品を理解することは障害発生時の大きな力となります。
- エラー率・レイテンシ・スループットはほとんどのシステムにおいて有益なメトリクスです。
- カスタムメトリクスは、システムがどのように動作しているかの詳細をビジネスの文脈で示す、すばらしい方法です。

- 故障モード影響分析は、何を監視すべきかを把握するための体系的な方法として使用できます。
- ログメッセージが真に有益であるためには適切なログレベルで記録される必要があります。
- ログメッセージには、そのメッセージの文脈を常に含める必要があります。

4章
情報ではなくデータ

本章の内容

- 目的に応じたダッシュボードの作成
- ダッシュボードの効果的な構成
- 文脈によって利用者を導く方法

システムに発生している問題の原因を調査する際に、システムに関するデータが多すぎてどれが役に立つのかよくわからない場合があります。そうなると「何を知りたいのか？」と考えるのではなく、「どんなデータが手元にあるのか？」という視点で調査をしてしまいます。

これにはいくつかの問題があります。まず自分が持っている疑問に対する答えを得るための方法を考えなくなります。またデータが最終的な答えだと思ってしまいがちです。しかしデータと情報はまったく違うものです。

データは整理されていない生の事実に過ぎませんが、そのデータに文脈や構造を与えることで**情報**となります。ダッシュボードを見てみると、どのダッシュボードがデータを提供していて、どのダッシュボードが情報を提供しているかがすぐにわかります。

4.1 データではなく利用者から始める

多くの人がシステムのステータスに関するメトリクスを持っているだけで十分だと思っています。しかしシステムのステータスを利用者にどう提示するかは、メトリクスを持つことと同じくらい重要です。うまく可視化されていないメトリクスは役に立たず、大事な情報が山のような数字というノイズに埋もれてしまいます。

メトリクスの値をまとめたスプレッドシートをMicrosoft Excelで利用者に提示するのは、よほどの変わり者かデータサイエンティストだけです。仮にそのようなドキュメントを渡されたとしても、利用者が最初にすることは、それらの数値をどうにか可視化してグラフに変換することでしょう。グラフの持つ力は計り知れません。それは人間が知識を取り入れるのに最も適した方法です。メトリクスデータに関しても同じです。

単にグラフが必要であると知っているだけでは不十分で、グラフを構成する最善の方法も知る必要があります。データ可視化とユーザー体験（UX）デザインの分野について説明するには膨大な分量になりますし、UXデザイナーではないあなたには退屈なテーマかもしれません（もしあなたがUXデザイナーで本書を読んでいるのだとしたらとてもうれしいです！）。しかし専門家でなくても、チームやほかのステークホルダーのために役立つダッシュボードをデザインすることは可能です。

本章では、目的に応じた利用しやすいダッシュボードをデザインするための実践的なヒントをお伝えします。ダッシュボードをデザインし、整理し、重要な情報を得るためのガイドラインを紹介します。すべてはダッシュボードが誰のためのものかを理解することから始まります。

ダッシュボード作成の際にやってしまいがちなのが、まずシステムやサーバを選択し、そこで利用可能なメトリクスから究極のダッシュボードを構築しようとするという始め方です。たった1つですべての人の役に立つ究極のダッシュボードを作成するという考え方は1970年代から大企業が喧伝してきましたが、そのようなものは現実には存在しません。このアプローチは罠であり、ほとんどの場合、誰にとっても役に立たないダッシュボードができあがるだけです。

そうではなく、最初のステップではダッシュボードの対象者を特定するべきです。そうすることでどのメトリクスを表示するか、どのメトリクスを強調する必要があるか、どう言った粒度でデータを表示するかなど、ダッシュボードで何を対象にするかを決めることができます。見る人によって必要なものは異なり、その人の目的を念頭に置いてダッシュボードを構築すると、対象者ごとにまったく異なるダッシュボードができあがります。簡単な例を挙げましょう。

データベースシステムを考えてみます。データベースはアプリケーションの神経中枢と言われることがあります。そこにはアプリケーションのすべての永続データが保存されています。このデータベースを使って意思決定が行われます。レポーティングチームはさまざまなビジネスメトリクスについてデータベースに問い合わせます。

ある架空の会社では、データベースチームがプライマリデータベースのリードレプリカを作成することにしました。**リードレプリカ**とはユーザーが読み取りのみ可能なデータベースのコピーです（書き込みはできません）。このデータベースは、プライマリデータベースからのレプリケーションメカニズムによって更新されます。プライマリデータベースが更新されると、データベースシステムは同じ変更をリードレプリカに同期します。レポーティングチームはリードレプリカにクエリを発行します。こうすることで、プライマリデータベースに不必要に負荷をかけてしまってアプリケーションの通常のエンドユーザーに影響が出るのを防ぎます。

もしリードレプリカ用のダッシュボードを作るとしたら、データベース管理者とレポーティングチームのどちらに向けてダッシュボードを作るのかを決めなければなりません。レポーティングチームがレポートを実行するときに気にするのは次のような項目でしょう。

- 現在実行中のレポートはいくつあるか？
- プライマリからリードレプリカが最後に更新されたのはいつか？
- データベースは全体的にどのくらい忙しいのか？

これらはデータベース管理者も同様に気にする事項ではありますが、重要性とどこまで詳細な情報が必要かは大きく異なるでしょう。たとえば「データベースはどのくらい忙しいのか？」という質問を考えてみましょう。データベース管理者はCPU使用率・ディスク入出力（I/O）・メモリ使用率・データベースバッファキャッシュヒット率などのデータを必要とするでしょう。管理者はシステムのパフォーマンスだけでなく、そのパフォーマンスの要因を理解する必要があるためです。その一方でレポーティングチームはレポートの実行にかかる時間を予想したいはずです。そのような場合、データベースのパフォーマンスに関して赤・黄・緑という色を使ってステータスを表すだけでも十分役に立つでしょう。利用者はシステムの動作が通常よりも遅いのか、それとも通常のパフォーマンスなのかを知る必要があるだけなのです。

このように始めに利用者を念頭に置くことがダッシュボード作成のベストプラクティスです。利用者が何をしようとしているのか、その動機を理解してください。トラブルシューティング用のダッシュボードとステータス表示用のダッシュボードでは、想定されるユースケースがまったく異なるため、見た目も大きく異なります。新しいダッシュボードを作成する際には、次のような点を自問してみてください。

- 誰がこのダッシュボードを見るのか？
- このダッシュボードの目的は何か？
- 上記の目的を考慮したうえで、このダッシュボードが伝える必要のある情報のうち上位3〜5個の項目は何か？

これらの情報があれば、新しいダッシュボードに取り組み始めることができます。

4.2 ウィジェット：ダッシュボードの構成要素

新しいダッシュボードに何を表示するか決まったら、次にそれをどのように表示するかを決めなければなりません。各メトリクスはウィジェットというものの中に表示します。**ウィジェット**はメトリクスを可視化するために使用される小さなグラフィックユニットです。ウィジェットにはさまざまな表示タイプがあります。ダッシュボードは複数のウィジェットで構成されます。

ウィジェットは、メトリクスの表示に使用されるグラフィカルなコンポーネントです。ダッシュボードはウィジェットの集合体です。ウィジェットではデータを表現するためにさまざまな表示タイプが使用できます。

4.2.1　折れ線グラフ

テクノロジの分野では、基本的な折れ線グラフを使っておけば、ほぼ間違いはありません。**折れ線グラフ**は現在の値だけでなく過去の傾向も示すので、メトリクスの時系列での変化やばらつきを確認できます。迷ったら折れ線グラフを使いましょう。

図4-1を見ると、アクティブユーザー数は夜間に極端に低くなり、その後業務開始とともに上昇し始めたことがわかります。

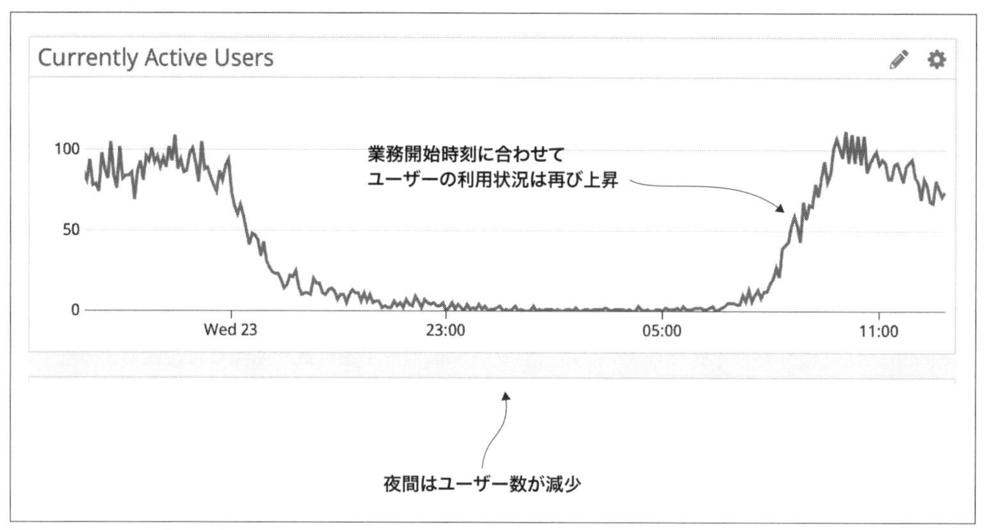

図4-1　アクティブユーザー数のメトリクスに関する折れ線グラフウィジェット

複数の値を1つのグラフに同時に表示したい場合もあります。こういったケースは主に2つあります。1つ目は複数のプロセスやサーバがあり、それらを同じグラフに表示したい場合です。Webサーバを例にすると、各サーバのCPU使用率やリクエスト数のグラフを見て、Webクラスタ全体でトラフィックが均等に分散しているかどうかを把握したいような場合です。この場合、同じグラフに複数の値を配置することは非常に意味があります。

図4-2では、1つのウィジェットに複数の線が表示されており、それぞれが異なるサーバを表していることがわかります。それぞれの線が同じようなグラフを描いているので、各ノードが同じ量の仕事をしているとわかります。

2つ目のケースは、メトリクスの合計値と同時にその内訳も確認したいような場合です。前章のメッセージングシステムの例では、メッセージングプラットフォーム上のコンシューマの総数を知りたいでしょう。それと同時に、それらのコンシューマがどこから来ているのか、より正確にはどのサーバが最も多く接続しているかについても知りたい場合があります。

このような場合には**面グラフ**（**積み上げ折れ線グラフ**と呼ばれることもあります）の使用を検討

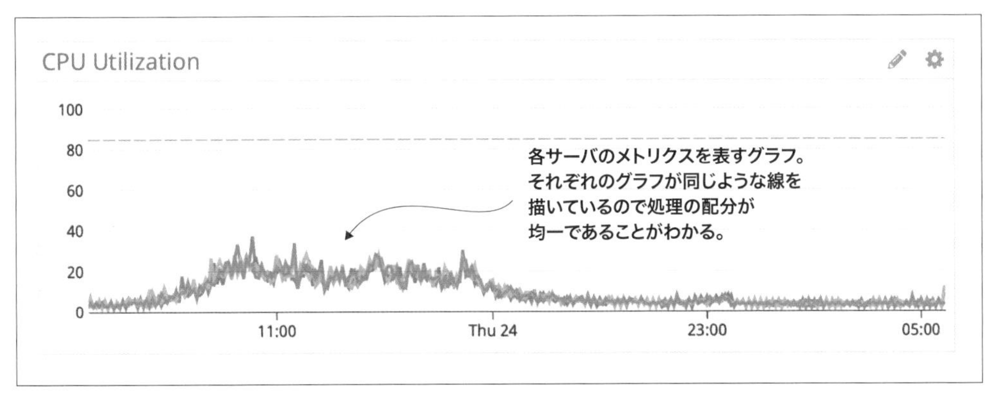

図4-2 複数のサーバのCPU使用率の表示

するとよいでしょう。これらのグラフは通常の折れ線グラフと同様ですが、それぞれがゼロから始まるのではなく前の折れ線の高さを起点として積み上げられます。2つの積み上げられた線の間の領域を区別しやすい色で塗ることで、それぞれのワークロードの違いを判別しやすくなります。

それぞれの項目が積み上げられているので合計値も一目でわかります。**図4-3**は、メッセージングバス上のコンシューマの総数を表示している積み上げ折れ線グラフです。

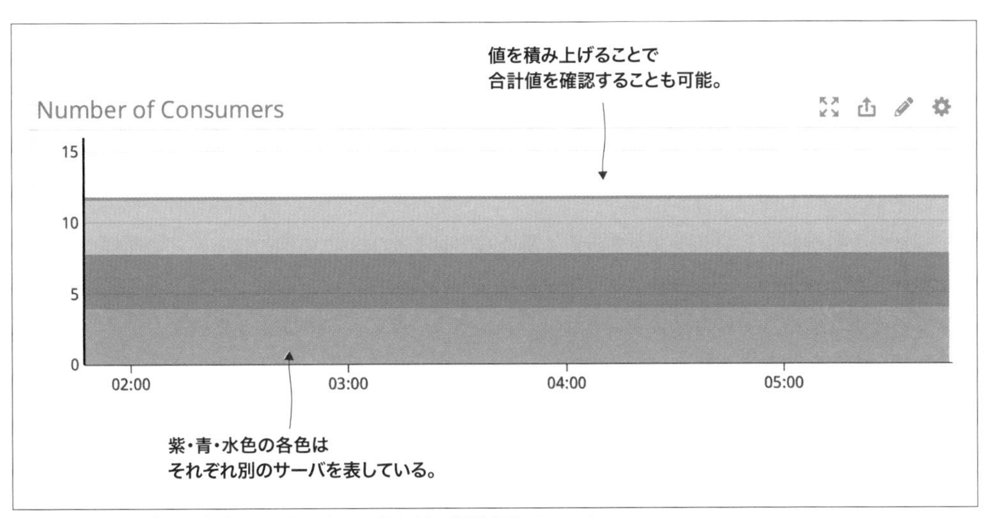

図4-3 積み上げ折れ線グラフ。色を変えて折れ線の領域を分けている。

このタイプのグラフでは、全体のボリュームだけでなく、どの要素がほかの要素よりも多く寄与しているかを伝えることができます。

4.2.2 棒グラフ

棒グラフは、非常に頻度の低いデータや欠損値がある場合に最適な選択肢です。折れ線グラフの場合、多くのツールでは欠損しているデータ点の部分に自動で線が引かれ、一見すると値が連続していて単に上昇したり下降したりしているように見えます。しかし現実にはデータ点の頻度が低いだけという場合があります。このように頻度が低いと不正確な折れ線グラフになります。棒グラフは2点間をつなぐ線を引く必要がないため、この問題を解決できます。空の値は表示されません。

多くのグラフツールでは、空の値をゼロ値として解釈して描画することもできます。それでよい場合もありますが、メトリクスによっては欠損値とゼロ値は意味が異なる場合もあります。あるサーバのメトリクスを測定しているときの例を挙げましょう。ここではメトリクス収集エンジンがサーバに接続して情報を要求する（プル）のではなく、サーバがメトリクス収集エンジンにメトリクスを送信している（プッシュ）とします。

定義

データをプッシュするとは、個々のエージェントまたはサーバが中央の収集サービスにデータを送信する責任を負う方式です。**データをプルする**とは、収集サービスが個々のノードに接続してデータを要求する方式です。データ収集の方向を把握しておくと、収集に関する問題のトラブルシュートに役立ちます。

メトリクスデータがサーバからメトリクス収集サービスにプッシュされている場合、ゼロ値（サーバがデータを送信しゼロ値を報告した）とデータの欠損（サーバがダウンしているため値を送信しなかった）は大きく意味が異なります。環境によってはこの2つの違いを把握し適切にグラフ化する必要があるでしょう。棒グラフを使えばこの違いを明確にできます。

図4-4は、データの欠損がある棒グラフです。このグラフはあるプロセスのジョブ実行時間を示しています。

データの欠損があると、グラフがまったく異なって見えます。この図のほとんどの範囲ではジョブは実行されていません。この時、ゼロ値をグラフ上に描画するとジョブが実際よりも頻繁に実行されているように見えてしまいます。トラブルシュートの際にはこれが誤った仮定を生み出し、多くの無駄な労力を費やすことになります。

私はデータが存在しないこととゼロ値を区別するようにしています。この点についてはお使いのツールに応じてご自身で判断してください。システムによっては、値がない場合メトリクスを生成しないものもあります。このようなシステムを使っていて、データがないこともあり得る場合には、値が存在しないデータ点をゼロ値で表現すると良いでしょう。

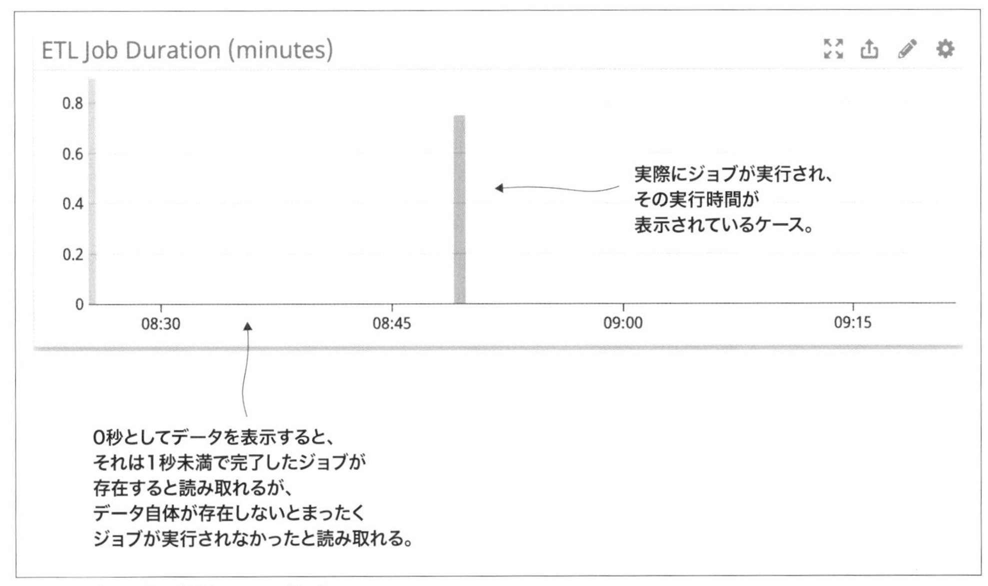

図4-4　データ点が欠損している棒グラフ

4.2.3　ゲージ

ゲージはある時点での値を表示する場合に最適なメトリクスです。速度計のようなもので、見るとそのメトリクスの現在の値がわかります。単一の値を表示するだけなのでウィジェットも非常にシンプルです。

ツールによってはメーターのUIを使って数値を表現できるものもありますが、実際には数値を表示するだけの基本的なもので十分な場合がほとんどです。もちろんダッシュボードを経営層向けに表示するような場合は別です。その場合はメーターで表示した方が「ハイテク」な印象を与えます。こんな理由でメーターUIを使うと心の中で死にたくなるでしょうがそれはあなただけではありません。

4.3　ウィジェットに文脈を与える

ウィジェットには売上高からCPU使用率までさまざまな種類のデータが表示されます。しかしこれらの数字は文脈がなければ意味をなしません。たとえば「手持ちの現金」というウィジェットを用意して、その数字が200万ドルだったとしたらそれは良いことでしょうか、悪いことでしょうか？　それは多くの要因によって決まります。通常の手持ちの現金が1800万ドルだとしたらどうでしょうか？　また手持ちの現金は何に使うのでしょうか？　もしそれが昼食代だとしたら多すぎます。投資をして別の使い方をした方が良いでしょう。

重要なのは単にデータを表示するだけでは十分ではないということです。データの良し悪しを示す文脈を与える必要があるのです。データに文脈を与える方法として主に3つをお勧めします。それは色・しきい値線・時間比較の3つです。

4.3.1　色による文脈の付与

私たちの多くは色に対して何らかの意味を関連付けるようにできているので、色で文脈を与えることは非常に簡単です。もし何の脈絡もなく青信号を見せたら、たいていの人は「行け」または「OK」を意味すると受け取るでしょう。もし赤信号を見せられたら「止まれ」や「危険」を意味すると受け取るでしょう。この連想を利用して、色を使って文脈を示すことができます。具体的にはゲージの数字に色をつけます。

ほとんどのツールでは値を色分けしたり、値がある範囲やしきい値内にあるときに注釈を表示できます。この機能を使えばゲージの値にしきい値を設定し、動的に適切な色分けができます。これにより、ダッシュボードの利用者は、ウィジェットを見て値の色や注釈が追加されているかを確認するだけで物事の良し悪しをすばやく判断できます。ただし緑はOK、黄色は警告、赤は危険というように一般的に認識されている色を使うことを忘れないでください。これらの色よりも多くの色を追加したい場合は、スペクトル上のこれらの色の中間色を使いましょう。

このルールが守られていないと非常に混乱します。以前あるデータセンターに行ったとき、HDDのライトが誤って配線されてすべて赤色になっていたことがありました！　私はディスクアレイ全体が故障したと思い、かなりのショックを受けましたが、配線が間違っているだけで実は何のトラブルも起きていないと数分後に知らされました。転職先を探すためにLinkedInに投稿した私のコメントは誰かに見られる前に削除できましたが、おそらくこのデータセンターに初めて訪れた人は誰もが大変なことになったと思うでしょう。緑・黄・赤のパターンを使い続けましょう。何らかの理由で追加の色が必要な場合は、スペクトル上のこれらの色の中間色を使いましょう（緑から黄色の間や黄色から赤の間）。

4.3.2　しきい値線による文脈の付与

グラフを見るときの文脈は、見ている時間軸によって大きく変わります。たとえば1秒あたりの注文数が4時間前から低くなっているときに、直近1時間のデータしか見ていないと、大きな変化があったことに気付かないでしょう。数字は完全に安定しているように見えます。しかし時間軸を広げてみると何か重大なことが起こっているとすぐにわかります！

ウィジェットをデザインする際、過去の値という文脈がわかるような適切な時間軸で利用者がウィジェットを見るとは限りません。この問題を解決するにはしきい値線を使って利用者に文脈を与えるとよいでしょう。**しきい値線**はグラフに表示される静的な線で、そのウィジェットのあるべき値の最大値を示します。これにより、ウィジェットを見るときの時間軸がどうあっても、あるべき値の範囲内かどうかを判断できます。**図4-5**を見て、このグラフが良い状態なのか悪い状態なのかを判断してみましょう。

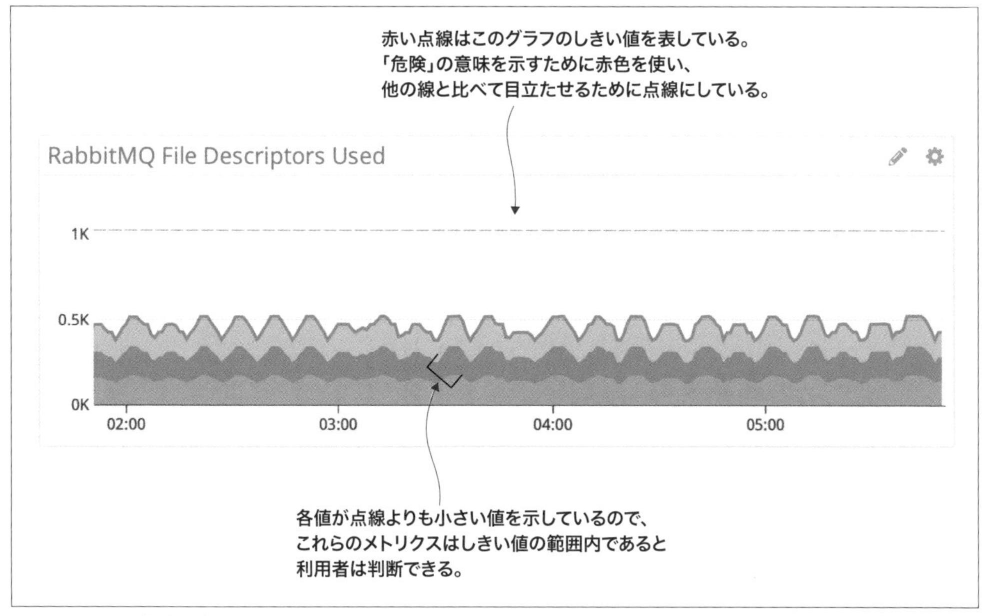

図4-5　しきい値線を使ったグラフ

グラフ自体やRabbitMQのファイルディスクリプタとは何か知らなくても、このグラフが良い状態であることはわかるでしょう。点線はこのグラフのしきい値を表しています。しきい値線の色付けも意図的に行っています。しきい値線が赤なのは、これを超えると悪い状態となる、もしくは超えてはいけない線であることを示しています。もしこの線が緑色だったら、このメトリクスが健全であるためにはしきい値を超えている必要があるという意味合いを帯びます。これが色の力です！

もう一つ、しきい値線が点線になっていることにも気付くでしょう。これは、ほかのメトリクスデータと混ざらないようにするためです。ほかのメトリクスデータが点線で表示されている場合は、しきい値線を実線に変更することを検討してください。このように、ほかのメトリクスの線と簡単に区別できるようにしましょう。

4.3.3　時間比較による文脈の付与

多くのワークロードでは、時間帯によってメトリクスのパターンが変化します。これは、ユーザーがオンラインになる時間帯、特定のバックグラウンド処理が行われる時間帯、または単なる負荷の増加などの要因によるものです。このような場合に表示されている測定データが異常値なのか、それとも通常のパターンと一致しているのかを理解することは役に立ちます。そのためには別の日の同じ時間帯を重ね合わせることで時間比較することが最適です。

時間比較の重ね合わせでは、24時間前のメトリクスを取得し、それらのデータポイントを同じグラフに表示します。その際少しだけ表示のしかたを変えます。**図4-6**では、データベースの読み取り時間を24時間にわたって比較しています。

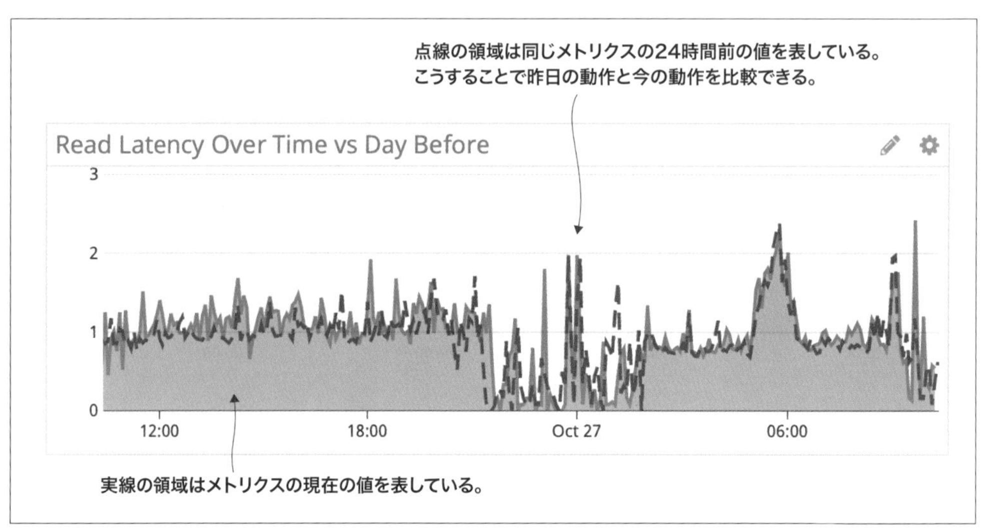

図4-6 現在のメトリクスの上に過去のメトリクスを表示することで文脈を付与する

グラフのスパイクに注目してみると、それが過去の動作とほぼ一致していることが容易にわかります。しかし過去の動作と一致していることにどれだけの価値があるかと言う点については注意が必要です。昨日も同じような動作だったからといってそれが問題でないというわけではありません。単に以前から問題が存在していただけと言う場合もあります。

たとえばあなたが1時間以内に起きたスパイクについて調査しているとすると、過去の動作を見ることでメトリクスの動作には何の変化もなく、新しく問題が発生したわけではないと判断できます。アプリケーションは昨日と同じように悪くなっているというだけのことです。しかし、もしパフォーマンス全般の改善を求めているのであれば、この以前から発生しているパフォーマンスの悪化をチューニングすることは有益です。悪魔は細部に宿るのです。

4.4 ダッシュボードの構成

ウィジェットが完成したので、ダッシュボードを構成する準備ができました。利用者のことを考え、ダッシュボードを見るときに何が重要で必要な情報なのかを考える必要があります。想定する利用者がダッシュボードを訪れる理由を2〜4つ考えてみましょう。Webサイトのパフォーマンスの健全性などをチェックする場合は、レスポンスタイムのレイテンシ・1秒あたりのリクエスト数・リクエストエラー率の3つをダッシュボードの上部に表示したいところです。調査の際には、おそらくこの3つのデータを最初に見るでしょう。これらのデータのパフォーマンスが良好だとすぐにわかれば、問題の原因である可能性のある次の要素にすばやく移行できます。

ダッシュボードの構成は固定的である必要はありません。時間が経つにつれ、あるグラフをより目立たせ、ほかのグラフを目立たなくする必要があると気付くでしょう。もしくはシステムに何か問題が発生して、不安定な状態が続く場合もあるでしょう。そのような場合、あるメトリクスによってその問題を予測できるのであれば、不安定な状態が続いている間はそのメトリクスを目立つ場所に表示すると良いでしょう。ダッシュボードを構成する目的は必要なデータにできるだけ早くアクセスできるようにすることです。

人によっては異なるメトリクスを強調すべきだと感じることもあるでしょう。これはおそらく人によって気にするデータが異なるためです。必要に応じてさらに多くのダッシュボードを作ることを恐れないでください。本章の後半では、さまざまなグループが適切なダッシュボードを見つけることができるようなダッシュボードの名前の付け方について説明します。

4.4.1　ダッシュボードの行の構成

ダッシュボード上のウィジェットは行ごとに配置します。ウィジェットは左から右へ、上から下へ重要度の高い順に並べます。ほとんどの場合、さらに関連するウィジェットどうしをまとめて分類します。ディスクパフォーマンスのメトリクスや、CPUのメトリクス、ビジネスの主要なパフォーマンスメトリクスはそれぞれまとめて配置します。ただし、ダッシュボードの先頭行だけにはこのルールを適用しません。

ダッシュボードの先頭行は最も重要なメトリクスのために確保するべきです。メトリクスをグループ内のどこに配置するかという点よりも、大事なデータにどれだけ早くアクセスできるかと言う点が重要です。ダッシュボードは特定のタイプの利用者を想定して設計されているので、その利用者がどういった情報に定期的にアクセスするかを考えてください。ダッシュボードにログインしたらまず何をチェックするでしょうか？　それが先頭行に入れるべき項目です。

先頭行に入れるウィジェットの数はできれば5つ以下にしましょう。すべての指標が重要であると考えてしまいがちですが、すべてが重要というのはどれも重要ではないというのと同じです。ウィジェットの山の中で迷子になってしまい、収益が下がっている原因を探っていたつもりがいつのまにかCPUレベルのコンテキストスイッチの調査に時間を費やすことになりかねません。

先頭行を作った後はウィジェットをどういったグループにまとめるか考えてみましょう。互いに関連していて、同じ物事を異なる観点から語るメトリクスを見つけ出しましょう。たとえばディスクパフォーマンスのメトリクスをまとめるとします。その場合、ディスクパフォーマンスに関連するメトリクスを集めて、それらはスクロールしなくても閲覧できるようにしましょう。

- ディスク読み込み
- ディスク書き込み
- ディスク書き込みのレイテンシ
- ディスクキューの深さ

これらのメトリクスはすべてディスクの健全性についての知見を与えてくれます。これらを1つのグループにまとめることで、ディスクのパフォーマンスをさまざまな角度から見ることができ、問題の原因を突きとめることができます。読み取りよりも書き込みが多くキューが深くなっている場合は、書き込みでディスクに過負荷をかけている可能性が高く、システム内の書き込みの多いプロセスを探す必要があるとすぐにわかります。

可能であればダッシュボードツールに備わっているグループ化機能を使うことをお勧めします。これにより後から行を再配置することになっても、ウィジェットのグループ全体を同時に移動できます。

4.4.2 読み手を導く

ダッシュボードの行を定義し重要度の高い順にレイアウトしたら、ダッシュボードに最後の仕上げをしましょう。私はこれを**読み手を導く**と呼んでいます。

ダッシュボードを誰かが偶然見ることもあります。また見ている人がシステムにどの程度精通しているかもわかりません。問題をトラブルシュートするジュニア運用エンジニアの場合もあるでしょうし、直近のリリースがシステムに悪影響を与えていないかどうかを確認するシニアデベロッパーの場合もあります。見ている人が誰であっても彼らが多くの知識を持っていると仮定しないようにしましょう。ダッシュボードを通して彼らを導くことができれば、それに越したことはありません。

そのためには**ノートウィジェット**を作成するとよいでしょう。ノートウィジェットは、ダッシュボードやウィジェット、ウィジェットグループについて詳しく説明するためのシンプルな自由形式のテキストエリアです。ノートウィジェットを使って、それぞれのメトリクスがどう関係しているかや、どう読み解いて解釈するべきかについて記述します。

ほとんどすべてのメトリクスにはよく知られた異常値というものがあります。よく知られた条件の下で、メトリクスが急激に変動するようなものです。たとえばある環境では、デプロイが行われた後データベースのメモリ使用率が突然低下するとします。この状況を見慣れていない人にとっては何かよくないことが発生していると疑うでしょう。このような場合にグラフの横に簡単なノートを書いておけば、見る人がその動作をよりよく理解できます。**図4-7**は、そのような注記の例です。

利用者に関連する情報へのリンク集を共有するのにノートを使うというのも良いアイデアです。ダッシュボードを見る人に関連する情報を伝えることができます。またダッシュボードに表示しているシステムのログデータへのリンクを置くこともできます。ノートによって人々はダッシュボードについて学び、将来的に自ら問題解決できるようになります。

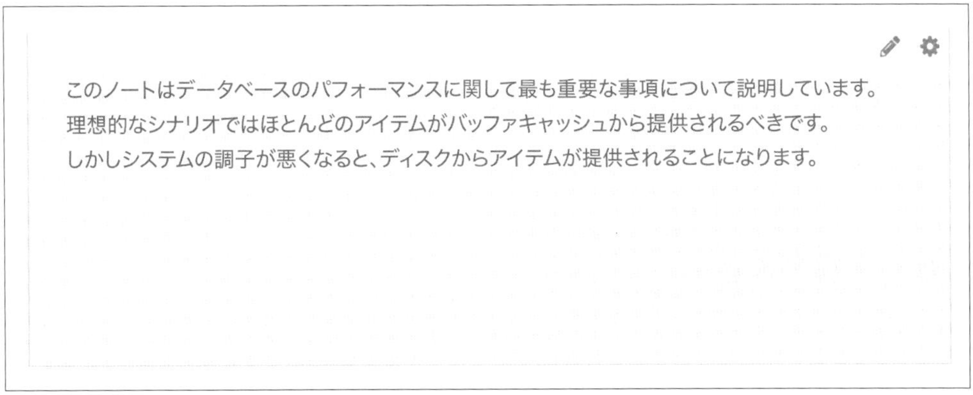

図4-7　ノートによるウィジェットへの文脈の追加

4.5　ダッシュボードの命名

コンピュータサイエンスで最も難しいことはキャッシュの無効化と名前をつけることだと言われています。ダッシュボードも例外ではありません。私はダッシュボードの名前に次の3つの要素を含めるようにしています。

- 対象者（マーケティング・運用・データサイエンスなど）
- 対象のシステム（データベース・プラットフォーム・メッセージバスなど）
- 対象となるシステムのビュー（Webトラフィックレポート・システムヘルスオーバービュー・現在の月間支出額など）

このようにダッシュボードに名前をつけることで、見る人があまり関心のないダッシュボードをフィルタして自分のニーズに関係するダッシュボードを見つけやすくなります。マーケティング担当者にとっては、必要としているダッシュボードの名前が「マーケティング - プラットフォーム - Webトラフィックレポート」となっていると良いでしょう。そうすることで、たとえば「運用」で始まるすべてのダッシュボードは自分には関係がないとすぐに判断できます。こうしてすぐに必要な情報にたどり着いてブックマークしておくことができます。

フォルダ分け機能を持つダッシュボードツールを使っている方は幸運です。**対象者**のフォルダをまず作成し、その中に**対象のシステム**用のサブフォルダを作ることで、ダッシュボードの名前を短く保つことができます。

ただし必ずしもこのルールでダッシュボードを整理する必要はありません。あくまでもダッシュボードを整理する方法についての1つの提案に過ぎません。ダッシュボード全体の数によってはそこまで深く分類する必要はないでしょう。対象者が比較的少ない場合は、**対象者**の分類は不要でしょう。目的は、人々が関心のあるダッシュボードを見つけられるような体系的な命名規則を持つことです。ダッシュボードの名前を動物や有名な通りの名前にすることが組織にとって意味のあることであれば、それはそれでかまいません。ただ自分が従うことができ、人々が理解できるような何らかのパターンを作ることが大切です。たとえばオフィスの会議室の命名規則のように（これは皮肉です)。

4.6 本章のまとめ

- 利用者のことを考えてダッシュボードを設計しましょう。
- 利用者が値の良し悪しを知ることができるように、ウィジェットに文脈を与えましょう。
- 最も重要な項目が最初に目に入るようにダッシュボードを構成しましょう。
- 関連するウィジェットをグループにまとめて互いに閲覧・比較しやすくしましょう。

5章
最後の味付けとしての品質

本章の内容

- テストピラミッド
- 継続的デプロイと継続的デリバリ
- テストスイートの信頼性の回復
- 不安定なテストが不安定なシステムを生み出す理由
- 機能フラグ
- 運用チームがテストインフラを所有すべき理由

あなたがある回転の早いレストランで働いていて、調理台を渡り歩いて皿にさまざまな材料を盛り付けているところを想像してみてください。最後の調理台ですべての材料がそろいます。調理の最後には料理を引き立てるためにスパイスを加えるでしょう。しかし「高品質」という名のスパイスは存在しません。もしそのようなものがあるとしたら、みんな高品質な料理を注文するでしょう。高品質という名のスパイスで料理を満たしてくれ！と。これがまさに多くの組織における品質戦略です。

多くの企業には品質保証（QA）の専門チームがあり、高品質なプロダクトを作り出す責任を担っています。しかしプロダクトの品質は単独では存在しません。プロダクト全体の品質は個々の構成要素の品質から成り立ちます。各構成要素の品質をチェックしていなければ、最終的に高品質なプロダクトを生み出すことはできません。品質はスパイスではありません。レストランでも、ソフトウェア開発でもそうです。

高品質なプロダクトを安定して提供するためには、すべての個別のコンポーネントや構成要素で品質を作り込み、最終的にプロダクトに完全に統合される前にその品質を個別に検証しなければなりません。開発ライフサイクルの最後まで待ってテストを実行することは災いのもとです。プロダクトの全構成要素をテストする場合、より多くのテストを行うことになります。つまりテスト作業をどう行うかが重要になります。またテスト結果の質も同様に重要です。テスト結果が信頼できるものでなければ、テストの必要性に疑問が生じます。**最後の味付けとしての品質**というアンチパターンでは、テストに関する間違ったメトリクスに目を向けていることがよくあります。

もしあなたが自動テストを行っているなら、おそらくテストケースの数に注意を払っているのではないでしょうか。それどころか時折胸を張って、どれだけの自動化ができているかを誇らしげに語っていることでしょう。その一方で、1500もの自動テストケースがありQAチームがリリースごとに回帰テストを行っているにもかかわらず、バグのあるソフトウェアをリリースしてしまっているかもしれません。それだけではなく、恥ずかしいバグをリリースしてしまい、一部の領域がまったくテストされていないという事実を浮き彫りにしてしまうこともあるでしょう。もしそのような経験があるなら、それはあなただけではありません。

本番でバグを出さないようにする方法はあるのでしょうか？　私の答えはノーです。ソフトウェアを書いている限り、本番環境にリリースされて初めて見つかるバグをなくすということはできません。これがあなたが身を置いている世界です。少し間を置いて、まずはこのことを理解しましょう。

この現実を受け入れたからといって、この世の終わりではないと私は伝えたいのです。ある種のバグが発生しにくくなるように努力したり、バグを発見したときに同じバグを再度生み出さないようにそのシナリオをテストするようなプロセスを作り出せば良いのです。十分な練習を積めば、エラーの種類を特定できるようになり、場合によっては一挙にさまざまなエラーをなくすことができる場合もあります。このプロセスは反復と努力の連続です。

本章では、テストプロセスとそれがDevOpsにどのように適用されるかを中心に説明します。テストをどのように行うべきかについての完全な哲学を示すわけではありませんが、現在広く使用されているテスト戦略の基盤に踏み込んでいきます。これらの考え方の基本を確立した後に、テストスイートから得られるフィードバックループと、それがデプロイするものの信頼性をどのように構築（または破壊）するかについて説明します。そして最後にデプロイプロセスや、ソースコードリポジトリを常にデプロイ可能な状態にしておくために、なぜテストが重要なのかを説明します。

5.1　テストピラミッド

現代のテストスイートの多くはテストピラミッドという考え方を中心にしています。**テストピラミッド**は、アプリケーションに対して行うべきテストの種類を表すメタファで、テストのライフサイクルの中でどこに最も多くのエネルギーを費やすべきかについての考えを示します。

テストピラミッドでは、ユニットテストがテストスイートの基礎であり最大の構成要素であるという点に重きを置いています。**ユニットテスト**は、コードの特定の部分（**ユニット**と呼ばれる）をテストするために書かれ、意図したとおりに機能し動作することを確認します。**統合テスト**はピラミッドの次の階層で、システムのさまざまなユニットを組み合わせ、グループでテストすることに焦点を当てます。統合テストではユニット間の相互作用を確認します。最後に**エンドツーエンドテスト**ではエンドユーザーの視点からシステムをテストします。

本章ではこれらの各テストについてさらに詳しく説明します。本章を通して、皆さんが何らかの形で自動テストを行っていることを前提に説明します。手動の回帰テストを行わないわけではありませんが、テストピラミッドに含まれるテストに関してはコンピュータによって実行すると仮定します。

テストピラミッドは、テストをどのようにグループ化するかを示すメタファであり、テストの種類ごとに存在すべきテストの数を示すガイドラインでもあります。テストのほとんどはユニットテストであり、その次に多いのが統合テスト、そして最も少ないのがエンドツーエンドテストです。

図5-1はテストピラミッドの例です。ユニットテスト、統合テスト、エンドツーエンドテストの3つの層があることがわかります。このようにテストを種類ごとにグループ分けすることによって、それぞれのテストの目標に焦点を当てることを目的としています。ピラミッドの底辺では迅速なフィードバックが可能であり、ピラミッドの階層が上がるにつれてテストはより時間がかかるようになる一方で対象が広範囲になるという考え方を示しています。良いソフトウェア開発を目指すという文脈において、テストピラミッドとDevOpsに何の関係があるのかと疑問に思われるかもしれません。テストピラミッドが重要である理由は主に2つあります。

1つ目は、DevOpsの動きがますます自動化を推し進める中で、運用に関わるチームもテストという概念に初めて触れる機会が増えているためです。開発チームが現在採用している手法やプラクティスを理解することは重要です。同じガイドラインやプラクティスを使用することで、チーム間の整合性とシナジーが生まれます（今「シナジー」という言葉を使いました。私はこの言葉が最適であると判断して使っています。批判は受け付けません）。

2つ目の理由は、DevOpsによってより多くの自動化が進められるにつれて、自動化されたプロセスがソフトウェア開発ライフサイクルのほかのプロセスとやりとりする必要が生じるためです。これらのプロセスの結果をシグナルとしてほかのプロセスに送ることによって、品質という特性を定量的なメトリクスとしてとらえることができます。この説明は何かを売りつけようとしているように聞こえるので、例を挙げます。

自動デプロイプロセスでは、変更をデプロイしても問題ないと知る必要があります。そのためにはコードの品質が十分高いかどうかを知る必要があります。しかしコンピュータにとって「品質」とは何でしょうか？　本来、ランダムに失敗してしまう不安定なテストと、実際にコードの品質が低く、デプロイしてはいけないことを示している失敗したテストを見分けることはできません。開発者としては、こういった区別を自動的に行えるように、テストスイートを設計しなければなりません。テストスイートの結果は、人間が利用するのと同様に、機械（自動化されたプロセス）も利用します。そのため、DevOpsの文脈においてテストは議論する価値のあるトピックです。

テストピラミッドは、テストスイートをどのように構成すれば最大のスピードと品質が得られるかについての指針を示します。テストピラミッドが提案する構成に従うことで、開発者に正確な

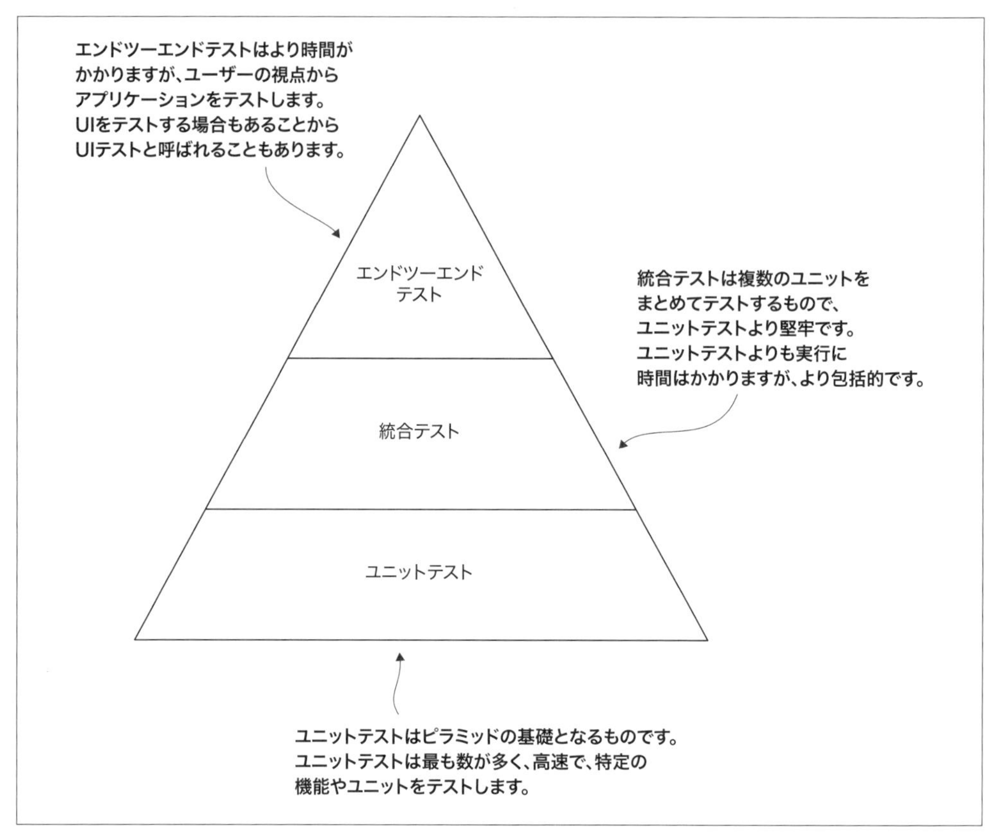

図5-1 テストピラミッド

フィードバックを迅速に提供できます。テストの大部分を統合テストとした場合、これらのテストはユニットテストよりも重いので、実行速度が遅くなります。

後ほど説明しますが、テストピラミッドの上に行けば行くほど、テストの速度が低下するだけでなく、テストに影響を与える外部要因の数も増えていきます。テストピラミッドを参考にしてテストの構成を決めることで、ピラミッドの上層に位置するテストに注力しすぎた場合よりもテストスイートが最適化され、より速く正確なフィードバックが得られます。

DevOpsの本に、なぜテストに焦点を当てた章があるのかと思われるかもしれません。1つ目の理由は、自動テストがDevOpsのアプローチにおいて重要な役割を果たしているためです。システムの自動化を進めれば進めるほど、その変更が成功したかどうかを自動で検証することが重要になります。2つ目の理由は、開発者ほどテストプロセスに精通していない運用担当者に向けてテストプロセスを理解してもらうためです。テストのライフサイクルはDevOpsの変革において非常に重要であり、運用担当者も開発担当者と同様に理解することが重要です。運用スタッフは、インフラの構築と管理を中心により多くの自動化に取り組む必要があります。自動テストの標準的なアプローチの基礎を理解することは、DevOpsの旅に大いに役立つでしょう。

ここから先の本章の内容が本書にふさわしい理由を説明できたはずですので、早速始めましょう。

5.2 テストの構造

テストピラミッドは、テストスイートを構成するためのフレームワークを提供します。次の項ではテストピラミッドの各階層について、もう少し詳しく説明します。テストピラミッドに含まれる要素は年々増えており、たとえば統合テストの上にAPIテストが追加される場合もあります。ただ本書ではそのように新しく追加された要素を1つの層としては扱いません。その代わりに統合テスト層の一部として扱います。

5.2.1 ユニットテスト

ユニットテストは、テストピラミッドの一番下に位置します。ユニットテストはこの後に紹介するすべてのテストの基礎となります。適切に設計されていれば、ユニットテストが失敗した場合、それより上位のテストも確実に失敗します。

では、ユニットテストとは何でしょうか？　**ユニットテスト**では、ソフトウェアの個々のユニットやコンポーネントをテストします。このコンポーネントは、何をテストするかにもよりますが、メソッド・クラス・関数です。重要なのは、テストされるユニット内のすべてのコードパスを実行し、それが成功するかどうかを確認するという点です。

ユニットテストとは、ソフトウェアの個々のユニット、またはコンポーネントに対して書かれたテストのことです。これらのコンポーネントは、アプリケーションのモジュール全体ではなく、メソッド・関数・クラスなどのコードの中の細かなレベルが該当します。

ユニットテストは、テスト対象のコンポーネントやユニットを書いている開発者が書くべきです。なぜなら、開発者がユニットを開発している間やそれに続くテストの間に、定期的にユニットテストを実行する必要があるからです。状況によっては、開発者がユニットテストを書き忘れることもあるでしょう。その場合は、テストの網羅性を担保するためにほかの人がユニットテストを書いてもかまいません。しかし、もしあなたの組織で現在、開発者以外の人がユニットテストを書いているとしたら、申し訳ありませんが、それは間違っています。開発者以外のグループにユニットテストを書くというタスクを任せる場合には次のような点についてよく考えましょう。

- 開発者はテストケースにまつわる文脈を最も把握しています。つまり開発者はテストケースを作成するための最適な参考情報を持っています。
- 開発者は自分が書いたコードを検証するために、自動化されたプロセスが必要なはずです。コードのリファクタリングの際には、作業しているユニットに対して作成した自動テストが助けになるでしょう。

- 開発者がテストを書くことで、チームは開発ワークフローの一部として、テスト駆動開発などのさまざまな開発手法を利用できます。
- 開発者にテストを書く責任を持たせれば、ソースコードリポジトリにコードをマージする前に、コードレビューなどのプロセスにおいてユニットテストを強制できます。

開発者が筆頭となってユニットテストを確実に書くことは必須です。何らかの理由であなたの組織でそうできない場合は、そのトレードオフをじっくりと検討する必要があります。少なくとも上記の項目にどう対処するのかについて考えましょう。

テスト駆動型開発とは？

前の項では、テスト駆動開発（TDD = test-driven development ）のような手法を利用することに触れました。TDDについて詳しくない人のために説明しますと、TDDとは開発者がコードの要件をテストケースに変換する手法です。

たとえば、書いている関数が3つの数値を受け取り、それらを計算して結果を返す場合、開発者はこれらの要件を実装するコードを書く前に、これらの要件をテストとして書くのです。テストケースを書いた後に開発者はそのコードの実装を書きます。開発者はコードがいつ機能するようになったのかを知ることができます。なぜなら、テストケースは要件を満たしていれば合格するからです。

このアプローチにより開発者はユニットを小さく保つようになり、アプリケーションのデバッグが容易になります。またテストを実装の前に書くことで、入出力に依存したテストではなく、実装の詳細に依存したテストを書いてしまう可能性を減らすことができます[†1]。

5.2.1.1 ユニットテストの構造

ユニットテストの作りとしては、システムのほかのユニットからできる限り分離する必要があります。テスト対象のユニットに含まれないものは、モックやスタブ[†2]を使います。こうすることの

†1 訳注：後述されますが、実装の詳細に依存したテストを書いてしまうと、リファクタリングなどで実装を変更する際にテストも合わせて変更する必要が生じ、テストによって変更のコストが増えてしまいます。そのため、実装の詳細には依存せず、ユニットに対してある入力を渡したときにどういった出力が返ってくるかと言う点に焦点を合わせてテストを書くことが大切です。

†2 訳注：テスト対象のユニットが依存するユニットをテスト時に利用できない、もしくは利用が望ましくない場合があります。たとえば外部のサービスとやりとりをするユニットに依存している場合、そのサービスがダウンしているとテストが失敗してしまいます。こういった問題を避けるため、外部とのやりとりをするユニットをテストダブルと呼ばれる別のユニットで置き換えるという手法があります。モックやスタブというのはともにこのテストダブルの一種です。詳細については、Gerard Meszaros著“xUnit Test Patterns: Refactoring Test Code”（Addison-Wesley Professional、2007年）を参照してください。

目的は、テストが高速に実行され、またほかのユニットのエラーによってテストが失敗することを防ぐことです。

たとえば、ある投資の収益率を計算する関数を書いているとします。この関数は投資時の価格を取得するためにAPIを実行します。ユニットテストでは、**あなた**の書いたコードがどのように機能しているかについてのフィードバックを得たいわけです。しかし、ユニットテストの中で実際のAPIを呼び出してしまうと、あなたの書いたコードとは別の部分でテストが失敗する可能性が出てきます。もしもAPIを提供しているサービスがダウンしていたらどうでしょう？　APIがうまく動作していなかったら？　こういった失敗は自分でコントロールできないので、ユニットテストにランダム性が加わります。API呼び出しをモック化することで、自分のコードのテストに集中できます。私はここでAPIとのやりとりをテストすることが重要でないと言いたいわけではありません。それはあくまでもテストピラミッドのより上の層の別のテスト（具体的には統合テスト）で扱うべき関心事であるということをここで私は伝えたいのです。

このようなやりとりをモック化して、テストする内容を集中することのもう一つの利点はスピードです。ユニットテストは、開発者が変更に対するフィードバックを得るまでの時間を短縮するために、スピードを考慮して設計する必要があります。フィードバックが早ければ早いほど、開発者がこれらのテストをローカルで実行する可能性が高くなります。また、テストの対象をユニット内の処理に絞ることでデバッグが非常に容易になります。なぜなら問題となっているのはそのユニット内のどこかであることが確実だからです。

5.2.1.2　ユニットテストの対象を決める

ユニットテストで最も難しいのは、どういったテストケースを書くかということです。多くの人は驚きますが、すべてをテストしていては望む結果を得ることはできません。すべてをテストしてしまうと、リファクタリングが容易になるどころか逆に難しくなってしまいます。この問題は、開発者が内部実装に対してテストケースを書こうとするときによく起こります。

内部実装を変更する際、内部実装に対してテストを書いてしまっていると、その内部実装に対するすべてのテストが失敗します。これによってリファクタリングが非常に大変になります。なぜなら、リファクタリングの際にコードだけでなく、そのコードに対するすべてのテストも変更する必要が生じるからです。そうなると、コードがどこから呼ばれているかを理解することが重要になってきます。

金利計算を例にしてみましょう。住宅ローンの利子も含めた総コストを求めるための`mortgage_calc`という関数があるとします。この関数は住宅ローンの総額を返す必要があります。この金額を計算するための処理のうち、`mortgage_calc`関数内でのみ呼び出されるメソッドは個別にテストする必要はないでしょう。そういった実装の詳細に関するメソッドは`mortage_calc`をテストすることを通して検証されます。このようにカプセル化することでリファクタリングが少し楽になります。いつの日か、`mortgage_calc`の内部実装を変更しようとする時が来るでしょう。その場合でも、内部実装に対するテストを書いていなければ、そういったテストを変更する必要なしに、`mortgage_calc`が期待通りの動作をすることを確認しながらリファクタリングを進めることができます。

難しいのは、この問題を解決するための万能な方法がないということです。私が言えることとしては、パブリックなコードパスとプライベートなコードパスを特定することが大事であるという点です。そして、パブリックなコードパスに対してユニットテストを行うことで、プライベートなコードパスを変更する際に内部テストのリファクタリングに多大な時間を費やす必要がなくなります。複数の場所から呼び出されるコードパスを中心にテストしましょう。内部の実装をテストすることは絶対に避けるべきであるとは言いませんが、慎重に行いましょう。

ユニットテストがテストピラミッドの一番下にあるということは、テストケースの大半をユニットテストが占めるべきだということを意味します。ユニットテストは通常、最も速く、最も信頼性が高く、最も詳細なタイプのテストです。テスト対象のユニットと強く結び付いているので、ユニットテストが失敗すると、その原因は非常に明白であるはずです。ユニットテストは、本章の後半でテストの自動実行について説明する際に重要な役割を果たします。この自動化は通常、JenkinsやCircleCI、Harnessなどの継続的インテグレーションサーバによって行われます。

NOTE 継続的インテグレーションサーバは、コードベースに対するテストスイートを自動的に実行する方法として非常に一般的になりました。多くの継続的インテグレーションサーバでは、コードリポジトリ上で変更がマージされたことを検出して、それをトリガにして処理を実行できます。ThoughtWorks（https://www.thoughtworks.com/continuous-integration）は、継続的インテグレーションの発明者としてよく知られており、同社のWebサイトには優れたリソースがあります。

5.2.2 統合テスト

統合テストは、テストピラミッドの次の層です。統合テストの目的は、システム間のやりとりや、ほかのシステムへのアプリケーションのレスポンス処理をテストすることです。ユニットテストでは、データベースへの接続にモックやフェイクを使っていましたが、統合テストでは実際のデータベースサーバに接続してデータの書き込みや読み込みをし、動作が正常に行われるかを検証します。

統合テストが重要なのは、2つのシステムがシームレスに動くことはめったにないからです。統合される2つの要素は、まったく異なるユースケースを想定して作られているかもしれず、それらを組み合わせて動作させるとたいてい失敗します。

たとえば私はある企業で働いていたのですが、その企業は新しい本社を建設していました。ビルとそれに付随する駐車場は別々に設計されていました。いざ工事を始めてみると、駐車場の床と建物の床の高さが合わないことに気付き、2つを統合するために階段を追加する必要がありました。これは、物理的な世界での統合テストの失敗例です！

統合テストは、テストのコンポーネント間でのやりとりが発生するため、ユニットテストより時間がかかります。さらに、それらのコンポーネントをテストできる状態にするために、セットアップとティアダウンのプロセスが必要です。たとえばデータベースのレコードを登録する必要があったり、ファイルをダウンロードして処理する必要があったりします。このような理由から、統合テストの実行コストは一般的に高くなりますが、それでもテスト戦略において重要な役割を担います。

本番環境のインスタンスに対して統合テストを実行してはいけません。これは初歩的なことのように聞こえるかもしれませんが、はっきりと述べておいたほうがよいと思います。データベースのようなほかのサービスに対してテストを行う必要がある場合は、テスト環境のローカルにそのサービスを起動するようにしてください。本番環境に対してテストを実行すると、読み取り専用のテストであっても、本番サーバに過度のストレスを与え実際のユーザーに迷惑をかけることになります。

データの書き込みを行うテストも当然、本番環境に対して実行してはいけません。テストによって偽のテストデータで本番環境を汚してしまったら、おそらく上司とかなり厳しい話をしなければならないでしょう。本番環境でのテストはたしかに可能ですが、技術チームのすべてのメンバーによる大規模で組織的な努力が必要です。

依存するサービスをテスト環境のローカルに起動するのが難しい場合は、これらのサービスのための別の環境を立ち上げて、複数のテスト環境から共有することを検討しましょう。ただし、このやり方はデータの一貫性が問題になることがあります。もしテストケースごとに異なる環境を用意できるのであれば、次のような順序でテストを行うことができます。

1. データベースの行数を読み取る。
2. 挿入などの操作をデータベースに対して行う。
3. 行数が増えたことを確認する。

これはテストケースでよく見られるパターンです。しかし、共有のステージング環境を利用している場合には、こういったテストのやり方は大きな間違いです。ほかの人がそのテーブルに書き込んでいないことを、あなたのアプリケーションはどうやって確認するのでしょうか？　2つのテストが同時に実行され、N＋1件のレコードではなく、N＋2件レコードがあるとしたらどうでしょう（ここでNは操作前のデータベースのレコード数です）。

テストインフラを共有している場合は、こういったテストはより明示的に書く必要があります。もはや行数を数えるだけでは不十分です。挿入した行が実際に存在するかどうかを確認する必要があります。複雑ではありませんが、ほんの少しだけ追加の作業が必要になります。統合テストで共有環境を使用する場合、このようなケースがたくさん出てきます。しかし、テスト実行ごとに隔離された環境を用意できない場合[†3]、これは次善の策となるでしょう。

†3　訳注：テスト環境の隔離については本章のp.88「5.3.1.3　テストスイートの分離」でも紹介します。

コントラクトテスト

コントラクトテストは最近よく見かけるテストの形態です。コントラクトテストの考え方は、やりとりをするサービスに関する前提が変更されたときにそれを検出するというものです。

テストで外部のサービスとのやりとりの部分にモックやスタブを使用する場合、そのサービスの入出力が期待通りであるかどうかを確認する必要があります。実際のサービスがその動作を変更したにもかかわらず、テストにそれが反映されていなければ、サービスと正しく連動しないコードをリリースすることになってしまいます。そこで登場するのがコントラクトテストです。

コントラクトテストは、サービスに対して実行される別個のテストセットで、エンドポイントの入出力が期待通りの動作をしていることを確認するものです。コントラクトテストは変更の影響を受けやすいので、実行の頻度を減らすことも珍しくありません（1日に1回でも十分でしょう）。

コントラクトテストを行うことで、依存するサービスが挙動を変更したことを検知し、スタブやモックを適切に更新できます。詳細を知りたい場合は、Alex Soto Bueno、Andy Gumbrecht、Jason Porter著“Testing Java Microservices”（Manning、2018年）のコントラクトテストに関するすばらしい章を参照してください。

5.2.3 エンドツーエンドテスト

エンドツーエンドテストではエンドユーザーの視点でシステムをテストします。**UIテスト**と呼ばれることもあり、ブラウザやクライアントサイドのアプリケーションを起動またはシミュレートし、エンドユーザーと同じアクセス方法でテストをします。エンドツーエンドテストでは結果の確認もエンドユーザーの視点から行います。つまりデータが適切に表示されること、レスポンスタイムが妥当であること、やっかいなUIエラーが発生しないことを確認します。多くの場合エンドツーエンドテストは、さまざまなブラウザのさまざまなバージョンで行われ、ブラウザとバージョンの組み合わせによってリグレッションエラーが発生しないことを確認します。

エンドツーエンドテストはテストピラミッドの頂点に位置します。最も完全なテストですが、最も時間がかかり、最も不安定になりやすいテストでもあります。エンドツーエンドテストは、テストポートフォリオの中で最も数を少なくするべきです。エンドツーエンドテストに過度に依存すると、テストスイートがもろくなり、さまざまな理由で失敗します。こういった失敗の中には、実際のテストケースとは関係がないものもあります。Webページの要素の名前や場所が変わったためにテストが失敗するというのはまだましなケースです。しかし、テストを動かすWebドライバで異常が起きたためにテストが失敗した場合、その問題を追跡してデバッグするのはいら立たしい作業になります。

エンドツーエンドテストを重視してしまう背景

エンドツーエンドテストが多くなってしまう理由の1つは、テストの大部分を担当しているチームが開発チームではないことです。自動テストを行っている（すべてではないにしても）多くのQAチームは、UIテストに集中します。なぜならそれが彼らが慣れているアプリケーションやデータとのやりとりのしかただからです。

ページ上に表示されている値がどこから来たのかを理解するためには、多くの詳細な知識が必要です。それはデータベースのフィールドから直接得られる場合もあります。データベースのフィールドの値を元に、アプリケーションロジックで追加のコンテキストを加えて計算している場合もあります。あるいは、その場で計算される場合もあります。重要なのは、コードを熟知していない人は、データがどこから来たのかという疑問に答えられないということです。しかしUIテストを書く場合には、こういった知識は必ずしも重要ではありません。ページ上に期待する値が存在するかどうかをチェックすれば良いだけです。

これまで私は、テストチームがリグレッションテストの一環として本番データに大きく依存するのを何度も見かけてきました。本番環境でのユーザーの行動は、リグレッションテストのシナリオとして利用できるからです。しかし難しいのは、本番環境のデータが正しくない場合、つまり本番環境にバグが存在する場合です。その場合、エンドツーエンドテストでは、期待される値に一致するかどうかではなく、本番環境のデータと一致しているかどうかを確認するようになってしまいます。

ユニットテストの数が減り、代わりにエンドツーエンドテストが増えてくると状況はさらに悪化します。最終的には、テストスイートは正しさをテストするものから本番環境データと一致しているかどうかをテストするものになっていきます。これら2つは必ずしも同じものではありません。2+2が4となることをテストするのではなく、本番環境に存在する値となっているかどうかをテストするのです。もし本番環境が5という値を返したら、数学の法則は無視してその値に一致するかどうかをテストするのです。こうすることでUIテストが成功はするでしょう。このケースからわかることは、重要な機能はユニットテストでカバーし、テストのピラミッドの上の層でテストしないようにすることがいかに重要かということです。

エンドツーエンドテストを多く手がけている人は、それらが不安定になりがちであるとおそらく感じているでしょう。ここでいう**不安定**とは簡単に壊れてしまうことを意味しており、多くの場合細心の注意を払って扱わなければなりません。Webページのコードやレイアウトへの小さな取るに足らない変更が、エンドツーエンドテストを壊してしまうのです。

多くの場合、その原因はテストの設計にあります。テストの対象となる値を見つけるために、テストエンジニアはページのレイアウトを知り、理解する必要があります。そうすることで、ページを解析しテストに必要な値を取得できます。これはすばらしいことですが、ある日突然ページのレイアウトは変わります。ページの読み込みが遅くなったりもします。あるいはページを解析するドライバエンジンがメモリ不足になることもあるでしょう。サードパーティの広告用Webプラグインが読み込まれないということもあります。このように、起こる可能性のある問題には枚挙にいとまがありません。

エンドツーエンドテストは不安定であり実行にも時間がかかることから、この種のテストはテストピラミッドの最上位に位置せざるを得ず、結果的にテストポートフォリオの中で最も小さな部分を占めることになります。しかしエンドツーエンドテストはテスト対象の範囲が非常に広いため、1回のエンドツーエンドテストで実際にはかなり多くのコードパスをテストすることになります。1つのユニットや1つの統合をテストするのではなく、ビジネスコンセプト全体をテストすることになります。その中では、おそらく複数の小さなものをテストすることになるでしょう。たとえばエンドツーエンドテストで注文プロセスをテストするとします。そのエンドツーエンドテストは次のようなものになるでしょう。

1. Webサイトにログイン。
2. 製品カタログでユニコーンの人形を検索。
3. ユニコーンの人形をショッピングカートに入れる。
4. チェックアウトプロセス（支払い）を実行。
5. 確認のためのメールやレシートが送られてきたことを確認。

この5つのステップは、ユーザーインタラクションの観点からは非常に基本的なものですが、システムの観点からは1回のテストで多くの機能をテストしていることになります。次に挙げるのはここでテストされているもののほんの一例です。

- データベースの接続性
- 検索機能
- 商品カタログ
- ショッピングカート機能
- 決済処理
- メール通知機能
- UIレイアウト
- 認証機能

掘り下げようと思えば、このリストにはもっと多くの機能を列挙できますが、エンドツーエンドテストでは一度にかなりの機能を試すということはこれで十分わかってもらえると思います。その一方で、テスト時間は長くなり、実際のテスト対象のシステムとは関係のないランダムな失敗が発生しやすくなります。繰り返しになりますが、本当の意味でのテストの失敗は貴重なフィードバックであり、なぜシステムが正しい応答をできていないのかを理解する必要があるということを教えてくれます。しかしハードウェアの制限やWebドライバのクラッシュなど、テストスイートの基盤が原因でテストが失敗する場合は、そのテストの位置付けについて考えなければなりません。テストインフラの問題を1つ解決したとしても別の問題が発生したり発見されたりして、モグラたたきのようになるかもしれません。

私は実行するエンドツーエンドテストの数を制限して、ビジネスの中核となる機能のみテストするようにしています。アプリケーションで絶対に動作しなければならないタスクは何でしょうか？　シンプルなeコマースサイトの場合、次のようなものです。

- 注文処理
- 製品カタログの検索
- 認証
- ショッピングカート機能

先の例では、これらすべての機能を1つのエンドツーエンドテストでテストしています。エンドツーエンドテストを作成する際には、何がビジネスにとって大事であるかを理解し、それらが適切なテストカバレッジを持っているようにすることが重要です。しかし多くのエンドツーエンドテストを行うと、テストスイートの内容に関係のない問題が発生し失敗する可能性が高まります。そうなるとテストスイートに自信が持てなくなり、チーム内でさまざまな問題が発生することになります。目標は、エンドツーエンドテストによって発生する作業やトラブルよりも、より多くの価値を付加するようにすることです。テスト対象のリストは時間とともに増えたり減ったりするでしょう。

5.3　テストスイートの信頼性

あなたが飛行機のコックピットにいるところを想像してみてください。パイロットが飛行前のチェック作業を見せてくれました。彼はルーチンを実行していますが、そのルーチンの中の何かが失敗しました。彼はあなたに向かって、「心配するな、これはときどき失敗するだけだ」と言いました。そして飛行前のチェックリストの手順を再実行すると、今度は魔法のようにすべてがうまくいきました。「ほら、言ったとおりだろう」。このフライトについて、あなたはどのように感じましたか？　おそらく、あまり良い印象は持たないでしょう。

テストスイートに対する信頼性は大事な資産です。テストスイートが予測不可能になると、信頼を構築するツールとしての価値が下がります。そしてテストスイートが信頼性を高めないのであれば、テストスイートの意味は何でしょうか？　多くの組織はテストスイートが何を提供するべきかという点を忘れてしまっています。代わりに自動テストという考えを、「そうすることになっている」というだけの理由で崇拝しています。テストスイートに対する信頼性が低下し始めたら早急に対処する必要があります。

テストスイートへの信頼性を測ることは科学というよりも技巧です。それを測る簡単な方法は、テストスイートが失敗したときの人々の反応を見ることです。テストが失敗した場合、エンジニアは自分のコードを調査し、何が変わったのか、その変更がテストスイートにどのような影響を与えたのかを調べるべきです。しかし、テストスイートに対する信頼性が低いと、エンジニアが最初にすることはテストスイートの再実行です。これは、テストスイートが失敗したことに対して自分が行った変更が影響していると確信していないことを表しています。

確信が持てないときに次に起こることは、「このビルドサーバに何か変更があったに違いない」とビルド環境を疑うことです。そうなるとビルドサーバをサポートしている人との会話が始まり、彼らの貴重な時間を費やすことになります。私がここで言いたいのは、環境への変更が原因となってテストが失敗する可能性がまったくないということではありません。多くの状況でそれは起き得ます。しかしテストの信頼性が低い場合は、コードという変更された可能性が最も高いものではなく、ビルド環境が真っ先に非難されてしまうのです！

テストスイートの信頼性が低いかどうかは、さまざまな方法で判断できます。最も簡単な方法はエンジニアに尋ねることです。テストスイートが成功したり失敗した場合、彼らは自分が行った変更にどれだけ自信を持っているでしょうか？　エンジニアは毎日テストスイートを使っているので、テストスイートの品質について鋭い視点を持っているでしょう。しかしテストスイートに対する信頼性が低いからといって、そこに甘んじる必要はありません。

5.3.1　テストスイートの信頼性の回復

テストスイートの信頼性を回復するのは、それほど大変なことではありません。悪いテストの原因を突きとめ、それを修正し、問題が判明するまでのスピードを上げることが必要です。そのためには、まずテストピラミッドに従うことが大切です。

5.3.1.1　テストスイートは失敗が発生したらすぐに失敗するべき

テストを実行する際、テストピラミッドのすべての層を一気に最後まで実行して、すべての失敗を最後にまとめて報告したいと考えるかもしれません。このやり方の問題は、実行開始から2分後にはテストが失敗していたにもかかわらず、すべてのテストスイートを実行するのに多くの時間を費やしてしまう可能性があるということです。すべてのテストスイートを実行することによって得られる価値は何でしょうか？　ユニットテストの段階で失敗したとすると、それが統合テストやエンドツーエンドに連鎖して失敗するはずです。

さらに、テストスイートの信頼性は一般的にピラミッドの上層部に行くほど悪化します。ユニットテストが失敗している場合、その原因はコードの何かが間違っていると自信を持って言うことができます。なぜ残りのテストを続ける必要があるのでしょうか？　テストスイートの信頼性を高めるために私がお勧めする最初の方法は、テストスイートの実行をフェーズに分けることです。テストをテストピラミッドのように信頼している度合いに応じてグループ分けしましょう。統合テストをいくつかのサブグループに分ける場合はありますが、なんにせよユニットテストが失敗したのであれば、それより上の層のテストを続けることにほとんど意味はありません。

テストを実行することの目的は、コードが受け入れられるかどうかについて開発者に迅速なフィードバックを与えることです。ピラミッドの下の層のテストを実行して失敗している状態で続けてほかの層のテストを実行すると、フィードバックがわかりづらくなります。そうなるとテストが失敗するたびに殺人事件のようにおおがかりな調査が必要になってしまいます。たとえばエンドツーエンドテストでログイン処理がうまく動作しなかったために失敗したとします。その場合、失敗したイベントの先頭（ログインページのエラー）から始め、内部に向かって調査を進めます。ログインページのテストが失敗したのは、レンダラーアクションが失敗したから。なぜなら必要なデータがロードされなかったから。なぜならデータベース接続が失敗したから。なぜならパスワードを検証するメソッドが失敗してエラーレスポンスが返されたから、という具合です。

このような調査には時間がかかります。もしパスワード検証メソッドのユニットテストですぐに失敗していたら、何が起こったのか、どこから調査を始めればよいのか、より明確に理解できます。テストスイートは、どこで失敗したのかを明確にしなければなりません。

開発者がテストの失敗を調べるのに時間がかかればかかるほど、テストスイートの有用性に対する開発者の**認識**は悪くなっていきます。私が「認識」という言葉を強調したのは、残念ながら信頼と認識は人間の心の中で絡み合っているからです。もしテストスイートで何が悪かったのかを突きとめるためのトラブルシュートに時間がかかるようになると、テストスイートの価値が低いという考えが広まってしまいます。何かが失敗したことを明確にすることは、そのような認識に対抗するのに非常に有効です。

またテストケースを衛生的に保つことも非常に重要です。本番環境でバグが発見された場合、その問題を検出するためのテストを作成する必要があります。同じバグが何度もテストの過程で見つけられずにいると、テストスイートの信頼性が失われるだけでなく、エンドユーザーからの製品に対する信頼も失われます。

5.3.1.2 不安定なテストを許容しない

次にすべきことは、どのテストが不安定なのかを把握することです（ヒント：おそらくエンドツーエンドテストはそうでしょう）。そういったテストをリストアップして、チームで改善するべき作業項目とします。業務の中にテストスイートの改善に集中する時間を確保します。改善の内容は、テストに対するアプローチの変更や、テストが信頼できない理由の調査など何でもかまいません。たとえばページ内の要素を見つける方法をより効率的にすれば、メモリ消費量を減らすことができるでしょう。

テストが失敗している理由を理解することは、テストスイートを良い状態に維持するための重要な要素です。たとえ週にたった1つしか不安定なテストを改善できないとしても、このことは忘れないでください。それは価値のある仕事であり、将来にわたって価値を生み出し続けます。そのような仕事の結果、あるテストがテストケースの内容とは関係のない理由で何度も失敗していると気付いたら、私の思い切った提案にしたがってください。その提案とは、そのテストを削除すると言うものです（危険を冒すのが嫌ならアーカイブしてください）。

そのテストを信頼できないのであれば、そのテストケースはどんな価値をもたらしているのでしょうか？　テストの再実行に費やす時間は、テストを自動化することで得られるメリットよりも大きなコストをチームにもたらしていることでしょう。繰り返しになりますが、テストによって信頼性を高めることができていないのであれば、それは役に立っていません。不安定なテストはたいてい、次のような点に起因しています。

- テストケースが十分に理解されていない。期待される結果が特定のケースを考慮していない。
- 前のテスト結果によってデータが衝突している。
- エンドツーエンドテストにおいて、UIコンポーネントがブラウザに表示されるのを待つ際に、ロード時間が変動して「タイムアウト」が発生している。

テストがランダムに失敗する理由はほかにもたくさんありますが、多くの場合はこれらの問題のいずれか、またはその派生に該当するでしょう。また、テスト環境のデータに不整合を起こすような形でほかのテストとコンポーネントを共有している場合もあります。そういった不整合を改善するのに役立つであろう質問をいくつか紹介します。

- どのようにしてそれらのテストを分離するか？
- 並行して実行する必要があるか？
- テストを実行した後、どのようにデータをクリーンアップするか？
- テストを実行する前には、空のデータベースを想定しているのか、それともテスト自身がデータベースをクリーンアップするのか？（私は、テスト自身が実行前に環境が期待通りに構成されていることを確認すべきだと考えています）。

5.3.1.3　テストスイートの分離

テストスイートが統合テストやエンドツーエンドテストに大きく依存している場合、テストスイートをいかに分離するかという点は特に大事になります。ユニットテストの場合は、テスト対象のコンポーネントはメモリ上でほかのコンポーネントと統合されたり、モックを使って統合されるため、テストの分離は非常に簡単です。しかし統合テストは少しやっかいで、特に問題となるのはデータベース層においてです。最も簡単な方法は、テストごとに別々のデータベースインスタンスを実行することです。使用するデータベースシステムにもよりますが、これは少々リソースを浪費します。すべてを完全に分離できるほどの余裕はない場合もあるでしょう。

別のインスタンスを使うことができない場合は、同じインスタンス上に複数のデータベースを作成すると良いでしょう。テストスイートの開始時にランダムな名前のデータベースを作成し、必要なテストケースのデータを入力し、それらのテストケースが完了した後にデータベースを削除するのです。テスト目的であれば、データベースにわかりやすく適切な名前など必要なく、データベースエンジンが扱うことのできる名前であれば問題ありません。しかし、この方式の欠点は、テストスイートが完了したときに確実に後始末をする必要があると言う点です。

また、テストが失敗したときにデータベースをどうするのかについても理解しておく必要があります。データベースはトラブルシュートの役に立つため、残しておくことで大きな価値が生まれます。しかし、データベースを自動的に削除しないと、調査終了後に人間がテストデータベースを削除し忘れてしまうことに対処しなければなりません。組織の状況に応じて、自分のチームに最適な方法を検討する必要があります。どのアプローチにも長所と短所がありますので、どの長所と短所が自分の組織にとって最適かを見極める必要があります。

また、自動で環境を構築・管理できるようになっている組織であれば、動的に環境を構築することによってさらなる隔離も可能になります。テストの実行のために新しい仮想マシンを立ち上げるというのは魅力的な選択肢です。しかし、これは自動化されていても構築に時間がかかりすぎるため、エンジニアが求める迅速なフィードバックを提供できないでしょう。すべてのテストが独立したマシンで実行できるように、始業時に十分な数の仮想マシンを立ち上げれば、構築にかかるコストは削減できます。その一方で十分なリソース容量を確保するための金銭的なコストが発生します。

また、テストケースの数が増えるに応じて必要なインフラも比例して増えるためスケーリングの問題も発生します。テストケースをDockerコンテナで実行することで、このコストを削減できます。コンテナはリソースの面で軽量であるだけでなく、起動が非常に速いため、リソース需要の増加に合わせて迅速に拡張できます。テストインフラの設定については本書の範囲外ですが、テストの分離をさらに進めるための選択肢として、この2つを紹介しておきます。

5.3.1.4 エンドツーエンドテストの数を制限する

私の経験では、エンドツーエンドテストは最も不安定です。これは主にエンドツーエンドテストの性質によるものです。

エンドツーエンドテストはUIと密接に結び付いています。UIを少し変更するだけで、Webサイトの特定のレイアウトに依存する自動テストを破壊してしまします。エンドツーエンドテストでは、通常UIの構造をある程度理解していなければならず、その知識は何らかの形でテストケースの中に組み込まれています。これに加えて、共有のハードウェア上でテストを実行するとパフォーマンスの問題も発生するため、テスト結果の判断が難しくなります。

エンドツーエンドテストの悩みを解決する簡単な答えがあれば良いのですが。エンドツーエンドテストは信頼性に欠けると同時に、非常に必要なものでもあります。私ができる最善のアドバイスは次の通りです。

- **エンドツーエンドテストの数を制限しましょう**。エンドツーエンドテストは、eコマースサイトのサインインやチェックアウトのプロセスのような、アプリケーションのクリティカルパスの操作に限定すべきです。
- **エンドツーエンドテストでは機能についてのテストに限定し、パフォーマンスはテストしないようにしましょう**。テスト環境でのパフォーマンスは、アプリケーション以外のさまざまな要因によって大きく変化します。パフォーマンステストは別個に行う必要があります。
- **エンドツーエンドテストは可能な限り分離しましょう**。同じマシン上で複数のエンドツーエンドテストを実行すると、パフォーマンスへ影響を与えランダムに見える問題の原因となります。ハードウェアを追加するためのコストは、これらの問題をトラブルシュートするための人的コストに比べてはるかに小さいものです（ここまでの推奨事項をすでに行ったと仮定した場合）。

私はここまで、テストスイートの信頼性をどう取り戻すかについて多くの時間を費やしてきました。これはDevOpsの道から少し外れているように見えるかもしれませんが、DevOpsの強みは自動化を活用することにあり、しっかりとしたテスト戦略を持つことは重要です。自動化はあなたの環境の中で、ほかのプロセスからトリガされたり、ほかのプロセスにシグナルを送ることで駆動されます。自動テストは、そういったシグナルの中でも、コードの品質を示すものとして働く重要なものです。そのため、このシグナルの信頼性を高めることは必須です。次の項では、テストスイートからのシグナルを、デプロイパイプラインに適用していきます。

5.3.2 虚栄のメトリクスの回避

テストスイートの信頼性について話し始めると、人々は往々にして品質を表すためのメトリクスを探し始めます。これは良い反応ですが、使用するメトリクスの種類には注意する必要があります。特に虚栄のメトリクスは避けた方が良いでしょう。

虚栄のメトリクスとは、システムで計測するデータポイントの中で、簡単に操作可能で、そのメトリクスの利用者にとって必要な情報をはっきりとは伝えてくれないようなものを指します。たとえば「登録ユーザー数」はよくある虚栄のメトリクスです。登録ユーザーが300万人いるのはすばらしいことですが、そのうち5人しか定期的にログインしていなければ、このメトリクスは誤解を招く恐れが非常に強いです。

虚栄のメトリクスはテストスイートでもよく現れます。よくあるメトリクスはテストカバレッジです。**テストカバレッジ**とは、テストスイート内で実行されているコードパスの数を、全体のコードパスに対する割合で表したものです。この数値はツールを使って簡単に確認でき、開発者・QA・プロダクトチームの間でテストカバレッジを高めることが掛け声となっています。しかし実際には、テストカバレッジは虚栄のメトリクスの一例です。カバレッジは、必ずしもテストの品質や何がテストされているかを示すものではありません。

車のエンジンをかけると、それだけで非常に多くの部品を動かしていることになります。しかし、エンジンをかけたときにすぐに爆発しなかったからといって、車内のすべての部品が仕様通りに動作しているとは限りません。私がこのようなことを言うのは、テストを設計する際にこの虚栄のメトリクスの概念を意識して、その魅力の犠牲にならないようにするためです。

テストカバレッジはすばらしいものですが、テストカバレッジが100％でないからといって、そのテストスイートが堅牢でないということにはなりません。また、テストカバレッジが100％であるからといって、テストスイートが何か価値のあることをしているとも限りません。数字だけでなく、テストの品質に目を向けなければなりません。

5.4 継続的デプロイと継続的デリバリ

ほとんどの人にとって、継続的デプロイは必要ありません（どこかの影響力のある人が、私がDevOpsの聖杯である継続デプロイを馬鹿にしているのではないかと思っていることでしょう）。ご存じない方のために説明すると、**継続的デプロイ**とはメインラインブランチ（primaryやtrunkとも呼ばれます）へのすべてのコミットが、本番環境へのデプロイプロセスをトリガするという考え方です。つまり、常に最新の変更が本番環境で運用されるということです。このプロセスは完全に自動化され、人が介在する必要はありません。

一方、**継続的デリバリ**は、アプリケーションを常にデプロイ可能な状態にしておくことを目的としたプラクティスです。つまり、どれだけ頻繁にリリースするかにかかわらず、リリースサイクル中は常にメインラインブランチが壊れていないということです。

この2つはよく混同されます。主な違いは、継続的デプロイでは、メインブランチにコミットされたすべての変更が人の介入なしに自動化されたプロセスを通じてリリースされることです。継続的デリバリでは、ほかの多くの変更を含む大規模なリリーストレインを待つことなく、必要なときにコードをデプロイする能力を確保することに重点が置かれます。すべてのコミットが自動的にリリースされるわけではありませんが、必要に応じていつでもリリースが**可能**です。

簡単な例として、プロダクトマネージャーが、ある顧客が抱えている問題を解決するために小さな変更をリリースしたいというケースを考えてみましょう。継続的デリバリのない環境では、数週間先になるかもしれないシステムの次のリリースまで待つ必要があります。継続的デリバリを実践している環境では、デプロイパイプライン・インフラ・開発プロセスが、システムの個々の部分のリリースがいつでも可能なように構成されています。プロダクトマネージャーは、ほかの開発チームとは別のスケジュールで、バグ修正の変更をリリースできます。

以上の定義を踏まえた上で、継続的デプロイは継続的デリバリなしには実現しないことに留意しましょう。継続的デリバリは、継続的デプロイへの道のりの途中にあるものです。さまざまな場所で継続的デプロイが喧伝されているにもかかわらず、私は継続的デプロイがすべての企業にとってすばらしい目標だとは思いません。継続的にデプロイするという行為は、ある種の行動を組織に強いることになります。すべてのコミットを本番環境にデプロイしようとすると、強固な自動テストが必要です。また、チームが設定したレビュー基準に基づいて、複数の人がコードを見ていることを確認するために、しっかりとしたコードレビュープロセスが必要です。継続的デプロイではこういった活動を強制します。なぜならこういった活動なしでは継続的デプロイは大惨事に陥る可能性があるからです。私はこういった活動に価値があると信じています。

しかし、多くのチームや組織では継続的デプロイを実践し始める前に、多くのハードルを乗り越えなければならないとも思っています。現在システムのパッチをデプロイするのに何週間もかかっている場合、継続的デプロイへの移行はかなり大きな飛躍のように思えます。一方、継続的デリバリは多くの組織にとってより良い目標となるでしょう。変更がコミットされたら、それをすべてデプロイするという目標は崇高なものです。しかし、多くの組織ではそれを安全かつ確実に実行するのは遠すぎる目標です。

多くの組織の内部プロセスは、**リリース**という成果物の単位を中心に構成されています。しかし継続的デプロイを行う場合、リリースとは何かという概念さえも社内で変えなければなりません。ソフトウェアのバージョンをベースにした社内プロセスはいくつありますか？ スプリント・プロジェクト計画・ヘルプドキュメント・トレーニングといったすべてが、リリースという儀式的な概念を中心に行われていることが多いです。これらの活動すべてを継続的デプロイを前提としたものに変えるというのは長い道のりとなります。継続的デプロイとまではいかなくとも今よりも頻繁なリリースを目標とすることは、ソフトウェアプラットフォームの見方・管理・販売方法に関して組織内に混乱を起こさずに、非常に大きなメリットをもたらします。

しかし継続的デプロイであれ継続的デリバリであれ、実際にデプロイする前に、そのコードがデプロイ可能であることをどうやって確認するのか？ という疑問が出てきます。そこで、本章の冒頭で紹介したテストスイートの話に戻ります。テストスイートは、変更によってアプリケーションがデプロイしてはいけない状態になっていないかをチームが評価するためのシグナルの1つです。継続的デリバリでは、アプリケーションコードがデプロイ可能であることを示すために、一連の構造化され、自動化されたステップを踏むという考え方を重視しています。これらのステップは、**デプロイパイプライン**と呼ばれます。

定義

デプロイパイプラインとは、ユニットテストやアプリケーションコードのパッケージ化など、コードの変更を検証する一連の構造化され、自動化されたステップのことです。パイプラインはコードがデプロイに適していることを自動的に示すための手法です。

通常パイプラインの結果として、アプリケーションの実行に必要なすべてのコードを含む**ビルドアーティファクト**が得られます。これにはサードパーティのライブラリ、内部のライブラリ、そして実際のコードそのものが含まれます。生成されるアーティファクトの種類は、ビルドしているシステムに大きく依存します。JavaのエコシステムではJARやWARファイルでしょう。Pythonのエコシステムでは、pipファイルやwheelになるでしょう。出力されるファイルの種類は、そのアーティファクトが後続のプロセスでどのように使用されるかに大きく依存します。

アーティファクトとは、アプリケーションまたはアプリケーションのコンポーネントのデプロイ可能なバージョンのことです。これがビルドプロセスの最終的な出力です。生成されるアーティファクトの種類は、デプロイ戦略やアプリケーションが書かれている言語によって異なります。

ビルドアーティファクトがパイプラインの最終成果物である場合、パイプラインの全ステップは次のようになります。

1. コードをチェックアウト。
2. リンターやシンタックスチェッカーなどで静的解析。
3. ユニットテストを実行。
4. 統合テストを実行。
5. エンドツーエンドテストを実行。
6. ソフトウェアをデプロイ可能なアーティファクト（WARファイル、RPM、ZIPファイルなど）にパッケージ。

これらのステップは、メインラインブランチにマージされるすべての変更に対して実行されます。このパイプラインは、変更の品質とデプロイの準備ができているかどうかのシグナルとして機能し、結果として本番環境にデプロイできるもの（**デプロイアーティファクト**）ができあがります。

このリストはあくまでも一例を示したに過ぎません。パイプラインには、組織にとって意味のあるステップをいくつでも追加できます。たとえばセキュリティスキャンのステップを追加するのは理にかなっています。インフラのテストと構成管理も、追加したい項目の1つです。重要なことは、ソフトウェアをリリースするための要件は可能な限りコード化し、パイプラインに含めておくべきだということです。

5.5　機能フラグ

継続的デプロイや継続的デリバリを実践していても、デプロイのたびにユーザーに対しての新機能や変更は提供せずに済ます方法があります。企業が1日に何度も新機能をデプロイすると、ユーザーとしては不安になる場合もあるでしょう。継続的デリバリやデプロイを導入する際には、このような可能性が十分に考えられます。しかし、機能を提供することとデプロイを切り離すためのテクニックがいくつかあります。その中でも最も重要なのは機能フラグです。

機能フラグとはフラグやセマフォなどの条件分岐を使って機能のコードを隠すことです。こうすることで、コードをデプロイしても必ずしもすべてのユーザーに対してそのコードが実行されるわけではないという状態になります。機能フラグによって、機能の提供と機能のデプロイを分離できます。これにより、マーケティングやプロダクトの観点からの機能のリリースを、技術的なリリースと切り分けることができます。

機能フラグとは、フラグやセマフォを使ってコードパスに対して条件分岐を追加するための手法です。こうすることで、そのコードパスの有効化や無効化が可能となります。有効化されていない場合、そのコードパスは休止状態になります。機能フラグを使用すると、コードパスのデプロイとそのコードパスのユーザーへのリリースを分離できます。

機能フラグの値は多くの場合、真偽値としてデータベースに保存されます。値が`true`であればフラグが有効であることを意味し、`false`は無効であることを意味します。より高度な使い方としては、機能フラグを特定の顧客やユーザーに対してだけ有効にし、残りの顧客やユーザーに対しては無効にするといったものもあります。

基本的な例として、注文ページでユーザーに商品をお勧めするアルゴリズムを新しいものに置き換えるケースを考えてみます。レコメンデーションエンジンのアルゴリズムは、2つのクラスにカプセル化されています。機能フラグを使用すると、コードのデプロイのタイミングと、新しいコードパスを有効化するタイミングを分けることができます。次のサンプルコードでは、この実装の概要を示しています。

例5-1 レコメンデーションエンジンの機能フラグ

```
class RecommendationObject(object):
    use_beta_algorithm = True                ❶
    def run(self, customer):
      if self.use_beta_aglorithm == True:    ❷
        return BetaAlgorithm.run()
      else:
        return AlphaAlgorithm.run()
class AlphaAlgorithm(object):
     // 新しい実装
class BetaAlgorithm(object):
     // 以前の実装
```

❶ 機能フラグを定義する。この値はデータベースから取得するように変更も可能。

❷ 機能フラグの値を確認し、コードパスを変更。

この例では、アルゴリズムのベータ版とアルファ版のどちらを実行するかを変数を使って決定しています。実際のシナリオでは、データベースから値を取得して決定することになるでしょう。機能フラグ名と`true`または`false`の真偽値で構成されたテーブルを用意しましょう。こうすることで、新しいコードをデプロイすることなく、アプリケーションの動作を変更できます。データベースの値を更新するだけで、実行中のアプリケーションは実行するアルゴリズムを切り替えることができます。

また新しいアルゴリズムに問題が発生した場合、その変更を元に戻すために再度デプロイする必要はなく、単にデータベースを更新するだけで済むという利点もあります。時間が経ち、この変更が問題ないとわかったら、機能フラグのロジックを削除し、新しいロジックをアプリケーションのデフォルトの動作にすることで変更を永続的なものにします。こうすることで、実験やテストの段階を過ぎた機能フラグのために、大量の条件分岐ロジックがコードに散らばることを防ぐことができます。

場合によっては、グレースフルリカバリーのために機能フラグを削除せずにおきたいと思うかもしれません。たとえばサードパーティのサービスと連携するコードに機能フラグを設定したとします。サードパーティのサービスがダウンしたり問題が発生したりした場合、機能フラグを有効化もしくは無効化することでサードパーティとのやりとりを行わず、その代わりによくあるレスポンスを返すことが可能になります。こうすることで、機能がある程度使えなくはなりますが、アプリケーションを継続できます。これは、完全にダウンしてしまうよりもはるかにましです。

機能フラグのライブラリは、ほぼすべてのプログラミング言語ごとに存在します。これらのライブラリは、フラグをよりしっかり実装する方法を提供します。これらのライブラリの多くはさらに便利な機能も提供しています。たとえばキャッシュによってすべてのリクエストがデータベースクエリを発行しないようにするといった機能です。機能フラグの実装にはSaaSソリューションも利用できます。そのような例としてLaunchDarkly（https://launchdarkly.com）、Split（https://www.split.io）、Optimizely（https://www.optimizely.com）などがあります。

5.6 パイプラインの実行

パイプライン実行の領域では、さまざまな選択肢や不適切な用語が散見されます。**継続的インテグレーション**という言葉は、ツールのマーケティングのために誤用されています。私はこの事実を不満に思っていますが、その詳細は割愛します。こういった理由のため、私は**パイプラインエグゼキュータ**という言葉を使います。パイプラインエグゼキュータとは、ワークフロー内のさまざまなステップを条件付きで実行できるツールのことです。

図5-2にパイプラインの例を示しました。Jenkins、CircleCI、Travis CI、Azure Pipelinesなどが、このカテゴリで人気のツールです。

パイプラインエグゼキュータは、ワークフロー内のさまざまなステップを条件付きで実行できるツールです。一般的には、コードリポジトリ、アーティファクトリポジトリ、そのほかのソフトウェアビルドツールとのさまざまな連携機能が組み込まれています。

パイプラインエグゼキュータの隠れた秘密として、それらはほとんどが同じだというものがあります。連携やフックなどの面では、どのツールもほぼ同等の機能を持っています。結局のところ、これらのパイプラインはあなたの組織で書かれたコードを実行します。テストスクリプトが不安定であったり、一貫性がなかったりすると、どんなビルドツールを使っても関係ありません。どんなツールもそういったテストから失敗を取り除いてくれるわけではありません。

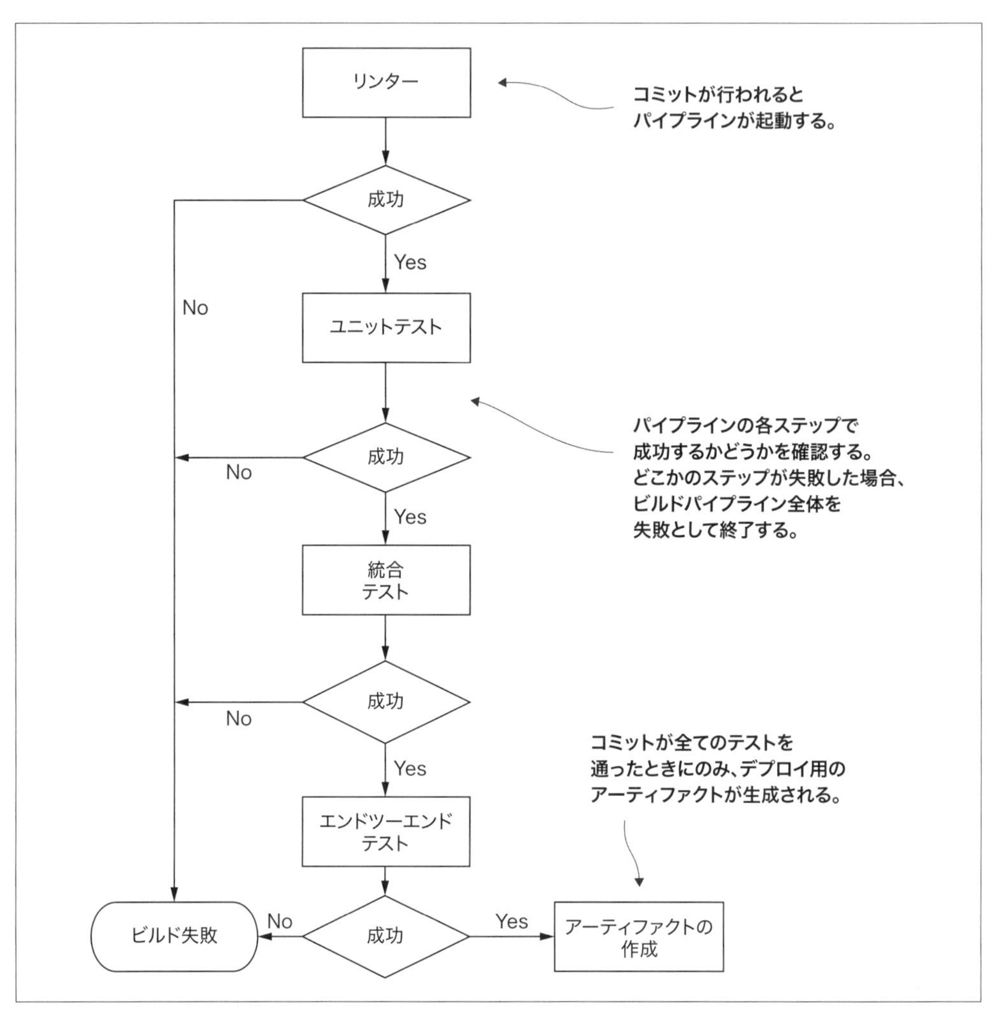

図5-2 ビルドパイプラインのフローの例

大規模な委員会を設けてどのパイプラインエグゼキュータを採用するかを議論・評価しようとしているのであれば、その委員会を廃止して、そのエネルギーをビルドスクリプトの信頼性向上に注ぐことをお勧めします。パイプラインエグゼキュータをまだ使っていないのであれば、組織内で抵抗が最も少ないものはどれかという観点でツールを選ぶべきです。パイプラインエグゼキュータ自体は、組織に成功をもたらしたり逆に失敗をもたらすものではありません。どのツールであれ、持っていないよりはるかに良いので、もしAzure Pipelinesを比較的簡単に組織に導入できるのであれば、それはあなたにとって最適な選択となるでしょう。Jenkinsがチームに簡単に売り込めるのであれば、それが最適なツールです。明確で具体的な要件がない限り、ツールの評価に多くの時間を費やしてはいけません。

ツールを選択したら、パイプラインをフェーズに分けることが重要です。こうすることで、パイプラインの実行状況を開発者に迅速にフィードバックし、プロセスのどこで問題が発生したかを容易に特定できます。たとえば、次のようなスクリプトがあるとします。

1. ユニットテストの実行。
2. 統合テストの実行。
3. テスト用のデータベースの作成。
4. データベースへのデータの読み込み。
5. エンドツーエンドテストの実行。

これらのステップは1つのスクリプトで実行するには大きすぎます。実行結果がログファイルの中でごちゃごちゃして読みづらくなり、「エラー」という単語を懸命に探すはめになります。これらのステップをパイプラインの別のフェーズに分けることで、たとえばエンドツーエンドテストが始まる直前のステップ4でテストデータを読み込む際にエラーが発生した、とすぐに気付くことができます。

テストパイプラインの場合は、テストピラミッドを見慣れていることもあり、フェーズに分けて考えやすいです。しかし、すべてのパイプラインでこのようなフェーズ分けをする必要があるということを忘れてはいけません。コードのビルド・環境のクリーンアップスクリプト・リポジトリの再構築のいずれであっても、パイプラインを同様にフェーズ分けしましょう。

最後に、パイプラインにおける各ビルドの成功のシグナルがどのようなものかを検討する必要があります。パイプライン、特にテストでは、何かが一定の基準を満たしているか、または正常に実行されたかを確認する必要があります。コードのビルドを例にとると、パイプラインはビルドが適切であると伝えることができなければなりません。これを実現する一般的な方法は、パイプラインの最終ステップとしてビルドアーティファクトを作成するというものです。

ビルドアーティファクトとは、ソフトウェアを1つのファイルにパッケージ化したもので、通常アーティファクトやバイナリに対してあらかじめインストール手順が決められています。ビルドアーティファクトは必要なビルドプロセスを経た上で得られるため、それが存在するということはその前のプロセスでは何の問題も見つからなかったということを意味しています。これは、そのコードをデプロイして問題ないことを示すシグナルとなります。

ビルドがアーティファクトを生成しない場合は、コードのバージョンとビルドの成功を結び付ける方法が必要です。最も簡単な方法は、コードをマージする前にビルドが成功していることを要求することです。多くのパイプラインエグゼキュータはこういった連携機能を提供しています。このようにしてメインラインブランチをデプロイ可能なビルドとみなすことができます。

前述の方法は最も強力な方法ですが、シグナルを作成するほかの方法もあります。選択肢の1つとして、コミットハッシュと成功したビルド番号をキーバリューストアに保存するという手もあります。こうすることでほかのプロセス、特に手動のプロセスとの連携が容易になります。もう一つの方法は、コード検証ステップの一部として、使用しているビルドサーバと直接連携することです。これは、デプロイするコード（またはデプロイして問題ないかどうかを検証するものすべて）がパイプラインエグゼキュータと連携して、あるコミットに対して正常にビルドが実行されたかを確認するというやり方です。こうすると、パイプラインエグゼキュータと強く結合してしまい、将来的にパイプラインエグゼキュータを別のツールに移行することは難しくなってしまいます。しかし、ほかの方法でビルドシグナルを確認できない場合は、この方法を採用する価値があります。

どのような方法を選択するにしても、コードの品質というシグナルをプロセスの下流（特にデプロイ）に伝える必要があります。この取り組みは、コードの品質を推定するためのきっちりした高品質なテストケースからすべてが始まります。これらのテストをパイプラインエグゼキュータツールから実行することで、これらのプロセスをさらに自動化し、今後さらなる連携が可能となります。

継続的インテグレーション vs. 自動テスト

自動テストツールやJenkinsのような継続的インテグレーションサーバが爆発的に普及したことで、**継続的インテグレーション**という言葉の意味があいまいになっています。真の継続的インテグレーションが開発プロセスにどのような影響を与えるかを理解することが重要です。

かつてのソフトウェア開発のライフサイクルでは、エンジニアは特定の機能を開発するために生存期間の長いブランチを作成していました。この生存期間の長いブランチは、ソフトウェア開発の世界を悩ませていました。生存期間の長いブランチを作成した場合、メインラインブランチに対して開発者がフィーチャーブランチをリベースする責任が生じます。開発者がそれを行わないと、大量のマージコンフリクトが発生し、解決が困難になります。

それだけでなく、ほかの機能の開発や変更がメインラインブランチで進んでいる一方で、作業中のフィーチャーブランチは止まったままです。先にメインラインブランチで起きた変更の結果、フィーチャーブランチでのアプローチが元に戻ったり、壊れたりすることも珍しくありませんでした。そこで登場したのが継続的インテグレーションです。

継続的インテグレーションのアプローチでは、エンジニアは定期的に、**少なくとも**1日に1回、自分の変更をメインラインにマージすることを求められます。これにより、生存期間の長いブランチがなくなるだけでなく、エンジニアは自分のコードをメインラインブランチに安全にマージするにはコードをどのように書くと良いのかを考えるようになります。

そこで登場したのが、継続的インテグレーションサーバ（Jenkins、CircleCI、Bambooなど）です。これらのアプリケーションによって、コードがメインラインブランチにマージされる前に、自動テストを実行し成功することが求められます。これにより、変更が安全であること、未完成である可能性のあるコードがシステムの動作を壊していないことが保証されます。

しかし時が経つにつれ、人々が継続的インテグレーションのプロセスと継続的インテグレーションサーバで自動テストを実行することを混同していることが明らかになりました。これらの2つは、非常に微妙な会話を除いてはほとんど区別されません。継続的インテグレーションの本当の意味を知りたい方には、ポール・M・ドュバル、スティーブ・M・マティアス、アンドリュー・グローバー著『継続的インテグレーション入門』（日経BP、2009年、原書"Continuous Integration"Addison-Wesley Professional、2007年）やJez Humble、David Farley著『継続的デリバリー』（KADOKAWA、2017年、原書"Continuous Delivery"、2010年）をお勧めします。

5.7 テストインフラの管理

テスト環境の基盤は、組織内で見落とされて誰も管理していないということがよくあります。テスト環境を分解してみると、管理すべきいくつかの重要なコンポーネントが見えてきます。

- 継続的インテグレーションサーバ
- パイプラインから生成されたアーティファクトのストレージ
- テストサーバ
- テスト対象のソースコード
- 実行されるテストスイート
- テストスイートが必要とするすべてのライブラリと依存関係

テスト環境の基盤は、さまざまなチームが責任を持つ傾向にあります。多くのハードウェアが関わります。アーティファクトを作成したら、それをどこかに保存し、デプロイパイプラインのほかのプロセス、つまりアーティファクトをサーバにデプロイできるようにアクセスできる必要があります。テストスイートを実行するための別のサーバも必要です。最後に、継続的インテグレーションサーバも必要です。このサーバでは権限管理や、アーティファクトの保管場所やソースコードリポジトリなどのさまざまな連携へのネットワークアクセスを必要とします。またパスワードの管理も必要です。

これらの作業のほとんどは通常であれば運用スタッフが担当します。しかし組織によっては、これらの作業をすべて開発チームが担当し、テストインフラの所有権が問題になることがあります。私はテスト環境は運用チームが所有するべきだと提唱しています。その理由は次の通りです。

まず第一に、テスト用サーバは本番環境を模倣する必要があります。ライブラリのバージョンなどのように、テスト対象のソースコードで管理されるコンポーネントもあります。こういった依存関係は、自動テストの中でインストールするようになっているでしょう。しかし、データベースのバージョンのように、ビルドごとに変化したりはしない、より変更の少ない依存関係もあります。テスト環境のデータベースのバージョンは、本番環境で稼働しているバージョンによって決まる、変化の少ない依存関係です。

本番環境で何が動いているかを最もよく把握しているのは、もちろん運用グループです。本番環境にパッチアップグレードを行う場合、そのパッチはテストパイプライン全体を通過する必要があります。通常は運用チームがパッチをいつ適用するかを決定するので（セキュリティ関連のパッチに関連するものは特に）、テストインフラ全体に対して適切なアップグレードを運用チームが行うのは理にかなっています。

依存関係のバージョンに加えて、テストインフラ、特に継続的インテグレーションサーバには大きなセキュリティ上の懸念があります。CIサーバは、インフラの重要な部分と連携する必要があるため、セキュリティに関しては非常に敏感なポイントとなります。また多くの組織では、CIサーバをデプロイプロセスの重要なコンポーネントとして使用しています。そのため、このサーバはソースコード・ビルドアーティファクトの保管場所・本番ネットワークにアクセスできる必要があります。このようにさまざまなコンポーネントにアクセスできるため、運用チームがCIサーバを所有し、ほかのセキュリティ制限やプロセスに準拠することは理にかなっています。このようにCIサーバはあまりにも重要度が高いため、通常のセキュリティ管理プロセスから外れるわけにはいきません。

残念ながら、これは簡単なことではありません。開発チームは、この環境をある程度コントロールする必要があります。ビルドタスクにおいては、テストを実行するために新しいライブラリをインストールする権限が必要でしょう。開発者がライブラリをアップグレードする必要が出るたびに、運用チームに確認をしてほしいとは思わないでしょう。テスト環境において、さまざまなライブラリを使うということは、ライブラリのインストールなどの操作はそれぞれのテスト実行ごとに隔離する必要が生じます（多くのCIサーバはこの類の機能を標準で提供します）。自動テストが失敗した場合、トラブルシュートやデバッグのためにサーバへのアクセスが必要になることもあります（失敗がビルドサーバでのみ発生し、ローカルでは再現できない場合）。

これらのことから、運用部門がテストインフラを所有する必要があるとはいえ、2つのチームの間には高度な協力と調整が必要であることがわかります。ソフトウェアエンジニアが自分の仕事をきちんとこなせるように、運用スタッフはソフトウェアエンジニアのニーズに耳を傾ける必要があります。しかし同時に、ソフトウェアエンジニアは、一部のテストインフラが持つ巨大な力を認識し、すべての要求が認められるわけではないことをきちんと理解しなければなりません。

5.8 DevSecOps

ここで、この分野で生まれつつある新しいパラダイムについて簡単に触れたいと思います。それがDevSecOpsです。これは、DevOpsの考え方を拡張したもので、セキュリティを主要な関心事の1つとして加えるものです。多くの組織にはセキュリティチームがあり、チームが使用するアプリケーションやインフラが、何らかの形で最低限の安全基準を満たしていることを確認することを目的としています。**最後の味付けとしての品質**というアンチパターンは、DevSecOpsを語る上で非常に役に立ちます。なぜならほとんどの組織では、プロジェクトの最後にセキュリティのチェックを行っているからです。

ソフトウェア開発のライフサイクルでは、「セキュリティ」という言葉は一度も出てこないかもしれません。そして稼働直前になって、セキュリティの観点から設計されていないソフトウェアが、一連のチェック・評価・テストを受けて、現実的には合格する見込みがないことが判明します。

セキュリティチームをDevOpsのライフサイクルに組み込むことで、セキュリティチームはプロセスの早い段階で設計の決定に関与する機会を得ることができます。これによって、品質とセキュリティがソリューションに不可欠な要素であるという考えを実践できます。DevSecOpsのアプローチでは、テストの運用方法と同様に、セキュリティスキャンやセキュリティテストをパイプラインの一部として組み込む必要があります。すべてのビルドに対してセキュリティの文脈に即したテストスイートが実行されると想像してみてください。またアプリケーションが安全でない依存関係を持ち込んだ場合の修正プロセスがコード化されていることを想像してみてください。これらは、DevSecOpsがもたらす成功例の一部ですが、その道のりは必ずしも容易ではありません。

このテーマは本書でカバーするにはあまりにも膨大です。より広範な議論については、Jim Bird著“DevOpsSec”（O'Reilly、2016年）やJulian Vehent著“Securing DevOps”（Manning、2018年）がすばらしいリソースとしてお勧めです。

まずは、自動化してビルドやテストパイプラインに統合できる、基本的なセキュリティ監視ツールに時間とエネルギーを投資する必要があります。多くの組織では、正式なセキュリティプログラムを持たず、個々のエンジニアが業界やセキュリティの状況を把握することに頼っているため、これは非常に重要なことです。

OpenSSLに重大な脆弱性が発生した場合などは、さまざまな職業上のつながりを通じてそのニュースを耳にするでしょう。しかし組織としては、エンジニア（とその職業上のつながり）が個人でそういったニュースを見聞きすることに頼ることなく、独立したプロセスでそういった脆弱性情報を取得する必要があります。

そのため、コードをスキャンしたり、コードベース内の推移的な依存関係[†4]を解決し、それらのライブラリに脆弱性がないかどうかをスキャンできるような自動スキャンツールの利用は必須です。単純なパッケージであったとしても、インストールされる依存関係は網の目のような状態で、一個人がそれらのバージョン・関係・脆弱性をすべて把握できると考えるのは間違っています。こういった場面こそソフトウェアが活躍します。

またセキュリティチームに設計プロセスから参加してもらう必要があります。ほとんどのチームは、セキュリティチームをある種の「すべてを禁止する人たち」とみなしています。何もさせても

†4　訳注：依存関係の中でも、あるソフトウェアが直接依存しているものだけではなく、直接の依存関係が依存している間接的なものも含めた依存関係のこと。

らえないのです。しかし問題なのは、ほとんどのセキュリティチームはプロセスの一番最後にしか関わることができていないという点です。セキュリティチームが関わったときには、人々は今許可を求めていることを**すでに**行っています。実際にはセキュリティの主な目的はリスク管理です。コストと潜在的な利益の理解なしにはリスクは評価できません。設計プロセスの初期段階でセキュリティチームに参加してもらうことで、実行面と安全面の両方で組織のニーズのバランスが取れたソリューションを共同で開発できます。

先ほど述べたようにDevSecOpsの議論は大きなものです。まずはセキュリティチームに相談してみましょう（セキュリティチームがある場合）。どうすればより緊密に連携し、彼らのプロセスをビルド・テスト・デプロイのプロセスに統合できるかを聞いてみましょう。今後のプロジェクトにおいてセキュリティチームにどのように参加してもらうかのステップを明確にしたうえで、ハイレベルでのチェックを自動的に行い、それをテストパイプラインに組み込むことを目標としましょう。

5.9 本章のまとめ

- テストピラミッドを参考にして、テストを論理的にグループ化しましょう。
- 信頼性と開発者への迅速なフィードバックを重視することで、テストに対する自信を回復しましょう。
- 継続的デリバリにより、アプリケーションを常にリリース可能な状態にしましょう。
- パイプラインエグゼキュータツールは、組織からの抵抗が最も少ないものを選びましょう。

6章
アラート疲れ

本章の内容

- オンコールのベストプラクティスの活用
- オンコールローテーションのための人員配置
- オンコールの幸福度の追跡
- オンコール体験を改善する方法

システムを本番環境に投入する際には、システムが故障するすべての可能性をまったく理解できていないのではないかと疑心暗鬼になることがよくあります。思い付く限りの悪夢のようなシナリオに備えてアラートの作成に多くの時間を費やします。しかしここでの問題は、アラートシステムに多くのノイズを発生させてしまい、それらはすぐに無視されるようになり、アラートが発生しているのが正常だと見られてしまうことです。このパターンは**アラート疲れ**と呼ばれ、チームを深刻な燃え尽き症候群に導く可能性があります。

本章では、チームのオンコールに焦点を当て、うまく行うためにどのように準備するのがベストかを説明します。良いオンコールアラートとはどのようなものか、問題解決のためのドキュメントの管理方法、その週のオンコール担当であるチームメンバーの昼間の職務はどう編成するか、などについて詳しく説明します。本章の後半では、オンコールの負荷の追跡、オンコール業務のための適切な人員配置、補償のしくみなど、より管理に重点を置いたタスクに焦点を当てます。

残念ながら、本章のヒントのいくつかはリーダー向けのものです。ここで「管理職」向けと言わなかったことに注目してください。チームメンバーの誰もが、これらの実践のための代弁者、支持者になれるのです。もしあなたが本書を読んでいるのであれば、おそらくあなたがこれらのポイントについて声を上げる役になるでしょう。私は、誰もが使えるような強力なヒントに焦点を当てたいと思っていますが、本章に関してはオンコールの経験があるとより理解できるでしょう。すべての読者がオンコールの経験を持っているわけではないでしょうから、まずはそのフラストレーションを簡単に紹介します。

6.1 苦労話

午前4時、レイモンドに職場の自動アラートシステムから電話で呼び出しがありました。レイモンドは今日が初めてのオンコール勤務で、アラートがいつ来るかと心配で眠りが浅くなっていました。アラートメッセージを見ると、データベースのCPU使用率が95％になっているとのことです。慌てて起き上がりコンピュータにログオンしました。

問題の原因を確かめるためにデータベースのメトリクスを見始めました。システム上のアクティビティはすべて正常なようでした。いくつかのクエリが長時間実行されているように見えますが、それらのクエリは毎晩実行されており特に目新しいことではありませんでした。彼はWebサイトをチェックしてみましたが、問題のない速度で画面が表示されました。データベースのログにエラーがないか探してみましたが何もありませんでした。

レイモンドは途方に暮れてしまいました。アラートを受けているのに、何もしないのは間違っているのではないだろうか？　今回の問題は特殊だったのだろうか？　何か問題があって、それを見つけることができていないだけなのか、あるいは正しい場所を見ていないだけなのか？　1時間ほど寝ずにCPUのグラフを見ていると、徐々に正常なレベルに戻り始めていることに気付きました。

レイモンドはホッと一息ついてベッドに戻り、最後の30分ほどの睡眠を楽しもうとしました。彼には睡眠が必要でした。なぜなら次の日も同じ呼び出しを受けることになるからです。その翌日も、その翌日も、彼のオンコールシフトの間中ずっと同じアラートが続きました。

3章で述べたように、システムメトリクスだけではシステムの全体像が見えない場合があります。しかし、システムメトリクスはアラートを構築する際に最初に思い浮かぶものです。なぜなら、システムに問題があるときは、リソース使用率も高くなっていることが珍しくないからです。そのため、リソース使用率が高い場合にアラートを出すように設定しがちです。

しかしリソース使用率だけでアラートを出すことの問題点は、そのアラートを受けても何をしたら良いかわからないことが多いと言う点です。アラートは単にシステムの状態を説明しているだけで、なぜ、あるいはどのようにしてその状態になったのかについては何の文脈も与えてくれません。レイモンドのケースでは、夜間に予定されていた重いレポート作成という通常の処理を行っていただけかもしれません。

しばらくすると、データベースのCPU使用率が高いことを示すアラートや呼び出しは、行動を促すものというよりも、むしろやっかいなものになります。アラートはバックグラウンドノイズのようなものとなり、早期警報システムとしての効力を失います。先に述べたように、このようにアラートに鈍感になることはアラート疲れとして知られています。

アラート疲れは、オペレータが頻繁に多くのアラートにさらされることで、アラートに鈍感になってしまう場合に起こります。オペレータが偽のアラートに慣れてしまうと、どんどん鈍感になっていき、アラートへの応答時間が悪化します。これによりアラートシステムの全体的な有効性が低下します。

アラート疲れは、システムの観点からも、従業員のメンタルヘルスや仕事の満足度の観点からも危険です。レイモンドは、毎朝4時に特に理由もなく起こされることを確実に快く思っていなかったでしょう。彼のパートナーもまた、睡眠を妨害されることを確実に快く思っていなかったはずです。

6.2 オンコールローテーションの目的

詳細に入る前に、オンコールプロセスの基本的な定義を説明しておきましょう。**オンコールローテーション**とは、あるシステムやプロセスの最初の連絡先としての担当者を定めたスケジュールのことです。組織によって、オンコール担当者の責任の定義はさまざまですが、大まかにはすべてのオンコールローテーションがこの基本的な定義に一致するでしょう。

オンコールローテーションでは、特定の個人を一定期間、システムまたはプロセスの最初の連絡先として指定します。

この定義では、オンコール担当者の責任については具体的に述べられていないことに注目してください。それは組織によって異なります。あるチームでは、オンコール担当者は、問題をエスカレーションする必要があるのか、それとも後回しにしてもよいのかを判断するトリアージを行う役割しか果たしません。ほかの組織では、オンコール担当者は、問題の解決やエスカレーションのきっかけとなった問題への対応を調整する責任を負う場合もあります。本書では具体的には、主に業務時間外にシステムが異常と判断された場合のサポートとトラブルシューティングの手段としてのオンコールローテーションについて説明します。

先ほどの定義を具体化すると、典型的なオンコールローテーションは1週間の任務であり、ローテーションに含まれる各メンバーはこの1週間の任務を交代で担当します。オンコールローテーションを定義することで、業務時間外にメンバーのうちの誰が担当なのかと当て推量する必要がなくなるとともに、その週にオンコールを担当するメンバーの期待値を設定できます。

夜中に問題が発生しサポートが必要になった場合、助けてくれる人を探すために複数の家族を起こすのは最も避けたいことです。オンコールスタッフは、変則的な時間帯に呼び出される可能性があることを知っているので、日常生活の中でそれに対応できます。オンコールのスケジュールがなければ、データベースに何か問題が発生したとき、SQLを書ける人は携帯電話の電波がまったく届かない森の中でキャンプをしているかもしれません。オンコールローテーションを定めることによって、レイモンドが担当の週は、キャンプに行くべきでないと判断できます。

オンコールプロセスに関して、技術的な観点で中心になるのはメトリクスツール・モニタリングツール・アラートツールです（使っている技術スタックによっては単一のツールがこれらを兼ね備えている場合もあります）。監視ツールはシステムの異常な状態を明らかにしますが、実際にその状況を処理するために適切な人に連絡を取るのはアラートシステムが行います。アラートシステムは、アラートの重要度に応じて、電話やメールといった手段でエンジニアに通知できる必要があります。また商用製品の中には、プッシュ通知を受け取ることができるモバイルアプリケーションを提供しているものもあります。

障害発生時の対応時間を向上させるためには、この通知が自動化されていることが重要です。通知が自動化されていないと、問題を能動的に調査するというオンコールローテーションの価値を十分に発揮できません。24時間365日体制のネットワーク運用センターを持っていない限り、自動通知システムなしでは、Webサイトが真夜中に稼働していないといった問題に最初に気付くのは顧客となってしまうでしょう。さらにその顧客がサポートに連絡しようとしても、真夜中でサポートも業務時間外かもしれません。

朝から会議で上司に、サイトが3時間もダウンしていたのに誰も気付かなかった理由を説明したい人はいないでしょう。睡眠は生物学的に必要なものですが、それでも言い訳にはなりません。

そこで自動通知システムの出番となります。世の中にはいくつかのプレイヤーが存在し、少なくとも1つのオープンソースのソリューションもあります。

- PagerDuty（https://www.pagerduty.com）
- VictorOps（https://www.victorops.com）
- Opsgenie（https://www.opsgenie.com）
- Oncall（https://oncall.tools/）

これらのツールでは、チームのオンコールスケジュールを管理できます。それだけでなく、多くのモニタリングシステムやメトリクスシステムと連携し、あるメトリクスが、定義したしきい値の1つを超えたときに通知プロセスを開始できます。これらの基準を定義することが、次の節の焦点となります。

6.3 オンコールローテーションの設定

オンコールローテーションを考えるのは難しいことです。チームの規模、ローテーションの頻度、ローテーションの長さ、補償をどうするかなど、考慮すべき要素がたくさんあります。もちろん気が進まないでしょうが、ミッションクリティカルなシステムを担当している場合には取り組まなければなりません。

オンコールローテーションがやっかいなのは、それが雇用契約のような正式な手続きを飛ばして、組織の中で自然発生的に生まれるからです。何も考えずにオンコールローテーションを設定すると、スタッフに大きな負担を強いる不公平なものになりがちです。

私はこれまで、運用エンジニアの面接で、「それで、オンコールローテーションはどうなっていますか？」と質問されなかったことはありません。もしローテーションの設計に特別な注意を払っていなければ、採用担当者には2つの選択肢しかありません。嘘をつくか、本当のことを伝えて候補者の興味が目に見えて薄れていくのを目の当たりにするかのどちらかです。本章が、そのような障壁を少しでも緩和する助けになれば幸いです。

オンコールローテーションを設定する際には、次の要素を含めましょう。

- プライマリオンコール担当者
- セカンダリオンコール担当者
- マネージャー

プライマリオンコール担当者は、そのローテーションでの連絡先として指定され、オンコールイベントが発生した場合には最初にアラートを受ける人物です。**セカンダリオンコール担当者**は、プライマリオンコール担当者が何らかの理由で対応できない場合の予備の担当者です。

たとえばプライマリオンコール担当者が対応できない時間帯があらかじめわかっている場合、その間はセカンダリオンコール担当者へエスカレーションすると決める場合もあります。人生はオンコールのスケジュール通りにいきません。携帯電話の電波状況が悪かったり、個人的な緊急事態が発生したり、アラート通知に気付かず寝てしまったりと、オンコールプロセスがうまくいかないさまざまな要因があります。セカンダリオンコール担当者は、このような事態からオンコールプロセスを守る役割を果たします。

そして最後の砦となるのがマネージャーです。プライマリとセカンダリの両方のオンコール担当者が対応できない場合、通知先としてだけでなく、オンコール対応を迅速に行うためにもチームマネージャーの関与が必要です。

このようにさまざまなオンコールの段階を経ることをエスカレーションと呼びます。エスカレーションするべきタイミングはチームによって異なりますが、アラート通知への応答時間のサービスレベル目標（SLO）を定義する必要があります。SLOは通常、3つのカテゴリに分けられます。

- 確認までの時間
- 開始までの時間
- 解決までの時間

6.3.1 確認までの時間

確認までの時間とは、エンジニアがアラート通知の受信を確認するまでの時間として定義されます。エンジニアが通知を受け取ったことを確認することで、調査が必要な状況であると全員が確実に認識できます。

アラート通知が事前に定義されたSLO内に確認されない場合、アラートはセカンダリオンコール担当者にエスカレーションされ、SLOのタイマーはそのエンジニアに対して再び開始されます。再びSLO内に確認されなかった場合は、マネージャー（別の定義をしている場合は、エスカレーションパスの次の人）にエスカレーションされます。

これは誰かがアラートを確認するまで続きます。ここで重要なのは、エンジニアがいったんアラートを確認すると、オンコールの状態にかかわらず、そのエンジニアがアラートの解決をする責任を持つという点です。もしあなたがアラートを確認した後、何らかの理由でそれに取り組むことができない場合、その通知をそれに取り組めるほかのエンジニアに引き渡すのはあなたの責任です。このルールは重要です。こうすることで、通知が確認されたにもかかわらず責任の所在があいまいになるといった事態を避けることができます。通知を確認した場合、その通知を引き渡すまでの間、その通知の解決はあなたの責任となります。

6.3.2 開始までの時間

開始までの時間とは、問題の解決に向けて作業を開始するまでの時間に対するSLOです。通知を確認するということは、オンコールエンジニアが問題を認識したというシグナルです。しかし状況によってはすぐに問題の解決に取りかかることができない場合もあります。それで問題ない場合もあれば、問題となる場合もあります。

開始までの時間のSLOを決めることは、オンコールエンジニアが個人的な生活のスケジュールを立てるのにも役立ちます。アラートが通知されてから5分以内に作業を開始することが期待されているのであれば、どこに出かけるにもラップトップを携えていく必要があるでしょう。しかし、SLOが60分であれば、もう少し柔軟に対応できます。

この開始までの時間はサービスによって異なるため、複雑な例外規定が必要になります。もし、会社の受注プラットフォームがダウンしていたら、作業開始まで60分待つことは当然受け入れられません。もし担当しているサービスのうち1つでもSLOが短い（5分など）ものがある場合は、何がいつ壊れるかわからないため、オンコールの体験全体がそのSLOに支配されることになります。

このような状況では、最悪の事態を想定して計画を立てると、オンコールスタッフが燃え尽きてしまいます。応答時間が重要な場合には、可能性の最も高い事態に基づいて計画を立て、エスカレーションパスを決めて支援を提供する方が良いでしょう。プライマリ担当者がアラート通知を確認した後、すぐにエスカレーションパスを使用してSLO内での対応に適した人を探すことができます。

このようなことが何度も起こると、応答時間を短縮するために、オンコールポリシーを変更したくなるかもしれません。しかし、そのような衝動は抑えて、システムが定期的にクラッシュしないように優先順位を変更してください。優先順位付けについては、のちほど詳しく説明します。

6.3.3 解決までの時間

解決までの時間は、どれくらいの期間、システムが壊れている状態を許容するかを示すシンプルな指標です。このSLOは少しあいまいです。なぜなら、考えうるすべての種類の障害の網羅はできないからです。

解決までの時間は、問題に関するコミュニケーションのためのきっかけとして使うべきです。もしSLO内で問題を解決できたら、おめでとうございます！　眠りに戻って、明日のスタンドアップで皆にそのことを話しましょう。しかし、解決までの時間がSLOを満たせない場合は、その時点で追加の人々にそのインシデントを通知し始めるべきでしょう。

繰り返しになりますが、今考えているシナリオではサービスごとにSLOが異なり、必要な関与の度合いも異なります。そのアラートは、サービスが完全にダウンしていることを示しているのでしょうか、それとも単にパフォーマンスが劣化した状態なのでしょうか？　そのアラートは、顧客に何らかの影響を与えていることを示すものでしょうか？　主要なビジネス指標や成果物への影響を理解することは、サービスごとの解決までの時間のSLOに影響します。

6.4 アラート基準

オンコールローテーションとは何かを定義したところで、オンコールプロセスを有用なものにするためのアラート基準について少し説明したいと思います。陥りがちなのが、異常だと思われる可能性のあるシナリオすべてに対してアラートを送信するという罠です。この場合、これらのシナリオをアラートが送信される文脈と無関係に考えてしまっており、それらのアラートがどの程度問題を引き起こしうるのかを認識できていません。

机上では異常と思われる状態でも、短時間だけその状態になり、すぐに元に戻る場合もあります。シナリオを定義するために必要な文脈のすべての要素を理解できていないかもしれません。たとえば、誰もいない長い高速道路を運転しているときに、ガソリンが4分の1しかないというのは、かなり悪いシナリオです。しかし、ガソリンが4分の1しかない状態が街中で起きたのであれば、それほど心配する必要はありません。文脈が重要です。

文脈を無視してアラートを作成することは危険です。なぜなら、一度アラートを作成すると、そのアラートは削除してはいけないという考えが人々に植え付けられるからです。オンコールスタッフを悩ませる未知の深い心理的トラウマのために、アラートを削除するように説得することはほとんど不可能です。人々は「そのアラートが正しかったことがあるでしょう！」と昔の話を持ち出し、そのほかの1500回はそのアラートが間違っていたという事実を無視してしまうのです。

本章の最初の方に出てきた、レイモンドがCPUのアラートを受け取った例に戻りましょう。CPUが長時間にわたって高い値を示していたという事実に対して、アラートを設計する際にはアラートを出すべきことのように思われます。しかし、このアラートが有用かどうかはシステムで行われている処理内容によって異なります。

では良いアラートの条件について説明しましょう。まずアラートには関連するドキュメントが必要です。それは、アラート自体に含まれる詳細情報かもしれませんし、誰かがアラートを受け取ったときに取るべき手順を説明する別のドキュメントかもしれません。このようなドキュメントは、総称して**手順書**（runbook）と呼ばれます。

手順書には、問題を解決する方法だけでなく、そもそもなぜそれが通知する必要のあるアラートなのかも記載します。良いアラートには次のような特徴があります。

行動可能である

アラートをトリガする際、何が問題でどう解決するのかについての道筋を示すべきです。その解決策はアラートメッセージまたは手順書の中に記載されるべきです。アラートメッセージに手順書へのリンクを記載することで、そのアラートに適した手順書を探す手間が省けます。

タイムリーである

未来の影響を予測してアラートをトリガすることはやめましょう。アラートをトリガするタイミングは、5分待てばそのアラートが自然に解除されるかもしれないというような時ではなく、すぐに調査する必要があると確信した時であるべきです。

適切に優先順位付けされている

忘れがちですがアラートは必ずしも真夜中に誰かを起こす必要はありません。発生していることを認知すれば十分なアラートは、メールなど優先順位の低い通知方法に変更しましょう。

この3つの項目を参考にして、次のような事項を自問しながらアラートの基準を作成しましょう。

- このアラートによって誰かが実際に調査を開始できるか？　もしそうであれば、その調査の際にシステムのどこを見ると良いとお勧めするべきだろうか？
- このアラートは敏感すぎないだろうか？　このアラートは勝手に収まる可能性があるか、あるとすればどのくらいの時間が必要か？
- このアラートのために誰かを起こす必要があるのか、それとも朝まで待っても良いのか？

次の項では、これらの事項を検討しながらアラートを作成し、そのしきい値を決める方法について説明します。

6.4.1　しきい値

ほとんどのアラート戦略の中心は**しきい値**です。メトリクスの上限と下限のしきい値を定義することは重要です。なぜなら使用率が低すぎるというのは、使用率が高すぎるのと同じくらい危険な場合があるからです。たとえばWebサーバがリクエストをまったく処理していないという状態は、リクエストが多すぎて飽和状態になっているのと同じくらい悪い状態になる可能性があります。

しきい値を特定する上で難しいのは、何をもって正常な値とするかです。もし、あなたのシステムが十分に理解されていて、これらの値を正確に定義できるのであれば、あなたはほかの多くの人よりも有利な立場にいます（多くの組織ではパフォーマンステストは常に来期実施予定として延期され続けています）。しかし確信が持てない場合は、観察によって得られる経験をもとに設定を微調整し続ける必要があります。

まず、そのメトリクスの過去のパフォーマンスを観察することから始めます。そうすることでシステムに問題がないときには、そのメトリクスの値がどの範囲にあるのかを理解できます。そうして正常な範囲を把握したら、この基準値よりもおよそ20％高い値をしきい値としてアラートを設定しましょう。

この新しいしきい値を超えた場合に、優先度の低いアラートとしてまずは通知するようにしましょう。このメトリクスがしきい値を超えただけで誰かを起こす必要はありませんが、通知はするべきです。これによりメトリクスを確認し、新しいしきい値が問題がないかどうかを評価できます。もし、そのしきい値を超えてもシステムに問題がないのであれば、しきい値をさらに何パーセントか上げます。もし、このしきい値（もしくはしきい値よりも小さい値）でインシデントが起こったのであれば、そのインシデントに基づいてしきい値を調整しましょう。

この手法は、インフラへの要求の増加傾向を把握する手段としても有効です。私はよく、問題を検出するためのメカニズムとしてではなく、要求の増加傾向を確認するチェックポイントとしてしきい値アラートを設定します。アラートが発行されると、システムへの要求がX％増加したことがわかり、キャパシティプランニングの選択肢を検討する機会となります。

しきい値は常に見直すべきです。需要が増えればキャパシティも増え、キャパシティによってしきい値も変わります。個々のメトリクスの基本的なしきい値だけでは十分ではなく、意味のあるアラートを出すためには、2つのシグナルを1つにまとめなければならないこともあります。

基準が存在しない場合の新しいアラート

メトリクスの旅路を始めたばかりの方は、参考になる過去のパフォーマンスがない場合もあるでしょう。過去のパフォーマンスがわからないときに、正確なしきい値を特定するにはどうすればよいでしょうか？　この場合、アラートの作成はおそらく時期尚早です。アラートの作成はいったん延期して、データを取得しましょう。データがあるだけで、以前よりも有利な立場に立つことができます。

最近起きた障害への対処としてメトリクスを追加しようとしている場合でも、しきい値を決める前に少なくとも1日分の値を収集する必要があるでしょう。ある程度データがそろったら、収集した値の75パーセンタイル[†1]を超える値をしきい値としてアラートを設定しましょう。

例としてデータベースクエリの応答時間について検討する場合を考えてみましょう。75パーセンタイルが5秒であることがわかったとすると、最初のしきい値を仮に15秒とします。この方法は必ず修正が必要になりますので、先に述べたような反復的なアプローチをとることをお勧めします。こうすることでしきい値を調整するためのプロセスを始めることができます。お使いのモニタリングツールでパーセンタイルの計算ができない場合は、データをエクスポートしてExcelのPERCENTILE関数を使って計算してみてください。

6.4.1.1 複合アラート

WebレイヤのCPU使用率が高いのは悪いことかもしれません。しかしハードウェアの価値を十分に引き出しているという可能性もあります（非常に高価なサーバでたった10％しか使用していないと言う状況を私は酷く嫌います）。ここで**支払い処理時間**というメトリクスがあるとします。このメトリクスがしきい値を超え、WebレイヤのCPU使用率のメトリクスもアラートを出している場合、オンコール担当者に何が起きているのかをより確実に伝えることができます。このような複合アラートは、システムコンポーネントのパフォーマンスと、実際に顧客に影響が出ているかどうかを結び付けることを可能にするため、非常に重要です。

複合アラートは、ある問題が複数の観点にまたがって現れるとわかっている場合にも有効です。たとえば私がレポーティングサーバを管理していたときは、いくつかの異なる観点で監視していました。レポーティングサービスのしくみ上、大規模なレポートを作成すると長時間ほかの処理をブロックするHTTPコールが発生します。それによってロードバランサのレイテンシが急上昇します。そうすると（HTTPコールが突然45秒以上かかるようになったため）私はアラートを受け取るでしょう。そして誰かが長いクエリを実行しただけであると知るのです。しかし時には同じレイテンシアラートが、システムが不安定になっていることを示すサインである場合もあります。

この問題を解決するために私は、ロードバランサのレイテンシが大きいことだけでなく、CPUの使用率が高い状態が続いていないか、メモリが圧迫されていないかを合わせて監視する複合アラートを作成しました。これらの3つの項目は、個別にはシステムが正常であってもユーザーのリクエストによって一時的に負荷がかかっただけでしきい値を超える可能性があります。しかし、これら3つの項目が同時にしきい値を超えた場合は、ほとんどの場合システムの破滅を意味します。3つのメトリクスすべてが悪い状態である場合にのみ発動するアラートを作成することで、アラートメッセージの数が減るだけでなく、この複合アラートが発動したときには、対処すべき問題が起きていると確信できます。

すべてのツールが複合アラートをサポートしているわけではないので、採用できる選択肢を調査する必要があります。多くの監視ツールで複合アラートを作成できますし、先に述べたアラートツールをつかってアラート側で複合ロジックを定義することもできます。

6.4.2 ノイズの多いアラート

オンコールローテーションに参加したことがあれば、おそらくアラートの何割かはまったく役に立たないと知っているでしょう。こういったアラートは善意で作成されたものではあるものの、私が定義した良いアラートの3つの基準のいずれも満たしていません。役に立たないアラートに遭遇したら、より適切なものに修正するか、完全に削除するか、どちらかにできるだけのエネルギーを注ぐ必要があります。

†1　訳注：データを小さい順に並べた時に先頭からそのパーセンテージの場所に位置する値を指す。たとえば75パーセンタイルであれば、先頭から数えて75％に位置する値を指す。

「でも実際に障害が発生していて、このアラートがそれを知らせてくれる場合もあるじゃないか！」と思われる方もいるでしょう。たしかにそのようなこともあります。しかし、狼少年のようなこのアラートの有効性をよく考えてみると、そのアラートに対して誰かが危機感を持って反応する可能性は低いことを認めざるを得ません。「もう一度アラートが鳴ったら、起きて確認しよう」と寝返りを打つのが関の山です。

病院に行ったことがある人ならわかると思いますが、機械は一日中音を出しています。看護師はその音にすっかり慣れてしまっているので、慌てて部屋を行ったり来たりしません。重大な警告音には誰もが反応しますが、機械の状態を伝えるビープ音は一日中鳴っていて、ほとんどの場合スタッフは何の反応も示しません。一方、その音に慣れていない患者は、機械が点滅し始めるたびにパニックに陥ってしまいます。

これと同じことがテクノロジでも起こります。「Webサイトがダウンした」というアラートであれば、そのアラートをきっかけに徹底して調査するでしょう。しかし毎晩鳴るディスク容量不足のアラートは、午前2時にログローテートスクリプトが実行されればそのディスク容量のほとんどを取り戻すことができるとわかっているので、通常は無視される、といった具合です。

経験上、オンコールシフトごとにオンコールスタッフに送られた通知の数を追跡した方が良いです。チームメンバーが日常的にどのくらいの頻度で邪魔されているかを把握することは、チームの幸福度（本章の後半で詳しく説明します）だけでなく、無意味なアラートの量を表す、すばらしいバロメーターにもなります。

もし誰かがオンコールシフトごとに75回もアラートを受けているとしたら、技術組織の至る所でシステムが不安定だと感じられているはずです。もし1回のシフトでこれだけの通知があっても、システムが不安定であるとオンコールチーム以外が感じていないとしたら、あなたのアラートシステムはノイズが多い可能性があります。

6.4.2.1 ノイズの多いアラートのパターン

本章では、良いアラートの3つの性質について説明しました。その3つとは次のものです。

- 行動可能である
- タイムリーである
- 適切に優先順位が付けられている

タイムリーにアラートすることは、アラートの価値を維持しつつ、ノイズの多いアラートを静めるのに役立つことがよくあります。しかし、すべてのテクノロジがそうであるようにそこには若干のトレードオフがあります。人々が設計するアラートのほとんどは、悪い状態を検知した瞬間にアラートを出すように設計されています。このアプローチの問題点は、システムは複雑で流動的であり、比較的すぐにさまざまな状態に移行することです。悪い状態は、自動化されたシステムによって瞬時に修正される可能性があります。ディスク容量の例に戻ってみましょう。

ディスクの空き容量を監視しているシステムがあるとします。ディスクの空き容量が5GBを下回ると、システムはアラートを発します（1995年には空き容量が5GBでアラートを発するなんて想像もできませんでした。失礼、脱線しました）。しかし、このシステムがAmazon Simple Storage Service（S3）やNetwork File System（NFS）のバックアップマウントのようなほかのストレージに送る前に、ローカルディスクにバックアップしているとしたらどうでしょうか。ディスク容量は一時的に急増しますが、最終的にはバックアップスクリプトが後始末をしたり、`logrotate`コマンドが実行されてファイルが圧縮されローテートされることで、空き容量は増えます。空き容量が5GB以下になったタイミングですぐに呼び出しをしてしまうと、その状態は一時的なものであるため、このアラートはタイムリーであるとは言えません。

その代わりに、その状態を検出するまでの期間を延ばすと良いでしょう。たとえばチェックの実行を15分おきに行うといったことです。あるいは、4回チェックに失敗した後にのみアラートするというやり方もあります。デメリットとしては、通常よりもアラートを送信するのが45分遅れ、復旧のための時間を失う可能性があるという点です。しかし同時に、このアラートを受信したと言うことは、アラートを何度か無視して自然に解決することは期待できず、行動と解決が必要だと確信できます。アラートによっては、受け取るのが遅くても行動が必要であるとわかっている方が良い場合もあります。

もちろん、これはすべてのアラートに当てはまるわけではありません。「Webサイトがダウンした」というアラートを30分も遅れて受け取りたい人はいません。しかし、アラートの重要性によって、それを検知するために必要なシグナルの質も決まるはずです。システムの重要な部分にノイズの多いアラートがある場合、その状態を検出するためのシグナルの品質を高めることに重点を置くべきです。確実なシグナルでアラートできるように、そのためのカスタムメトリクスを定義する必要があります（**3章**参照）。

たとえばシステムダウンのアラートを作成する際に、CPU使用率・メモリ使用率・ネットワークトラフィックを使ってシステムが停止しているかどうかを判断しようとは思わないでしょう。自動化されたシステムによってエンドユーザーのようにシステムにログインし、重要な行動や機能を確認する方がはるかに望ましいです。このようなタスクは実行するのに手間がかかるでしょうが、必要なものです。なぜなら深刻なアラートは、複数のメトリクスから状態を推測するのではなく、強力で決定的なシグナル（システムがダウンしています！　みんな起きてください！）によって判断するべきだからです。

あなたの車に燃料計がないと想像してみてください。その代わりに、走行距離、前回満タンにしてからの走行距離、満タンでの平均走行距離などが表示されるとします。そんな車は欲しくないでしょう！　それよりも、もう少しお金を出して、燃料の量を具体的に測って検知するセンサーを取り付けたほうが良いです。重要な機能には質の高いシグナルを選ぶべきと私が主張しているのは、こういうことです。重要なアラートであればあるほど、その根拠となるメトリクスは高品質である必要があります。

ノイズの多いアラートに対処するもう一つの方法は、単純に削除することです。もしあなたに子どもや生活を支えている人がいるなら、アラートを削除するとインシデントに気付くことができずに職を失うことになるのではと少し不安を覚えるかもしれません（この記事を書いている時点では転職市場はかなり活発ですので、危険を冒したいと考えている人もいるかもしれませんが）。

アラートをミュートにしたり、優先順位を下げることで、夜中に起こされないようにするという方法もあります。多くのツールではアラートの履歴を見ることができるので、アラートをミュートにするのは良い選択肢です。問題が発生した場合、ミュートにしたアラートを見て、問題が検出されていたかどうか、アラートがどのような価値をもたらしていたかを確認できます。また、そのアラートが何回誤作動したのかを知ることもできます。

お使いのツールがそのような機能をサポートしていない場合、アラートのタイプを呼び出しから静かにメールで通知するものに変更すると良いでしょう。この方法の良いところは、送信されるメールをデータポイントとして使うことでアラートに関するレポートを作成できる点です。メールで受け取ることで、呼び出しによって夕食が中断され、家族の時間が妨害されることを防ぎます。その一方でメールクライアントは、呼び出しの頻度を簡単に報告するツールにもなります（アラートツールにそういった機能がない場合）。

メールを件名・送信者・日付でグループ化すれば、アラートの頻度は一目瞭然です。このデータを、実際に対処が必要だったアラートの回数と組み合わせると、アラートノイズの割合をすぐに把握できます。もし24のアラートを受け取って、そのうち1つだけが実際に対処が必要なものだったとすると、約96％がノイズであるアラートということになります。あなたは96％の確率で間違っている株取引のアドバイスに従うでしょうか？　また96％の確率でエンジンがかからない車を信用するでしょうか？　恐らく無理でしょう。このようにメールアラートの有効性を検証するというステップに取りかからないと、多くの人はアラート用のメールフィルタを設定し、自動的にフォルダにアーカイブして二度とアラートメールを見なくなるでしょう。しかし、もっと良い方法があるはずです。

ノイズの多いアラートはチームの足を引っ張るだけで何の付加価値もありません。できるだけ多くのエネルギーを、アラートの価値を定量化することと、アラートが送信されたときに実行可能な活動を定義することに集中したいものです。アラートのノイズレベルを長期的に追跡することは非常に有益です。

異常検知の活用

異常検知とは、データのパターンの中から異常値を特定するプラクティスです。たとえば、あるHTTPリクエストが常に2秒から5秒かかっているのに、ある期間だけ10秒かかっていたとしたら、それは異常です。

異常検知のアルゴリズムの多くは、時間帯や週、さらには季節に応じて許容値の範囲を変更できるほど高度なものです。多くのメトリクスツールは、これまで主流であったしきい値ベースのアラートに代わるものとして、異常検知にシフトし始めています。異常検知は非常に便利なツールですが、標準的なしきい値アラートと同様にノイズが多くなる可能性もあります。
まず異常検知に基づいたアラートを作成するには、異常検知アルゴリズムが機能するのに十分な履歴が必要です。ノードが頻繁に再作成されるような一時的（ephemeral）な環境では、アプリケーションが異常を正確に予測するために必要なノードの履歴が十分でないことがあります。たとえばディスク使用量を監視する際、あるノードの履歴が過去12時間分しかない場合、使用量の突然のスパイクは異常とみなされる場合があります。そのスパイクは1日のうちのその時間においてはまったく正常な挙動だとしても、そのノードが12時間しか存在していないとしたらアルゴリズムはそれを認識してアラートを生成するほど賢くはありません。
異常ベースのアラートを設計する際には、アラートの対象となるメトリクスにおけるさまざまなサイクルについて考え、アルゴリズムがこれらのパターンを検出するのに十分なデータがあることを確認してください。

6.5 オンコールローテーションの配置

オンコールローテーションを作る上で最も難しいことの1つは適切に人員を配置することです。プライマリとセカンダリのオンコール担当があると、常にオンコールを受けているような感覚に陥る可能性があります。どのようにオンコールの人員配置をするべきかを把握しておくことは、チームを健全に保つために重要です。

オンコールローテーションの規模は、チームの規模だけから決めることはできません。考慮しなければならない項目がいくつかあります。オンコールローテーションの規模は大きすぎても小さすぎてもいけません。ちょうど良い大きさでなければなりません。

オンコールローテーションの人数が少なすぎると、スタッフがすぐに燃え尽きてしまいます。業務時間外にアラートを受け取るかどうかにかかわらず、オンコールは人々の生活に支障をきたすものであることを忘れないでください。しかし、オンコールローテーションの人数が多すぎると、オンコールに参加する頻度が低くなってしまいます。オンコールにはある種のリズムがあり、変則的な時間帯に仕事をするだけでなく、システムの長期的な傾向を理解する能力も必要です。アラートを受け取ったときに、そのアラートはノイズなのか、それともより大きな潜在的問題の始まりを告げるものなのかを、スタッフは評価できなければなりません。

長期的な目で見た時のオンコールの**最小構成**は、4人のスタッフです。ピンチの時や人員が削減された時は、一時的に3人のチームで構成できますが、正直なところローテーションのスタッフ数が4人を下回ることは避けたいものです。オンコールローテーションの内容を考えると、現実的には1人のメンバーがローテーション中にプライマリオンコール担当者とセカンダリオンコール担当者を通常は連続して担当することになります。担当を1週間ごとに交代するとすると、4人体制であれば1人のエンジニアが月に2回オンコールを担当することになります。組織によっては、セカンダリオンコールのストレスはプライマリオンコールに比べてかなり少ないかもしれませんが、それでも個人の生活に支障をきたす可能性があります。

オンコールが影響を及ぼすのは個人の生活だけではありません。オンコール業務は業務時間中にも発生する可能性があり、その問題に対処するためにプロダクトに取り組む貴重な時間を奪うことになります。プロジェクトの仕事からオンコールの仕事に切り替わり、また戻ってきたときの精神的な負担は見落とされがちです。15分間中断されるだけで、エンジニアは気持ちを切り替える必要が生じ、1時間以上の生産性低下を招く可能性があります。

大規模な部署がある組織では、最低4人のローテーションを組むのは簡単でしょう。しかし小規模な組織では、オンコールに参加する人を4人集めるのは大変なことです。このような場合、ほかのグループから人を集めてローテーションに参加してもらう必要があります。

複数のチームから代表者を集めると、問題解決に必要なアクセス権を持たない人がオンコールを担当することになる危険性があります。理想的には、サービスに直接責任を持つチームだけがオンコールに参加するのが望ましいでしょう。しかしマイクロサービスのように小さなサービスを複数運用するような場合、そのチームには2人のエンジニアとプロダクトマネージャー、QAエンジニアしかいないケースもあるでしょう。2人で負うにはオンコールの責任は大きすぎます。

サービスを直接担当するチーム以外のメンバーにオンコール担当を拡大する場合、自動化を実践することの重要性が増します。本番環境に直接アクセスできる人の数を最小限にしたいという願望は、ほかのエンジニアリンググループの人々をオンコールのローテーションに組み込む必要性と対立します。ここでの唯一の解決策は、トラブルシューティングで使用される最も一般的なタスクを自動化し、オンコールエンジニアが問題を適切にトリアージするために十分な情報にアクセスできるようにすることです。

私はここで「解決」ではなく「トリアージ」という言葉を使ったことに注意してください。オンコールの状況では、呼び出されたからといってすぐに問題を解決する必要がない場合があります。人間が状況を評価し、それがエスカレーションが必要なものなのか、それとも勤務時間中に適切なスタッフが対応できるようになるまで現状のままでよいものなのかを判断するだけでもメリットがあります。

問題が発生したとアラートを受け取っても、それを解決するのに必要なツールやアクセス権がないというのは最適な状態とは言えません。しかし、それ以上に悪いのは、アラートを受ける人をアクセス権を持っている人に限定して、たとえば担当者が映画館でお気に入りの映画を観ているときに良いところでアラートに中断されるような事態が生じることです。もし選択肢が、少人数でオンコールを担当するか、すべての問題を解決できるわけではないが、より多くの人数でローテーションするかのどちらかなのであれば、2つのうちどちらが害が少ないかは明らかです。

もしあなたの会社が、エンジニアが全社で2、3人しかいないような例外的に小規模な組織だったとしたらどうしましょう！　オンコールローテーションは必要ですが、最低限度の人員を確保できないという状況です。そんなとき、私に言えるのは「おめでとうございます、あなたはスタートアップの共同創業者なのですね！」くらいしかありません。しかし真面目な話、そういう状況では頑張るしかありません。一番の解決策は、オンコールで出てきた問題を、スプリントで直接かつ迅速に解決することです。私の経験では、このような小さなグループでは、開発とオンコールのローテーションを自分たちで行うだけでなく、優先順位付けも自分たちで行います。そのためやっかいな問題を迅速に解決できます。

先に述べたように、オンコールローテーションを行うにはチームの規模が大きすぎるというケースもあります。12人のエンジニアでオンコールを回している場合、ローテーションを1週間と想定すると、年に4回程度しかオンコールを担当しないことになります。その程度の頻度ではオンコールに習熟できません。オンコールを担当するというのは筋肉を鍛えるようなものです。ここぞというときに力を発揮できることは重要なスキルです。しかし、もしあなたが四半期に1回しかオンコールを担当しないとしたら、効果的にオンコールに対処するためのスキルを維持できないでしょう。オンコール中にしか行わないような作業があるのではないでしょうか？　インシデント管理のスキルを四半期に一度しか使わないとしたら、そのスキルはどの程度のものでしょうか？　特定の問題を解決するためのメモが記載されているWikiドキュメントはどこにありますか？　よく考えてみると、オンコール中でないと行われないタスクというのはたくさんあることに気付くでしょう。練習不足の状態でこれらのタスクに取り掛かろうとすると、調子を取り戻すために時間を浪費してしまいます。

オンコールローテーションの規模が大きいことのもう一つの弊害は、オンコールの痛みが分散しすぎることです。奇妙に聞こえるかもしれませんが、もう少しだけ私の話を聞いてください。4、5週間に一度のペースでオンコールがあると、オンコールの辛さが身に染みます。頻繁にやっかいな問題に遭遇するので、あなたにとっても、オンコールのほかのメンバーにとっても、その問題を解決しようという意欲が湧きます。もしオンコールの頻度が四半期に1回であれば、その痛みは弱まってしまい、永久的な技術的負債となってしまいます。ほとんど使われない車輪でもない限り、きしむ車輪は油を差してもらえるのです†2。

このような懸念を考慮すると、オンコールローテーションの**最適な最大**規模はどのくらいでしょうか？　オンコールのプロセスでどれだけの呼び出しが発生するかを考慮する必要がありますが、私の経験則ではチームのローテーションは8人以下、できれば6人程度が望ましいです。

オンコール担当が6人を超えるようになったら、サービスを分割して、サービスやアプリケーションのグループごとに複数のオンコールローテーションを組むことをお勧めします。チームがどのように編成されているかにもよりますが、組織構造に基づいてうまく分割できる場合もあります。しかし自明な分割のしかたが見つからない場合、発生したすべてのオンコール通知を報告し、アプリケーションまたはサービスごとにグループ化することをお勧めします。そして、アラート数に基づいてサービスをチームに分散させましょう。

†2　訳注：声を上げる人の要求は聞いてもらえると言う意味のアメリカのことわざ。原文は"The squeaky wheel gets the grease."。

ある技術に最も精通しているエンジニアが、業務時間外にその技術を使っていないチームのオンコールを担当していると、少し不均衡が生じていると感じるかもしれません。しかし、これは問題ではないどころか、私は推奨しています。ある技術の専門知識が一人のエンジニアに集中してしまうことは避けるべきです。

業務時間外のオンコールサポートは、ほかのエンジニアがその技術に関わるだけでなく、インシデントを通じて技術スタックの裏側を知る機会にもなります。本番環境でソフトウェアを運用する際、正常に動作しているときよりも、故障したときの方が多くのことを学べるというのが、ちょっとした秘密です。インシデントはすばらしい学習の機会です。その技術の専門家ではない人をオンコールのローテーションに参加させることは、彼らのスキルをレベルアップさせるのに最適な方法です。万が一に備えて詳しいメンバーの電話番号を短縮ダイヤルに登録しておき、インシデントごとに手順書を更新し続けましょう。

6.6 オンコールへの補償

私はオンコールローテーションの補償について、ある考え方を持っています。エンジニアが補償について不平を言っているとしたら、それはオンコールのプロセスがあまりにも煩わしいからでしょう。適正な報酬を得ているサラリーマンは、通常の勤務時間外に数時間働かなければならないことに不満を持つことはほとんどありません。これは、サラリーマンにありがちな、柔軟性と引き換えのトレードオフなのです。私はオンコールに対して補償を払うべきではないと言いたいわけではありません。しかし、もしスタッフがそれに不満を持っているとしたら、それは補償の問題ではなく、オンコールの問題ではないかと思います。

私が話した中では、まともなオンコールを経験している人のほとんどは、マネージャーが採用している非公式の補償の方針に満足しています。とはいえ、オンコールスタッフに何らかの公式な補償パッケージを用意することはだいたいの場合において有益です。ただ、オンコールの頻度が少なかろうが多かろうが、正式な補償を求めるのであれば、それは当然のことであり、彼らにはその権利があることを忘れてはいけません。

私は以前、オンコールを交代してくれる人が見つからず、ラジオのオンエアをキャンセルしなければならなかったことがあります。その時私はアラートを受けませんでしたが、アラートを受ける可能性もありました。もしラジオに出演していて、放送中にアラートが鳴ったらどう対処できたでしょうか？　たとえ時間外にアラートされなくても、オンコール担当者の時間を奪っていることには変わりありません。私はこれまでにうまく機能しそうないくつかの補償方法を目撃してきました。

6.6.1 金銭的補償

現金は王様です。金銭で補償をするという方策にはいくつかの利点があります。まず、従業員が組織のために犠牲を払っていることに対して、あなたが本当に感謝していると伝えることができます。また雇用契約で義務づけられていない場合には、その補償はオンコールローテーションに参加してもらうインセンティブにもなります（義務化されている場合でも、何らかの補償を検討・実施する必要があります）。簡単に言うと、オンコールの週には従業員の給与に一律のボーナスを適用します。これにより物事をシンプルかつ予測可能にできます。

金銭的補償として、呼び出しを受け取って時間外の仕事をした際に追加の時間給を加えるという組織もあります。これには、時間外に発生したインシデントに金銭的価値を与えるという利点が生まれます。予算を管理しているマネージャーとして、週に数回アプリケーションの再起動が必要なときに呼び出しが発生する程度であれば満足できるかもしれません。しかし、アラートの回数が増加してオンコールの補償にかかる費用が増えてくると、より抜本的な解決策を講じてアラートが発生しないようにしようという考えが生じるでしょう（常にインセンティブが重要です）。

一方で、長期的に問題を解決すると金銭的な補償が得られなくなってしまうため、そういった問題解決への意欲が失われるのではないかと心配する人もいます。しかし実際には、生活に支障をきたすことのほうが、それによって得られる金銭的補償よりも大きいのではないでしょうか。私の経験では、これは問題ではありませんが、あなたの場合は違うかもしれません。

勤務時間外に仕事をした時間に補償が連動することのマイナス点は、膨大な報告が必要になることです。インシデントに対処するために何時間働いたかを記録しなければならないためです。問題が解決したと思っていたけれども、万全を期すためにシステムを監視して問題が再発しないように気を配っていた時間も含めるのでしょうか？　呼び出された時間も含めるのでしょうか、それとも実際に仕事をした時間だけを含めるのでしょうか？　イベントに参加していて、仕事をするのに適した場所に行くために、ノートPCを持ってどこかに移動しなければならなかった場合はどうでしょうか？　このような時間の追跡は、退屈で従業員の不満につながることもあります。

6.6.2　休暇

私は、オンコールローテーションの補償として追加の休暇を付与するケースをこれまで多く見てきました。この休暇は、オンコールを担当した週（もしくは実際に呼び出しがあった週）に1日の有給休暇を追加で取得するなど、さまざまな方法で取得できます。この方法は多くのチームにとって有効です。特に収入が増加するにつれて、オンコールの金銭的補償で得られる現金よりも時間の方がはるかに貴重な資源となります（補償額にもよりますが）。

休暇を補償として使用する際の注意点として、それがどれほど公式なものかというものがあります。多くの小規模な組織では公式なオンコールポリシーがありません。これは技術チームにとって必要なことですが、組織全体では必ずしも対処されていません。そのため、このような休暇で補償するという戦略は、オンコールスタッフとマネージャーの間の非公式な合意として行われることが多いのです。

マネージャーとスタッフの間に健全な関係があれば、これは問題にならないでしょう。しかしこの休暇はどこに記録されるのでしょうか？　マネージャーが辞めたらどうなるでしょうか？　オンコール休暇の残り日数は異動の際にはどう扱われるのでしょうか？　2週間分のオンコール休暇を貯めておいた場合、長期休暇として使用するためには人事報告システムにどのように提出する必要があるのでしょうか？　会社を辞める場合、貯まっているオンコール休暇をどのようにして精算するのでしょうか？　追加のオンコールのシフトを増やした人にはどう対処するのでしょうか？

これらは、オンコール時の休暇補償の方針を扱う際に生じるよくある問題です。次のような方針を採用することで、この状況を少しでも管理しやすくできます。

- **人事部にオンコール補償の話し合いに参加してもらいましょう。**これにより、組織内のマネージャーがそれぞれ異なる対応をするのではなく、補償を公式な活動として扱うことができます。また、新任のマネージャーが正式なプロセスを経ずに突然、補償を変更することも防ぐことができます。
- **オンコール休暇の貯め込みをやめましょう。**人事部がオンコールの補償に関わっていない場合は、すべてのスタッフがオンコール休暇をすぐに取得するようにしてください。これにより、未消化の休暇の問題を防ぐことができますが、チームの生産性が定期的に下がるため、リソース計画に関する管理上の問題が生じます。オンコール担当を1週間するごとに休暇を1日付与する場合、通常の休暇を除外してチームメンバー1人あたり月の労働日は19日になります。些細なことのように思えますが、これを合計すると1年で約2.5週間[†3]の労働となります。4人のチームでは、1年に約10週間がオンコールのために失われていることになります。さらに悪いことに、そのスタッフはおそらくこの約10週間に相当する期間も働いているのですが、比較的生産的でない仕事をしているだけなのです（ここで言う生産的な仕事というのは新しい機能や価値を生み出したり、性能を改善するようなものを指します）。
- **オンコール休暇を付与する必要がある場合は、どこかに記録しておきましょう。**Wikiページやスプレッドシートを共有するのが最も簡単な方法です。

6.6.3 在宅勤務の柔軟性の向上

オンコールのもう一つの問題は、出勤の準備をしてからデスクに着くまでの時間です。子どもを学校に送り出しながらオンコールに対応しなければならない経験をお持ちの方なら、そのフラストレーションを理解できるでしょう。私が出会ったチームの中には、スタッフの出社時間をずらすために緻密なスケジュールを組んでいるところもありました。それはシステムが障害を起こした際に全員が通勤中で誰も対応できないという事態を防ぐためです。オンコール担当の週に在宅勤務の時間を増やすことは、この問題に対処する方法の1つです。

オンコールの週に在宅勤務を許可すれば、通勤時間の問題を解決できるだけでなく、オンコールの週に奪われた柔軟性を取り戻すことができます。私はオンコールの重要なタスクによって、個人

†3　訳注：1年間は52週であり、4週に1回オンコールを担当するため、年に13回のオンコール休暇を取る。労働日は1週間に5日間なので、13日のオンコール休暇は2.6週間分の労働に相当するという計算。

的なタスクをキャンセルしなければならなかったことがあります。コートを着たままキッチンテーブルに座って「すぐに解決できる問題」に取り組んでいたら、1時間以上も作業を続けていたことに気付き、行き先の店が閉まっていたこともありました。オンコールのある週に自宅で仕事をするという選択肢があれば、昼休みにそのような個人的な用事を済ませたり、日中に15分程度の短い休憩を取って処理できます。ほかのチームメンバーがオフィスにいて、何か問題が発生したときに対応してくれるので、誰かの負担になることもありません。

自宅で仕事をするという柔軟性が一般的ではない組織の場合、これは従業員に自由を与えるための優れた方法となります。しかし、これは公平で公正なものだろうかという疑問も生じます。オンコールによって日常生活に支障をきたしている人に対して、その報いとして家から働けるようにするだけというのは少し冷酷な気がします。この柔軟性を価値あるトレードオフと考える人もいれば、現金を求める人もいるでしょう。

この解決策が最も問題なのは、誰もが同じように在宅勤務に価値を感じるわけではないという点です。たとえば私は個人的には人と交流するのが好きなのでオフィスで仕事をしたいと思っています。オフィスにいたいと思う理由は人それぞれですから、在宅勤務を補償とするというのは有益というより問題になります。友人とランチをしたり、リモートでの参加が難しい重要な会議がある場合もあるでしょう。この選択肢を採用する場合は、チーム全員がこのやり方を気にいるだろうと決めつける前に、チームメンバーと話し合ってみることをお勧めします。

私の経験では、オンコールの経験をできるだけ苦痛のないものにすることが、オンコールに対する補償の話をする際の一番の助けになります。しかし、オンコールプロセスの苦痛を理解するためには、単に呼び出し回数に注意を払うだけでなく、それが人々に与える影響を理解する必要があります。

6.7 オンコールの幸福度を追跡する

すべてのオンコールの呼び出しが同じように個人の生活に影響を与えるわけではありません。ある期間のオンコール統計のレポートを見ると、35件のオンコールアラートがあったとします。しかし、その数字はすべてを物語っているわけではありません。35件の呼び出しすべてがある日の夜間に集中していたのか？　主に日中に発生していたのか？　ローテーション担当の間で分散していたのか、それとも一人にアラートが集中していたのか？

これらはすべて、あなた（またはあなたのチーム）のオンコール体験を評価する際に検討すべき疑問です。この疑問に対する答えは、オンコールのプロセスに関する強力な洞察を与えてくれます。またオンコールの負担を減らす努力をしたり、補償のレベルを上げるためのデータも得られます。

チーム内でのオンコールの経験を把握するためには、いくつかの情報を追跡する必要があります。

- 誰がアラートを受けているか？
- アラートはどの程度の緊急性か？
- アラートはどのように通知されているか？
- チームメンバーはいつアラートを受けているか？

これらのカテゴリをそれぞれ追跡することで、多くの確かな洞察を得ることができます。

6.7.1 誰がアラートを受けているか？

これを計測するためには、どのチームやサービスにアラートされているのかという以上のレポートが必要になります。どのチームメンバーがアラートに対応しているかを具体的に知る必要があります。おそらく、これは明らかにするべき最も重要な情報です。なぜならシステムだけでなく、アラートが個人に与える影響を理解しようとしているためです。

アラートの数をチームやグループで集計してしまうのは簡単ですが、実際のシステムのアラートにはパターンがあります。4人でローテーションを組んでいる場合、チームメンバーに対するアラートがいつも特定のタイミングに集中していることは珍しくありません。たとえば請求書の発行が毎月最終週に行われているとしたら、その業務に関する呼び出しを受ける機会はオンコールの4人目に偏っているでしょう。

こういったパターンは、ほかの領域でも現れます。たとえば月の第4週にインシデントの数が急増し、調査が必要になっているといった場合です。このデータは人の視点で見ることが大切です。データをまとめてしまうと、各個人に与えている影響がわからなくなってしまう可能性があります。

6.7.2 アラートはどの程度の緊急度か？

アラートの中には、今後問題が起きるであろう兆しを知らせるものがあります。たとえばデータベースサーバのディスク容量があと数日でなくなると言った場合です。または追跡していたメトリクスのトレンドが、事前に定義したしきい値を超え、調査が必要になった場合もそうです。あるサーバにパッチが当てられていない日が続いているという場合もあります。これらはすべて問題があることを知らせるアラートですが、すぐに対処する必要はありません。こういったアラートは参考情報を伝えるものであり、オンコールチームのメンバーにさほど混乱を与えるようなものではありません。

一方「データベースシステムが不安定です」というアラートの場合はどうでしょう。このアラートは少し漠然としているだけでなく、すぐに調査する必要があるほど憂慮すべきものです。こういったアラートは緊急度が高く、期待される対応も異なります。不安定なデータベースのアラートを朝まで放置すると、あなたの会社のビジネスや、あなたがその会社で働き続けることに重大な影響を与える可能性があります。このような緊急性の高いアラートは、従業員の生活に苦痛と摩擦をもたらします。チームメンバーが受け取る緊急度の高いアラートと低いアラートの数を記録することで、その呼び出しの影響度を把握できます。

6.7.3 アラートはどのように通知されているか？

緊急性の低いアラートが、必ずしも緊急性が低いと明示的にわかる方法で伝えられるとは限りません。設定によっては、緊急性の低いアラートが、大きな混乱を招くような方法で伝えられることもあります。たとえ緊急性の低い内容であっても、電話・テキストアラート・夜中のプッシュ通知といった呼び出しはすべて、オンコールエンジニアのストレス要因となります。これらのストレス要因はより多くのフラストレーションとなり、仕事の満足度は低下し、LinkedInでリクルータからのメッセージに返答するようになってしまいます。

私が以前オンコールレポートを見直したところ、チームのあるメンバーに対して電話で通知されるアラートの数が偏っていて、かなり高い値であることに気付きました。彼のオンコールシフト中に発信された全体のアラート数を見てみると、ほかのチームメンバーと比べて多いわけではありませんでしたが、彼には電話でのアラートが多く発生していました。少し調べてみると、彼のアラート設定は、緊急度に関係なく、すべてのアラートに対して電話で通知するように設定されていました。彼は知らず知らずのうちに、自分のオンコール体験をほかの人よりも悪くしていたのです。このメトリクスを追跡することが、彼がよりリラックスした状態でオンコールを受けられるようになる鍵となりました。

6.7.4 チームメンバーはいつアラートを受けているか？

火曜日の午後2時にアラートを受け取っても、日曜日の午後2時にアラートを受け取る場合ほどには気になりません。チームメンバーが勤務時間外にアラートを受けると、明らかに彼らの体験は悪化します。ここでは時間帯を次の3つに分類するだけで十分です。

- **就業時間**：通常オフィスにいる時間帯です。たとえば月曜から金曜の午前8時から午後5時までといった時間帯です。
- **勤務時間外**：通常は起きていて仕事をしていない時間帯です。一般的には月曜から金曜の午後5時から午後10時まで、土曜と日曜の午前8時から午後10時までと考えてください。もちろん、あなたの個人的なスケジュールによって、これらの時間帯は変わります。
- **就寝時間**：電話がかかってくると睡眠を邪魔してしまう可能性が高い時間帯です。曜日にかかわらず午後10時から午前8時までとします。

アラートを受けた時間をこういったカテゴリに分類することで、どれだけ生活に影響を及ぼしているのかを把握できます。また、このレポートを時系列に見ることで傾向を把握でき、単なる「アラートの数」というメトリクスだけでなく、オンコールのローテーションが良くなっているのか悪くなっているのかを知ることができます。

先に紹介した主要なツール（PagerDuty、VictorOps、Opsgenie）を使用している場合は、いずれもこの種のレポートを作成できます。そうでない場合は、こういったデータを可視化することをお勧めします。独自にアラートを行っている場合は、呼び出しやアラートの種類ごとにカスタムメトリクスを生成することを検討するとよいでしょう。これにより、現在使用しているダッシュボードツールでダッシュボードを作成できます。アクセスしやすいダッシュボードやレポートによってこの情報に光を当てることで、注目を集めることができます。

6.8 オンコール担当中のタスク

オンコール業務の性質上、プロジェクト業務に集中できないことがあります。日中に発生するアラートの量によっては、コンテキストの切り替えが発生し、集中できないことがあります。このオンコールの現実に対して抗うのではなく寄り添うことが大切です。オンコール業務を単に業務時間外のアラートの受け取りとして扱うのではなく、オンコールをより良くするための機会とすることは価値があります。

オンコールメンバー向けのタスクとしてよくあるのは、そのローテーション期間中に入ってくるすべてのその場限りの依頼の対応をするというものです。**その場限り**というのは、予定外でありながら次の作業計画会議を待たずに優先して取り組むべきチケットのようなものを指します。

たとえば開発者が本番環境の問題をトラブルシューティングするために、一時的にアクセス権限の付与が必要な場合などです。このような依頼はオンコール担当者が対応すると良いでしょう。これにより、責任の所在が明確になり、依頼者から見てもそういった依頼のためのリソース用意されていることがわかるので、コミュニケーションが効率化されます。しかし、オンコールの週に担当者にそういった業務を委ねることで、オンコール経験がより魅力のないものになってしまうという反論もあります。ある程度はその通りですが、自分で選んだプロジェクトの作業を認めることで、少しは魅力を取り戻せると思います。

6.8.1 オンコールサポートプロジェクト

オンコール時には、夜中に起こされたり、家族の夕食を邪魔したりするような問題が発生していることを痛感します。オンコールのスタッフには、通常の優先順位の高い仕事には参加させず、オンコールの経験を少しでも良くするためのプロジェクトに集中させることを検討してください。オンコールの週にこういった作業に集中できることは、問題が記憶に残っているという点でもメリットがあります。オンコールサポートプロジェクトには、次のようなものがあります。

- 古くなっていたり、そもそも存在しない手順書の更新・作成
- ある問題に対処する負担を軽減するための自動化への取り組み
- オンコール担当者が問題の原因にたどり着けるようなアラートシステムの改善
- やっかいな問題の根本的な解決

このほかにもみなさんの組織に合った選択肢があるでしょう。やっかいな問題を根本的に解決することは、おそらく最もインパクトがあり、やりがいのあることです。また、従来の業務のやり方では最も見落とされていた点でもあります。

通常オンコール担当者はアラートされた問題に対処します。それらの問題の中には、チームで優先順位をつけて根本解決に向けて取り組む必要のあるものがあるでしょう。しかし、それ以外にも対応が必要なアラートが発生して問題発生から時間が経てば経つほど、その問題が根本解決される可能性は低くなります。4人でローテーションしているとして、1週間の担当では各スタッフは月に1回しか問題に直面しない可能性があります。現在のオンコールエンジニアに自分の仕事の優先順位をつける権限を与えることで、記憶が新しいうちに問題に対処できます。

オンコールエンジニアが自分の仕事をより良くする権限を持つことで、プロセスの負担を軽減するだけでなく、エンジニアにプロセスを改善する力を与えることができます。このように状況をコントロールできているという意識が彼らにオンコールプロセスへのオーナーシップをはぐくみます。

6.8.2 パフォーマンスレポート

オンコールを担当すると、ほかの多くの人がけっして持つことのない観点で稼働中のシステムをとらえることになります。システムの実態は、それが設計された時と本番稼働している時とでは大きく異なります。この変化に気付くのは、稼働中のシステムを観察している人たちだけです。そのため、オンコールエンジニアがシステムの状態をレポートすることは重要です。

システム状況レポートは、システムが週ごとにどのように動作しているかを大まかにまとめたものです。このレポートでは、いくつかの重要なパフォーマンス指標を確認し、それらの傾向が問題ないかを確認します。エンジニアが直面したさまざまなオンコールのシナリオを議論し、ほかの分野の人たちを会話に巻き込むのも良い方法です。これにより、運用スタッフと開発スタッフが、本番環境で運用中に直面している問題について話し合う機会を得ることができます（ここでは運用と開発が同じチームではないと仮定しています）。

このようなレポートを円滑に行うには、すべての重要業績評価指標（KPI）を表示したダッシュボードを構築することが良い出発点となります。そのダッシュボードは、レポートする際にオンコールエンジニアがはじめにレビューする場所となります。順調に進んでいることを確認するだけの場合もありますが、ネガティブな傾向や出来事があった場合は、さらに議論を深める必要があります。ダッシュボードにマイルストーンを重ねて表示するのも効果的です。たとえばオンコールの週にデプロイが行われた場合、デプロイが行われたタイミングをグラフ上に表示することで、何らかの変化がグラフに現れたときに役立つでしょう。

例として、図6-1にデータベースサーバの空きメモリ容量のグラフを示しました。2本の影がついた線は、このデータベースサーバを主に使用するアプリケーションのデプロイを示しています。メモリ使用量が明らかに増加していることから、報告会で詳細な議論をする必要があるでしょう。この会議がなければメモリの問題に気付かなかったかもしれません。なぜなら監視システムが警告

を発するほどには空きメモリ容量は低下していないからです。

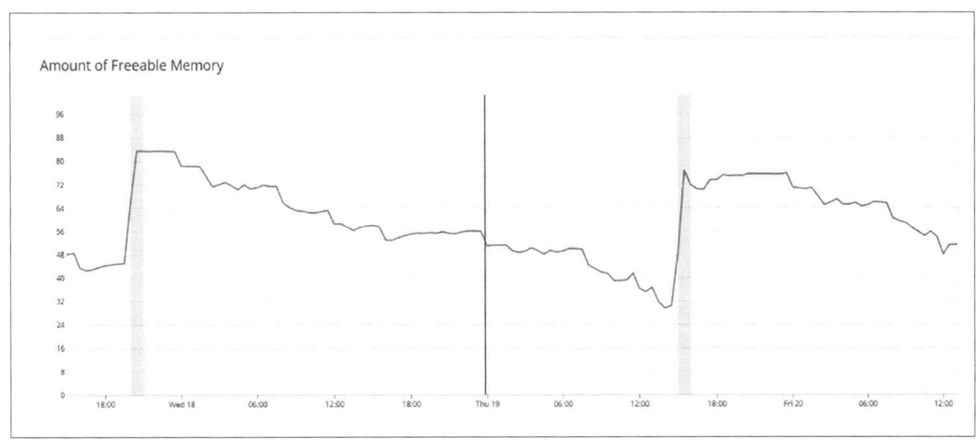

図6-1　デプロイイベントをグラフに重ねて表示

監視のレビューや解析を強制するという点に、この会議の価値があります。こういったレビューや解析は本来チーム内で定期的に実施されるべきですが、人員不足を理由に行われないことが多いです（組織はシステムを衛生的に保つためのルーチンタスクを軽視しがちです）。レポーティングダッシュボードを構築する際には、定期的に監視するべきだが実際にはできていないものをすべて考えてみてください。やらなければならないのに、なかなか時間が取れていないことを考えてみてください。

たとえばシステムのセキュリティパッチの適用状況を週単位で表示・報告し、最後にサーバにパッチが適用されたのはいつかを明らかにしなければならないとしたらどうでしょうか。うまくできていないということを定期的に公にすることで、なぜ失敗しているのか、それを修正するために何ができるのかを理解することにエネルギーが注がれます。セキュリティパッチを適用する時間が取れないために9ヵ月間も何もしていない場合、その事実を定期的に公にすることで必要な時間を確保することにつながります。Louis Brandeisの言葉を借りれば、「日光は最高の消毒剤である」[†4]のです。

6.9　本章のまとめ

- アラートは、行動可能で、タイムリーで、適切に優先順位付けされている必要があります。
- ノイズの多いアラートはアラート疲れを起こし、アラートを役に立たないものにしてしまい

†4　訳注：原文は"Sunlight is said to be the best of disinfectants."。Louis Brandeisが1914年に発表したエッセーからの引用で、組織のしくみを透明化することで汚職を防ぐことができるという意味の主張。

ます。

- オンコール業務はスタッフの負担になります。何らかの形で補償しましょう。
- オンコールによってエンジニアの生活をどれだけ乱してしまっているかを理解するために、オンコールの幸福度を追跡しましょう。
- エンジニアが根本的な修正を行う時間を確保できるようにオンコールのローテーションを構成しましょう。

7章
空の道具箱

本章の内容

- 自動化しないことによる複合的な問題
- 組織内のほかの部門を活用した自動化
- 自動化の優先順位付け
- 自動化すべきタスクの評価

技術者としての私たちは、組織が販売するプロダクトや機能に意識が行きがちです。しかし多くの人が気付いていないのは、これらのプロダクトや機能を構築するために使用するツールも同様に重要だという点です。大工も適切なツールを持っていないと板を長く切りすぎたり、釘が飛び出したままだったり、角が不格好になってしまいます。

テクノロジの世界では、こういった適切なツールを使っていないという事実は多くの小さなタスクの山に埋もれてしまい、再現性がなく、エラーが起きやすい状況になっていることが多いです。しかし、その原因がどこにあるのかは誰もわかっていません。たとえばWebサイトのフロントページに掲載されている画像のサイズを毎回手動で変更しており、たびたび数ピクセルの誤差が生じているという問題を誰も認識していません。ほかにも、設定ファイルを再読み込みするにはエンジニアが各Webサイトに接続してコマンドを実行する必要があるという事実も誰も認識していません。そして、50台のサーバのうち時には数台で設定の再読み込みが見落とされることも。

私はこのような投資の欠如を**空の道具箱**と呼んでいます。このような投資の欠如は、チームの負担を増やし、繰り返される問題に迅速に対処する能力を低下させます。釘が緩くなったときにハンマーを使う代わりに、釘を打つのに適した硬くて持ち運び可能な面を探して時間を浪費するようなものです。これでは時間がかかり、効果も上がらず、安定した結果も得られません。

ツールや自動化に関しては、単にプロダクトや機能を作ることを考えるだけではなく、そのプロダクトを取り巻くシステム全体を考えなければなりません。人・サポートシステム・データベースサーバ・ネットワークは、すべてソリューションの一部です。それらのシステムをどのように管理し、扱うかという点も同様に重要です。

システム全体が自動化を念頭に置いて設計されていないと、システムのさまざまな部分で自動化の欠如が生じます。たとえば、あるプラットフォームのシステムでは、ソフトウェアのインストールにGUI（グラフィカルユーザーインタフェース）が必要だとします。これには手動でのインストール作業が必要になります。ソフトウェアのインストールが手動であればアプリケーションのデプロイも手動で行うことが前提となってしまいます。アプリケーションのデプロイが手動であれば、実際のサーバ作成も手動で行うことになります。こうして手動による作業が続いていきます。GUIベースのインストールという最初の選択は、自動化戦略への投資を阻害します。

グロリアの朝の仕事の1つに、クレジットカード決済のトラブルで失敗した注文のステータスをリセットするというものがあります。ある日、このありふれた仕事をしているときに、グロリアはミスをしてしまいました。コマンド履歴からその作業のためのコマンドを探していた時に、別の問題のトラブルシューティングの際に使用したバージョンのクエリを実行して、誤ってデータを変更してしまったのです。そのクエリは注文リストにあるすべての注文を更新するのではなく、注文リストに**ない**すべての注文を更新してしまいました。これは壊滅的なエラーで、データを正しい状態に戻すためにかなりおおがかりな復旧作業が必要になりました。

どんなにドキュメント化されていても、手動のプロセスには失敗の可能性があります。人間は、コンピュータが得意とする反復作業には向いていないのです。組織において、特に一時的な問題に直面したときに、このような手動のプロセスというソリューションに頼ってしまう場合が多いのは驚きです。しかし、この業界に長く身を置いている人なら「一時的」という言葉には数時間から数年という大きな幅があることを知っているはずです。

もちろん手動プロセスに頼るという決断は、自動化の長所と短所を比較検討したうえでの意図的な決定であることもあります。しかし、多くの場合は明確に意思決定がなされたわけではなく、単に昔から慣れ親しんだ問題解決のパターンであるからという理由で手動プロセスを採用しています。自動化ではなく手動プロセスを選択することの意味は、きちんと考慮されていません。選択肢を批判的に評価し、現実を踏まえたうえで決断するのではなく、現状維持の惰性が優勢となり、手動ステップの容易さに戻ってしまうのです。

本章では、自動化について説明していきます。自動化というと皆さんは一般的なIT運用を思い浮かべるかもしれませんが、ここでは少し定義を広げたいと思います。**運用**とは、プロダクトを構築し維持するために必要なすべてのタスクや活動のことです。たとえば、サーバの監視・テストパイプラインの管理・ローカル開発環境の構築などが挙げられます。これらはすべて、ビジネスに価値を与えるために必要な作業です。これらのタスクが頻繁に繰り返される場合、これらのタスクを実行する方法を標準化することが重要です。

本章の焦点は、プロダクトを提供する能力をサポートするツールの自動化に投資しない場合の問題点を明らかにすることです。また、自動化に取り組むためのさまざまな戦略や、組織内のほかのサブジェクトマターエキスパートと協力して自動化の文化を立ち上げる方法についても説明します。しかしその前に、なぜ誰もが運用の自動化に関心を持つべきなのかを説明したいと思います。

運用の自動化とは、運用をサポートするツールを開発し、システムやプロダクトの構築・保守・サポートに必要な活動を自動化することです。運用の自動化はプロダクトの機能として設計される必要があります。

7.1 社内ツールと自動化が重要な理由

あなたが建設会社で働いていると想像してみてください。この会社は、繁華街で新しいビルを建設しています。チームに配属されたあなたが最初に渡されたのは、ハンマー・ソケットレンチ・安全ベルトを作るための手順が書かれたドキュメントでした。こう言った状況では、建設チームのすべての人が、使っているツールの品質や精度が少しずつ異なる可能性があります。また新しい建設作業員は、採用後1週間ほどはツールの作成に時間を取られて基本的に役に立たないということになります。さらに、建物を建てるための道具を手に入れるためのプロセスがこういった具合だとしたら、ビル建設の残りのプロセスについても、とても安心はできないでしょう。

社内ツールと自動化は、ソフトウェアの維持・構築に関わる日々の活動を容易にし、かかる時間を短縮するための基盤です。手作業に費やす時間が多ければ多いほど、プロダクトに付加価値を与える時間は少なくなります。ツールの開発や自動化を行わないことは、時間の節約になると正当化されがちですが、これは実際には節約になるどころか逆効果です。今を最適化するために、未来の一瞬一瞬を犠牲にしているのです。手作業は個別にはわずかな無駄でしかないように見えても、どんどん膨らんでいき、全体では非常に多くの無駄となります。

そして、このような時間の無駄な使い方は知らぬ間に進行するものでもあります。無駄な時間というと、「5分で済む作業に15分もかかってしまった」といったものを想定しがちですが、最大の無駄は作業に必要以上に時間がかかることではなく、待ちが発生することです。

7.1.1 自動化による改善

ここで私は自動化やツールの開発といった目標はどんな組織にとっても当然のものであるとは想定していません。なぜなら、多くの組織では自動化やツールの開発への明確な戦略を持っていないからです。ツールや自動化が重要になってくるのは4つの領域で、その1つ目は待ち時間です。

7.1.1.1 待ち時間

複数の人が関わる手動のプロセスにかかる時間を測定する場合、多くの場合に倒すべき敵は待ち時間です。**待ち時間**とは、あるタスクや行動が誰かによって実行されるのを待つ時間のことです。タスクが人から人へと受け渡されるときには、必ずと言って良いほど待ち時間が発生します。

たとえばサービスデスクにチケットを提出したときのことを思い出してみてください。本来であれば5分で済むはずが、そのチケットが確認されて対処されるまで2、3日も待たされたことがあるのではないでしょうか。待ち時間は、多くの手動プロセスにおいて静かに悪影響を及ぼします。なぜなら最も貴重な資源である時間を無駄にしているだけだからです。ツールの利用や自動化によって、プロセスで必要な受け渡しの回数を減らすことで、待ち時間を解消または削減できます。

7.1.1.2 実行時間

コンピュータは、人間が望むことができないほど反復的なタスクを実行するのに優れています。3つのコマンドを連続して入力しなければならない場合、人間が1つ目のコマンドを入力し終わる前に、コンピュータは一連のタスクをすべて完了してしまうでしょう。2分かかる単純な作業であっても、長い目で見るとあっという間に積み重なっていきます。2分間の作業を週に5回行うとすると、1年で8.5時間以上になります。1年のうち1日は、2分程度の退屈な作業に費やされているのです。

加えて、そういったタスクはコンピュータの方が速く実行できるというだけでなく、単に手動で実行するよりもそれを自動化するほうが、はるかに興味深く満足感を得られることが多いのです。タスクを自動化する作業は、単に興味深いだけではなく、あなたの自動化のスキルセットを改善し、活用する能力を示すことにもなります。面接で「過去1年間で520回もSQLクエリを問題なく実行しました」と言うのと「年に520回も実行されていたタスクを自動化し、人間が関与しなくても済むようにしました。空いた時間を使ってほかのタスクを自動化したので、チームはより価値のある仕事ができるようになりました」と言うのではどちらが望ましいか考えてみてください。

7.1.1.3 実行頻度

前述の例のように、繰り返し行われる作業はエンジニアの集中力を低下させます。あるタスクが頻繁に実行される必要があり、かつ緊急性が高い場合、その時点でやっていることをやめて新しいタスクに移り、それが完了したら元のタスクに戻るというのはエンジニアにとって苦痛です。コンテキストスイッチと呼ばれるこのタスクの切り替え行為は、何度も行わなければならない場合、非常に大きな負担になります。何かしらのタスクを頻繁に実行する必要がある場合、エンジニアはそのたびにコンテキストスイッチが必要となり、前に作業していたタスクに再度戻る際に貴重な時間を失うことになりかねません。

実行頻度に関するもう一つの問題は、人間に依存する場合、タスクの実行頻度が制限されるという点です。どんなに重要なタスクであっても、そのタスクに従事する人でもいない限り、人間が1時間ごとにタスクを実行することはあり得ません。自動化によって、チームの誰にも過大な負担をかけることなく、必要に応じて自由にはるかに高い頻度でタスクを実行できます。

7.1.1.4 実行のばらつき

四角形を4回描くように言われたら、どの四角形も同じ形にならない可能性が高いです。四角形を描くにしても、文書化された指示に従うにしても、人間が行うことには必ず多少のばらつきがあります。どんなに小さな作業であっても、そのやり方には必ずと言って良いほど、わずかな差異が生じます。こういったさまざまな種類のばらつきが、将来的に何かに影響を与える可能性があります。

たとえば、あるプロセスを毎日午前11時に手動で実行するとします。日によっては11時02分になることもあるでしょう。もしかしたら、今日は道が混んでいて予定よりも少し遅れてしまい、11時10分に実行を開始するかもしれません。処理の結果を待っている人たちは、処理がいつもより遅いのか、もしくはスクリプトの実行が忘れられているのかわかりません。この問題をエスカレーションすべきなのか、それともただ辛抱強く待つべきなのでしょうか？ スクリプト実行のログを見ていると、15分余計にかかる日があることに気付きました。火曜と木曜はスクリプトに何か問題があるのでしょうか？ それとも、スクリプトを実行する人がチームの朝礼に参加しており、それが終わってから作業しているのでしょうか？

7.1.2 自動化によるビジネスへの影響

こういった小さな例は、最も単純なプロセスでさえ起こりうるばらつきの種類について示しています。**図7-1**に、先に挙げた手動タスクによって発生する4種類の無駄によってかかる余計な時間を示しています。

この4つの領域には、手順に正確に従っているかどうかや、データが正しく入力されているかどうかなどは含まれていません。しかし、これらの4つの領域は、自動化によって得られる重要なメリットを表しています。これらの領域の意味を理解すれば、ビジネスにおける重要な成果を生み出すことが可能となります。

待ち時間が改善すると、タスクがパイプラインをより速く進み、ビジネスの成果がより早く得られることを意味します。受け渡したタスクの完了を待たずにすばやくタスクを実行できるということは、タスクのパイプラインがより流動的に動くことを意味します。**実行時間**が改善すると、これまで手作業に縛られていたタスクをより多くこなせることを意味します。つまり関わるエンジニアの生産性が上がるということです。**実行頻度**が改善すると、より頻繁にタスクを実行できるようになり、そこから価値を得ることができます。**5章**で説明したように、テストパイプラインの自動化により、1日に何度もテストケースを実行できます。**実行のばらつき**を抑えることで、タスクを毎回まったく同じように実行できます。こういった点は監査役が気に入ります。自動化やツールを使えば、監査に適した形でタスクの内容を記載したりレポートを作成できます。

社内ツールや自動化に取り組むことで、これらの4つの領域でビジネスの効率化を図ることができます。加えて、これまではアクセス権限を付与してもらったり、知識を伝達してもらう必要があったタスクを、より多くのスタッフが実行できます。たとえば支払い情報のロールバックが必要な場合に、自動化が行われていないと、データモデルを熟知していない限りはその操作は実行できないでしょう。これが`rollback_payments.sh -transaction-id 115`と入力するだけで良いのであればどうでしょうか。このように専門知識をコード化することで、以前は非常にスキルの高いスタッフが行っていたタスクを、組織としてより多くのスタッフが実行できます。開発者だけがタスクを実行するための知識を持っているとしたら、それは開発者がコードを書く時間を奪っていることになります。しかし、そのタスクが自動化されれば、さらに先に進むことができます。

典型的なワークフローを考えてみましょう。誰かが運用中のアプリケーションで問題に遭遇し、

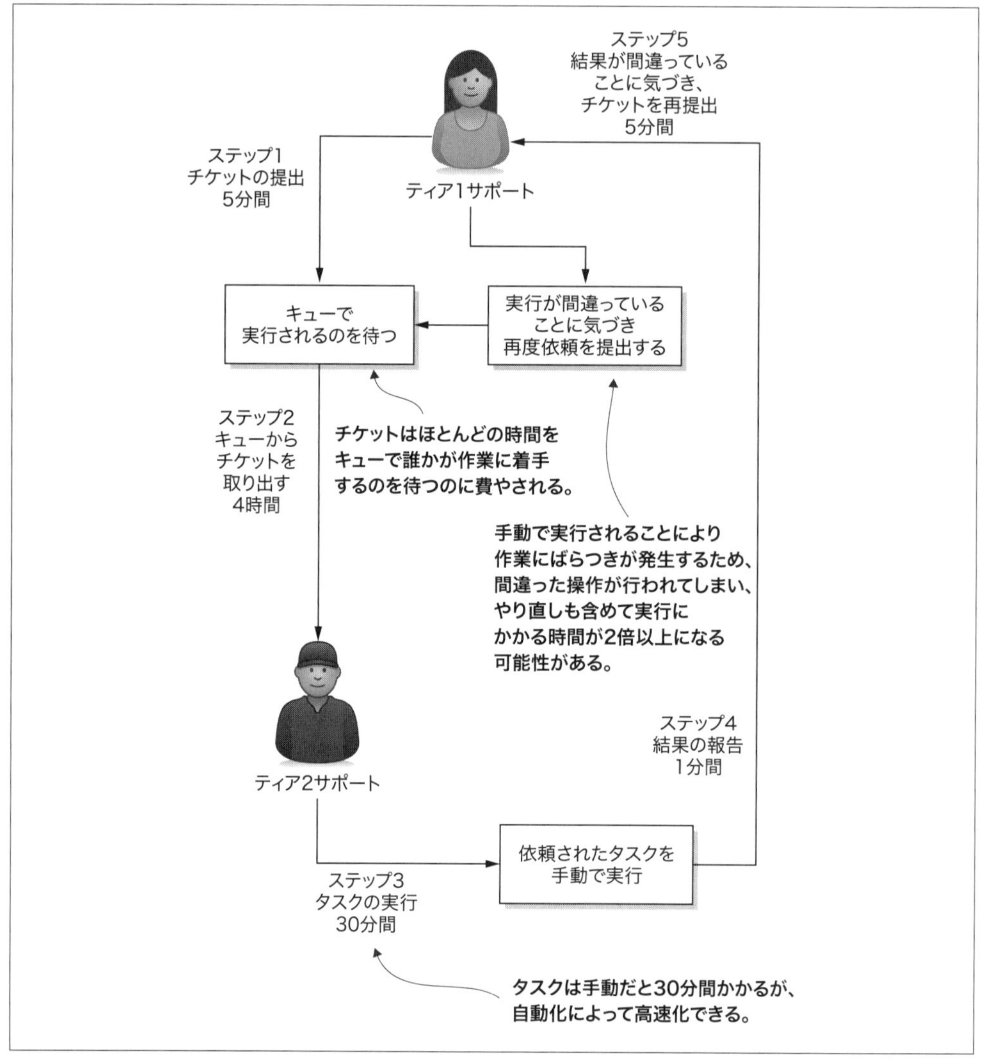

図7-1 待ち時間と繰り返し作業が中心のプロセスフロー

サポートチケットを作成します。多くの組織では、そのチケットはIT運用部門の担当となります。運用部門はチケットを見て、データに何か問題があることを知り、そのチケットは開発者に回されます。開発者は、データの問題を解決するために必要なSQLを割り出します。開発者はこの知識を運用部門に伝え、運用部門はそれをティア1のカスタマーサポートに伝えます。こういった流れが必要なのは、問題を解決するための知識を持っているのが開発者だけだからです。

しかし、その知識が特定された後、その知識を使ってツールを作成したり自動化することで、開発者はその修正を運用に任せることができます。そして、運用担当者はタスクを実行するために必要なアクセスやセキュリティを把握したうえで、そのタスクをティア1サポートに任せるという判断が可能になります。図7-2にこのプロセスを自動化した場合のイメージを示しています。

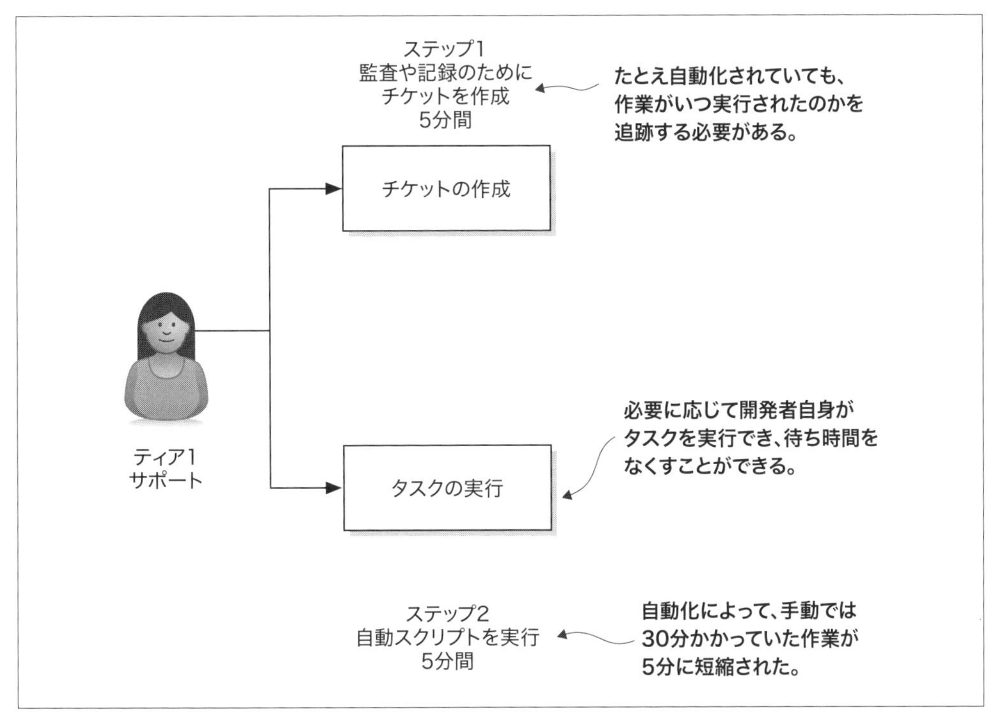

図7-2　プロセスの自動化

こうすることで、タスクの受け渡し・待ち時間・コンテキストスイッチは発生せず、ティア1サポートがすぐに顧客に対応できます。自動化とツールは、プロセス上のあらゆるフェーズを強化します。これがDevOpsの旅路において自動化やツールの開発が重要である理由です。自動化によって、権限を与え、スピードを上げ、再現性を高めることができます。

7.2　なぜ組織はもっと自動化しないのか

自動化にこれほど明白な利点があることを考えると、多くのチームがあまり自動化を行わないことは驚くべきことです。その理由はシニアリーダーが「組織は今、自動化に注力するつもりはない」と宣言したからというような単純なものではありません。誰もそんなことは言いません。自動化を推し進めるのは、自分たちが価値を見出しているものが何かを明確に理解し、それを実際の行動で示すことです。

ほとんどの人は、体を鍛えたり健康的な食事を摂ることが重要だと思うかと聞かれれば、「はい」

と答えるでしょう。しかし、なぜそれを実践しないのかと問われると、ほかの多くのことが優先され、結果として食生活が乱れ運動不足になっているからと答えるでしょう。私も毎朝起きて運動したいと思っています。しかし子どもの宿題を手伝って夜遅くなったり、妻との時間を優先したり、自分の時間を優先したりします。その結果、夜は11時45分に寝て、朝は6時30分まで何度もスヌーズボタンを押すことになり、運動する時間がなくなってしまいます。意識して「今朝は運動しない」と言ったわけではありませんが、自分の行動によって運動ができない環境を作ってしまったのです。ほかのことを優先することで、運動の優先順位を下げているのです。

自動化やツールに関して、多くの組織ではこのようなことが常に行われています。このような優先順位付けの失敗は、組織文化と雇用という2つの重要な分野で起こります。

7.2.1 自動化を文化的な優先事項と位置付ける

組織の価値観について議論するということは、その組織が何を優先すると決めたかについて議論することを意味します。もし自動化とツール開発が話題に上らなければ、組織にそれらが根付くことはありません。組織の文化は、何を許容し、何を許容しないかによって決まります。

組織によっては、金曜日の午後3時に自分のデスクでビールを飲むことはまったく普通の光景です。別の組織では、オフィスにアルコールがあるだけで解雇の理由になります。これらは両極端ですが、どちらも存在しています。組織文化は、規則や方針だけでなく、組織内の人々の行動によって形作られます。デスクで冷えたラガービールを開けていることを許容しないのは人事部ではなく、あなたの周りの人たちなのです。彼らが組織の中で何が許容され、何が許容されないのかという基準を設定しているのです（このことについては、後の章でもっと詳しく説明します）。

もし、あなたの組織が自動化に関して同じような行動をとっていたらと想像してみてください。もしも手動プロセスを導入することが、変更承認会議で葉巻を吸うことと同じ扱いを受けるとしたら、と想像してみてください。このような文化を築くことは、ツールの開発や自動化を優先的に扱うための鍵となります。このような考え方がなければ、ツールの開発や自動化を後回しにする言い訳を聞き続けるはめになります。

7.2.1.1 時間が足りない

自動化するための十分な時間など常にありません。多くの場合、自動化の効果はチーム全体のレベルでありますが、実際に自動化するのは個人レベルで行われるためです。たとえば、あるタスクが週に一度、毎週決まって実行されているとします。そのタスクは約1時間で完了します。チームは交代でそのタスクを行います。4人チームの場合、個人のレベルでは1ヵ月に1時間ですが、チーム全体では1ヵ月に4時間もの無駄なエネルギーを使っていることになります。このタスクを自動化し、確実に動作するようにするには、8時間かかるかもしれません。短期的にみると1時間コストを支払って手動でタスクを実行し、次のステップに進む方が好都合です。ほかのタスクもある中で、個人の時間とエネルギーを自動化に投資するというのは難しい提案です。

こういった状況のたびに「次回は自動化しよう」と自分に嘘をついている人もいるでしょう。あるいは物事が落ち着いたときにやろうと。自動化の作業は、ほかの仕事が落ち着いて8時間連続して中断することなく作業ができる完璧な時間を確保できるまで常に後回しにされます。しかし、この魔法のような時間は決して訪れません。個人としてはこの方が賢い選択のように思えても、チームとしては自動化にかかる8時間の仕事は2ヵ月後には報われることになります。こう言った状況では、どういった行動を組織が期待するかを明確にすることで、大きな違いが生まれます。

7.2.1.2　優先順位が低い

「時間がない」という言い訳の兄弟分として、「優先順位が低い」というものもあります。自動化とツール開発は、組織の優先事項としてロードマップに記載されるほど重要なものとして扱われることは決してありません。それどころか、いつも空き時間やスカンクワークスのプロジェクトに追いやられてしまいます。実際、自動化やツールを開発するチームは、正式なチームではなく、現在のやり方にうんざりした少数のエンジニア達であることが多いのです。

自動化を実現するためには、組織や部門の優先順位リストに自動化を加える必要があります。そうすることでリソース、予算、そして最も重要なリソースである時間が得られます。しかし優先順位をつけるのは、古いプロセスに対する改善だけではありません。今後の新しい仕事においてもリソースを確保できるよう、優先順位をつけなければなりません。プロジェクトでは、プロダクトの自動化やサポートツールの開発も要件や成果物に含め、プロジェクトの計画に組み込む必要があります。このような優先順位の付け方は、自動化という文化的価値を実証された行動に結び付けるものです。

7.2.1.3　緊急性は正確性に勝る

「とりあえずこのままやってみて、次のバージョンで全部直したらどうだろう？」　こういった発言を聞いたことがある人は多くいるでしょう。多くの場面で、物事を終わらせたいという焦りが、適切な自動化とツールを使った本来のやり方を妨げることがあります。最もやめるのが困難な悪しき慣習は惰性です。いったん悪しき慣習が野放しになると、大惨事にでもならない限り、それをやめるのはますます難しくなります。

組織内の非効率性は、本来は組織が責を負うべきですが、そういった扱いをされることはありません。煩雑で時間がかかり人的資源を浪費しているにもかかわらず、うまく動作はしているタスクを改善するために、うまく動作していないタスクからリソースを渡すように人々を説得するのは難しいでしょう。やり方が間違っていたとしても今そのタスクをやることは、ビジネスの利益のためのトレードオフであると考えられがちですが、実際にはメリットはほとんどありません。

短期間で莫大な見返りを得られる魔法のような機会であれば、そういった選択もありうるでしょう。しかし実際は、特に理由もなく決められた締め切りに間に合わせるために、担当者がそういった選択をしているだけということがほとんどです。誤った選択をしたことによるコストは時間を超えて波及し、未来の関係者に負担を強いることになります。

ここまで、いかに自動化がほかのタスクよりも優先順位が低くなっているかという点を挙げてきました。自動化するのが正しいと分かっていても、ほかのタスクからの圧力によって自動化が妨げられることはあります。しかし自動化が進まないのは、単なる優先順位の問題だけではありません。

7.2.2　自動化とツール開発のための人員

通常、会社が設立された当初は優先順位に基づいて人員を採用します。創業者、人事部のマネージャー、法務担当のVPからスタートする会社はありません。これらはすべて組織の中で重要な役割ですが、企業は優先順位に合わせてそれらの役割を増やしていきます。ビジネスモデルの一環として多くの訴訟に関わっている企業であれば、法務担当のVPを早期に採用するのは賢い方法です。しかし新しい位置情報サービスのプラットフォームを構築しているのであれば、法務担当のVPは採用リストの下の方に位置するでしょう。

これと同じことがもっと小さい規模でも起こります。ほとんどの企業では、開発スタッフが対応できる範囲を超えて運用のニーズが高まるまで、専任の運用チームを設置しません。専任のセキュリティチームも同様に、後から採用することが多いです。驚くほどセキュアであったとしても、誰からも使われないプロダクトは長く市場に出回ることはありません。ニーズと優先順位に基づいて採用するのです。自動化についても同じことが言えます。必ずしも自動化の専門家が必要ではないかもしれませんが、自動化とツール開発を優先するのであれば、それを反映した採用活動を行う必要があります。

7.2.2.1　同質的なスキルセットを持つチーム

チームで採用する際、今すでにいるチームメンバーが持っているのと同じスキルを重視する傾向があります。結局のところ、そのチームのメンバーは、その仕事で成功するために必要なスキルセットを持っているからと言うわけです。しかし、この考え方ではチームメンバーのスキルが同質的になってしまいます。特に面接では、人は自分に似た人を採用する傾向があります。もし自分がすでに持っているスキルを基準に採用するのであれば、候補者の持つスキルをより効果的に評価できます。

運用チームが新しいシステムエンジニアを採用する際には、自分たちが現在日常的に行っていることをすべて考え、その基準でエンジニアを評価します。さらに、自分たちがすでに使っているスキルに偏った基準で評価してしまうのです。その結果、同様のスキルを持ち、また同様の点でスキルが欠けているチームになってしまうのです。これはほとんどすべてのチームで起こります。

自動化とツール開発が目標であれば、そのために必要なスキルセットを持つ人材を採用しなければなりません。社内にそのスキルを持ったメンバーがいない場合は特にそうです。このスキルセットに集中するということは、あなたが普段採用の際に評価しているほかの分野のスキルが不足している可能性があることを意味します。フロントエンドのエンジニアがたくさんいる場合、ツール開発や自動化の候補者は、フロントエンドの経験よりもバックエンドの経験の方が豊富な人になるかもしれません。候補者を評価する際にはこの点を考慮して、今必要なスキルとここ数年ですでにチームが獲得したスキルを比較して考える必要があります。

この業界では採用に関して非現実な期待を抱いており、最初は少し不自然に感じるかもしれません。フロントエンド・バックエンド・バーチャルリアリティ・Docker・Kubernetes・Windowsの開発経験がありiOS開発も30年の経験を持つ開発者など見つけることはできません。チームのスキルセットを多様化し、チームとして成果を上げることができるようにする必要があります。

7.2.2.2　環境の犠牲者

ソフトウェアの設計は、それを運用したり自動化する能力に影響を与えます。簡単な例を挙げましょう。あるシステムに対してユーザーがファイルをアップロードする際に、GUIベースのアプリケーションを使う必要があるというケースを想像してみてください。積極的なユーザーであれば、こういったアップロード操作はスクリプト化して、指定されたフォルダ内のすべてのファイルに対してコマンドラインから実行する方が価値があると判断するでしょう。しかし、このアプリケーションはGUIのみで動作するよう設計されており、ファイルをアップロードするためのほかの方法を公開していません。

シンプルなコマンドでファイルをアップロードできないので、これを自動化するにはマウスクリックやドラッグをシミュレートしたアプリケーションを作成しなければなりません。これはコマンドラインを使う場合よりもはるかに壊れやすく、エラーやタイムアウト、ほかのウィンドウにフォーカスを奪われるなど、GUIツールを自動化する際に起こるさまざまな問題が発生しやすくなります。

この観点はサポータビリティと呼ばれ、プロダクトの安定性・パフォーマンス・セキュリティと同じカテゴリに入ります。これらの項目と同様に、サポータビリティもシステムやプロダクトの機能の1つであり、同じように扱わなければなりません。システムの機能として扱われなければ、後から追加するものという扱いになってしまい、システムの設計がすでにできあがった状態で付け加えると言う制約に対応しなければならなくなります。

こういった状況のもう一つの副産物はスキルセットの解離です。自動化できる機能を持たないツールが増え続ける環境では、組織やチームが自動化するために必要なスキルが退化していきます。環境に自動化の余地があまりないと、採用の際に自動化のスキルセットへの必要性が薄れ始めます。スキルを持っていた人が、そのスキルを使わなくなってしまうのです。やがてそういった環境では、自動化が行われなくなっていきます。

Windowsベースの環境では自動化が進まない

あるコンサルティング会社の採用担当者とランチをしたときのことです。その会社は、コンサルティングサービスを通じてDevOpsの原則と実践を大企業に提供することを目的としていました。この採用担当者が抱えていた課題は、DevOpsのスキルセットを持つWindowsエンジニアを見つけることでした。彼は、なぜWindowsエンジニアとLinux/UNIXシステムエンジニアの間にスキルのギャップがあるのかを知るために、私をランチに誘いました。

これにはさまざまな要因がありますが、Windowsシステムのサポートからキャリアをスタートした私が気付いた大きな違いの1つは、システムが自動化をどうサポートするように設計されているかという点です。Linuxでは、設定に関するすべての作業は、シンプルなテキストファイルか、コマンドラインユーティリティの組み合わせで行われます。これにより、自動化が可能なだけでなく、簡単に実現できる環境が整っています。テキストファイルはさまざまなツールで操作でき、コマンドラインで実行できるものはすべてスクリプトで実行できます。

当時のWindowsは別物でした。初期のサーバベースのWindows（NT、2000、2003）では、設定や自動化の多くがGUIインタフェースで行うようになっていました。ユーザーはコマンドを入力するのではなく、メニューやオプションツリーを移動して、実現したいことを可能にする適切なパネルを見つける必要がありました。これによりWindowsシステムの管理は非常に簡単になりました。何百ものコマンドを覚える必要はなく、メニューオプションがどこにあるのかを漠然と覚えておくだけで、初級の管理者でもシステムの中で自分のやり方を見つけることができたのです。

しかし、自動化するための簡単で信頼性の高い方法がなかったため、自動化に関するスキルセットを構築する必要がなかったという欠点がありました。その結果、Windowsコミュニティの自動化スキルセットは、Linux/UNIXコミュニティのように急速には成長しませんでした。

Microsoftは長年にわたり、コマンドラインを活用するために多くを変更してきました。2006年にPowerShellが導入されたことで、より多くの管理機能にコマンドラインからアクセスできるようになりました。その結果、業界ではWindows管理者の自動化スキルが向上していると言われています。これは、システム設計がプラットフォームをサポートする能力だけでなく、サポートを担当するチームのスキルセットにも影響を与えるという典型的な例です。

7.3 自動化に関する文化の問題を解決する

皆さんの組織でツールの構築や自動化を成功させるためには、自動化に関する文化を変える計画を立てる必要があります。大規模な自動化の推進にどれだけエネルギーを注いでも、文化を変えなければ、結局既存のツールは腐り、新しいプロセスはこれまで問題を生み出してきたのと同じ問題や言い訳の犠牲になってしまうでしょう。DevOpsのほとんどすべてがそうであるように、自動化も文化から始まります。

7.3.1 手動での作業は認めない

驚くほど当たり前のことのように聞こえるでしょうが、文化を変えるためにできる最も簡単なことの1つは、チーム内で手動による解決策を受け入れるのをやめることです。「ノー」という言葉がどれほどの力を持っているか驚くことでしょう。誰かがサポートできない中途半端なプロセスを持ち込んできたら、「ノー」と言って新しいプロセスに移行するために何が必要かを伝えましょう。

「ノー」と言うことが現実的でない理由はおそらく無数に思い付くでしょう。あるタスクは最優先事項として依頼されているからかもしれません。ただ断るだけでは、リーダーからの支持や賛同を得られないと感じているのではないでしょうか。もしリーダーが自動化やツール開発を優先すると表明しているのであれば、手動タスクを断る理由としてそれを使うことができます。「このプロセスは完全ではないので、不完全な作業はお断りします」と言うわけです。改善やスクリプト化が必要だと思われる部分を依頼者に指摘しましょう。「ノー」と言うだけにはしないようにしましょう。

7.3.2 「ノー」という答えを支持する

そのプロセスについて、変更してほしいことのリストを必ず用意してください。本章の前半で説明した待ち時間・実行時間・実行頻度・実行のばらつきの4つの領域への影響を中心に、なぜ手動のプロセスを受け入れることができないのか理由をまとめましょう。

これをガイドラインとして、自分の仕事量にどのような影響があるかを説明します。プロセスを見る際には、不確実性やエラーの可能性がある部分に特に注意してください。仮に何かミスをして再度プロセスを実行しなければならない場合、どの程度の復旧時間がかかるでしょうか？　そのプロセスでは、チームや部門間でどれくらいの受け渡しが必要でしょうか？　そのタスクはどのくらいの頻度で実行される必要があるでしょうか？　その頻度でそのタスクを実行する必要がある要因は何でしょうか？　成長によってタスクの実行頻度が高まる場合もあるため、これは大切な問題です。あるタスクを実行する頻度が、アクティブユーザー数などのほかの指標に比例して増加する場合、そのことを念頭に置いておく必要があります。そうすることで、そのプロセスがゆくゆくはどの程度手間がかかるようになるのかを把握できます。

またタスクのパターンにも注目しましょう。そのタスク独自の点にとらわれずに、そのタスクが解決する問題の普遍的な部分に注目してください。たとえば、その場限りのSQLクエリを実行することは、その特定のSQLクエリに関しては1回限りの要求でしょう。しかし、すぐに1回限りのSQLクエリを実行することが、ある種の問題を解決するためのパターンになってしまいます。「あのユーザーのログイン回数をリセットする必要があるなら、データベースにログインしてこのSQLクエリを実行すれば良いよ」という具合です。このようなパターンはチームの負担となり、エラーが発生しやすくなります。こういった依頼は、たいていある非機能的な要求が明確になっていないことを表しています。特定のタスクだけでなくタスクのパターンを評価しましょう。

手動で実行する場合の労力を理解したら、その情報を使って同じタスクを自動化する場合の労力を把握しましょう。手動タスクの労力は通常、継続的に発生することに留意してください。タスクを一度だけ実行することはめったにありません。つまり手動タスクのコストは時間をかけて継続的に支払われることになります。これらの点を詳細に説明することで、手動タスクに対する「ノー」という回答の理由が明確になってきます。本章の後半では、手動のプロセスと自動化の労力に実際の金銭的価値をつけることについて説明します。

7.3.2.1 手動と自動の間の妥協点

時には「ノー」と言うことができない場合もあります。何らかの理由で、そのタスクの重要度があまりに高かったり、自動化があまりにも大変であったりする場合です。そんなときはスコアカードを活用しましょう。

スコアカードには、あなたやあなたのチームが手動で行う必要があるが、自動化したいと思っているすべてのタスクをリストアップします。それぞれのタスクには、1・3・9のどれかのスコアをつけます。スコアにはその手動タスクにかかる手間を反映し、手間がかかるタスクほど高いスコアをつけます。

そしてスコアカードには許容する最大値を設定します。これは個人単位・チーム単位・組織単位のいずれかです。最大値は、このスコアを組織のどのレベルで記録するかによって変わります。

スコアカードができたら、あなたやあなたのチームに新しい手動タスクが依頼された際に、それがあなたのチームに与える労力に基づいてスコアをつけてください。スコアを付けたら、そのスコアを加えることでチームのスコアカードの最大値を超えてしまうかどうかを確認します。スコアカードの最大値に達した場合、自動化によってタスクの一部を取り除かない限り、新たな手動タスクを受け入れることはできません。

この最大値はタスクごとに適用されるのではなく、スコアの合計の上限値です。つまり最大値を20と設定し、3と評価されたタスクを追加したい場合、単純にスコアが1のタスクを自動化しても余裕を確保できません。**表7-1**に、スコアカードのサンプルを示しています。

表7-1 チームが行う必要のあるすべての手動タスクのスコア

タスク	スコア
財務報告データのアップロード	1
最上位顧客の注文情報のデータウェアハウスからのエクスポート	9
キャンセルされた注文のクリーンアップ	9
顧客ごとの機能グループの作成	3
合計：最大値は20に設定	22

これは簡単なプロセスに見えますが、手動タスクの量とそれがあなたやチームに与えている影響を把握するための手段を提供してくれます。今、皆さんに自動化したいタスクをすべて挙げてくださいと言っても、おそらくすぐにはできないでしょう。仮にリストアップできたとしても、それぞれのタスクの難易度を推し量るのは難しいでしょう。あなたが苦痛に感じている**大きな**問題は、おそらく頭の中ですぐに思い浮かぶでしょう。しかし、そういった大きな問題は、自動化するには労力がかかりすぎると抵抗を受けるのが普通です。だからといって、そのほかの小さなやっかいな問題があなたの時間を浪費していないとは限りません。このスコアカードは、これらのタスクの難易度を分類し追跡する手段を提供します。

多くの組織では、常にスコアカードには何かしらのアイテムが存在する状態でしょう。実際、手動タスクの合計スコアが最大値となっている場合が多いです。しかし、このスコアカードは手動プロセスをチェックするためのものです。手動プロセスが横行していると、すべての作業ができなくなって初めて手動プロセスの問題に気付くことになります。そうなると、そこから這い上がるのは至難の業です。スコアカードを使えば、現在の状況をすばやく把握し、重要な仕事をサポートするために例外的に手動プロセスを受け入れることが可能かどうかを判断できます。また時間があるときに、自分やチームのために作業を自動化したいと思ったときにも、スコアカードを確認すると良いでしょう。

7.3.3　手動作業のコスト

どんな組織でも、お金や財務を扱う必要があります。たとえ非営利団体であっても、お金をどのように使うか、そしてその支出からどのような利益を得るかは、あらゆる組織にとって欠かせないものです。技術者は一般的に、トレードオフを財務の言葉に置き換えることが苦手です。スコアカードであれ、予算額であれ、数字は人々が世界を理解するのに役立ちます。

車を買う場合、快適性・機能・信頼性を比較することは、5,000ドルと20,000ドルという価格を比較するよりもずっと難しいことです。たとえあなたがそれらの特性（快適性・信頼性・機能）に関心があったとしても、それらに金銭的価値を割り当てることで、あなたがそれらをどれだけ大切にしているかをより明確に知ることができます。同じ条件であれば、多くの人はお手頃なKIAよりもフル装備のBMWを好むことでしょう。しかし、そこに金額が加わると、より微妙な選択になります。手動作業と自動化の評価についても、同じことをする必要があります。

7.3.3.1　プロセスの理解

自動化された作業でも手作業でも、まずやるべきことはプロセスを時間とリソースを消費するステップに大まかに分解することです。プロセスを理解したら、それぞれのステップにかかる時間を見積もります。時間の見積もりは最も難しい部分です。というのも、新しいプロセスか既存のプロセスかにもよりますが、実績値がない場合があるからです。

ここでは自分の経験と勘以外のデータがないと仮定します。プロセスの各ステップについて、どのくらいの時間がかかるかを見積もってください。その際、見積もりは具体的な数値ではなく範囲で見積もりましょう。範囲には下限値と上限値を設定します。実際にタスクを実行した場合、そのうちの90％がこの範囲に含まれているように設定するのです。これは、統計学では**信頼区間**として知られていますが、ここではその言葉を借りて説明します。この信頼区間を使って、現実の不確実性とタスク実行の変動性の両方を表現します。

たとえばチケットが着手されるまでの待ち時間を推定する場合、90％のチケットでは、その待ち時間が2時間から96時間（4日間）であると推定します。これが意味を成すためには、範囲に注意する必要があります。「5秒から365日の間になると思います」と言ってしまうのは簡単です。しかし、これでは誰の役にも立ちません。

この範囲を設定する際には次のように考えるとよいでしょう。タスクの実行をサンプリングした場合、90％がこの範囲内に収まるようにするのです。しかし、ちょうど90％**だけ**しか含まれないように範囲を設定しないといけません。もしうまく範囲を設定できれば1,000ドルを獲得できます。たとえば93％以上のタスクがこの範囲に入ってしまうと、1,000ドルを支払わなければなりません。つまり、この範囲を広く設定しすぎると、正解率が高くなりすぎて支払いをしなければならない確率が高くなるのです。この考え方は、Douglas W. Hubbard[†1]によって広められたもので、正直に見積もるための簡単ですばやい方法です。**図7-3**に今回見積もるワークフローを示しています。ここでは各ステップにかかる時間の見積もりを記載しています。

†1 訳注：経営コンサルタント。彼の著作である“How to Measure Anything: Finding the Value of Intangibles in Business”（Wiley、2007年）にてこのテクニックが紹介されている。

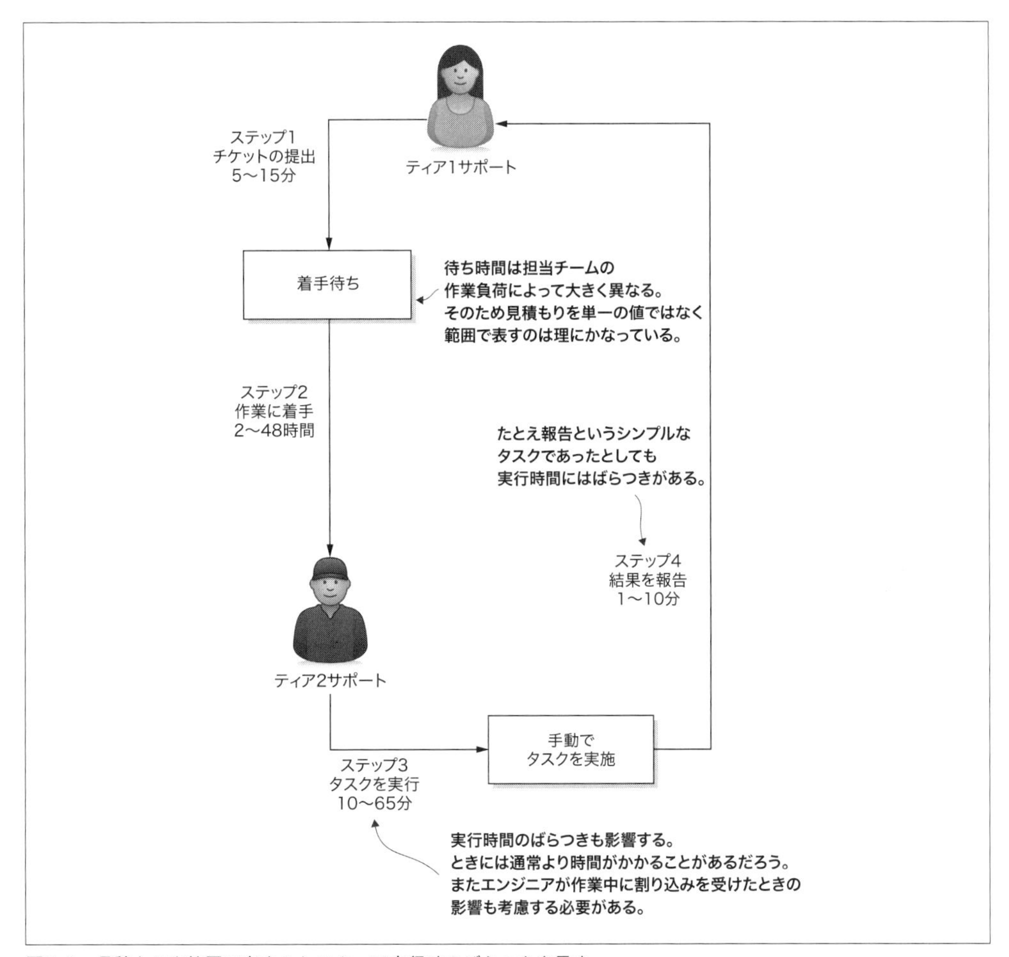

図7-3　見積もりを範囲で表すことによって実行時のばらつきを示す

7.3.3.2　見積もりを実行する

各ステップの時間見積もりが得られたので、すべてのステップの下限値と上限値を合計することでプロセス全体の信頼区間を把握できます（繰り返しになりますが、これらはすべて見積もりに基づいているため、誤差が生じる可能性があります）。

また、このタスクの実行頻度についても考えなければなりません。タスクの頻度が重要なのは、そのタスクに費やす時間の量が増えるからです。毎週実行されるのであれば、毎年実行される場合よりもはるかに悪いのは明らかです。プロセス全体の見積もりを、一定期間におけるそのタスクの実行回数の見積もりで掛け合わせましょう。

私は6ヵ月単位で考えます。つまり6ヵ月の間に3回から10回実行される、と言った形で見積もるわけです。その下限値と上限値に、タスク全体の実行時間見積もりの下限値と上限値を掛け合わせます。これで6ヵ月ごとにそのプロセスに費やされる時間の概算値がわかりました。これは範囲なので変動し得ると認めたことになりますが、それと同時にこういった見積もりを持つということは、基本的に何の情報も持っていなかったと比べると格段に良い状態です。

自動化作業についても同じことをする必要がありますが、2つの大きな違いがあります。まず第一に、自動タスクのメンテナンス時間を含める必要があります。一度コードを書いたら以後二度と触らないということはめったにありません。コードが期待通りに動作しているかどうかを確認するために、どのくらいの時間が必要になるかを見積もる必要があります。確信が持てない場合は月に1時間を目安にするとよいでしょう。この時間を使い切らない月もあれば、4時間もメンテナンスに費やしてしまう月もあるでしょう。2つ目の大きな違いは、最初の自動化作業は一度きりですので、全体の見積もりを求める際にタスクの実行回数と掛け合わせる必要がないという点です。最初の初期投資の後、それと同様のエネルギーを繰り返す必要はありません。これが大きな節約につながるのです。

これらの見積もりによって、手作業と自動化作業の両方の値の範囲を把握し比較できます。これはかかるであろう時間の見積もりとしてはシンプルなものです。最初はモデルをシンプルにしておくのが得策です。実施する人によって時間あたりの金銭的価値が異なるという観点がこのモデルには含まれていないと指摘する人もいるでしょう。これは事実ですが、最初はシンプルに進めましょう。

表7-2に、この計算の例を示しています。シンプルにするために、このタスクは3回だけ実行すると仮定しています。

表7-2 プロセス実行のステップ

タスク	費やす時間の90%信頼区間	6ヵ月間に費やす合計時間(3回実行)
チケットの提出	5~15分	15~45分
待ち時間	2~48時間	6~144時間
タスクの実行	10~65分	30~195分
結果の報告	1~10分	3~30分
合計	2時間16分~49時間30分	6時間48分~148時間30分

表7-3には同様に、タスクを自動化するための時間の見積もりをまとめています。

表7-3 同じプロセスを自動化するために必要な時間

タスク	費やす時間の90%信頼区間	6ヵ月間に費やす時間
要件の収集	4~18時間	4~18時間
開発	2~40時間	2~40時間
テスト	4~20時間	4~20時間
メンテナンス	1~4時間	3~12時間
合計	11~82時間	13~90時間

このサンプルの結果はとても興味深いものです。3回の実行で、手動でタスクを実行するのにかかる時間と、そのタスクを自動化するのにかかる時間が互いに重なっていることがわかります。これでは、このタスクを自動化しても結局は意味がないのではないかと考える人がいるかもしれません。しかし次の点に注意してください。

- この見積もりは実行回数が3回の場合です。実行回数を10回に増やすと、手動プロセスに費やす時間がはるかに高い値になります。
- この例では見積もりの対象期間はわずか6ヵ月間です。このタスクを6ヵ月以上実行する予定であったとしても、自動化作業の多くは1回しか必要がありません。メンテナンスだけが繰り返し必要になります。これにより、長い目で見れば自動化はさらに魅力的に見えます。

このように自動化タスクと手動タスクを比較することは、すぐにでも始められることです。こういったモデル化では、タスクの複雑さをすべて表現できていないと不満を持つ人もいるでしょう。それはその通りで、もしあなたが費用対効果をより詳細に分析するためにエネルギーを費やしたいと思っているなら、それは価値のあることかもしれません。しかし、ほとんどの場合そこまで詳細に分析はしません。この簡単な方法によって、タスクの自動化が価値のある行動かどうかをおおよそ知ることができます。

前述の例では自動化は非常に理にかなっています。そして、もしこのプロセスが6ヵ月以上継続して実施する必要があるのであれば、自動化の価値はより明白です。

7.4 自動化を優先する

自動化というアイデアは特に目新しいものではありません。コンピュータが登場してからずっと自動化は行われてきました。自動化の必要性は、マシン・サービス・テクノロジの数が爆発的に増加し、それらが提供するサービスが複雑になっていることから生じています。20年前、運用チームはサーバ1台あたりに必要な管理者の数に基づいてスタッフを配置していました。今日の世界では、このような戦略ではほとんどの組織が破綻してしまいます。自動化はもはやあれば良いものという位置付けではありません。成功するためには、プロジェクト・仕事・そしてツールにおいて、自動化は優先事項とする必要があります。

7.5 自動化の目標を決める

本章の前半で、待ち時間・実行時間・実行頻度・実行のばらつきという4つの領域を中心に自動化の取り組みを行うことができると説明しました。この4つの領域は、自動化の目標を考える上でも大きな柱となります。これらの目標を定義することで、どのような自動化ツールが利用できるかをよりよく理解できます。

あなたの会社で、ある新しいツールが収益に良い影響を与える可能性があると期待しているとします。しかし、そのAPIの機能が非常に限定的だと判明しました。必要なデータをフィルタリングできず、大きなデータセットをダウンロードし、必要な一握りのレコードを得るために必要のない何千ものレコードに目を通す必要があるとわかりました。これは理想的な自動化シナリオではありませんが、ここでのあなたの目標は何でしょうか？

もし自動化によって実行の頻度の領域を改善したいという目標を持っているのであれば、これはあまり重要ではないかもしれません。実行時間に関しては、このタスクはおそらく必要以上に時間がかかるでしょうから、ユーザーインタフェース上でデータをフィルタリングするといった必要な操作から誰かを解放できます。1回の実行に25分しかかからないとしても、自動化に取り組む価値はあります。スクリプトで毎回同じようにタスクを実行するので、実行のばらつきが抑えられるという利点も得られます。さて、このタスクを自動化する目標が待ち時間の改善だったとしましょう。もし自動タスクを実行する唯一の手段が、サーバにログインしてコンソールから実行するというものだったら、チケットシステムに統合して依頼者自身が自動タスクを実行できるようにする妨げとなるでしょう。

自動化を検討する際には、待ち時間・実行時間・実行のばらつき・実行頻度の4つの領域から始めることで、どの領域を自動化で改善したいのかを理解できます。タスクを自動化したい理由はほかにもある場合もあるでしょうが、多くの場合これら4つの領域のどれかに集約されます。

7.5.1 すべてのツールの要件としての自動化

1つのツールで、アプリケーションに必要なすべての価値を提供できることはほとんどありません。さまざまなソフトウェアを組み合わせる必要がある場合もあります。たとえば、コードリポジトリにはGitHub、チケットやバグのトラッキングにはJira、そして継続的インテグレーションとテストにはJenkinsを使用するといった形です。これらのアプリケーション・スクリプト・プログラミング言語をまとめて**ツールチェイン**と呼びます。

ツールを評価する際、もし自動化が優先事項であるならば、当然そのツールチェインで自動化が可能になっていなければなりません。6人家族でトヨタのプリウスを家族用の車として選ぶことはないでしょう。なぜなら家族全員が同時に乗れるという要件を満たしていないからです。同様に、自動化が必須要件であれば、自動化を行うことができないツールを選択するのは愚かなことです。どういったツールを採用するかという技術的な決定をする際にはほかにもたくさんの制約があり、それらの制約のせいで自動化ができないと言うのは簡単です。しかし皆さんは自動化の必要性を必須要件として提示したことがこれまでにあったでしょうか？　スクリプト化できないシステムを管理するために必要なエンジニアリングの労力というコストを示したことがあるでしょうか？

ツールの自動化機能を評価する際には、次のような疑問を検討することで、あなたの自動化の目標にどう役に立つのかを判断できます。

- そのアプリケーションは、APIアクセスを可能にするソフトウェア開発キット（SDK）を提供しているか？
- そのアプリケーションにはコマンドラインインタフェースがあるか？
- そのアプリケーションにはHTTPベースのAPIがあるか？
- そのアプリケーションは、ほかのサービスと連携ができるか？
- GUIでしか操作ができず、プログラムでアクセスできない機能があるか？

ツールを評価する際には、これらの要件を考慮しましょう。要件リストに自動化の必要性を明示しましょう。ツールを評価するチームがほかの要件に重きを置いている場合、自動化がきちんと評価されているかどうかを確認してください。ほかの要件がより重要であると考えられ、自動化の要件が重視されないという事態が起きてはいけません。使用するツールが自動化の目標に合っているかどうかを確認しなければ、その次のステップにどれだけエネルギーを費やしても目標は達成できません。

7.5.2 業務の中で自動化を優先する

業務の中で自動化を優先することは、自動化の文化を築くための唯一の方法です。行わなければならないタスクのリストに圧倒されてしまうことはよくあります。タスクを終わらせるために、最も安易な道を選んだほうが生産性が高いと感じることもあります。

リストの中のタスクに完了のチェックを入れることでドーパミンが分泌され、思考が短期的になってしまう場合があります。しかし、このような短期的な思考は、「手っ取り早く勝利を得る」という名目のもと、手作業の数が急速に増えてしまうという長期的な影響を及ぼします。こういった問題は自動化によって容易に解決できます。自動化が最も効果を発揮するのは、このような現場なのです。自動化をコアの価値とした考え方を持ち続け、必要に応じてこの種のタスクを優先することが重要です。

多くの組織ではチケットを使ったワークフローを採用しています。仕事はシステム上のチケットとして表現され、そのチケットがワークフローの中を移動します。多くのチケットベースのワークフローでは、通常チケットが完了するまでの時間のほとんどは**待ち時間**です。先に述べたように、待ち時間とはチケットが誰かによって着手されるのを待つ時間のことです。

あなたが昼休みであったり家で寝ていたり、別の問題に取り組んでいたりする時間というのは、別のチケットにおいては待ち時間となります。もしあなたがそのチケットの依頼者であれば、誰かが簡単なコマンドを実行するのを待っているのは非常にいらいらすることでしょう。2分で終わるタスクを実施してもらうのに4時間待つということもあります。2分で済む質問をするために、4時間も待ちますか？　おそらくそんなことはしないでしょう。

これでは誰もが損をします。だからこそ、多くの企業がよくある質問に自動音声応答システム（IVR = interactive voice response）で回答したり、その企業のWebサイトに誘導するのです。順番待ちの時間をなくす唯一可能な方法は、そもそも順番待ちが必要なものの数を減らすことです。

そこで登場するのが自動化です。

頻繁に依頼されるタスクについては、自動化し、依頼者が自ら解決できる方法を構築することで、チームの貴重な時間を確保できます。しかし、そのためには自動化を優先しなければなりません。これには簡単な方法はありません。何かを優先するためには、別のことをやめる必要があります。

しかし依頼を単に完了させるのに必要な最低限のことをするのではなく、プロセスの自動化に労力を割くタイミングをどのように判断すればよいのでしょうか？　これが、ほとんどの自動化の取り組みを妨げる要因となっています。同じような古い手動プロセスを実行してほしいという依頼は繰り返し発生します。その手動プロセスを自動化するためのチケットが作成はされますが、「いつかはやりたいな」という願望が聞こえてくるだけで永遠にバックログに追いやられてしまいます。

そういった自動化のチケットは、タスクを手動で実行した人の心にその苦痛が残っている間に着手するのが良いです。あまり時間を置くと単調な依頼は記憶から消えてしまいます。その瞬間をとらえて、すぐに自動化のための作業を始めましょう！

手始めに、チケットをバックログに入れないようにしましょう。このアドバイスは、運用チームのように割り込みで依頼される作業が多いチームには特に有効です。できるだけ早く優先順位をつけましょう。ほかの作業と一緒に評価されるのを待っていてはいけません。現在のイテレーション、あるいは次のイテレーションで優先的に取り組むよう強く要請してください。いったんほかの依頼の山に埋もれてしまうと、二度と日の目を見るチャンスはありません。ここで、オンコール担当者に自分の仕事の優先順位をつけさせるやり方は大きな効果を発揮します（詳しくは6章で説明しました）。

チケットに適切な優先順位を設定したら、それらのチケットが自動化する良い候補なのかどうかをどう評価するかを考えるべきです。まず考えなければならないのは、その依頼の頻度です。頻繁に行われないタスクを自動化する際に問題となるのは、次に実行されるまでの時間が非常に長くなり、その時には自動化した際の前提条件の多くが変わってしまっている可能性があることです。たとえばメンテナンス中のプロセスを自動化しようとしても、そのタスクは年に1、2回しか実行されないかもしれません。

最初にスクリプトが作成されたときから、基盤となるインフラに何か変更が加えられていないでしょうか？　データベースにアクセスするワーカノードは変わっていませんか？　新しく導入したロードバランサに対応するためにメンテナンス用のスクリプトをきちんと更新しましたか？　サービスが正しく停止したことを確認する方法はまだ有効ですか？　半年の間にさまざまなことが変わります。

このように実行頻度が低いプロセスを自動化する場合は、そのスクリプトに対する自動テストをどの程度作成できるか検討しましょう。テストを定期的に実行して、そのスクリプトが動作していると確認できるでしょうか？　今回のメンテナンス用スクリプトの場合、ステージング環境に対して定期的に実行すると良いでしょう。もしくは継続的インテグレーション・継続的デプロイ（CI・CD）パイプラインの一部として実行しても良いでしょう。

テスト環境でも本番環境でも、スクリプトを定期的に実行する必要があります。タスクを定期的に実行するための良い解決策を思いつかない場合は、現時点ではそのタスクは自動化の良い候補ではないということです。

一番怖いのは、いざスクリプトを実行しようとしたときに環境の変化によってスクリプトがうまく実行できないことです。この失敗により自動ツールに対する不信感が生まれます。そして一度不信感が形成され始めると、特に慎重に扱うべきタスクの場合、不信感を取り戻すのは非常に困難になります。

7.5.3 自動化をスタッフの優先事項とする

自動化とツール開発を優先事項にしたいと考えている組織においては、それをスタッフが実行可能な項目に落とし込む必要があります。自動化が進まないのは、スタッフが怠けているからではありません。チームの構成の方法や、組織内でのスキルセットの向上の方法など、構造的な要因があります。

7.5.4 トレーニングと学習のための時間を確保する

トレーニングというと、多額の費用を投じて1週間程度の研修を受ければ、目の前の目標やタスクを達成するために必要なスキルがすべて身につくと思われがちですが、そうではありません。私の経験では、有償のトレーニングが本来の目的を達成することはほとんどありません。

通常トレーニングは早すぎます。つまりトレーニングクラスは、習得したスキルを日常的に使用するよりもはるかに先に終わってしまうのです。たとえば、新しいNoSQLデータベースのトレーニングを受けても、トレーニングとその技術を実際に使うまでの間には2ヵ月のギャップがあるでしょう。よく言われることですが、使わないとダメになります。もしくはトレーニングを受けるのが遅すぎて無知のうちに下した誤った判断の数々に悩まされる場合もあるでしょう。まるで勝ち目のない状況のようです。これを解決するには、継続的に学習する文化を築くことです。

体系化されたトレーニングクラスに過度に依存するということは、無意識のうちに学習を行事として扱ってしまっていることを意味します。学習というものは通常、専門家の知識を使ってかっちりと厳格に体系化されます。しかし、オンライントレーニング・Safari Books†2・カンファレンスの講演・YouTubeビデオなどが豊富にある今、学習を完全に体系的に行う必要はありません。ただ、そのための時間を作れば良いだけです。

しかし、さまざまなプロジェクトや目標に追われる忙しい日々の中で、こまめに学習時間を割くということはめったに行われません。学習が不足していると、チームは現在のやり方に固執してしまい、ほかに良いやり方がないかと考えなくなります。現代のエンジニアリング組織では、継続してスキルを向上して強化しているというのは紛れもない事実です。最近多く使用されているツールの中には、生まれてから10年も経っていないものもあります。業務を自動化するために新しい言語を学ぶにせよ、それともパラダイムを変えて自動化をもたらすツールを学ぶにせよ、あなたとあな

†2 訳注：O'Reilly Mediaが提供するオンライン学習サービス。現在のサービス名称はO'Reilly Online Learning。

たのチームメンバーが確実に学び続けるための計画が必要です。ここから紹介するすべてのやり方は、同じ考えに基づいています。つまり、いかに学習のための時間を確保するかというものです。

私の組織では学習をほかの仕事と同じように扱います。チームメンバーにチケットを作成してもらい、それを作業管理システムで追跡し、その作業を適切にスケジュールして優先順位をつけます。もし誰かが本を読むのであれば、その本をいくつかの章のまとまりに分けてチケットを作成しましょう。1～3章は1つのチケット、4～6章は別のチケットといった具合です。この作業はスケジュールされて作業リストに追加され、チームメンバーがそのチケットに着手する際には、席から立ち上がって静かなコーナーに行き、本を読みます。こういった形で行われます。もし継続的な学習が仕事の一部だと言うのであれば（もしあなたが技術者で、こう言っていないのであれば頭を検査してもらいましょう）、それは勤務時間中に行われるべきです。スタッフに必要な学習をすべて業務外の時間に自力で行うよう求めるのは、不公平であるだけでなく、社員が燃え尽きる要因にもなります。

どのような方法で仕事を追跡するにしても、学習もそのシステムで追跡する必要があります。そうすることで、必要な時間を与えられるだけでなく、学習を可視化できます。

7.5.4.1 自動化にかかる時間を見積もりに含める

自動化への投資を明確にするもう一つの方法は、タスクの自動化に必要な時間をすべてのプロジェクト・機能・取り組みに組み込むことです。通常、プロセスの自動化やツール開発は、プロジェクトの範囲外とみなされることが多いです。手動での作業を認めないということの発展として、すべてのプロジェクトの見積もりにはタスクの自動化に必要な時間を含めるべきです。

これが重要なのは、自動化は単にあれば良いというものではなく、プロジェクトや成果物の一部であることを示すためです。たとえばケーキのレシピをオンラインで探した時に、そのレシピは10分かかると書かれていたとします。しかし驚くべきことに、そのレシピにはケーキを冷ます時間が含まれていませんでした。このとき、10分という表現が正しいと感じるでしょうか？　当然正しいとは思わないでしょう。なぜなら、ケーキ作りの重要な部分（そして間違いなく最高の部分）が含まれていないからです。こういったことを自動化やツールの開発についても感じるべきなのです！　顧客に対して信頼性に欠ける中途半端なプロセスを提供するのが許されないのであれば、当然そのプロダクトを作りサポートする人にも中途半端な状態で渡すのも許されません。

自動化やツールの開発の際には、プロセスの最初の段階からそのツールを使うことを検討しましょう。プロジェクト期間の大部分では手動でタスクをこなし、完成してから自動化するといったことはやめましょう。たとえば、アプリケーションの設定を変更するためにSQL文を実行する必要があり、それを自動化するつもりなら、本番稼働を待たずに自動化しましょう！　そのタスクが必要となる最初のタイミングで自動化するのです。そして、それがうまくいくまで繰り返します。そのほかの環境で実行するときは、すでに構築したツールを再利用し、本番に移るまでにしっかりとしたものになるようにテストします。こうすることでツールの構築とテストが確実に行われ、テストサイクル中のすべてのタスクの実行もスピードアップします。こうすることで前述の4つの重要な領域に費やす時間をなくす、あるいは減らすことができるでしょう。つまりプロジェクトをより速く進めることができるようになります。

7.5.4.2　自動化のためのスケジュールを確保する

多くの技術組織では、技術的な判断ミスに注目し、それを修正するために時間を確保することがあります。こういった技術的負債の返済の中に、古いワークフローの自動化はあまり含まれません。うまく機能していないものに焦点が当てられ、単に非効率なものは話題に上らないのです。

組織として、一定の頻度でチームがタスクの自動化に注力するための時間を設けるべきだと提案しましょう。手作業では、どうしても抜け落ちてしまうものがあります。しかし改善に集中するための時間があれば、大きな違いを生み出すことができます。まずは四半期に1週間、少なくとも1つか2つの作業を自動化の対象とすることから始めましょう。作業を自動化するメリットが見えてきたら頻度を増やしていきましょう。四半期に1週間というのが頻繁すぎる場合は自分に合った方法を見つけてください。しかし適切な頻度が見つかったら、きちんとこの取り組みを続け、その時間を有効に使いましょう。

7.6　スキルセットのギャップを埋める

自動化の計画はすばらしいものですが、自動化を優先するというハードルを越えたとしても、一部の組織ではスキルセットにギャップがあるという現実に対処しなければなりません。さまざまな理由から、自動化を活用する必要のあるチームが必ずしも自動化を実現するためのスキルを持っているとは限りません。こう言った理由で多くの自動化の取り組みが不必要に滞ってしまっています。これは主にうぬぼれやワークフロー全体の最適化ができていないことが原因です。

チーム内でタスクを実行するためのスキルを持っていないというのは目新しい現象ではありません。実際、だからこそIT組織が存在するとも言えます。人事部のスタッフが、応募者を管理するソフトウェアで新しいデータを処理する必要性が生じるたびに、袖をまくり上げてテキストエディタを起動するとは思わないでしょう。代わりに、彼らは技術部門に連絡を取ります。技術部門は、そのようなスキルや専門知識を持っているからです。

これと同じことが技術部門の中でも起こります。システム管理やサポートの専門知識は運用組織が持っています。しかし技術チームが自分たちの日常業務を行う場合、そのチームが自分たちですべての活動をサポートすべきだというのが一般的な考え方です。必要な専門知識が同じ部門のほかのチームにあったとしても、そのタスクを担当しているチームにはないこともあります。

このように技術部門内のチーム間に強固な壁を設けることに価値はあるのでしょうか？　このような壁を設ける動機のほとんどは、チームに対するインセンティブの設計に由来します。これについては本書の後半でも少し取り上げます。各チームは、自分たちの目先の目標を達成することに集中するあまり、ほかのチームのパフォーマンス低下が自分たちの目標にどのような影響を与えるかを認識していません。例を挙げましょう。

開発チームは木曜日までにある機能を提供する必要があるとします。デプロイプロセスは非常に面倒で、ソフトウェアチームは月曜日までにリリースコードを提出し、運用チームが火曜日までにステージング環境でデプロイを実行できるようにする必要があります。本番環境へのデプロイは木曜日に行う必要があるため、テストや修正のための時間は火曜日と水曜日しかありません。これは運用上の問題（なぜデプロイに時間がかかるのか）のように思われるかもしれませんが、その影響の大きさから実際には組織全体の問題です。この問題は運用部門だけでは解決できないでしょう。たとえばアプリケーションが迅速なデプロイができるようにパッケージ化されていないことが原因の場合もあります。もしくは、リリースのためのワークフローが壊れていて運用チームに過度の負担をかけていることが原因の場合もあります。

原因はともかく、問題はこの会社のデプロイプロセスのペースが非常に遅いことです。この観点からすると、開発と運用のコラボレーションは当然のことだと言えます。責任を分けるべきというのは組織運営上の考えに過ぎません。誰が何を所有しているかを明確にするよりも、そもそもこの問題にもっと力を注いでほしいと感じるでしょう。またデプロイを高速化することで、開発チームがテストする時間を増やすことができます。現状では、開発チームはリリースコードはデプロイの前日までに準備できていれば良いといった恩恵を受けることができていません。デプロイのサイクルタイムを短縮することは、開発チームにもメリットがあります。

つまり必要なスキルは組織内に存在し、実現する必要があることをそのチームに支援してもらうことは、単に良い考えというだけでなく、DevOpsの理念にとっても非常に重要です。社内の専門知識を活用することで、あなたやあなたのチーム自身の専門知識を構築できます。真っ白なキャンバスから始めて傑作を描く人はいません。既存の作品を研究し、他者から学ぶのです。テクノロジも同じです。

プライドが邪魔をする場合

自動化によって得られるメリットがこれほど明白であるにもかかわらず、なぜ多くのチームが自動化の考え方を身につけることができないのでしょうか？　それはチーム間に所有の意識というものがあるからです。つまり本番環境は運用チームが所有しているという感覚です。運用チームが所有しているのであれば、それをサポートするために必要なすべてのツールの扱いにも自信があるだろうと言うわけです。たしかにこういったうぬぼれは存在します。

これは批判でも非難でもありません。私もほかの人と同じようにうぬぼれやインポスター症候群[†3]に悩まされています。しかし、自分が随一の専門家であるはずの分野で誰かに助けを求めることは、非常に謙虚な態度です。

そういったうぬぼれを捨てましょう。テクノロジの分野はあまりにも広大で、すべての分野に精通はできません。インターネットのおかげで、技術の専門家がいかに多面的で才能があるかを示すビデオが氾濫しているため、自分には仕事をする資格がないのではないかと思ってしまうのです。しかしあなたにはその資格があります。あなたはBrendan Gregg[†4]やAaron Patterson[†5]のようにはなれないかもしれませんが、そもそもそんな人はほとんどいません。そのことで自信を失わないでください。また、ある特定の分野で助けを求めることがエンジニアとしての価値を下げるとは考えないでください。**助けを求めることは無能さを認めることではありません。**

7.6.1 自分が関わったものは所有する必要があるという考え

ほんの少しだけ関わったものを、いつまでも自分で所有する必要があるという点に対して懸念を感じる方は多いでしょう。多くの人にとってこのような現実があることを否定するつもりはありません。しかし多くの場合、自動スクリプトがシステムやソリューション全体の一部とは見なされていないという認識から、この懸念が生じます。システムが変更される際、自動スクリプトはテスト対象と見なされない一方で、そのスクリプトが動かなくなるとそのシステムを使用するすべての人に大きな影響を与えることになります。

これはインシデントとして扱われ、そのシステムをサポートしているエンジニアは今取り掛かっている仕事をいったんとめ、復旧モードに切り替えなければなりません。そして誰もがこうした復旧作業を嫌います。このリスクを完全に回避はできませんが、いくつかの簡単な方法でリスクを最小限に抑えることができます。

7.6.1.1 サポート時の摩擦を減らす

こういった懸念を解消するための第一の方法は、作業中の自動化が両方のグループ（自動化の支援を求めるグループと、実際に自動化を実行するグループ）の問題に対処していることを確認することです。もし誰かに、その人の業務とまったく関係のないものを作るのを手伝ってほしいと頼んだ場合、その人の貢献したいという意欲は限定的でしょう。しかし、それを自動化することによってお互いの仕事がより快適になるのであれば、道のりはずっと簡単になります。これが**当事者になるという考え方（skin-in-the-game concept）**です。

双方が当事者であれば、それをサポートするために必要な努力は非常に容易になります。なぜなら、それが壊れると両方のチームが影響を受けるからです。開発は迅速に進めることができず、運用は手動のプロセスを使うことになり、より付加価値の高い仕事から時間が奪われることになります。このインセンティブの共有という概念については、後ほど詳しく説明します。

---

†3 訳注：自分の能力や達成したことを肯定できず、自分は周りの人に実際よりも能力があると信じ込ませる詐欺師であると感じてしまう傾向のこと。

†4 訳注：現在Netflixに勤めるシステムパフォーマンスに精通したエンジニア。著書に『詳解システム・パフォーマンス』（オライリー・ジャパン、2017年）がある。

†5 訳注：現在Shopifyに勤めるRuby、Ruby on Railsに精通したエンジニア。日本語が堪能で、しばしば日本語で駄洒落をツイートしている。

当事者になるという考え方に次いで重要なのは、問題に対するアプローチや解決策について関係者**全員の合意**を得ることです。開発者は、運用グループも解決策についての考えを持っていると理解することが大切です。しかし開発者は実装の詳細に取り掛かる必要があります。その際に、解決策の詳細の議論から運用チームを完全に排除してしまうと、反感を買うだけでなく、解決策全体に対する運用側の投資意欲の低下を招きます。同様に、どういった解決策が可能なのかについて、運用チームが開発チームの意見に耳を傾けることも重要です。開発チームは、あるアプローチについて長期的な実装やサポートへの影響、設計の不備、あるいは差し迫ったニーズを満たさないと反論するかもしれません。

ここに挙げたのは具体的な例ですが、根本的なポイントは、ほかのグループに協力を求める場合、コラボレーションが最も重要であるということです。自分たちの解決策を主張するのではなく、どういった問題を解決しようとしているのかに焦点を当ててください。チームが協力して解決策を導き出すと、長期的なサポートの問題は鳴りを潜めます。

感情的にならないようにする

運用チームの視点から少し歴史を振り返ってみましょう。運用チームはこれまで、本番環境へのリリースプロセスの一番最後にしか関わってきませんでした。残念なことに、多くの組織ではソフトウェアをリリースする時になるまで、運用グループはプロセスにまったく関与していません。多くの場合、運用グループが望むような変更を加えるには遅すぎるのです。そうなるとそのリリースは自分たちのものではないと感じられ、気持ちが離れていきます。何の関わりも感じられないというわけです。あくまでもその解決策は「与えられた」ものであり、「ともに作った」ものではないので、他人事のように扱われてしまうのです。

同じように、開発チームは運用スタッフから無能な子どものように扱われてきた歴史があります。開発チームには人工的な壁を本番環境の前に築かれていると感じられ、その結果、不満が募ります。彼らの不満は理解できます。システムの構築は任せられても、いざ運用となるとまったく能力がなく危険だとみなされているわけですから。

大雑把な特徴付けですが、私の経験ではこれは多くのエンジニアに当てはまります。こういった感情や反感、視点を理解するためには、相手に共感することが大切です。たとえあなたの組織ではこういったことは起きていないとしても、あなたの組織のさまざまなエンジニアの間には、根底に何かつらい思いがあることは間違いありません。もしかしたらそれは前の仕事でのつらい経験から来ているかもしれません。

ソリューションの一部を所有することに対して多くの人は懸念を抱きますが、なぜ懸念を抱くのかを考えてみてください。それは多くの場合、ソリューションの品質や自分が与えられる影響力に対する信頼感の欠如に起因しています。ツールが価値を付加し、うまく動作していれば、サポートについて懸念を抱くことはほとんどありません。

7.6.2 新しいスキルセットの構築

他のチームからスキルを借りることは、長期的には望ましい解決策ではありません。これは、適切なチームがサポートを引き継ぐために必要なスキルを構築する時間を確保するための、一時しのぎとしてのみ行われるべきです。これは通常、多くのトレーニングとメンターシップが必要となります。初期導入が完了したら、依頼を出した側のスタッフにバグ修正や新機能の対応を促し、初期開発を担当したチームメンバーとの交流の機会を設けましょう。

またランチ&ラーン（lunch-and-learns）†6を実施することで、グループで質問をしたり、一緒にコードを確認したり、学んだことを新たな問題に応用できます。チームのスキルアップのために、小さなコーディングチャレンジを行いましょう。ここでのよくある誤解は、本番環境にデプロイして使うようなコードを書くべきであるというものです。しかし、個人的に使う小さなユーティリティであったとしても、それを書くことでスキルセットを構築できれば、自分のやっていることに自信と能力をすぐに身につけることができます。

たとえば以前私が目撃したのは、Pythonを学んでいるエンジニアが、TwitterのAPIを使って、よく使われる単語をランキング形式でリストアップするというコードを書いたというケースです。書かれたコード自体は職場ではまったく価値がありませんが、エンジニアが得た知識は非常に貴重なものです。このプロジェクトでは、業務に対するリスクのない問題を解決しましたが、同時に実際の仕事の場面でも役に立つスキルを構築できました。

もしあなたがリーダーの立場にあるなら、このような課題を仕事の一部にして、皆がスキルアップのために平日に時間を割けるようにしてはどうでしょうか。夜間や週末に学習するのは疲れますし、多くの人にとってはほかの生活との兼ね合いで不可能なこともあります。しかし平日の日中に学習し、チームミーティングで進捗状況を報告してもらうすることで、リーダーであるあなたがこのスキルを重要視していると示すことができます。

もう一つの方法は、今後のチームの増員のしかたを変えることです。もしあなたのチームにすでにある分野に精通したメンバーがそろっているのであれば、採用要件を少し変えてみましょう。たとえば運用チームにシステム系の人材が多く配置されている場合、次の採用では開発経験は豊富だがシステム系の経験は少ない人を中心にして、仕事の中で学んでもらうようにするといった形です。スキルの多様化はどのチームにとっても重要です。自分たちがどこが弱く、どこが強いのかを知ることでギャップを埋めることができます。

多くのDevOps組織において、自動化におけるスキルセットのギャップは大問題です。しかし、少しの創造性と組織内で協力して問題解決することで、組織の中から必要な人材を獲得できます。必要なのは単にその人物と関係を築くことだけです。一度その人物との関係を構築できた後は、その作業が組織にとって重要であると強調して、優先して取り組むようにする必要があります。現

†6 訳注：ランチタイムを利用して勉強会などを行う取り組み。

在、自動化は広く行われています。そのため、かつてほどには上層部に自動化を売り込むのはたいへんではありません。ただし、なぜそれが重要なのかを説明することは依然として価値があります。次の3つのポイントを強調すると良いでしょう。

- どういったことをより速く実行できるようになるのか、そしてそれがほかのチームにどのような影響を与えるか
- どういったことを一貫性を持って繰り返すことができるようになるか
- そのタスクを自動化することで、ほかのどういった仕事が可能になるか

7.7 自動化のアプローチ

自動化に対しては、多くの人が異なる考えを持っており、時にそれらは矛盾しています。自動化には、ある処理をスクリプト化しただけのものから、プログラムによって各動作を監視・評価・決定する自己調整型のシステムまで、さまざまなものがあります。

自動化とは、個別のタスクを、簡単に実行できるようにプログラムやスクリプトに変換するプロセスです。結果として得られたプログラムは、独立して使用することも、より大きな自動処理の一部として組み込むこともできます。

DevOpsの変革の際には、**常に**自動化を念頭に置いてタスクを考える必要があります。DevOpsが高速道路だとすると、手動プロセスは高速道路における1車線しかない料金所のようなものです。長期的な手動プロセスは何としても避けるべきです。その代償はあまりにも大きく、しかも大きくなり続けるばかりです。短期的な手動プロセスであれば、自動化されたプロセスよりも効果的だと正当化もできます。しかし、「短期的な」対応というものには注意が必要です。短期的な対応のつもりが、それを取り除くために必要な作業の優先順位が下がり続けて結局長期的に使われる傾向があります。短期的な手動プロセスを検討している場合は、関係者全員がのちにそのプロセスを排除するインセンティブを持っていることを確認してください。

組織における自動化のレベルは、自動化を担当するチームの技術的な成熟度と能力に大きく依存します。しかし、チームのスキルセットにかかわらず、どんな組織でもある程度の自動化を実行することで、その恩恵を受けることができると私は断言します。自動化は、システムで発生しうる作業量や潜在的なエラーを削減するだけでなく、正しく設計されていれば、それを使用するチームメンバーに安全であるという感覚を生み出すこともできます。

7.7.1 タスクにおける安全性

コマンドを実行したときに、思わぬ副作用が出たことはありませんか？ Linuxで`rm -rf *`コマンドを実行する際に、どのディレクトリにいるのかを20回くらい確認しないと安心してEnter

キーを押せなかったという経験はありませんか？　安心してタスクを実行できるかどうかは、物事がうまくいかなかった場合に何が起きるのかという点に直接関係しています。

タスクにおける安全性とは、タスクが不正確に実行されたとしても危険な結果をもたらさないという考え方です。ここでは、私の料理に対する恐怖心を例に挙げます。私は鶏肉を焼くときにいつも、しっかりと火が通っていないのではないかという思いに取りつかれます。もし火が通っていない鶏肉を食べたら危険な結果になるでしょう！　その一方で、チキンテンダーをオーブンで焼くことにはまったく抵抗がありません。チキンテンダーは通常、調理済みで冷凍されているので、調理が不十分だったとしても、生の鶏肉で調理が不十分な場合よりもはるかに安全です。また正確な調理法が記載されているので、調理結果にばらつきがほとんど発生しません。鶏肉の大きさなどのばらつきに基づいて修正する必要はなく、ただ指示に従うだけです。あるタスクのリスクを評価する際には、そのタスクについて何を知っているかと考えるでしょう。そして、そのタスクのそれぞれの手順がおおよそどれだけ簡単か、あるいは難しいかを理解しようとするでしょう。

なぜ安全性が重要なのでしょうか？　それは、タスクの自動化を始めると、自動化によって実行される各タスクの潜在的な副作用について考える必要があるからです。自動化によって、ある程度はユーザーがコントロールできる範囲が少なくなります。

たとえば、あるプログラムのインストールを自動化する場合を考えてみましょう。以前は、インストールを実行する人が、実行するすべてのコマンドを完全にコントロールしていました。どのようなフラグが渡され、どのような具体的なコマンドが実行されているかを把握していました。これらのステップが1つのコマンドにまとめられた世界では、実行がシンプルになる代わりに細かいコントロールが失われます。これまでは、ユーザーが安全に実行する責任を負っていましたが、自動化を行う際にはその責任は開発者であるあなたに移るのです。

自動化の対象となるユーザーが外部の顧客であろうと、内部の顧客であろうと、あるいは自分自身であろうと、作業を自動化する際には安全性について考え、その責任を尊重してください。優れた自動化では、常にこの点が考慮されています。たとえばLinuxシステムにパッケージをインストールするコマンドを考えてみてください。`yum install httpd`と入力すると、コマンドは自動的にパッケージをインストールするだけではありません。どのパッケージを見つけてインストールしようとしているのか、そのパッケージのすべての依存関係を確認します。パッケージがほかのパッケージと衝突した場合、「ユーザーがインストールしろと言っているので全部壊してしまおう」とはせず、失敗の警告を出してエラーとなります。本当にインストールしたいのであれば、コマンドラインでフラグを指定して強制的にインストールもできますが、追加のフラグを指定しなければならないということは、自分が何をしようとしているのかを確実に把握するための安全機能として機能します。

タスクに関しては、さまざまなレベルの安全性を作り出すことができます。安全性にかける必要のある労力は、物事がうまくいかなかった場合のリスクの大きさや物事がうまくいかない可能性と正比例します。実行すべきタスクを頭の中でシミュレーションし、どこが複雑なのかをある程度理解したうえで、プロセスの中のどこで安全性を向上できるかを考えてみましょう。

7.7.2 安全のための設計

アプリケーションを開発する際には、エンドユーザーを十分に理解することに多くのエネルギーを注ぎます。アプリケーションの設計の際にはユーザーはどういった人で、彼らの経験と期待は何で、そして彼らがどういった行動をとり、最終的にシステムにどういった影響を与えるかを正確に理解する必要があります。それを実現するために、ユーザー体験とユーザーインタフェースのデザインに関する規律が作り上げられてきました。危険な行為をシステムが許可しているのであれば、それはユーザーではなくシステムの責任である、という思考プロセスです。エンドユーザーにとって、これはすばらしい考え方であり、Facebook から Microsoft Word まで、さまざまなアプリケーションはこの規律のおかげでより良くなっています。

しかし本番環境で稼働するシステムを開発する際に、それを運用する人々に対してはこのような多くのことが考慮されていません。アプリケーションをサポートするためのツールは、たいていの場合、最低限かもしくはまったく存在しません。実行しなければならない重要なタスクは低レイヤの技術に委ねられています。管理者アカウントのパスワードリセットのような簡単なことが、各人のメモに記録されている手作りの SQL クエリを実行する必要があるといった状況です。このような環境では、システムの機能を維持するために必要なほかの操作も、同様にメモに各人が記録しているという状況でしょう。

これは望ましくないだけでなく、アプリケーションで事前に定義されたパラメータ以外の値を使って実行できてしまうという点で危険でもあります。パスワードリセットを例にとると、`UPDATE users SET PASSWORD = 'secret_value' where email = 'admin@company.net'` というコマンドを簡単に実行できてしまいます。このコードはとても簡単に見えますし、この SQL が動作することも容易に理解できます。しかし、こういった考えも、セキュリティ上の理由からデータベースのパスワードフィールドが**ハッシュ化**されていると気付くと破綻します。

> **NOTE** ハッシュ関数を使うと、任意のサイズのデータ値を固定サイズの別のデータ値にマッピングできます。暗号学的ハッシュ関数は、ユーザーのパスワードをハッシュ化して保存するのによく使われます。ハッシュ関数は一方向、つまりハッシュ化された値を知っていても、そのハッシュ化された値をどういった入力から作ったのかはわかりません。ほとんどのパスワードシステムは、ユーザーから送信されたパスワードを受け取り、それをハッシュ化し、計算されたハッシュ値とそのユーザーのために保存されているハッシュ値を比較します。

前述の SQL 文を実行しても、パスワードは機能しません。自分でパスワードをハッシュ化も可能ですが、使用されているハッシュ化アルゴリズムなどを知る必要があります。また多くのアプリケーションでは、データベース内部の変更を監査のために記録しています。しかし、この記録処理はアプリケーションの機能ですので、SQL を実行して行った変更はおそらくログに記録されません。その結果、監査証跡に誰がいつパスワードを変更したのかという記録が残りません。また、そのパスワード変更が悪意のあるものかどうかもわかりません。パスワードの変更が通常このような方法で行われている場合、正当な変更と犯罪的な変更はまったく同じに見えます。もし、変更がアプリケーションを通じて行われたのであれば、その変更した人の監査証跡を見ることができるはずです。監査証跡がないにもかかわらず、パスワードが変更されたことを確認した場合は、別の方法で調査することになります。

システムのオペレーターが安全にサポートできるようにするというプロセスは、エンドユーザーから要件や期待を聞き出す際に行うことと根本的には変わりません。システムを運用する人は、システムに対して異なる視点を持つとはいえエンドユーザーであることには変わりありません。

7.7.2.1　ユーザーが知識を持っていることを前提としない

システムを運用する人は、設計や開発をしている人と同じくらい完全で包括的な知識を持っていると思いがちです。しかし、実際にはそのようなことはほとんどありません。システムが成長して複雑になるにつれ、オペレーターはシステムについて限られた知識しか持っていない状態で作業していると想定しなければなりません。ユーザーが完全な情報を持っていないと想定することは、ユーザーへの警告、情報提供、および対話方法に影響を与えます。

おそらく最も重要なことは、ユーザーが何かを決めないといけなくなった際に、ユーザーがその状況で最も論理的な行動を選択すると想定すべきではないという点です。これは文書でも、複雑な自動システムでも同じです。社内の誰もが操作できるようにシステムを設計すべきだとは言いませんが、プロセスを自動化する際にはユーザーが最低限期待することはよく理解しておく必要があります。

7.7.2.2　オペレーターの視点を身につける

UXエンジニアは、システムのユーザーとなりうる人たちと多くの時間を過ごします。その理由の1つは、ユーザーの視点からアプリケーションをどのようにとらえているのかの洞察を得るためです。

同じことがシステムのオペレーターにも言えます。その人の持つ視点によって、システムから得られるデータをどのように見て解釈するかが決まります。ローカルのワークステーションでソフトウェアをテストしている開発者にとっては非常に有益なログメッセージであっても、本番環境でシステムを操作しているオペレーターにとってはまったく無意味であり、無視されてしまうという場合もあるでしょう。このような洞察を得るための最良の方法は、オペレーターと一緒にプロセスや自動化の設計について話し合うことです。どのように処理されるべきか彼らの意見を聞いてみてください。彼らの視点は貴重であり、あなたが何週間も検討している問題に対する彼らの見方を知って、確実に驚くでしょう。

7.7.2.3　リスクのある行動は必ず確認を取る

私が人生で最も恐れていることは、Linuxシステム全体を誤って削除してしまうことです。OSでは、確認プロンプトが何も表示されることもなく、致命的なミスを犯すこともできてしまいます。重要なシステムファイルを含む、システム上のすべてのファイルを削除したいですか？　そんなこともできてしまうのです！

あなたの設計するプロセスではそういったことはできないようにしましょう。あるステップで何らかの破壊的な行動を取る必要がある場合は、可能な限りユーザーにそれを行って良いかどうかを確認するべきです。自動化されたスクリプトであれば、単純に「処理を続けるにはYESと入力してください」と表示すれば十分です。チェックリストを使った手動のプロセスであれば、ユーザーが危険なステップを実行しようとしていることをチェックリストで強調し、続行する前に入力を再確認するようにしてください。

7.7.2.4　予想外の副作用を避ける

自動化を設計する際には、オペレーターが期待しない動作をシステムがしないようにしたいものです。たとえばユーザーがアプリケーションサーバのバックアップスクリプトを実行する際、そのスクリプトではまずアプリケーションをシャットダウンする必要があるとします。スクリプトにアプリケーションのシャットダウンを実行させることは直感的に思えるかもしれませんが、この要件が平均的なオペレーターが把握していることなのかどうかを考えてみてください。アプリケーションをシャットダウンする前に、まずシャットダウンが必要であるとユーザーに知らせることは、ユーザーの驚きを防ぐために非常に有効です。

意図しない動作でユーザーを驚かせないよう注意を払った後は、自動化するタスクの複雑さによってどのようにとるべきアプローチや生じる問題が異なるかについて見ていきましょう。

7.7.3　タスクの複雑さ

すべての問題とそれに対処するタスクには、さまざまなレベルの複雑さがあります。料理がその典型例です。私は料理が下手です。しかし何を料理するかによって、さまざまなレベルの複雑さが存在します。チキンテンダーの調理は、生の鶏肉を調理するよりもずっと簡単です。

タスクの複雑さを順序立てて分類できると、そのタスクのアプローチ方法を考えるための出発点となり価値があります。チキンテンダーを調理するのに下準備は必要ありませんが、初めて生の鶏肉を調理するときは少し準備に時間が必要でしょう。

このような問題を少しでも理解するためには、概念を理解して言語化するための何らかのフレームワークを使うことが有効です。今回はDavid Snowdenの**クネビンフレームワーク（Cynefin framework）**[†7]を参考にしましょう。

---

†7　クネビンフレームワークの詳細については、David J. Snowden、Mary E. Boone著“A Leader's Framework for Decision Making”（Harvard Business Review、2007年、https://hbr.org/2007/11/a-leaders-framework-for-decision-making）を参照してください。

クネビンフレームワークは意思決定のツールとして使われ、いくつかの領域を提供します。この領域の定義は今回の複雑性の話にも当てはまります。

クネビンフレームワークでは、問題の複雑さを4つの領域に分類します。これらの領域の名前は**単純・困難・複雑・混沌**です。本書では最初の3つの領域にフォーカスします。なぜなら、混沌に対処することについて論じるにはおそらくそれだけで1冊の本が必要であり、自動化についてのヒントが得られるようなものではないためです。

7.7.3.1 単純なタスク

単純なタスクとは、いくつかの変数を持つタスクではあるものの、それらの変数はよく知られており、よく理解されているようなものを指します。また、変数の値がステップに与える影響もよく理解されています。

たとえば新しいソフトウェアをインストールする場合を考えてみましょう。ここでの変数はOSの種類とバージョンです。この2つの変数が変化すると、ソフトウェアをインストールするために必要な手順が変わる可能性があります。しかし、これらの変数が取りうる値とその影響はよく理解されており、サポート対象のすべてのOSとそのバージョンを事前に列挙して文書化しておけば、ソフトウェアをインストールする際に役立ちます。

たとえばデータベースソフトウェアをダウンロードする手順は、使っているOSによって異なります。Red HatベースのOSの場合、RPMパッケージをダウンロードしてインストールする必要があるでしょう。Windows Serverの場合は、MSIインストーラをダウンロードすることになります。このように、ソフトウェアをインストールする方法は2つありますが、それらの手順はよく理解されており、事前に詳細を確認できます。

7.7.3.2 困難なタスク

困難なタスクとは、簡単ではない、あるいは単純ではない多くのステップを持つものを指します。さまざまなレベルの専門知識を必要としますが、一度やってしまえば、その作業は繰り返し可能なものになります。たとえばセカンダリデータベースサーバをプライマリに手動で昇格させるような場合です。いくつかのステップでは、後のタスクに必要な情報を収集する必要が生じ、ステップを単純なタスクにまとめるのはやや難しいでしょう。

データベースサーバの昇格を例にとると、いくつか意思決定が必要なポイントがあります。昇格させようとしているセカンダリデータベースサーバがプライマリと完全に同期していない場合、データベースを昇格するためのステップを変更する必要があるでしょう。適切なレベルの専門知識があれば、これらの困難なタスクを一連の単純なサブタスクに分割できます。こういったサブタスクの実行は、プロセスにおいて下した意思決定に基づいて行われることがほとんどです。たとえば、セカンダリデータベースサーバが同期されている場合はサブタスクXを開始し、同期されていない場合はサブタスクYを開始する、といった形です。

7.7.3.3　複雑なタスク

複雑なタスクには多くの変数が含まれ、それぞれの変数がほかの変数の効果に影響を与える可能性があります。データベースのチューニングは複雑なタスクの典型的な例です。

一般的なオプションを設定するだけでは、すばらしいパフォーマンスは期待できません。データベースのワークロード、サーバで利用可能なリソース、トラフィックパターン、スピードとリカバリー性のトレードオフなどを考慮しなければなりません。Stack Overflowを見たことがあれば、「まあ場合によるよね」と回答されている質問を見たことがあるでしょう。このシンプルなフレーズは、回答を得るためには専門知識や微妙な部分の理解が必要であることを示しています。複雑なタスクでは、タスクのさまざまな側面がどのように関連し、互いに影響し合うかを理解するために、高度な専門知識が必要となります。

7.7.4　タスクをランク付けする方法

私が長年かけて学んだことの1つに「専門家の呪い」というものがあります。これは、自分が知っていることは、タスクを実行する人も知っているだろうと思い込んでしまうことを指します。タスクをランク付けする際に心にとどめておくべき重要なことは、タスクの複雑さは、専門家としての観点からではなく、タスクを実行する人の観点から考えるべきだということです。

これはやっかいなことで、部門を超えた協力が必要になるでしょう。ソフトウェアのデプロイの手順を書くとしたら、対象者によってどこまで詳細に書くかを変える必要があります。似たようなコードをデプロイした経験のある運用グループ向けの手順と、その環境の背景を把握していない人向けの手順では必要となる詳細さが異なります。同様に、データベースをリストアするタスクを実装する場合、タスクを実装する側の視点での複雑さと、実行する側の複雑さは異なります。

タスクの複雑さのレベルを理解することで、安全性の観点からタスクを実行するためのアプローチ方法を考えることができます。タスクの複雑さと、そのタスクで失敗してしまった時の潜在的な悪影響は直接対応しません。たとえばケーキを作る場合、「オーブンを170度に予熱する」という作業は単純な作業だと思うでしょう。しかし、誤ってオーブンを270度に設定してしまうと、結果的に悲惨なことになってしまいます（前述したように私は料理が下手で、これは正しくないかもしれませんが）。

自動化するためにタスクを評価するとき、あなたは即座にタスクの複雑さに基づいて自動化できるかどうかを判断しようとするでしょう。しかし複雑なタスクであったとしても、失敗してしまったときのリスクが低い場合は、そのタスクを怖がらずに引き受けましょう。自動処理の結果が低リスクであれば、試行錯誤を通じてタスクの複雑さを学ぶことはそれほど悪いことではありません。意図しないインストールを考えてみましょう。最悪の場合、インストールをやり直す必要があるでしょう。一見すると複雑に見えるこの作業に取り組むことは、ほとんどリスクを伴いません。時間をかけて何度も繰り返すことで、適切なプロセスを得ることができます。しかしデータベース内のデータを削除するタスクの自動化は、はるかに高い確実性が求められます。

オペレーターに対して、万が一ミスをしても悲惨な結果にならないように、さまざまなレベルの安全性がタスクに組み込まれていることを理解してもらったうえでタスクを実行できるようにしましょう。もし私があなたに複雑なタスクを依頼したとしても、間違った場合にはエラーメッセージが表示され、もう一度やり直すことができると言われたら、あなたの不安は和らぐはずです。しかし同じタスクでも、コマンドを間違えるとシステム全体が停止する可能性があると言われたらどのくらい不安になるでしょうか。このようにシステムが安全かどうかによってユーザーの不安は大きく変化します。だからタスク作成時に安全性のレベルを考慮する必要があるのです。

ランク付けするのはタスクか、それとも問題全体か？

タスクを自動化しようとするとき、個々のタスクの複雑さをランク付けすべきか、それとも問題全体の複雑さをランク付けすべきか、迷うことがあるでしょう。たとえば鶏肉を調理するというタスクをランク付けするのでしょうか？　それとも「鶏肉を調理する」という問題の全体を解決する4つの個別タスクをランク付けするのでしょうか？

私なら、個々のタスクをランク付けすることに集中します。一般的に、問題をランク付けすると、その中で最も複雑なタスクに基づいて分類されてしまうからです。たとえば4つのタスクがある問題で3つのタスクが単純であっても、最後のタスクを複雑であると判断した場合、問題全体が複雑であると判断されてしまいます。

7.7.5 単純なタスクの自動化

単純なタスクの自動化は、プロセスやシステムに安全性を導入するためのスタート地点として最適です。単純なタスクは一般的に整然としており、スクリプティング言語にコード化するのも簡単です。タスクの自動化を初めて試みる場合は、常に小さくて単純な作業から始めることをお勧めします。また、頻繁に実行されるタスクに焦点を当てましょう。そうすることで、自動化に対するフィードバックを継続的に得ることができます。初めての自動化を四半期に一度しか実行されないタスクに対して行うのでは、プロセスを学び、微調整する機会があまりありません。

最もシンプルなスタート方法は、小さな目標に焦点を当て、それを少しずつ積み重ねていくことです。最初から自動化の最終的なビジョンを目指してしまうと、すぐに潜在的な問題や障壁に圧倒されてしまう可能性があります。小さな目標であれば、複数のステップからなるタスクを1つのコマンドラインユーティリティで実行するだけで済むかもしれません。冒頭のグロリアの話に戻り、たとえば彼女のプロセスが次のようなものだとします。

1. 失敗した状態の注文のリストを取得する。
2. そのリストが、失敗した注文と決済代行会社によってキャンセルされた注文を合わせたものであることを確認する。
3. それらの注文を新しい状態に更新する。
4. それらの注文が新しい状態に移行したことを確認する。
5. ユーザーに結果を表示する。

これらのステップは簡単でわかりやすいように見えますが、どこかのステップで失敗すると問題が発生する可能性があります。ステップ1でオペレーターが間違ったSQLコマンドを発行してしまったら何が起こるでしょうか？ オペレーターが間違った注文を新しい状態に更新したらどうなるでしょうか？ これらのステップは、自動化の最初の試みとしてシンプルなシェルスクリプトに簡単にコード化できます。update-orders.shと名付けた次のコードを見てみましょう。

```
#!/bin/bash
echo "INFO: 失敗した注文を取得します"
psql -c 'select * from orders
   where state = "failed"
   and payment_state = "cancelled"'                          ❶
echo "INFO: 注文を更新します"
psql -c 'update orders set state = "cancelled"
    where order_id in
      (SELECT order_id from orders
          where state = "failed"
          and payment_state = "cancelled")'                  ❷
echo "注文が更新されました。失敗した注文は残っていないはずです"
psql -c 'select count(*) from orders
    where state = "failed"
    and payment_state = "cancelled"'                         ❸
```

❶ 現在失敗した状態の注文が何件あるかを表示し、それらを列挙する。
❷ 失敗した状態の注文を更新する。
❸ 失敗した状態の注文が残っていないことをユーザーに示す。

これは信じられないほどシンプルに見えますが、オペレーターが安心して実行できるレベルの一貫性が得られます。また、再現性もあります。誰かがこのプロセスを実行するたびに、その手順と結果に自信を持つことができます。このような単純なタスクであっても、先に説明した5つのステップを手動で実行するよりも、update-orders.shを実行するだけの方が簡単で望ましいです。

賢明な読者は「これらのステップが失敗していないことをどうやって知るのか？」と疑問に思うでしょう。それは最もな疑問ですが、もし手動で実行しているときにステップが失敗したらどうでしょうか？ おそらくオペレーターに作業を停止してもらい、何かしらトラブルシュートするでしょう。自動化された処理でも同じように、各ステップの後に続行するかどうかをユーザーに確認できます。

修正したスクリプトを次に示します。少し長くなりましたが、オペレーターがそれまで実行したコマンド出力に1つでも正しくないものを見つけた場合に、スクリプトの主要な部分で終了する機会を与えています。繰り返しになりますが、目的はハッカソンコンテストで優勝することではなく、自動化を開始することに焦点を当てているという点を忘れないでください。

```
#!/bin/bash
echo "INFO: 失敗した注文を取得します"
psql -c 'select * from orders
   where state = "failed"
   and payment_state = "cancelled"'
response=""
while [ $response != "Y" || $response != "N" ]; do
     echo "表示された注文のリストは正しいでしょうか？ (Y or N)"
     read response                                            ❶
done
if [ $response == 'Y' ]; then
    echo "INFO: 注文を更新します"
    psql -c 'update orders set state = "cancelled"
             where order_id in
                (SELECT order_id from orders where state = "failed"
                and payment_state = "cancelled")'
    echo "注文が更新されました。失敗した注文は残っていないはずです"
    psql -c 'select count(*) from orders
        where state = "failed"
        and payment_state = "cancelled"'
else
    echo "コマンドを中断します"
    exit 1
fi
```

❶ ここでユーザーに対して、行われているアクションの状況を伝え、中止する機会を与える。

より高度なスクリプトでは、エラー処理を追加してエラーから回復しようとするでしょう。しかし、初めての自動化であればここに示したスクリプトのようなもので十分です。オペレーターが手作業で行う場合よりも一貫性を持って操作でき、スクリプトの実行が予測可能になるので、オペレーターに安全性を提供します。メッセージは一貫しており、ログオフするまでの時間も一貫しており、実行の順番も一貫しています。

エラーが起きうる場所がわかってくると、より多くのエラー処理を導入し、ユーザーへの確認を減らすことができます。たとえばbroadcastmessage.shというスクリプトがあったとして、それがこれまで500回失敗することなく実行できているのであれば、さらにエラー処理を追加することはあまり価値がないでしょう。重要なのは、自動ソフトウェアがどんなに洗練されていても、完成だと思わないことです。より良く、より強固に、よりユーザーに依存せず、そしてより一般的に役立つものにするために反復し続けましょう。今回の自動化における次のステップは、次のようなものです。

- 全体の開始時間と停止時間を記録する。
- 何件のレコードが更新されたかを監査システムに記録する。
- 失敗した注文の金額を会計上の目的で記録する。

タスク自体とそれがどのような結果になり得るかがわかってきたら、自動処理を改善し続けましょう。完璧を極めることを目的とはしないでください。自分が自信を持っているステップを自動化し、タスクの専門知識が増えるに従って、自動処理を進化させていきましょう。環境やプロセスは常に変化していくものですので、継続的なメンテナンスが必要です。

7.7.6 困難なタスクの自動化

単純なタスクは自動化の道筋が単純なので簡単に始めることができます。しかし困難なタスクでは、ある場所から情報を取得して、それを別の処理への入力とする必要がある場合が多いため、少し面倒になります。このようなタスクでは、実行時にならないとわからない情報があり、レスポンスや入力値をどう決めるかが通常より難しいですが、これらのレスポンスの値が取りうる範囲は把握できます。

たとえばクラウドインフラを使って運用している場合、サービスの再起動といった単純な作業が困難になる場合があります。クラウド上のシステムは動的に変化する性質を持っており、再起動が必要なサービスのサーバがあらかじめわからない場合があります。1台の場合もあれば、100台の場合もあるでしょう。再起動を自動化するためには、何を再起動するべきかを明確にしなければなりません。

これは、時間をかけて開発と反復を繰り返すことが、安全性を確保しながらチームを前進させるために有益なアプローチであることを示すもう一つの例です。まずは再起動を行うサーバの特定は人が行い、スクリプトには再起動するIPアドレスのリストを入力するだけにしておきます。自動化に慣れてきたら、スクリプトでクラウドプロバイダのAPIに問い合わせてIPアドレスのリストを探すようにできます。

困難なタスクを自動化する際には、基本的なアプローチでタスクを処理することが大切です。自動化に関しては、実行時の安全性を常に念頭に置いて設計する必要があります。ステップを間違えることによるマイナスの影響や結果と、ステップの成功のしやすさ、という2つの領域を評価する必要があります。

たとえば、あるプロセスにおいて前回最後に成功していると確認された所からそのプロセスを再開することを検討しているとします。プロセスを再開すると、指定した位置からデータの処理を開始します。再開する位置を間違えると、前回成功した所から離れた場所から再開してしまって処理するべきデータをスキップしてしまったり、すでに前回処理したデータを重複して再処理してしまったりすることになります。このステップを間違えた場合の結果は**重大である**と評価するでしょう。そのため処理を再開するべきシーケンス番号をきちんと取得する必要があります。運が良ければ、シーケンス番号を知ることができるシステムコマンドがあるかもしれません。図7-4では、シーケンス番号を簡単に取得できる場合を示しています。

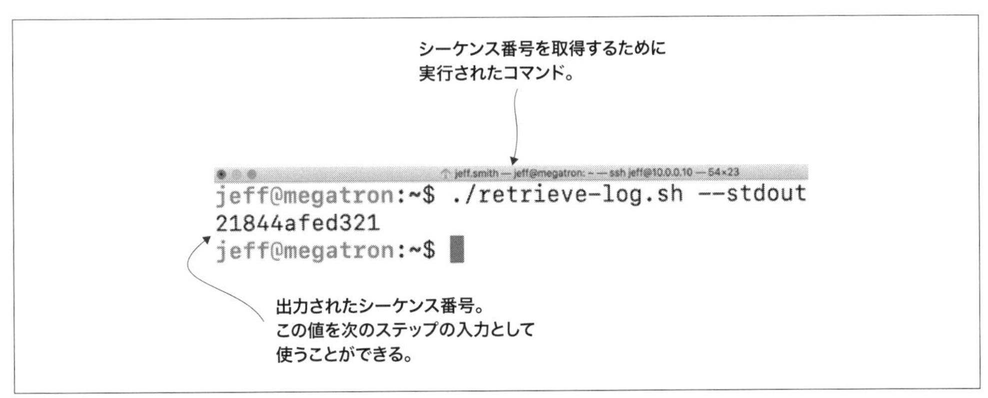

図7-4　シーケンス取得スクリプトの出力

このように取得できるのであれば、間違いを起こす可能性は低いでしょう。こう言った場合には全体を自動化するのに適した候補のように見えます。しかし、もしこの出力がさまざまな出力の中に埋もれてしまっていて、難解な正規表現によるマッチングが必要だとしたら、自動化のタスクの難易度を中と判断するかもしれません。タスクの正確さが中程度であることと、このタスクを間違えた場合に重大な結果が引き起こされることが重なると、このタスクを自動化することはハードルが高いと感じるでしょう。その場合オペレーターに手動でシーケンス番号を取得してもらい、その値を次の自動化タスクに入力する方が良いと判断するかもしれません。

自動化レベルの見込みを特定するためのプロセスは次の通りです。

1. 困難なタスクを一連のシンプルなタスクに分割する。
2. それぞれのシンプルなタスクを評価して、そのタスクを間違えた場合の悪影響を理解し、1から10でランク付けをする。
3. 自動化やスクリプトを使ってそのタスクを確実に実行することの難しさをランク付けする。正確な結果を得ることができる自信の度合いを1から10でランク付けをする。
4. これらの2つを軸とした図に各タスクをプロットして、全体的な難易度を評価する。
5. タスクがどこにプロットされるかに基づいて、そのタスクを手動で実行するか、自動化するかを決定する。

あるタスクに特定のリスクがあるかどうかをすぐに直感できる場合は、このステップはやり過ぎです。しかし、これから自動化を始めようとしている人にとっては、自動化をどのように進めていくかのガイドラインになります。慣れてくるまでは、**図7-5**を使ってタスクをプロットしてみましょう。単純なタスクがどの象限に入っているかを確認することは、自動化の難しさや簡単さ、使

用すべき自動化の種類を決定するのに役立つはずです。

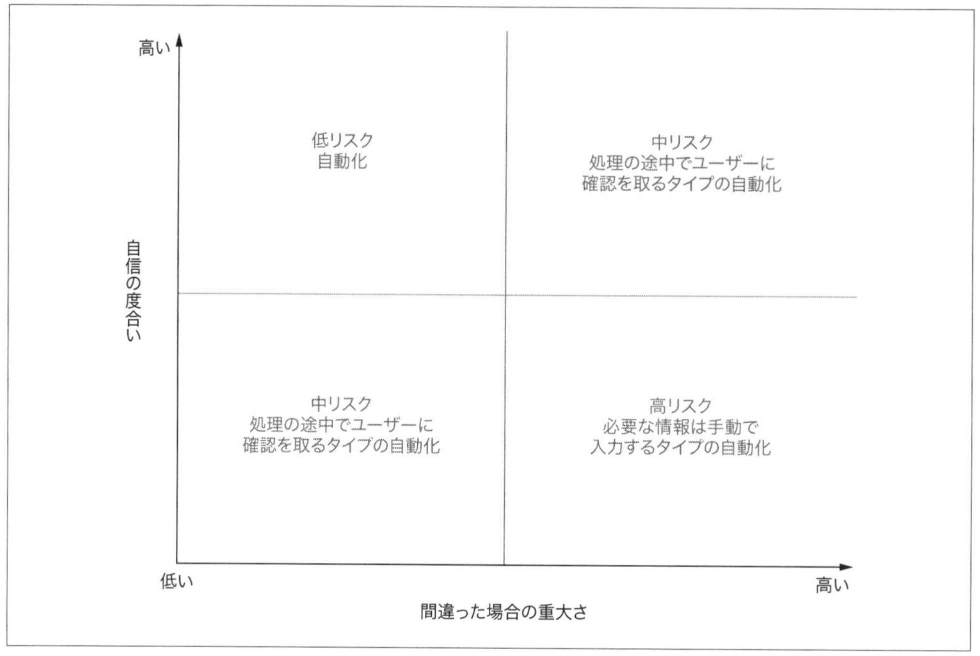

図7-5　自動化に伴うリスクをプロット

7.7.7　複雑なタスクの自動化

複雑なタスクを自動化することは簡単なことではありません。自動システムを構築するためには経験豊富なチームが必要です。複雑なタスクの自動化は可能ですが、この話は本書の後半でほかのいくつかのトピックを終えた後にすることにします。チームの規模や経験によっては、一部の人だけが特定のタスクの権限を持つような、知識のサイロ化につながる可能性があります。

7.8　本章のまとめ

- 運用の自動化はシステムの機能の1つであり、設計プロセスのできるだけ早い段階で検討する必要があります。
- 自動化を優先することは、自分たちの作業を検討する時だけでなく、利用するツールを選定する時にも考慮に入れましょう。
- タスクの複雑さを検証し、その複雑さの応じた自動化アプローチを選択することで、自動化の良い候補を見つけましょう。
- スキルセットのギャップを解消するために、組織内のほかの部署を活用しましょう。

8章
業務時間外のデプロイ

本章の内容

- リリースサイクルの長期化と、それがデプロイの信頼性に与える影響
- デプロイの自動化技術
- デプロイアーティファクトの価値
- 未完成のコードをリリースするための機能フラグ

デプロイは時に大きくて怖いイベントです。そのためデプロイにまつわる儀式のようなものが正当化されていることもあります。しかしデプロイがおおごとになっているのは、デプロイ戦略に何か深刻な問題があることを示している場合が多いです。**業務時間外のデプロイ**は、組織を守るためとして正当化されがちなアンチパターンです。このパターンを採用しても問題の根本解決にはならず、単なる対症療法にしかなりません。普段のデプロイのためにわざわざカレンダーの招待が送られてくるなら、それはデプロイが大きなイベントになっていることを示しています。しかし、もっと良い方法があります。

8.1　苦労話

パトリックは、ファンコ社でプロダクト組織を運営しています。ある日、営業部のジャヒームから彼に電話がかかってきました。ジャヒームは大手のクアンティシス社との商談を進めていました。彼はついにクアンティシス社の経営チームの前でソフトウェアのデモを行う機会を得て、彼らはこのソフトウェアを気に入ってくれました。

しかし夢のような話には裏がありました。このソフトウェアは、クアンティシス社の現在の課金システムと連携する必要があったのです。ジャヒームは、開発チームが取り組んでいる機能の中で課金システムとの連携が上位にあることを知っていました。彼はクアンティシス社が必要としている連携機能が優先されて迅速に実装できれば、契約を有利に進めることができるのではないかと期

待していました。

ジャヒームの話を聞いて、パトリックもこれは非常に大きなチャンスだと同意しました。このような大口顧客を獲得するために、優先順位の変更は可能でした。しかし、そこには1つ問題がありました。たとえ2週間後に機能が完成したとしても、このプロダクトは四半期ごとのリリースサイクルで動いていたのです。今は2月で、次のリリースは4月中旬の予定です。パトリックは開発チームと協力して、この機能だけをターゲットにしたリリースができないかと考えました。しかし残念ながら、コードベースにはすでに多数のコミットがあり、安全性を確保しながらその機能だけをリリースすることは困難でした。

ジャヒームは4月になると顧客に伝えましたが、顧客はソフトウェアを決定するのにそんなに長くは待てません。仮に4月まで待ったとしても、その機能は新しくリリースされたばかりなので、バグや納期の遅れ、互換性の問題に悩まされる可能性があります。顧客は別のソリューションを選択し、ジャヒームは大きな契約を結び損ね、ファンコは収益に大きく貢献するはずだったものを失いました。

技術的な運用が、潜在的な収益や販売機会に直結することがあります。ソフトウェアのビジネスを考えると、新機能は基本的に在庫のようなものです。ソフトウェア以外のビジネスでは、企業は在庫を扱います。在庫が保管されている間は、企業は収益を得ることはできません。企業は在庫を手に入れ、保管し、追跡するためにお金を払わなければなりません。

また在庫は潜在的なリスクでもあります。もし余剰在庫が売れなかったら？　その在庫は時間の経過とともに価値を失うものでしょうか？　たとえば倉庫に、今シーズン最もホットなクリスマスプレゼントの在庫があるとします。その在庫を今シーズンに売らなければ、来シーズンには子どもたちの想像力をかきたてる新しいおもちゃが登場してしまい、今シーズンと同じ価格で売れる可能性はほとんどありません。

これと同じことが、ソフトウェアの機能についても言えます。ソフトウェアの機能を実現するためには、開発者が時間とエネルギーを費やす必要があります。このような開発者の時間は、労働時間だけでなく、機会損失という形でもコストがかかります。ある機能に集中している開発者は、別の機能の開発に取り組むことはできないからです。これは**機会費用**と呼ばれます。

しかし、機能は完成した時点ですぐに価値を生み出し始めるわけではありません。すべてのユーザーであれ、特定の一部のユーザーだけであれ、ユーザーに機能がデプロイされ、リリースされて初めて企業にとっての価値を生み出し始めるのです。もし新機能を迅速に顧客に提供できなければ、それは企業にとっては価値とはなりません。使われずに保管される期間が長ければ長いほど、ソフトウェアは無駄となるだけでなく、本来対象としていた市場を逃してしまう可能性が高くなります。

たとえば、私のソフトウェアにGoogleリーダーとの連携機能があって、それは顧客が望んでいた機能だとします。この機能がきっかけで製品を購入してもらえる可能性もあります。しかし、リリースサイクルの問題で1月に機能が完成していたとしても、4月にならないとリリースできないとしたら問題です。そんな中Googleが7月上旬にGoogleリーダーのサービスを終了すると発表しました。

こうした話に対しては、「開発チームは未来を予測はできない！」という反応がよく見られます。Googleリーダーの終了は、開発チームの手に負えない不測の事態だと多くの人が感じるでしょう。たしかにその通りですが、今回の場合はその機能が価値を提供できる時間がリリースサイクルによって短くなっています。もしチームの準備ができた時点でその機能をリリースできていたら、その機能によって顧客を引き付けるために7ヵ月の時間があったはずです。しかし、実際にはその機能が完全に無意味になるまで、わずか3ヵ月しか提供できませんでした。

この例に対しては「Xではどうなんだ？　Yだったらどうだった？」とさまざまに問うこともできます。たとえば機能のアイデアがそもそも良いものだったかどうかの議論も可能ですが、それは問題ではありません。重要なのは、その機能が完成していたにもかかわらず、実質的に手遅れになるまで価値を提供できなかったという点です。コードの価値を無駄にしてしまうというビジネス上のリスク以外にも、遅いリリースプロセスは次のような悪影響を及ぼします。

リリースの詰め込み

リリースプロセスがあまりにも苦痛となり、チームは定期的にリリースすることを避けるようになります。これにより、リリースの規模がどんどん大きくなり、リリースのリスクが高くなります。

大急ぎの機能

リリースが大きくなるということは、リリースの頻度が低くなるということです。チームは、次のリリースサイクルに間に合わせるために、機能を大急ぎでリリースに含める可能性があります。

重厚な変更管理プロセス

リリースが大きくなるとリスクも大きくなります。リスクが大きくなると失敗の影響も大きくなります。失敗の影響が大きくなると承認や変更管理の層を増やしてプロセスが厳しくなります。

本章ではデプロイプロセスに焦点を当て、チーム内のデプロイに対する恐怖心やリスクを軽減するための方法を紹介します。DevOpsの多くの事柄と同様に、重要な解決策の1つは、プロセスを可能な限り自動化することです。

8.2　デプロイのレイヤ

デプロイについて考えるとき、私はレイヤで考えることにしています。デプロイには複数のパーツがあり、その観点で見ると、デプロイやロールバックを少しでも簡単にするための場所が複数あることがわかります。

多くの組織、特に大規模な組織では、さまざまな種類のデプロイが行われているように見えます。しかし、これらはすべて同じデプロイの一部なのです！ コードをデプロイしても、データベースの変更が適用されていなければ意味がありません。図8-1に示すように、デプロイはレイヤで表現できます。

- **機能デプロイ**は、アプリケーション全体で新機能を有効にするプロセスです。
- **フリートデプロイ**とは複数のサーバにアーティファクトをデプロイするプロセスです。
- **アーティファクトデプロイ**とは1台のサーバに新しいコードをインストールするプロセスです。
- **データベースデプロイ**は、新しいコードのデプロイの一環としてデータベースに必要な変更を行うプロセスです。

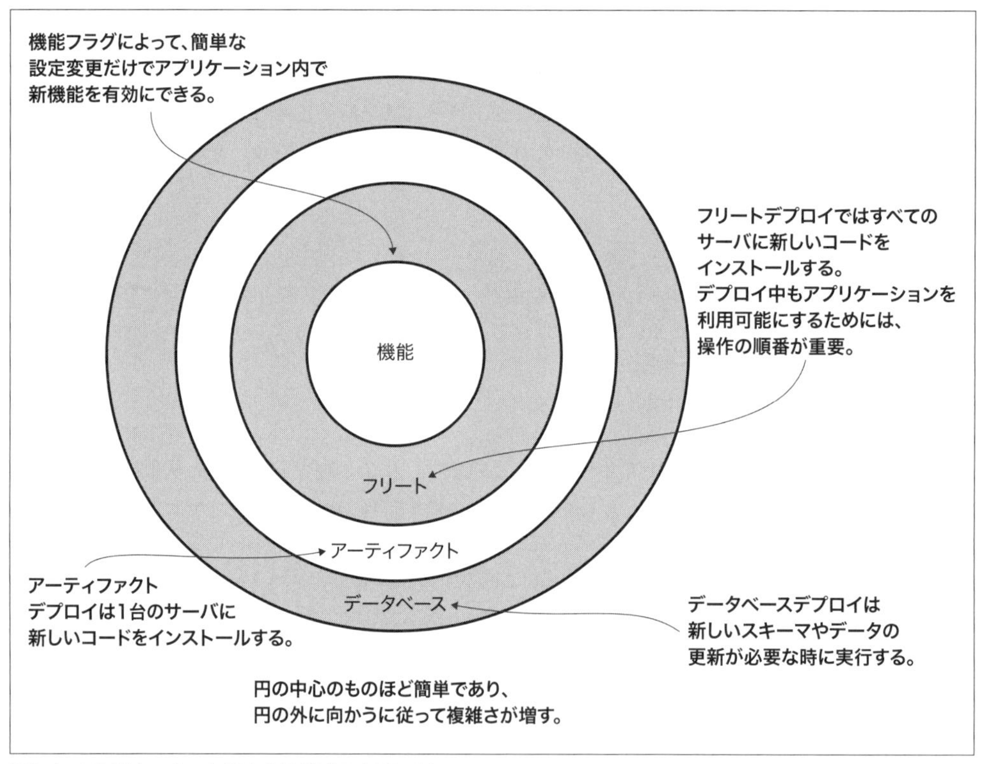

図8-1 アプリケーションにおけるデプロイのレイヤ

このようにデプロイをレイヤに分けて考えることは重要です。なぜなら多くの場合デプロイプロセスではこれらが混在しているからです。もしある1つの機能だけをロールバックすることができないのだとしたら、それは機能のデプロイやロールバックが、アーティファクトやフリートのデプロイやロールバックに混ざってしまっていることを示しています。このようにデプロイをレイヤに分けて考えないと、リリースプロセスで多くのチームにまたがった調整が必要になってしまいます。

それぞれのデプロイを全体の一部であると考える際に、私はデータストアのデプロイをまず最初に検討します。これは、データベースの機密性が高いことと、共有インフラであることが理由です。プール内のすべてのアプリケーションサーバが同じデータベースを使用するため、そのデプロイがうまくいくかどうかは最も重要です。また新しいバージョンのコードが、事前にデータベースが変更されていることに依存している場合もあります。新しいコードがあるテーブルを期待しているのに、そのテーブルがまだ存在していない場合を想像してみてください。

2つ目にアーティファクトのデプロイがあります。アーティファクトのデプロイでは、稼働中のサーバに新しいコードを配置します。アーティファクトのデプロイでは、ほかのノードとの調整や、エンドユーザートラフィックをグレースフルに処理するといったことは行いません。主な目的は新しいコードをサーバに取り込むことです。

3つ目はフリートのデプロイです。ここでは、ターゲットとなるサーバのフリート全体にアーティファクトをデプロイします。このレイヤでは、ユーザートラフィックやロードバランサのルーティングなどを考慮する必要があります。このレイヤでは、ユーザーにサービスを提供し続けるために十分な余力を確保する必要があるため、多くのサーバ間の調整が必要になります。

最後は機能のデプロイです。機能のデプロイとコードのデプロイは同じものだと思われがちですが、前述したように少し意味合いが異なります。ある機能が、それを提供するコードがデプロイされるのと同時にユーザーにデプロイされるとは限りません。機能フラグに隠されている機能は、コードのデプロイが機能の有効化より先に起こるため、この2つのデプロイを分けて考えることができます（機能を含むコードのデプロイが先でなければ有効にできませんが）。機能のデプロイをアーティファクトのデプロイとは分けて考えると、機能をロールバックする場合に必ずしもその機能を提供するコードもロールバックする必要はないということになります。

デプロイとロールバックのプロセスは、このようにデプロイにはレイヤがあるという文脈で考えるべきです。そうすることで、障害やそこからの復旧作業を一部に隔離でき、必ずしもすべての復旧作業でフリート全体をロールバックする必要がなくなります。ときにはより局所的な解決策も存在するためです。この点については本章の後半で説明します。

IOTechのデプロイ：デプロイへのアプローチ

IOTech社という架空の会社では、監視ソフトウェアを開発しています。マーカスは新機能に取り組んでいます。この機能は数週間かけて公開される予定です。このプロジェクトはパフォーマンスに大きな悪影響を与える可能性がありますが、残念ながら本番環境のデータの性質上、ステージング環境で本番環境と同等の処理を再現することは非常に困難です。そのためマーカスはデプロイをどう行うかを慎重に考える必要があります。
まず、いくつかのデータベースの変更が必要になります。そのため、データベーススキーマが、異なるバージョンのコードで動作するようにするだけでなく、データベース層をロールバックしてもデータの整合性が維持されるように、コードの構造を考える必要があります。パフォーマンスに影響を与える可能性があるため、アプリケーション全体をロールバックすることなく、彼の行う変更だけをロールバックできるようにしたいと考えています。そのためには、全体をロールバックせずに、新しい機能をオン・オフできる機能が必要です。

8.3 デプロイを日常的に行う

デプロイプロセスとは、コードを顧客が使用できる状態にするために必要な手順を明確にしたものです。これには、コードを開発環境やステージング環境から、顧客が使用する本番サーバに移すことが含まれます。またコードとデータベーススキーマが適合するように行われるデータベースレベルの操作も含まれます。

ここまではコードとそれが提供する機能を同一のものとして説明してきました。新しいコードをデプロイすることと、新しい機能をデプロイすることは同じという考え方です。しかし本章とこれ以降の章では、新しいコードの提供と新しい機能の提供は切り離すことができると私は主張していきます。データベーススキーマの変更も同様に、一度に大々的に行うのではなく、段階的に行うことができます。

デプロイを日常的なものにする1つの方法は、本番より前に別の環境で実際にやってみることです。その環境を本番に近付ければ近付けるほど、より良く、より快適になります。そのため、まずは本番前の環境について考えることから始めましょう。

8.3.1 正確な本番前環境

本番前の環境が正確であることは、プロセス全体のステップに信頼性を持たせるための鍵となります。まず私が考える**本番前環境**の定義を述べておきます。本番環境以外のすべてのアプリケーション環境は本番前環境です。

すべての本番前環境が同じように作られるわけではありません。ノードが非常に小さく、データベースには本番データの一部しか登録されていないような本番前環境もあるでしょう。しかし、環境を構成する方法は同じに保ち、違いとしてはパフォーマンスに特化したチューニングを施さないといった程度にとどめるべきです。本番環境と本番前環境では、データベースサーバの規模が大きく異なるため、データベース接続スレッドの数などが異なる可能性があります。本番環境でApache httpd 2.4.3を使用しているのであれば、本番前環境でも同じものを使用する必要があります。また本番環境のすべてのトラフィックでTLS（Transport Layer Security）を必須にしているのであれば、本番前環境でもすべてのトラフィックをTLSベースにする必要があります。

本番環境を模倣しているという確信があればあるほど、デプロイプロセスを信頼できます。残念ながらステージング環境はコスト削減の対象になりがちです。本番環境全体を再現するには莫大な費用がかかるため、「最低限の構成で、なおかつ価値を得るにはどうしたら良いか？」と考えてしまいがちです。このようにして、ステージング環境はハードウェアのパフォーマンスが低いだけでなく、構成も本番環境とは異なるものになってしまいます。

ステージング環境は、本番環境のインフラを縮小したものになる場合もあります。本番環境に8台または9台のアプリケーションサーバがあるとすると、ステージング環境ではこれらのサービスが1台のサーバに集約され、8つまたは9つのアプリケーションプロセスを実行するといった形です。何もないよりはましですが、これでは本番環境の実態をまったく反映していません。

フォーカスするべきは**アーキテクチャ的に**同じ環境を実現することです。サーバの規模や数が異なっていても、サービスを提供するパターンは本番前の環境で再現されるべきです。開発プロセス中の本番へのデプロイに近いフェーズになればなるほど、これらの環境はより本番環境に似たものになるべきです。

些細な環境の違いは、すぐに積み重なってしまいます。1台しかサーバがない環境でローリングデプロイをどのようにテストするのでしょうか？　開発者が、異なるサーバプロセスが同じ物理マシン上で動作すると誤って思い込んでおり、それぞれのサーバプロセスからローカルホストの同じファイルにアクセスするコードを書いていたらどうしますか？　たとえば、Webリクエストを処理するアプリケーションサーバと、バックグラウンド処理を行うサーバの2つのサーバがあるとします。開発の過程で、誰かがアプリケーションサーバとバックグラウンド処理サーバの両方からアクセスできる必要のあるファイルを作成するというミスを犯してしまいます。開発中はすべてのプロセスが開発者のワークステーションに存在するため、このコードは問題なく動作します。その後ステージング環境に移行しますが、ここでも同じ物理マシン上に異なるアプリケーションプロセスが存在していたとします。最後に本番環境に移ると突然すべてがうまく行かなくなります。なぜならアプリケーションサーバはそのファイルにアクセスできますが、バックグラウンド処理サーバは別の物理ホストで動いているためそのファイルにアクセスできないからです！

別の例として、ネットワークの境界に関するものがあります。たとえば通常はデータベースサーバに接続しないプロセスがあるとして、新機能でこれまでとは異なりデータベースサーバに接続する必要が出たとします。この場合もローカルの開発環境では問題なく動作します。またステージング環境でも、すべてのアプリケーションコンポーネントが同じマシン上にあるので問題ありません。ネットワークやファイアウォールのルールに抵触することもありません。本番環境になって初めて、この環境の違いによる影響が判明します。この機能をデプロイすると突然、バックグラウンド処理ジョブがデータベースサーバに接続できずに開始に失敗し、皆が混乱するのです。

この問題を解決するには、ステージング環境のアーキテクチャやトポロジーをできるだけ本番環境に近づけることが重要です。本番環境にそれぞれ別のマシンで複数のアプリケーションサービスのインスタンスがある場合は、ホストの数やスペックの面での規模は小さくなるにしても、同じパターンをステージング環境でも複製する必要があります。こうすることで、アプリケーションが本番環境でどのように動作するかを、より正確に反映できます。

ここで「完全に」正確に反映するとは言わずに、「より」正確に反映すると言っている点に注意してください。本番環境とまったく同じスペックの環境を構築したとしても、本番環境を完全に模倣はできません。それを知っておくこともデプロイを日常的に行うための大きなポイントになります。

DockerとKubernetes：新しい技術、同じ問題

皆さんは、少なくともDockerとKubernetesの名前くらいは聞いたことがあるでしょう。**Docker**は、現在使用されている最も一般的なコンテナ技術です。しかし、それは「コンテナとは何か？」という疑問を引き起こします。**コンテナ**は、開発者がアプリケーションに必要なすべてのコンポーネントを1つのアーティファクト（コンテナ）にパッケージ化することを可能にします。コンテナの中には、アプリケーションの実行に必要なすべてのライブラリ・ファイル・アプリケーション・そのほかの依存関係が入っています。コンテナは、Linuxカーネルの2つの重要な機能であるcgroupsとnamespacesを使用しています。これらの機能により、1台のホストマシン上でコンテナをほかのコンテナから完全に分離できます。

コンテナは、ホストOSのカーネルを共有しているため、仮想マシンと比較してリソースの観点から非常に軽量です。これにより、仮想マシンを利用する時に発生するリソースの重複が大幅に解消されます。またコンテナの起動は仮想マシンに比べて速いため、大規模なデプロイだけでなく、ローカルの開発環境での利用にも適しています。

Kubernetesは、コンテナのデプロイ・設定・管理のためのツールです。もともとはGoogleが開発したもので、コンテナデプロイ管理ツールのリーダー的存在となっています。Kubernetes（**K8s**と呼ばれることもあります）には、コンテナをほかのサービスに公開する・コンテナ用のディスクボリュームを管理する・ログを記録する・コンテナ間で通信する・ネットワークアクセス制御を行うなど、本番環境でコンテナを管理する際に直面する多くの課題をサポートする機能があります。Kubernetesは**大規模**なソフトウェアであり、効果的に管理するにはかなりの労力が必要です。

このような技術は注目を集めており、私はその価値を否定するつもりはありません。これらの技術は非常に大きな変革をもたらすので、使わずにはいられません。ローカルの開発環境をコンテナを使って管理することで、多くの時間とエネルギーを節約できます。

問題が生じるのは、ローカルの開発環境からローカルではないテスト環境に移行した後です。開発者はDocker/Kubernetesのエコシステムを使って作業したいでしょうが、本番の運用チームは現在のやり方に革命的な変化を起こすことに消極的な場合があります。そうすると、ステージング環境が本番環境よりも技術的に優れているという、かなりおかしな状況が生

まれます。人によっては、この状況を受け入れる場合もあるでしょう。いまやアプリケーションは、履歴書に記載しやすい技術を使ってテストされているというわけです。しかし、こうなるとステージング環境で起こることと本番環境で起こることはほとんど似ても似つかないものになってしまいます。

これは、私がDockerやKubernetesに反対しているということではありません。私はこれら2つの技術の大ファンです。しかし、もしあなたがステージング環境でそれらを使用するのであれば、本番環境でも使用することを**強く**お勧めします。

まず第一に、ステージング環境でテストをきちんと行っているのであれば、その環境を運用している人から報告された困難な問題をすべて解決するでしょう。ステージングで問題を解決しておけば、本番環境でも最小限の労力で問題を解決できます。しかし皮肉なことに、ほとんどの人はデプロイを恐れて本番環境でDockerやKubernetesを使っていません。彼らはステージング環境でDocker/Kubernetesを動作させるために魔法のような呪文を唱え、それで満足してしまっているようです。もし壊れても、ただのステージングだから良い、と言うわけです。

そのような態度では、テストで検出できずに本番環境にリリースされてしまう問題が多く発生してしまいます。言うまでもなく、ソフトウェアがコンテナモードと仮想マシンモードの両方で機能することを保証しなければならないという認知的な負担が生じ、ライフサイクルに関するすべてのことを複数の方法で行うことになります。デプロイ・パッチ適用・構成管理・再起動のすべてが異なります。これらのすべてにおいて両方のプラットフォームのための対応が必要です。

DockerやKubernetesは、ローカル開発環境のためのすばらしいツールになります。しかし、それらが開発者のラップトップを離れて本番環境に適用するとなると、どういったパスになるのかを考慮する必要があります。本番環境で使用するためには、その環境のサポートに関わるすべての人からの賛同が必要になることがよくあります。自分でK8sを開発・管理・デプロイするのであればかまいません！　しかし、ほかのチームの支援が必要な場合は、本番環境でも使用できるよう早い段階で彼らの同意を得てください。

8.3.2 ステージング環境は本番環境とまったく同じにはならない

多くの組織では、ステージング環境を本番環境と同じように動作させることに多大なエネルギーと労力を費やしています。しかし、誰も口にしない真実として本番環境とステージング環境は**決して**同じになることはない、というものがあります。ステージング環境に欠けている最大の要素はシステムで最も問題を起こすことが多い要素、つまりユーザーと並行実行性です。

ユーザーは気難しい生き物です。ユーザーはいつも、システム設計者が予想もしていなかったことをします。それは、予想外の方法で機能を使用することから、意図的に悪意のある行動をとることまで多岐にわたります。私は、ユーザーが自分のワークフローを自動化しようとして、人間とは思えないペースと頻度でまったく意味のない行動をとるのを見たことがあります。Wordドキュメントがアップロードされることを想定しているアプリケーションに大容量の動画ファイルをアップロードしようとするユーザーを見たこともあります。

ユーザーはいつもシステムで何かユニークでおもしろいことをしようとします。ステージング環境には実際のユーザーがいないので、テストされていない使われ方が多く存在するという点に備える必要があります。そのような使われ方に遭遇したら、リグレッションスイートにテストケースを追加しましょう。この発見・修復・検証のサイクルは、常に必要なものであると認識しましょう。現実と戦うのではなく、この現実に寄り添うことで、ステージング環境でのテストでも見つからない問題があると理解できます。

多くの企業は、ユーザーの活動を生成するために**合成トランザクション**を使用することで、この問題を解決しようとしています。

合成トランザクション（synthetic transactions）とは、ユーザーが通常行うであろう活動をシミュレートするために作成されたスクリプトやツールのことです。ユーザーの視点からアプリケーションを監視する方法や、必要な量のユーザートラフィックがないシステムでユーザーの活動をシミュレートする方法としてよく使用されます。

合成トランザクションは優れた選択肢であり、その環境を本番環境に近づけることを目指すものです。しかし、これがテストに関する悩みを解決する万能薬であると考えてはいけません。同じ問題は存在し続けます。エンドユーザーが行う可能性のあるすべてのことを想定できないからです。すべてのケースをとらえるために最善の努力をし、合成テストのリストに継続的に追加はできますが、それは常にユーザーとのいたちごっこになります。また、アプリケーションが完成することはめったになく、常に新しい機能をアプリケーションに追加し続け、それらの機能で想定しない使われ方をすることで常に新しいシナリオを追加する必要性に迫られるのです。私は合成トランザクションに労力を割く価値がないと言っているのではなく、単に限界があるという現実を認識するべきだと言いたいのです。

並行実行性もステージング環境でシミュレートすることが難しい問題です。**並行実行性**とは、システム上で複数のアクティビティが同時に実行されることを意味します。たとえば大規模なデータのインポートと同時にレポート生成処理が実行される場合があるでしょう。また何百人ものユーザーがダッシュボードにアクセスしようとすると、応答時間が秒単位で長くなってしまう場合もあります。

各アクティビティを個別にテストするという間違いを犯すことがよくあります。あるエンドポイントのパフォーマンスを1人のユーザーでテストするのと、数十人、数百人、数千人のユーザーが同じリソースを奪い合うのとでは、結果が大きく異なる可能性があります。リソースの競合・データベースのロック・セマフォへのアクセス・キャッシュの無効化率などが複合的に作用して、テストで確認したものとは異なるパフォーマンスの挙動になります。

ステージング環境では比較的速く動作していたデータベースクエリが、本番環境で同じクエリを実行したとたんに、データベースキャッシュを独占するほかのクエリと競合してしまったという経験は数え切れません。この場合、ステージング環境ではメモリから結果が得られていたクエリが、本番環境ではディスクアクセスが必要になります。ステージング環境では2ミリ秒で実行できていたクエリが本番環境では50ミリ秒かかるようになり、リソースの状況によってはシステム全体に波及するような影響を与えます。

合成トランザクションを実行したり、ステージング環境でも同じバックグラウンド処理や定期実行タスクなどをすべて実行することで、本番環境の並行実行性を模倣できますが、それでも完全にはシミュレートできません。ほかのサードパーティのシステムがやみくもにアプリケーションにアクセスしてくることは頻繁にあります。また、バックグラウンド処理が外部システムとのやりとりを行っていて、再現が難しい場合もあります（サードパーティとのやりとりを扱う方法については、**5章**を参照してください）。

最善の努力をしても、並行実行性のシミュレーションには、ユーザーのシミュレーションと同様のハードルがあります。プラットフォームが進化していく中で、常に戦い続けなければなりません。これは永遠に終わらない仕事です。このような現実にもかかわらず、この作業は価値のあるものです。しかし、「このようなことが二度と起こらないようにするにはどうすればよいか」という質問への回答は決して得られません。こういう質問をしてしまうのは、構築しているシステムの複雑さと、インシデントを引き起こす可能性のある無数にあるシナリオを理解していないために起こる症状です。次章のインシデントのポストモーテムの実施に関する節で、この質問とその有害さについて取り上げます。

多くの組織では、デプロイは大規模な取り組みです。何週間も前から連絡事項が送られ、スタッフは通知を受け、何か問題が発生した場合に備えて準備をします。また、システムにアクセスしようとする顧客の目を気にすることなく作業ができるように、リリースのためのメンテナンス期間を設けることもあります。時には、デプロイプロセスが何ページにもわたるMicrosoft Wordドキュメントで詳細に説明され、必要な手順がスクリーンショット付きで記載される場合もあります。運が良ければ、何か問題が発生した場合の手順も記載されているでしょうが、デプロイプロセスには多くの壊れる要因があるため、そのようなドキュメントが役に立つことはほとんどありません。

なぜデプロイプロセスはこんなにも壊れやすく、恐怖を感じるものなのでしょうか？　その要因を一言で言えば**ばらつき**です。

ソフトウェアやコンピュータを扱うとき、すべての作業において役に立つのが予測可能性です。システムがどのように振る舞うかを予測できれば、そのシステムにどんどんタスクを実行させることに大きな自信を持つことができます。予測可能性は自信を生み、自信はより速いサイクルにつながります。

自信はどこから来るのでしょうか？　第一には、プロセスがどれだけリハーサルされていると感じるかの度合いに由来します。たとえば、多くの企業がステージング環境を用意しているのは、テストのためだけではなく、本番前のリハーサルのためでもあります。舞台と同じように、繰り返し行うことで自信が生まれます。何度もリハーサルを重ねた劇団は、本番の舞台を模した仮の舞台で1回だけ練習した劇団よりも、はるかに安心して初日を迎えることができます。これは多くのシステムとその管理にも当てはまります。

8.4 頻繁に行うことで恐怖心を減らす

私はかつて飛行機に乗ることに恐怖を感じていました。飛行中に何が起こるか、いつも恐ろしい考えが頭の中を駆け巡っていました。飛行機がどちらかの方向に傾くと、それはパイロットが飛行機のコントロールを失い降下し始めたのだと思いました。乱気流も悪夢のようなものでした。空中2万フィートの高さにある金属製のチューブの中に座って、それが激しく揺れるのを感じるのは、私の考えるリラックスした旅とはまったく異なりました。

しかし時間が経つにつれ、私はどんどん飛行機に乗るようになりました。いつの間にか飛行機での旅や揺れが日常になっていました。乱気流は日常茶飯事です。離陸後、飛行機は正しい方向に向かうために傾く必要があります。すべてのフライトプランを熟知しているわけではありませんが、フライトのリズムは私にとって身近なものになりました。慣れは恐怖心を軽減します。

同様に、デプロイのプロセスに慣れると、デプロイへの恐怖感も軽減されます。頻繁にデプロイすることが良いことである理由はいくつもあります。

1つ目の理由は訓練になるからというものです。ある作業を頻繁に行えば行うほど、その作業が上手になります。たとえばパンケーキの注文を受けるたびに、調理法が変わっているのではないかと不安になっていては料理人は務まりません。デプロイを頻繁に行わないと、それぞれのデプロイが行われる状況の差異が大きくなります。今回のデプロイではデータベースの変更はあるのだろうか？　今回デプロイするメンバーは前回デプロイしたのと同じだろうか？　複数のアプリケーションが密に結合しているせいで、それらのアプリケーションを同時にデプロイする必要があるのだろうか？　その必要がある場合、前回と同じ組み合わせのアプリケーションをデプロイしようとしているだろうか？

ここに挙げたような選択肢だけを取ってみても、デプロイが行われる状況に差異が生じる要因は非常に多いとわかるでしょう。四半期に1回しかデプロイしない場合、チームの誰かがデプロイプロセスに触れる機会は年に4回しかありません（ステージング環境へのデプロイも考慮すれば、年に8回と言っても良いでしょう）。特にデプロイプロセスに多くの手作業が含まれている場合は、長い目で見れば機会が多くあるとは言えません。

デプロイの頻度が少ないと、訓練の機会が少ないという観点に加えて、各リリースに含まれる変更の数が膨大になる可能性があるという問題もあります。1つのリリースに多くの変更を盛り込めば盛り込むほど、何か問題が発生するリスクは大きくなります。これは人間が行うあらゆることに共通しています。変更が大きければ大きいほどリスクも大きくなります。つまりリリースのプロセスを遅らせれば遅らせるほど、変更の数が増えるだけでなく、リリースにまつわる恐怖も大きくなるということです。

恐怖心が貯水池のようなもので、測定できるものだと考えてみてください。リリースの間の時間が長くなればなるほど、恐怖心はこの貯水池に蓄積されていきます。リリースに含まれる変更の数が増えれば増えるほど、恐怖心は蓄積されます。またリリースに含まれる変更の種類によっても恐怖心が増すことがあります。Webサイトの画像を変更するというリリースと、データベーススキーマを5つ変更するリリースでは感じる恐怖はまったく異なります。

では、恐怖心を増大させる要因がこういったものだとすると、逆に恐怖心を和らげるものは何でしょうか？　それは先に挙げたものとは逆のものです。1回のリリースで変更されるコンポーネントの数が少なければ恐怖心は減ります。リリースが1つのシステム、そしてそのシステムの特定のコンポーネントに限定されていると知れば、そのリリースに対する恐怖心はかなり小さくなります。そういったリリースは、潜在的な影響がきちんと把握できるほど変更が小さいからです。また、リリース頻度も恐怖心を和らげる要因の1つです。リリースの頻度が高ければ高いほど、システムにより親近感を感じます。こうした小さなリリースが成功すると、リリースプロセス自体に自信が持てます。そうすると不安は解消されていきます。

デプロイに対する不安が続くとデプロイに対する抵抗が大きくなっていきます。その抵抗は主に、従来システムの稼働時間に責任を持ってきた運用チームから来ます。しかし、抵抗は組織内のどこからでも、特に経営陣から生じる可能性もあります。

自動化も恐怖心を軽減するのに役立ちます。自動化を進めれば進めるほど、プロセスの信頼性が高まります。恐怖心がある一定のレベルまで低くなると、デプロイにまつわる障壁が取り除かれていきます。「午後8時以降のみ」実行されていたデプロイが、時には日中にデプロイするようになり、さらには頻繁に日中にデプロイするようになり、そして「なぜ今すぐにデプロイしないのか？」と皆が思うようになります。

これらの関係をシステムダイアグラムの手法を用いて**図8-2**に記しました。この手法は今後の章でも使うつもりです。

図8-2の上部では、デプロイに対する恐怖心を測定すると、リリースに含まれる変更の数に応じて増加することを示しています。これは、「デプロイに対する恐怖」というバケツにつながります。このリスクを軽減する唯一の方法はデプロイを行うことです。しかし、すべてのデプロイには失敗のリスクがあります。デプロイが失敗すると、人々のデプロイに対する抵抗感が高まります。この抵抗感によってデプロイの回数が減少し、結果的に各デプロイに含まれる変更の数が増えることになります。これをシステム思考では**フィードバックループ**と呼んでいます。システムを守ろうとする行為そのものが、その原因となる状態につながっているのです。デプロイを遅くすることは、かえってデプロイを危険なものにする理由につながるのです。こういったシステムダイアグラムは本書の以後の章でも使っていきます。

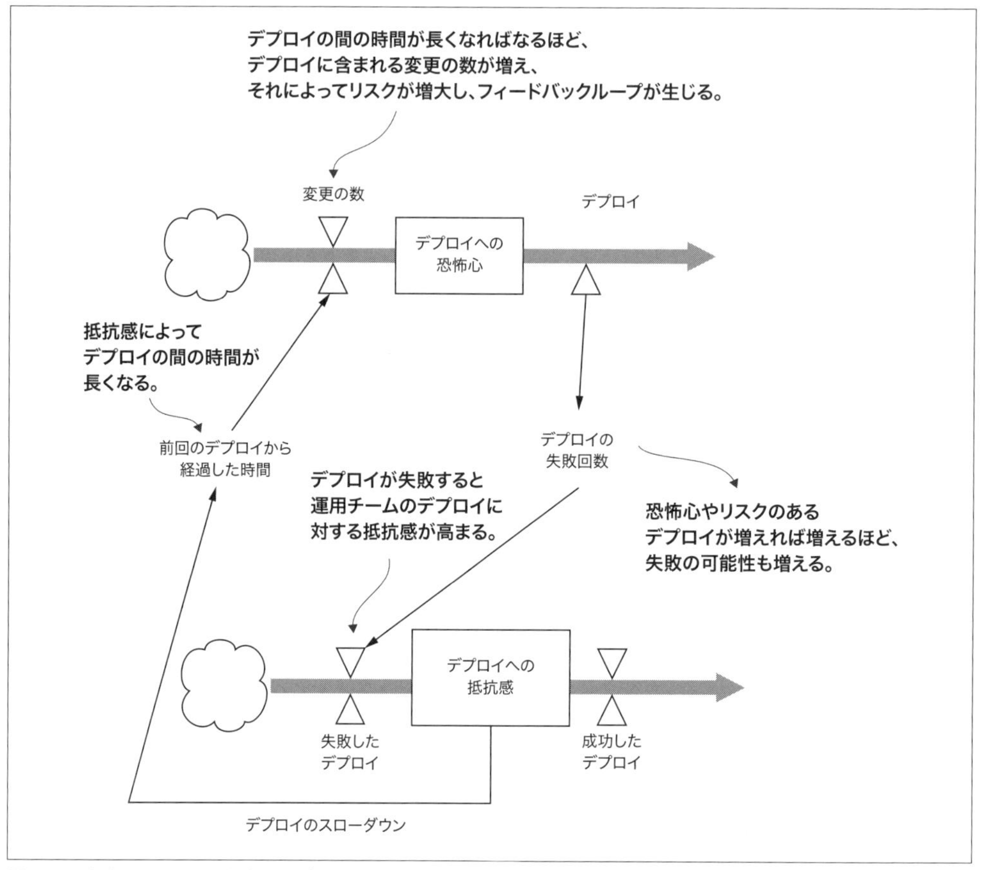

図8-2　デプロイの遅れや失敗がデプロイへの恐怖心に与える影響

IOTechのデプロイ：デプロイ頻度の切り替え

通常マーカスのアプリケーションは四半期に1回デプロイされます。しかし、彼の変更の影響が大きすぎるため、ほかの人たちの変更と一緒にリリースするというリスクを冒すことができません。ほかの変更が彼の変更に影響を与えているかどうかを知ることができないからです。

いくつかの交渉を経て、マーカスは今後2ヵ月間にわたって、2週間ごとに彼のコードを少しずつリリースする方法を見出しました。この頻度と変更の小ささによって，マーカスは現在の本番環境に対するリスクを最小限に抑えながら，迅速に反復できると自信を持ちました。しかし、この頻度でデプロイするには、運用チームがデプロイプロセスに対する恐怖心を克服できるように、彼が手助けする必要があります。

8.5 リスクを減らして恐怖心を減らす

デプロイの頻度を上げることの価値がわかったところで、そこから論理的に導かれる問題はどうやってそこに到達するかです。それは自動テストから始まります。パイプラインに、より多くの自動テストを取り入れることは、あらゆる種類の自動デプロイパイプラインの土台となるでしょう。

5章では、テストパイプラインの定義について詳しく説明しました。開発チームがユニットテストを多く作成していることを確認してください。もしテストがほとんどないのであれば、ハックデイを提案すると良いでしょう。そこではユニットテストを作ることに集中します。コードのさまざまな領域をそれぞれのチームに割り当て、1回のハックデイでX個のしっかりしたユニットテストを生成することを目標にすると良いでしょう。これを月に2、3回行えば、あっという間に優れたテスト群ができあがります。

次に必要なことは、テストを組織の文化の一部にすることです。テストケースのないマージリクエストは不完全なマージリクエストであるという考えを徹底させましょう。テストをコードレビュープロセスに含めたり、さらにはビルドパイプラインに含めましょう！

5章でリンターを使うことについて話したことを覚えていますか？　リンターを使うと、開発者のためのスタイルガイドラインをコード化できます。たとえば変数名にアンダースコアを使用したい場合は、それをリンターで定義できます。またリンターを使って特定の動作の確認もできます。リンターでテストがあることを確認もできます。リンターによってテストの品質を見分けることはできませんが、開発者にテストは組織における新しい文化的要件であるという考えに慣れてもらうために必要な最初のステップとなり、ある種の定性的なテストとなります。時間をかけてリンターをより強固にしていけば、さまざまなフォーマットやコード標準に従っているか確認できます。こうなれば、誰かが新しいコードに対するユニットテストのないビルドを実行しようとすると、テストスイートからマージリクエストの要件を満たしていないというフィードバックを得ることができます。小さく始めて、そこから改善していきましょう。

このアプローチに反発する人もいます。変化を恐れ、自動化ですべてを確認できるのかという疑問を抱く人もいるでしょう。このような会話に備えるためには、できるだけ率直に話すべきです。自動化ですべてを確認できるわけではありません。しかし、それは手動のテストも同様です。もし手動のテストですべてを確認できるのであれば、おそらくデプロイの頻度が低くても特に問題は起きないでしょう。

自動テストは、すべてのバグを発見できなければ何の価値もないという不公平な基準に暗黙的に縛られがちです。人々は表立ってそうは言いませんが、そういった考えに基づいて行動します。発見が難しいエッジケースのせいで、チームは自動化を停滞させてしまうのです。自動化は完璧でなければならない、と考えるのは誤った二分法であり、組織のあらゆるレベルでこの考え方と戦う必要があります。

自動テストは、テストするケースやシナリオを継続的に追加することで、継続的に価値を生み出し続けます。自動化によってリリースに関する不確実性を完全に取り除くことはできません。しかし、その不確実性をあなたや組織が許容できる範囲まで減らすことは可能です。デプロイの頻度を上げるには、テストの実行頻度を上げることから始めなければなりません。

8.6　デプロイプロセスの各レイヤでの失敗への対応

デプロイに対する恐怖は、デプロイに失敗した場合に変更を元に戻すのにかかる労力にも関係しています。システムを元の状態に戻すのが簡単だと知っていたために、広範なテストを行わずに本番のシステムに変更を加えてしまったことが何度あるか思い出してみてください。ノード上の設定ファイルを直接編集して、設定をリロードしていた時代を覚えていますか？（そのようなことはしたことがないでしょうが）　主に次の2つの理由から、このようなことをしても大丈夫だと感じたはずです。

- 障害が発生したときのリスクや潜在的な影響が非常に低いこと。
- 失敗を検知しロールバックが可能なこと。

こうした理由があって、あなたは変更管理や適切なデプロイを回避することをいとわなかったのです。あなたが行っていたのは実験であり、この実験が影響を与えるのはごく限られた期間に少数の人々に対してだけであり、正常な状態に戻すことは非常に簡単で、よく理解されていたわけです。

ここで私が挙げた例は特別なケースであるという理由はいくらでも挙げることができるでしょう。しかし、この2つの特徴こそがデプロイのリスクを減らす力を与えてくれるのです。問題をトラブルシュートしている時に、「データベースサーバのアップグレードを急げ」とは絶対に言わないでしょう。リスクが高すぎますし、ロールバックも非常に面倒だからです。しかし稼働中のサーバ上のテキストファイルを修正して、Webサーバプロセスをリロードしたりはするでしょう。迅速な変更を可能にする先ほどの2つの基本的な要素を理解することで、デプロイプロセスも同様に変更する方法を見出すことができます。

自動テストとパイプラインを整備したら、失敗した際にどうロールバックするかを検討しなければなりません。その方法は、先に示したデプロイレイヤごとに選択肢があります。ある機能だけをロールバックすれば良いのでしょうか？　それともリリース全体をロールバックする必要があるのでしょうか？　また各ノードのソフトウェアをロールバックするのでしょうか、それとも旧バージョンのアプリケーションコードを実行している古いノード群にロールバックするのでしょうか？　この節では、それぞれのデプロイレイヤにおけるデプロイとロールバックについて説明します。

8.6.1　機能フラグ

5章でも取り上げましたが、よく使われる選択肢に機能フラグがあります。新しい機能を機能フラグの裏側に配置します。機能フラグがオフの場合、元のコードパスが実行されます。しかし機能フラグがオンになっていると新しいコードパスが実行されます。フラグはデフォルトでOFFに設定するべきです。

この状態でデプロイを行う場合、機能的な観点から見ると、ほとんどのコードは以前のバージョンと同じでしょう。違いは、新しい機能や新しいコードパスを有効化できるフラグがあることです。デプロイが完了したら、デプロイに関連性のない問題が発生していないことを確認した後、機能フラグを有効化できます。

もう一つの利点は、新機能のマーケティング上の発表とその新機能の実際のデプロイを分けることができるという点です。アプリケーションコードの準備が完了してデプロイされてから、そのプロモーションを行うまでの間に少し余裕を持たせることで、チームのプレッシャーが軽減されます。マーケティング上の発表日という恣意的な日付に縛られることなく開発を進めることができるからです。コードをデプロイし、すべてのマーケティング活動を行い、ビジネスの準備が整った時点で機能をローンチできます。

コードが世の中に出回って期待通りに動作するようになったら、のちのリリースで機能フラグのロジックを削除して新しいコードパスを永続的なものにします。場合によっては、障害時に使う目的で機能フラグを残すこともあります。たとえばアフィリエイト広告を表示しているサイトでの広告の表示に恒久的な機能フラグを設定するケースがあります。これにより、アフィリエイトに問題が発生した場合、機能フラグを無効にすることでページのロード時間が長くなるのを防ぐことができます。機能フラグを削除するか維持するかの判断は、そのユースケースに大きく依存します。

8.6.2 いつ機能フラグをオフにするか

機能フラグの導入には少し注意点があります。ある機能がきちんと動作しているかどうかを、どうやって判断するのでしょうか？　何をチェックすれば良いのか、具体的にお話しできれば良いのですが。しかし以前の章で、この点に関する戦略を示唆しています。それはメトリクスです。

新しい機能を考えるときには、その機能の有効性を測るための方法も考えなければなりません。その機能がやるべきことをやっているかどうか、どうやって確認するのでしょうか？　たとえば新しいレコメンデーションエンジンをユーザーに提供する場合を考えてみます。そのエンジンが機能しているかどうかはどのように確認しますか？

まず始めに、新機能に期待する結果を明確に示す必要があります。今回の例では次のようになるでしょう。「レコメンデーションエンジン機能で新しいアルゴリズムを利用可能にします。このアルゴリズムは、複数のソースからのユーザーに関する入力を活用し、それらを組み合わせてユーザーの好みをより完全に把握できるように最適化されています。この新しいアルゴリズムは、旧アルゴリズムに比べてより速く、ユーザーに対してより完全なレコメンデーションを提供するはずです」。

これが、私たちがメトリクスを構築するのに必要なものです！　この文章を読むと、この機能が適切に動作しているかどうかを検証するためのメトリクスがいくつか思い浮かびます。

- レコメンデーションの生成にかかる時間
- ユーザーごとに生成されるレコメンデーションの数
- レコメンデーションのクリックスルー率

この3つのメトリクスは、新しいエンジンが本来の性能を発揮しているかどうかを理解するのに大いに役立ちます。これらのメトリクスをアルゴリズムに埋め込むことで、関連する情報を機能フラグの所有者に表示するダッシュボードを構築できます。これらのメトリクスのほとんどは簡単に取得したり作成できます。たとえば、シンプルなタイマーを使えば、アルゴリズムの速度に関する情報を提供するのに役立ちます。これは簡単にできることで、アルゴリズムに大きな変更は必要ありません。次のコードでは、簡単な実装を紹介しています。

例8-1 メソッドの実行時間を計測する簡単なコード例

```
import time                                    ❶
class BetaAlgorithm(object):
     start_time = time.time()                  ❷
     // レコメンデーションの実装の詳細
     end_time = time.time()
     total_time = end_time - start_time        ❸
```

❶ Pythonの標準的な時間ライブラリ。ほかにもたくさんの種類がある。

❷ 開始時刻と終了時刻を記録する。

❸ 合計時間を計算し、監視システムにこのメトリクスを送信する。

より高度な時間計測機能を提供するプログラミングライブラリやモジュールもあります。ここでは、言語やツールを問わず、このような計測が可能であることを伝えるために、標準ライブラリを使っています。また生成されるレコメンデーションの数も簡単に計算できます。配列内のレコメンデーションの数をカウントして、そのメトリクスを出力するだけの簡単なものになるでしょう。クリックスルー率は、すでに生成されているHTTPログから導き出すことができるでしょう。以上の3つの項目で、レコメンデーションエンジンの動作を把握でき、機能フラグをオフにすべきかオンのままで良いのかを判断できます。

しかし、まだ必要な情報が1つ抜け落ちています。お気付きですか？　ある機能の動作を確認するためにこういったメトリクスを実装する場合、そのメトリクスは比較するものがあって初めて価値を持ちます。つまり、既存のレコメンデーションエンジンについてもまったく同じメトリクスを取得する必要があります。

将来の状態と現在の状態を比較する必要性は、機能を計画する段階から考慮しておきましょう。新機能を開発する際には、その機能が成功したかどうかを判断するためのメトリクスや基準をブレーンストーミングするだけでなく、現在のやり方と比較するためのデータを確保しなければなりません。そのデータを入手するのは簡単ですが、機能開発プロセスの早い段階でこのステップを考え実行する必要があります。

新機能の開発の前に既存機能のメトリクスを取得しておくことで、将来の新しい機能を構築する一方で、現状の機能のデータを収集できます。また、その機能について、これまで知らなかったことを発見することもあるでしょう。たとえばレコメンデーションをきっかけとした購入がビジネスに占める割合は、当初想定していたよりも小さいことがわかるかもしれません。あるいは紹介されている製品の種類について何か発見があるかもしれません。重要なのは、新機能の状態と比較するために今日の機能の状態を測定するという行為が、変更によって実際に改善されているかどうかを判断する唯一の方法だということです。

不完全な測定

何かを測定するときに、その測定が不完全であったり不正確であることを心配して、うまく測定に取り組むことができない人がいます。これは、私を含め、多くの人が抱いている愚かな懸念です。ほとんど**すべて**の測定は不完全なものです。時には、何かを測定するという行為そのものが、その物の振る舞いを変えてしまうことがあります。これは**観察者バイアス**と呼ばれる認知バイアスの1つです。

覚えておくべきポイントは、何かを測定するのは不確実性を取り除く、あるいは減らすためであるということです。行ったことのない場所に旅行する場合、その場所の気候を調べるでしょう。友人から気温がマイナス10度から0度の間くらいだと教えてもらえるかもしれません。これはかなり不完全な答えですが、完璧でなくても役に立ちます。短パンは論外で、長ズボンや長袖シャツ、そしてセーターを数枚用意すべきだということがわかったはずです。この大まかな範囲であっても、気温に関する不確実性を減らして良い判断をするのに役立ちます。

レコメンデーションエンジンの例でも同じですが、比較のための測定では不確実性を減らすことが目的です。たとえ数字が不正確であったとしても、お互いに比較するという目的にはかないます。レコメンデーションの数が5対50であろうと1,000対10,000であろうと、それは問題ではありません。一方のエンジンが他方のエンジンに比べて約10倍の数のレコメンデーションを生成しているとわかります。これは、以前の実装に比べて新しい機能がどのように動作しているかをより明確にするものであり、我々の目的には十分です。

測定の完璧さにとらわれてはいけません。何も知らずに測定しても、ほんの少しの情報で多くのことが見えてくることがよくあります。測定についてのさまざまな考え方や実行方法について詳しく知りたい方は、Douglas W. Hubbard著“How to Measure Anything”（Wiley、2014年）をご覧ください。

8.6.3 フリートのロールバック

ここでは機能フラグを使ったロールバックのアプローチを採用しなかった、あるいは選択肢ではなかったと仮定しましょう。しかし、それでも前のバージョンのコードに丸ごと戻せるようにしておく必要があります。これにはいくつかの方法があります。

1つ目の、可能であれば望ましい方法は、フリートロールバックで、ブルーグリーンデプロイとしても知られています。2つ目の方法は、アーティファクトのローリングデプロイです。どちらも本節で詳しく説明します。

8.6.3.1 ブルーグリーンデプロイ

ブルーグリーンデプロイは、もちろんパブリック・プライベートクラウドインフラにおいて目指すべき目標です。既存のサーバにコードをデプロイするのではなく、新しいコードを実行する新しいサーバを作成するという手法です。ロードバランサの背後でサーバをグループ化することで、どのサーバ（またはフリート）がトラフィックを受け取るかを変更できます。典型的なシナリオでは、**図8-3**のようなインフラ構成になります。アプリケーションの前にロードバランサがあり、そのロードバランサがサーバの一群を指しています。

この例では、コードをデプロイするときにまったく新しいサーバ群を作成します。それらが稼働したら、そのノードをプロモートしてトラフィックの処理を開始します。そしてロードバランサの指し先を元のサーバ群から新しいサーバ群へと切り替えます。この切り替えは段階的に行うこともできます。その場合は、すべてのトラフィックを一度に新しいノードに送るのではなく、段階的に送ります。10％から始めて、問題がなければ20％へと段階を踏んでいき、最終的には100％のトラフィックを新しいノードに送ります。クラウドアーキテクチャでよく見られるこのパターンは、メインのロードバランサの指し先を古いノード群に戻すだけでロールバックでき、非常に強力です。ロールバックが必要な期間は古いサーバ群をアイドル状態にしておくことができます。新しいコードが問題ないようであれば、古いサーバ群を停止します。このようにブルーグリーンデプロイはクラウドにおけるクリーンなプロセスを実現しますが、いくつかの注意点があります。

この設計の最初の注意点は、データベーススキーマがアプリケーションのバージョン間で互換性があるかどうかという点です。新しいコードが、古いバージョンのデータベースと互換性がないと、2つのサーバ群を用意しても役に立ちません。アプリケーションのバージョン間の互換性を管理するためのデータベーススキーマの管理方法については、以降の節で詳しく説明します。

このプロセスの2つ目の注意点はバックグラウンド処理です。アプリケーションが、ユーザーの操作とは直接関係のないバックグラウンド処理の中でデータを変更することは珍しくありません。たとえば、パスワードのリセットに成功した後、バックグラウンドでユーザーにメール通知を送信するためにキューを待ち受けるWebサーバがあるとします。Webからのトラフィックを受信しないサーバであっても、こういったバックグラウンド処理を行っている場合があります。そうすると、同じ動作をするアプリケーションが2種類あることになります。アプリケーションの設計に

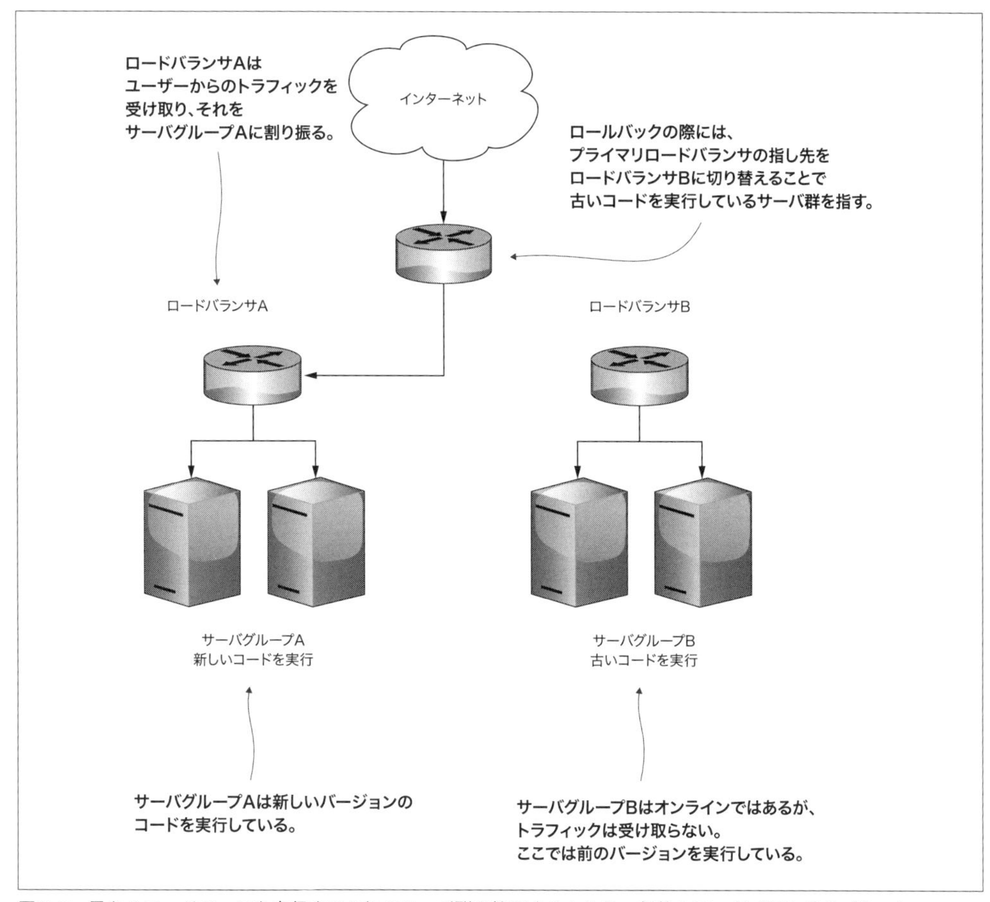

図8-3　異なるコードベースを実行する2組のサーバ群を管理するための一般的なロードバランサのパターン

よっては問題ない場合もあるでしょうが、デプロイの際には考慮が必要です。

この状況に対処する1つの方法は、新しいアプリケーションのデプロイを開始する際には、すべてのバックグラウンドプロセスを無効にすることです。その後、プロモーションプロセスの一環としてバックグラウンド処理サービスを有効にするのです。これにはいくつかの方法があります。私がよく使う解決策は、構成管理ツールの構成パラメータを利用するというものです。

構成管理（Configuration management）とは、組織においてさまざまなアプリケーションを整合させ、維持するためのプロセスです。構成管理ツールは、特定の構成を定義するための言語と、その構成を適用・実施するための処理エンジンを提供することで、このプロセスを支援します。有名なツールとしては、SaltStack（https://www.saltstack.com）、Chef（https://www.chef.io/）、Puppet（https://puppet.com/）、Ansible（https://www.ansible.com/）などがあります。

構成パラメータを使うことで、アプリケーションや構成管理ソフトウェアに対して、アプリケーションのあるべき状態を伝えることができます。設定の値を変更することでソフトウェアに別の動作をさせることができます。すべての構成管理ソフトウェアには、ノードに関する設定可能な属性を持ちます。この属性のことをPuppetでは**ファクト**（fact）、SaltStackでは**グレイン**（grain）、Chefでは**アトリビュート**（attribute）と呼びます。どんなツールを使っていても、このような構成を指定し、それに応じて構成管理ツールがサービスを有効にしたり無効にできるので安心です。

あるノードがアクティブに動作してトラフィックを受け取るべきかを区別する方法を持つことは、多くの理由で価値があります。トラフィックを受け取らないノードを特定することで、それらは削除・除去・シャットダウンするべき候補だと判別できるのはすばらしいことです。またWebノードの半分がCPU使用率が5％しかない理由を理解するのにも役立ちます。どのノードがアクティブで、どのノードが非アクティブなのかをすばやく識別できると、こういった問題の解決に役立ちます。

3つ目の注意点は、アプリケーションサーバがローカルディスクに状態を保存しないようにすることです。これはさまざまな理由から絶対にやってはいけないことです。トラフィックを受け付けなくなるサーバ群のローカルに状態が保存されている場合、ロールバックプロセスは複雑になります。ローカルに保存されがちな状態の1つはセッションデータです。ユーザーのセッションが作成されると、その時にユーザーが接続しているマシンのローカルに保存されることがあります。これにより、ユーザーは常に特定のマシンに接続しなければならないという依存が生まれたり、セッションを失うリスクが生じます。セッションには認証情報を保持しているだけの場合もあれば、現在進行中の作業を追跡する役割を担っている場合もあります。

バックグラウンド処理の分離

ユーザーからのリクエストの処理を担当するプロセスが、バックグラウンドリクエストの処理も行うことは珍しくありません。私は可能な限りこのような設計を避けるようにしていますが、これは主にスケーリングに関する懸念のためです。

ユーザー向けのWebサーバが必要とするスケーリングの方法と、バックグラウンドエンジンが必要とするスケーリングの方法は大きく異なる可能性があります。これらの動作を1つのプロセスにまとめた場合、片方をスケールするともう片方もスケールすることになります。バックグラウンド処理を独立したプロセスに分離することで、これらの問題を解決します。

私はかつてバックグラウンド処理がデータベースに非常に負荷をかけている状況に遭遇しました。そのため、負荷に関係なく、動作させるバックグラウンドプロセスの数をX個だけに制限していました。処理されるタスクにはリアルタイム性は要求されておらず、遅延は許容されていたためです。しかしWebトラフィックとバックグラウンド処理を同じプロセスで処理していたため困ったことになりました。Webトラフィックのプロセスをスケールする場合、スケールアップ時に一部のサーバでバックグラウンド処理プロセスを無効にする特別な設定が必要になったからです。

2つの異なる処理を組み合わせる際には、それらの処理がどのようにスケールする必要があるのか常に注意を払う必要があります。スケーリングに関する懸念が異なる場合は、それらの処理は分離することをお勧めします。

8.6.4 デプロイアーティファクトのロールバック

パブリッククラウドやプライベートクラウドを利用していない場合、新しいサーバに新しいバージョンをデプロイするやり方は、デプロイの前にサーバを用意する必要があり時間がかかります。あらかじめ2つのサーバ群を用意して、リリースごとにそれらを切り替えるという方法もあります。しかし、その場合の問題点は、さまざまなリリースの残骸が時間とともに蓄積されていくことです。

よほど厳密に管理していない限り、2つのサーバ群がそれぞれへのデプロイの結果として、時間の経過とともに解離し始める可能性があります。たとえばサーバ群Xにあるパッケージがインストールされたとします。しかしその変更はロールバックする必要が生じました。そうすると、サーバ群Yには結果的にそのパッケージはインストールされません。このようなことが30回ほどのデプロイの間に起こると、2つのサーバ群は兄弟のように似てはいますが、まったく同一である一卵性双生児ではないという状態になります。ダニー・デヴィートとアーノルド・シュワルツェネッガーのような双子だと思ってください[†1]（2030年に本書を読んでいる皆さん、申し訳ありません）。

この問題を解決するにはOSのパッケージ管理システムを利用するのが良いでしょう。**パッケージ管理システム**は、特定のOS用にソフトウェアのインストールを定義するための標準化された方法を提供します。パッケージ管理ツールは、管理者がパッケージの検索・インストール・アンインストール・依存関係を管理するためのエコシステムを提供します。パッケージ管理システムでは、パッケージを最初にインストールするために行われたすべての変更を追跡するように設計されているため、新しいソフトウェアのロールバックを簡単に処理できます。

1つのコマンドですべての変更点をきれいにアンインストールできるので、アプリケーションのロールバックが非常に簡単になります。また、サーバごとに行えば、ほとんどの場合アプリケーションを停止することなくロールバックを完了できます。一部のユーザーには新しいアプリケーションが適用され、ほかのユーザーには古いアプリケーションが適用される期間が発生しますが、このトレードオフの価値はあり、リスクも比較的小さくなります。ただし、アプリケーションがOSのパッケージ管理システムで扱える形でパッケージ化されている必要があります。

---

†1　訳注：ダニー・デヴィートとアーノルド・シュワルツェネッガーがまったく似ていない双子の兄弟を演じた「ツインズ」という1988年公開の映画。

8.6.5 データストアレベルのロールバック

アプリケーションのデータストアは、デプロイにおいて危険を伴う部分です。データベースに変更を加える必要がある場合、それが破壊的な変更になる可能性は常にあります。

典型的な例としてデータ型を変更する必要のあるテーブルがあるとします。これまではVARCHAR(10)だったカラムを、TEXTに変更する必要があると気付いたとします。デプロイを実行すると、新しいコードのテーブルのモデルでは、そのカラムがVARCHAR(10)ではなくTEXTであることを期待します。おそらく、アプリケーションサーバを起動する前に、カラムの型変更のためのALTER TABLE文を含むデータベースマイグレーションを実行するでしょう。しかし驚いたことに、リリースの後に、ロールバックを余儀なくされるような別の問題があると気付きました。この時点での選択肢は以下の通りです。

- 前進する。つまり問題を修正し再度デプロイする。
- 逆のALTER TABLE文を実行し、以前の値に戻してからコードをロールバックする。

どちらも魅力的な選択肢ではありません。しかし、ちょっとした配慮があれば、このような状況を完全に防ぐことができます。

8.6.5.1 データベース変更のルール

データベースを変更する際の基本的なルールは、常に追加的な変更を加える、というものです。すでに存在するものを変更するのは避けましょう。なぜなら、その変更の影響を受ける依存関係がどこかにあるはずだからです。代わりに変更は常にデータベースのスキーマに追加する形で行いましょう。先ほどの例のTEXTカラムへの変更を見てみましょう。既存のカラムを変更するのではなく、TEXT型の新しい名前を持つカラムを作りましょう。これで、ロールバックが必要になっても、元のバージョンで必要なカラムがあるので安全にロールバックできます。

これはすばらしいことですが、「でも、これでは完全に空のTEXTカラムがあるだけじゃないか！」と思うことでしょう。それは間違いではありません。新しいカラムは完全に空ですが、これに対処する方法は3つあります。テーブルの大きさにもよりますが、既存のカラムからまとめてデータをロードもできます。古いカラムのデータをすべて新しいカラムにコピーします。この方法が有効かどうかはテーブルのサイズによります。非常に大きなテーブルでは**大量の**書き込みが一度に発生するので、これは最善の方法ではないでしょう。

別の方法は、時間をかけてゆっくりと新しいフィールドにデータを入力するバックグラウンドジョブを用意するというものです。事前に定義された量で行を読み込み、徐々にすべてのデータをコピーするようなものが考えられます。これにより、一度にすべてをコピーするアプローチではなく、よりゆっくりとフィールドを追加できます。また、このカラムは新たに追加されるものですので、データベースのマイグレーションと実際にそれを利用するコードのリリースを分けることができます。こうすることで、データベーススキーマの変更を、実際にそれを利用するコードのリリースの数週間前に行うことができます。この方法の注意点は、新しいカラムを利用する新しいコードをデプロイするまで、このバックグラウンドジョブを継続して実行する必要があることです。すべての過去のレコードの新しいフィールドに値を入力したとしても、新しいレコードが常に追加される可能性があります。新しいフィールドに値を登録する新しいコードをデプロイするまでは、2つのフィールドは解離し続けます。そのため、最終的なプロダクトリリースに向けて、新しいフィールドが完全に入力されるまでは、このバックグラウンドジョブを実行し続ける必要があります。

3つ目の方法は、これらの両方の長所を兼ね備えたものです。データベースにカラムを追加しますが、コードからは依然として古いフィールドを参照します。しかし、この新しいコードには追加の処理があります。単に古いフィールドを読み取るのではなく、新しいフィールドも使います。レコードを検索する必要があるときは、まず新しいTEXTフィールドをチェックします。その値がNULLであれば、アプリケーションロジックは古いフィールドから値を読み取ります。値を取得できたので、その値をTEXTフィールドに書き込み、通常の操作を続けます。この流れを**図8-4**にまとめました。

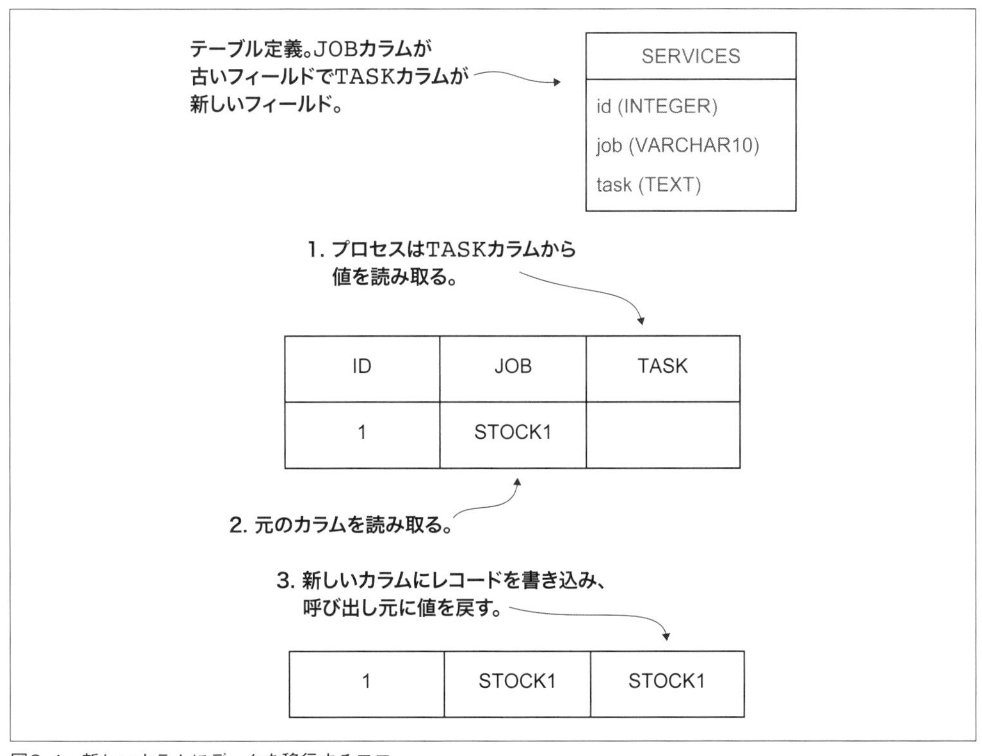

図8-4 新しいカラムにデータを移行するフロー

このパターンでは、レコードを読み込むと同時にデータを書き込みます。このパターンでは、読み取りと書き込みが1回ずつ余分に発生するため、リクエストのレイテンシは少しだけ長くなります。しかし、このパターンでは、両方のバージョンのデータベーススキーマを維持しながら、新しいカラムに一度に大量の書き込みを発生させる代わりに少しずつ書き込むことができます。繰り返しになりますが、これは非常に大きなテーブルで有効です。

これで新しいカラムにデータが移行され、新しいカラムを使用するコードも本番環境でテストされ、アプリケーションの日常の一部となりました。古いカラムはもはや必要なくなったので、次のリリースでカラムのDROPの計画を立てることができます。最後の確認として、すべてのレコードの新しいTEXTフィールドに値が入力されているかどうかを確認します。もし値を持たないレコードがあれば、バックグラウンドジョブやSELECT/INSERT文を実行して、最後に残っているレコードにデータを入力しましょう。これが完了したら、DROP COLUMN文を実行しましょう。こうして、ロールバックできる道筋を確保しながら移行が完了しました。

こうすることでリリースプロセスのステップは増えます。**図8-5**に示すように、データスキーマの変更には、新しいカラムを追加するための1回目のリリースと古いカラムを削除するための2回目のリリースの少なくとも2回のリリースが必要になります。最初は面倒に感じるかもしれません

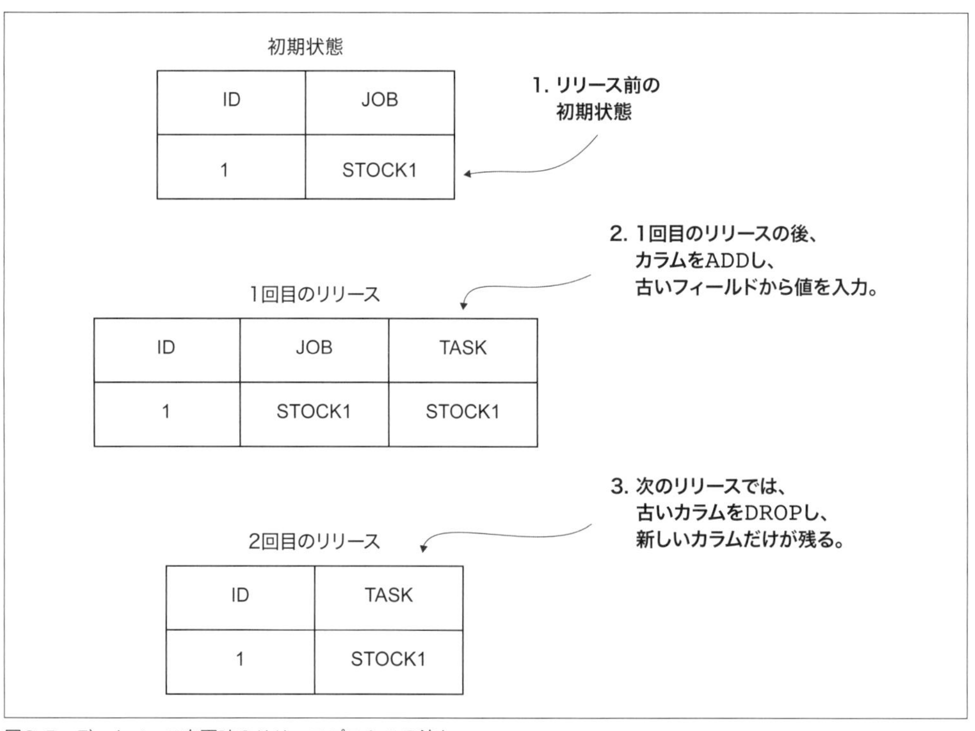

図8-5　データベース変更時のリリースプロセスの流れ

が、実際にはそうではありません。データを失ったり、突然古いバージョンのアプリケーションサーバとの互換性がなくなることを心配することなくアプリケーションをロールバックできるという安心感に比べれば、費やした労力は十分に報われるでしょう。

アプリケーションのデプロイをどのようにロールバックするかを考え、そのロールバックを安全・迅速・確実に行うことは、デプロイプロセスから不安を取り除くために大いに役立ちます。ここでは、それを実現するための大まかな例をいくつか紹介しましたが、決してこれが唯一の方法ではありません。どのようなアプローチであっても、目的は同じです。機能フラグなどの選択肢を利用して、デプロイ時のリスクを軽減しましょう。ロールバックを簡単かつ迅速に実現できるようにしましょう。

8.6.5.2 データベースのバージョン管理

データベースにも、ほかのアーティファクトと同様にバージョンがあるという点は見逃されがちです。バージョニングは暗黙のうちに、あなたがそれを積極的に追跡するかどうかにかかわらず行われます。信じられない方は、データベースとそれに対応するアプリケーションソフトウェアで、期待するスキーマが異なる状態で動かしてみてください。もしデータベースがソフトウェアの期待するバージョンになっていなければ、問題が発生するでしょう。

データベースのバージョン管理で重要なのは、データベースが現在の状態になるまでに実行されたすべてのSQL文を把握することです。すべてのエンジニアが、データベースに対して一連のSQL文を実行することで期待するテーブルスキーマを持つ特定のデータベースバージョンを得られるようにしましょう。データベースをゼロから再構築できることで、テスト、実験用の小さなデータセットの作成、スキーマを変更するための手段が確立できる、といった多くの柔軟性が得られます。Flyway（https://flywaydb.org）のようなツールを使えば、データベースのバージョンを管理できるだけでなく、スキーマの変更をロールバックできます。またSQL文はコードとして記述されるため、スキーマの変更についても開発プロセスの中のレビュープロセスに含めることができます。データベースのマイグレーションに関しても、ローカル開発から本番稼働までのソフトウェアライフサイクル全体を通して、一貫して問題が起きていないことを確認できます。なぜなら、本番環境をコピーしてデータベースをマイグレーションするのではなく自動プロセスによって行うことで、一貫して実行されていると自信を持つことができるからです。

選択肢はFlywayだけではありません。DjangoやRuby on Railsなどのよく使われるWebフレームワークには、データベースのマイグレーションを扱うためのしくみが組み込まれています。どのツールを使うにしても、データベースのスキーマ変更を手作業で行わないようにしましょう。こうすることでデプロイプロセスの簡素化にも役立ちます。データベーススキーマはもはや、どのような文を実行するかにかかわらず、統一された方法で実行・ロールバックできます。

IOTechのデプロイ：機能フラグとデータベースの変更

マーカスは、パフォーマンスメトリクスが悪くなった場合に、自分のコードをロールバックする必要があります。問題は、彼の新しいコードには新しいデータカラムと、そのカラムに対するインデックスが必要なことです。この新しいカラムは、既存のカラムを新しいデータ型に変更して置き換えるものです。古いカラムをすぐに削除してしまうと、機能フラグがオフになった場合、古いコードはもう動作しないことになります。マーカスは、新しい機能を恒久的なものにすることを納得できるまで、新カラムと旧カラムの両方を維持する必要があります。

機能フラグは、アプリケーションの動作を切り替えるためのものです。機能フラグがオンの場合、コードは新しいフィールドに値がすでに格納されているかどうかを確認します。格納されている場合、コードはその値を取得して使用します。格納されていない場合、コードは古いフィールドから必要な入力データを読み取り、それを新しいデータ型に変換して格納します。こうすることでマーカスは両方のバージョンをサポートできます。

8.7 デプロイアーティファクトの作成

多くの場合、デプロイの際には大量のファイルをある場所から別の場所にコピーする必要があります。ファイルのグループごとに、異なるディレクトリに移動する必要がある場合もあります。Javaのプロジェクトの場合、手順は次のようになります。

1. `./java/classes/*`を`/opt/app_data/libs`にコピー。
2. `/etc/init.d/start_worker_app.sh`を更新し、`CLASSPATH`変数に`/opt/app_data/libs`を追加。
3. アプリケーションサーバを再起動。

これらの作業を1つでも怠るとデプロイは失敗します。これらのタスクが順番通りに実行されたことを確認するのは難しいでしょう。また大きなフォルダを別のサーバにコピーする際にはエラーが発生する可能性があります。そこで活躍するのがデプロイアーティファクトです。本節では、デプロイするコードに相当するアーティファクトを作成することの価値と、その理由やメリットについて説明します。

コードをマージし、自動テストやチェックを行った場合、そのプロセスの最後には何らかのアーティファクトができます。そのアーティファクトは通常、コードのデプロイ可能なパーツであり、WARファイルがその一例です。しかし、WARファイルだけではアプリケーションは動作せず、コードを実行するためのアプリケーションサーバが必要です。WARファイルをデプロイしたら、

Tomcatを再読み込みまたは再起動する必要があるでしょうし、キャッシュのクリアが必要な場合もあるでしょう。Javaのようにアーティファクトを生成するような言語を使っているのは最良のシナリオです。しかしRubyやPythonのようなインタプリタ型言語の場合はどうでしょうか？　これらのプロセスはどのようなものでしょうか？　デプロイのためにどのようにパッケージ化するのでしょうか？　次の節では、この点に焦点を当てます。

私は、できるだけ多くのアプリケーションを一緒にパッケージ化するようにしています。もしインストールスクリプトとコードを一緒にできれば、それはすばらしいことです。たとえばインストールスクリプトとすべてのソースコードを1つのzipファイルにまとめ、それをデプロイ可能なアーティファクトとします。デプロイプロセスの知識がほとんどなくても、zipファイルをサーバにコピーし、解凍して`install.sh`スクリプトなどのインストールスクリプトの実行ならできるでしょう。これは、難解なデプロイの手順をMicrosoft Wordドキュメントに詳細に説明するのに比べて改善されています。しかし私はもう一歩進んで、OSのパッケージ管理ツールを利用することを選びます。

8.7.1　パッケージ管理ツールの活用

ソフトウェアをパッケージ化してデプロイする方法はいろいろありますが、パッケージ管理ツールを使うという選択肢が見落とされがちなことにはいつも驚かされます。あらゆるOSには、インストールしたさまざまなソフトウェアを管理する方法があります。Red HatベースのLinuxシステムにはRPM（https://rpm.org）、Debian GNU/LinuxベースのシステムにはDEB（https://wiki.debian.org/PackageManagement）、WindowsベースのシステムにはNuGet（https://docs.microsoft.com/en-us/nuget/what-is-nuget）、macOSにはHomebrew（https://brew.sh）があります。これらのパッケージ管理ツールには、次のようないくつかの共通点があります。

- パッケージのインストールスクリプトと実際にデプロイされるソースコードが組み合わさっている。
- ほかのパッケージへの依存性を定義するための仕様を持っている。
- 依存するパッケージのインストールを行う。
- どのパッケージがインストールされたかを管理者が確認できるしくみがある。
- インストールしたソフトウェアを削除できる。

これらの機能は、アプリケーションソフトウェアをパッケージ化しようとしている人にはあまり評価されていません。アプリケーションのインストールで何が行われるかを掘り下げてみましょう。基本的には、次のような操作をアプリケーションに応じた順番で行う必要があります。

- 不要なファイルや衝突しているファイルを削除する。

- アプリケーションによって提供されない、依存するソフトウェアをインストールする。
- ユーザーやディレクトリの作成など、インストール前に必要な作業を行う。
- すべてのファイルを適切な場所にコピーする。
- 依存するサービスの起動/再起動など、インストール後のタスクを実行する。

OSのパッケージ管理ツールを使えば、これらの作業をすべて1つのファイルにまとめた上で実行できます。さらに、自分たちでリポジトリサーバを運用している場合、パッケージ管理ツールが備えている、適切なバージョンのソフトウェアを取得するためのツールも使うことができます。適切にパッケージ化されていれば、デプロイプロセスは次のようにシンプルになります。

```
yum install -y funco-website-1.0.15.centos.x86_64
```

このコマンド1つで、すべての依存関係の管理、インストール後のスクリプトの実行、再起動を実施できます。また、すべてのインストールでまったく同じ手順を実行するので、デプロイプロセスの統一性が確保されます。もう一つの利点は、コードがサードパーティのライブラリに依存している場合、それらのパッケージがインターネットから取得できるかどうかの不確実性を取り除くことができることです。サードパーティのライブラリをパッケージの一部としてRPMに格納することで、コンパイルプロセスが変わったり、推移的依存関係を満足する方法が変わるといった心配も取り除くことができます。すべての環境で、まったく同じコードとデプロイを得ることができるのです。簡単な例を見てみましょう。

8.7.1.1 ファンコ社のWebサイトのデプロイ

今回の例では、LinuxのWebサイトを使用しています。Linuxを選んだのは、FPMというツールを使うためです。FPMはEffing Package Managementの略です（https://github.com/jordansissel/fpm）。このツールは、単一のインタフェースで複数のパッケージ形式の作成が可能になるように設計されています。DEB、RPM、Brewパッケージはすべて、パッケージのビルドプロセスを定義するためにそれぞれ独自のフォーマットを持っています。FPMは汎用的なフォーマットを作成し、コマンドラインで渡すフラグによって次のようなパッケージを生成できます。

- RPM
- DEB
- Solaris
- FreeBSD
- TAR
- ディレクトリ展開
- macOS .pkgファイル
- Pacman（Arch Linux）

今ではこういった複数のOSを1つの環境で動かすといったことはしていないでしょう。個人的にFPMが強力だと感じているのは、1つのインタフェースを覚えるだけで済む点です。もし私の次の職場がDebian GNU/Linuxを使っている会社だったとしても、DEBを作成するための構文を新たに学ぶ必要はありません。FPMを使って、Debian GNU/Linuxのファイルを出力すれば良いだけです。話がそれました。

パッケージ作成プロセスをビルド専用サーバで実行できるようにしましょう。できれば、継続的インテグレーション（CI）サーバに接続されたものが良いでしょう。そうすることで、デプロイパッケージの作成プロセスを、通常の開発やテストのワークフローの一部として扱うことができます。また、多くのCIサーバではプラグインアーキテクチャが採用されており、CIサーバの機能を拡張できます。CIサーバのコミュニティがよく作成するプラグインとして、さまざまなアーティファクトリポジトリ用のものがあります。こういったプラグインは、ソフトウェアのビルドが成功したときにアーティファクトファイルをリポジトリサーバにコピーして、アーティファクトファイルの管理を自動化します。この機能は、ほとんどのCIサーバのパイプラインでよく使われます。

FPMでパッケージを作成する場合、プロジェクトのスクリプトを5つのファイルに分けます。

- インストール前スクリプト
- インストール後スクリプト
- アンインストール前スクリプト
- アンインストール後スクリプト
- パッケージ構築スクリプト

インストール前後・アンインストール前後のスクリプトは、インストールの中で実行する必要のあるコマンドです。これらによって、インストール前に必要なファイル・ディレクトリ・設定などを用意したり、削除できます。たとえば、私のFPMプロジェクトでは、アプリケーションに必要なユーザーを設定するインストール前スクリプトを用意しています。次に示すのが、そのスクリプトです。

例8-2　Webアプリケーションのインストール前スクリプト

```
#!/bin/bash

# アプリケーションユーザーが存在するかどうかを確認
/bin/getent passwd webhost > /dev/null
if [[ $? -ne 0 ]]; then                          ❶
    # ユーザーの作成
    /sbin/useradd -d /home/webhost -m -s /bin/bash webhost
fi
# 再度アプリケーションユーザーが存在するかどうかを確認
/bin/getent passwd webhost > /dev/null           ❷
exit $?
```

❶ ユーザーが存在しない場合は作成する。
❷ ユーザーが作成されたかどうかを確認する。

これは非常に単純な例ですが、パッケージがインストールされる前に必要なすべてのセットアップをコード化できています。私たちのソフトウェアのインストールは、そのユーザーが存在することに決定的に依存しています。ユーザーは削除されるかもしれませんし、新しいサーバを使うかもしれませんし、ほかの多くのアプリケーションと共存している新しいアプリケーションの場合もあります。パッケージにインストール前スクリプトを含めることで、パッケージインストールとは別のプロセスやツールによってユーザーを作成するという依存関係を取り除くことができます。前述のほかの4つのファイルを使うことで、インストールやアンインストール時の準備や後始末が適切に処理されます。

構成管理 vs. デプロイアーティファクト

構成管理ツールを使用している企業ではデプロイアーティファクトとの対立が生じます。ユーザーの作成やディレクトリの作成などの処理をいつデプロイアーティファクトに任せ、いつ構成管理ツールに任せるべきでしょうか？　それは構成管理の戦略に大きく左右されます。

多くの組織では、構成管理ツールをより一般的なサーバの構築に用いています。たとえば構成管理ツールによって課金アプリケーションのサーバを構築するのではなく、Tomcat・Spring Boot・WebLogicなどが動作する汎用的なアプリケーションサーバを構築するまでにとどめています。このケースでは、パッケージ管理ツールがユーザーやディレクトリの作成などの細かい部分を処理することは理にかなっています。なぜなら「課金」という個別のアプリケーション独自の部分は構成管理ツールは担わないという戦略を採用しているからです。その代わりに、構成管理ツールでは基本的なTomcatサーバを構築する部分までを担うわけです。構成管理ツールは課金アプリケーションの詳細を気にする必要がありません。課金アプリケーションについてはデプロイアーティファクトに責任を負わせるのが良いでしょう。

しかし、構成管理戦略がサーバの個別の実装を作成することに重点を置いている場合は、アプリケーションのセットアップをすべて構成管理ツールで行うことが望ましいでしょう。たとえば、請求書作成用のアプリケーションサーバでは、ファイルやディレクトリのパーミッションを常に管理することが非常に重要です。構成管理ツールに、このサーバが課金サーバであることを認識させることで、必要なディレクトリのパーミッションの設定を強制できます。構成管理ツールを使用すると、アプリケーションサーバの構成をより厳しく、定期的に強制できます。構成管理ツールがすべての構成を扱っている場合、正しい構成が定期的に再適用されるため、手動で構成を変更してアプリケーションサーバ間に乖離が発生するのを防ぐことができます。もちろん、エージェントノード上のより多くのリソースを管理しなければならないため、構成管理ツールにより多くのプレッシャーがかかります。

唯一の正解はありませんが、構成管理戦略に基づいて、この種のアプリケーション設定ロジックをどこに置くかを決定しましょう。

インストール前とインストール後のスクリプトが完了したら、次は実際のビルドスクリプトを見てみましょう。ビルドスクリプトでは、パッケージを作成するために必要なすべてのファイルを、サーバ上の必要な場所に配置します。特定の場所に置かなければならないWARファイルや、コードリポジトリから取得しなければならないPythonコードがあるでしょう。

/home/build/temp_buildといった一時的なディレクトリを作成し、そこでビルドを行うと良いでしょう。CIサーバを使用している場合、その一時的なディレクトリは、ほかのビルドから隔離するためにCIサーバが作成した特別なディレクトリになるでしょう。そして、/home/build/temp_buildというディレクトリを、ターゲットシステムのルートディレクトリのように扱います。こうすることで、作成するパッケージの構成を模倣した形でパッケージを構築できます。**図8-6**は、必要なファイルをビルドサーバに配置した後のシステム上のディレクトリの例です。

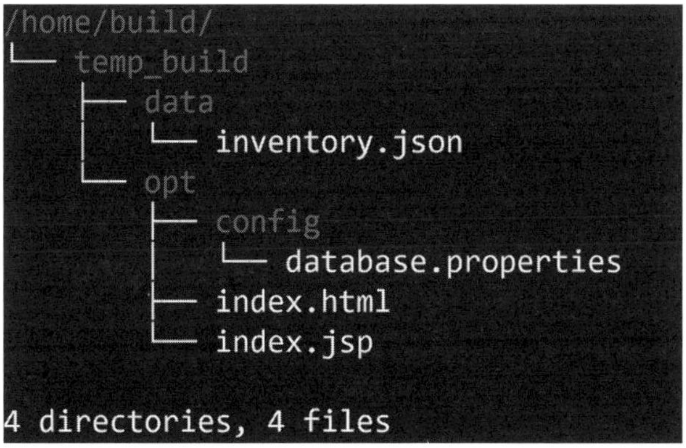

```
/home/build/
└── temp_build
    ├── data
    │   └── inventory.json
    └── opt
        ├── config
        │   └── database.properties
        ├── index.html
        └── index.jsp

4 directories, 4 files
```

図8-6　ビルドアーティファクトのディレクトリ構造の例

実際に稼働しているシステムにパッケージをインストールする場合、/home/build/temp_buildにインストールしたいわけではないと、ディレクトリの場所が気になっているかもしれません。FPMコマンドではインストールパスのプレフィックスを指定できます。これにより/home/build/temp_buildフォルダ以下のパスは相対パスとして扱われます。パッケージをビルドする際に--prefix=/というフラグを指定すると、パッケージ管理ツールはルートディレクトリにインストールします。つまり/home/build/temp_build/optは、パッケージをインストールするターゲットシステムの/optにインストールされます。

すべてのファイルとパッケージをダウンロードした後、FPMコマンドラインユーティリティを使ってパッケージの依存関係の追加もできます。--dependsフラグを使って、インストールが必要なパッケージを指定できます。この方法の優れた点は、パッケージインストールの際にターゲットシステム上にその依存関係が存在しない場合は、パッケージリポジトリから依存関係を取得し、あなたのパッケージをインストールする前にそれらをインストールすることです。最終的なFPMコマンドは次のリストのようになります。

例8-3 FPMコマンドの例

```
fpm --input-type dir --output-type rpm \   ❶
--name funco-webapp                    \   ❷
--version 1                            \   ❸
--depends "openssl"                    \   ❹
--depends "openssl-devel"              \
--pre-install pre_install_script.sh    \   ❺
--post-install post_install_script.sh  \   ❻
-C /home/build/temp_build              \   ❼
--prefix /                             \   ❽
.                                      \   ❾
```

❶ --output-typeでは出力されるパッケージの種類を指定
❷ パッケージの名前を指定
❸ 更新やロールバックのためのバージョン番号
❹ 依存するパッケージをそのパッケージ名で定義
❺ 自分で作成したインストール前スクリプト
❻ 自分で作成したインストール後スクリプト
❼ パッケージの内容が格納されているディレクトリ
❽ パッケージ内のすべてのファイルが想定する開始パス
❾ プロジェクトディレクトリ内のすべてのファイルをパッケージ化するようにFPMに指示

このコマンドは少し長いですが、それだけの価値のあるファイルができあがります。これであなたのアプリケーションは1つのファイルにコード化され、パッケージ管理ツールの豊かで堅牢なエコシステムを利用できます。OSのパッケージ管理ツールを利用することで、多くの力を得ることができます。また環境ごとに変わることのないアーティファクトを手に入れることができます。そういえば、もう一つお話ししておかなければならないことがありました。それは設定ファイルです。

IOTechのデプロイ：ソフトウェアのパッケージ化

マーカスは今後数ヵ月間で複数のデプロイを行う必要があります。これは運用チームにとって大きな負担となります。運用チームは通常、ソフトウェアのデプロイ方法が記載された手順書に従います。しかし、これはエラーが発生しやすい・書くのが面倒・メンテナンスがたいへん・毎回違う結果になってしまう可能性がある、といった問題を抱えています。

マーカスは代わりにLinuxシステムのパッケージ管理ツールを使うことにしました。これにより、パッケージ内に多くの事前・事後処理ステップを組み込むことができます。運用チームはマーカスのコードが依存しているほかの多くの依存関係をインストールするためにパッケージ管理ツールをすでに使用しており、それを熟知しています。

デプロイプロセスを管理するための派手なオーケストレーションソフトウェアがなかったとしても、RPMを使うことでデプロイ手順は7ページに及ぶコマンドとスクリーンショットから1ページ程度に減りました。運用チームは、依然としてパッケージのインストールを手動で行う必要があり、またサーバごとにインストールを調整する必要もありますが、これ大きな前進です！　彼らはこれまで、各サーバに対して7ページに及ぶ手順を実行していたわけですから。完璧ではありませんが、パッケージを使うことによってステップ数が大幅に減り、エラーが発生しにくくなり、デプロイやロールバックの両方を驚くほど迅速に行うことができるようになりました。

8.7.2　パッケージ内の設定ファイル

パッケージ化というアイデアは魅力的に聞こえるかもしれませんが、環境ごとに異なる設定ファイルはどうすれば良いのでしょうか？　たとえばデータベースへの接続文字列やキャッシュサーバの場所、あるいは環境内のほかのサーバについての情報といったものなどです。これらはパッケージに含めることはできません。こういった設定ファイルもパッケージに含めてしまうと、環境ごとにパッケージ化する必要ができてしまうからです。困ったものです！　これに対処するには、いくつかの選択肢があります。

- キーバリューストアによる動的構成
- 構成管理ツールによる変更
- 設定ファイルへのリンク

ほかにも方法はあるでしょうが、以上は私が今まで見てきた中で最もよく使われているパターンです。

8.7.2.1 キーバリューストアによる動的構成

近年、キーバリューストアは続々と登場しています。**キーバリューストア**は、キーの配列を格納するデータベースで、各キーは対応する値を持ちます。値にはさまざまなデータ表現がありますが、すべて1つのユニットとして扱われます。値がどんなに複雑なものであっても、キーは値にマッピングされます。多くのキーバリューストアは、HTTPインタフェースを介してアクセス可能なためアクセスが容易であり、設定情報の保存に最適なツールです。人気のあるキーバリューストアは、HashiCorpのConsul（https://www.consul.io/）、オープンソースのetcd（https://github.com/etcd-io/etcd）、AmazonのDynamoDB（https://aws.amazon.com/dynamodb/）です。

私が見てきたこのパターンでは、アプリケーションは自分自身に関する最低限の情報だけを持つように設計されます。最低限の情報とは、キーバリューストアをどう見つけるか、キーバリューストアからどのような構成情報を得るかといった情報です。**図8-7**にそのプロセスを示します。

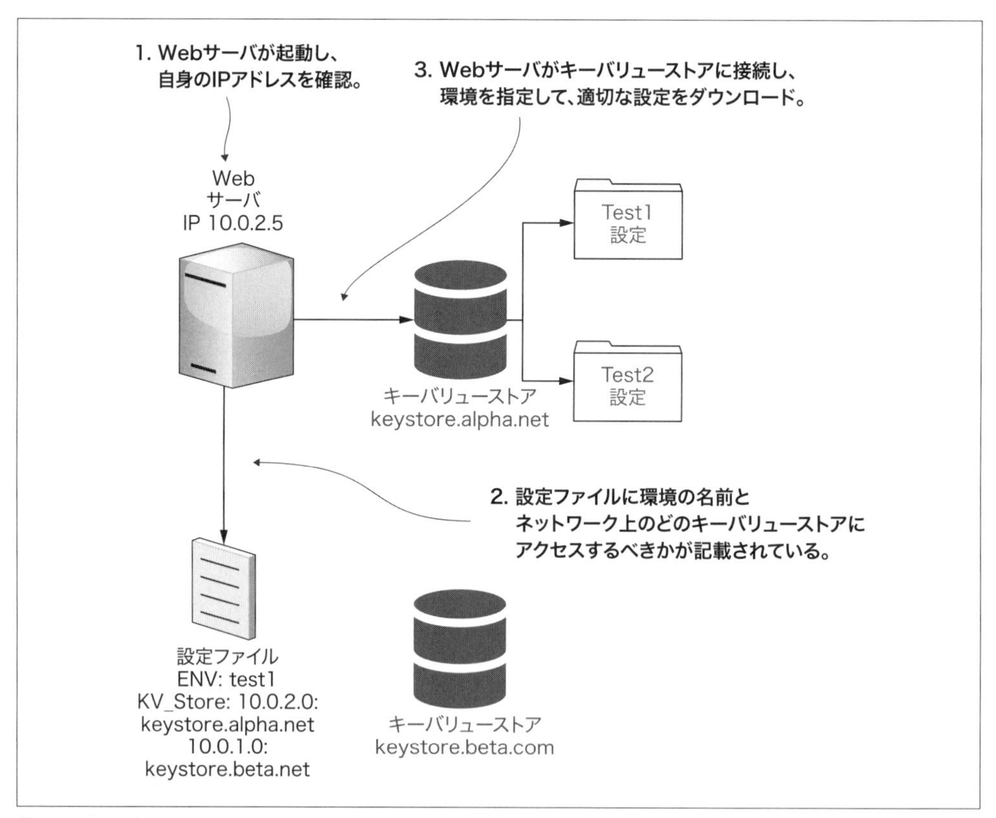

図8-7　キーバリューストアとのやりとりのワークフロー例

このプロセスにより、サーバはこれらの値を読み込み、トラフィックの提供を開始するためのブートストラップを行います。ここで行われる設定は、データベースの構成オプションや、アプリケーションのスレッドプールの設定など、さまざまです。ただし、機密情報を平文でキーバリューストアに保存しないように注意が必要です。

この方法の欠点は、キーバリューストアがアプリケーションプロセスのクリティカルパスになることです。何らかの理由でキーバリューストアがダウンしてしまうと、アプリケーションを起動するために必要な設定を得ることができません。また、ローカルでの開発に余分な依存関係が発生し、ローカルのセットアップでキーバリューストアを必要とするか、ローカルでの開発用と運用構成用に異なるコードパスを用意することになります。しかし次の選択肢を使えば、両方の世界を少しずつ楽しむことができます。

8.7.2.2 構成管理ツールによる変更

もし構成管理ツールを使用しているのであれば（使用しているべきですが）、たとえばRPMパッケージによってインストールされた設定ファイルを構成管理ツールで置き換えるという別の選択肢があります。実際にはインストール後スクリプトの中で構成管理コマンドを実行することで、確実に設定ファイルを適切に設定できます。これにより、ソフトウェアエンジニアはローカルの開発プロセス用の設定ファイルをチェックインし、運用サポートエンジニアはそれらのファイルを本番環境に適した構成や設定に置き換えることができます。

キーバリューストアを使用したいという場合であっても、キーバリューストアの値に基づいて構成管理ツールがアプリケーションの設定ファイルを置き換えるというやり方もあります。アプリケーションは、キーバリューストアから設定を読み取る代わりに、引き続きローカルの設定ファイルを読み取ります。構成管理ツールは、キーバリューストアから設定を読み取り、その値を設定ファイルの適切な場所に書き込みます。もし構成管理ツールを継続的に実行している場合、キーバリューストアを更新しアプリケーションを再起動または設定ファイルを再読み込みすることで、フリート全体の設定ファイルを変更できます。

キーバリューストアによる設定方法をサポートするためにアプリケーションを変更するための余力や要望がない場合、この方法はすばらしい選択肢となります。また構成管理ツール内でデフォルトの値を指定できるという利点もあります。これによりキーバリューストアが利用できない場合でも、アプリケーションサーバ上の設定ファイルを作成しアプリケーションを動かすことができます。

8.7.2.3 設定ファイルへのリンク

さらにパッケージのインストールプロセスの中で、設定ファイルをリンクするという方法もあります。これにより運用エンジニアは、パッケージがインストールされるパスの外側にある設定ファイルを管理できます。パッケージが`/opt/apps`にインストールされる場合、設定ファイルは`/opt/configs`などといった`/opt/apps`の外に置かれます。どこにファイルを保存するにしても、きちんと定義された場所やパスでなければなりません。

パッケージがインストールされると、インストール後スクリプトの中でパッケージ内のファイルとパッケージ外のファイルの間にシンボリックリンクを作成します。これにより、設定を開発と運用で個別に管理しつつ、アプリケーションは同じ場所から設定を読み込んでいるため開発プロセスに影響はありません。OSはアプリケーションに対して透過的にシンボリックリンクを処理します。運用エンジニアは、そのサーバが属する環境に基づいて設定ファイルを更新できます。また構成管理ツールを利用して、インストールディレクトリの外にこれらのファイルの作成もできます。

設定ファイルを管理する方法としては、これら3つの方法しかないわけではありませんが、皆さんと皆さんのアプリケーションに最適な方法の選択肢について十分な理解を深めていただければ幸いです。

構成管理ツールを使うべき理由

構成管理ツールは広く普及しつつありますが、使って当たり前と見なされるまでにはまだ道のりがあります。それを踏まえて、構成管理ツールを重視すべき理由をいくつか紹介したいと思います。

まず構成管理ツールは、環境全体で設定の一貫性を維持するための方法の1つです。構成管理ツールを使用することで、サーバのメンテナンスに必要な設定を手動で行う必要がなくなります。すべての構成管理ツールは、値を提供する必要があるときにデータを検索する機能を備えています。つまり条件に応じて異なる値を簡単に設定できるのです。たとえばサーバで利用可能なメモリサイズに基づいて、JVMに割り当てるメモリサイズを決めることができます。またサーバをいくつかのカテゴリに分類し、そのカテゴリに基づいて値を割り当てることもできます。

構成管理ツールでは、これらの設定をソースコードリポジトリにコミットできます。これにより、インフラへの変更もソースコードへの変更と同じ開発ワークフローを利用できます。ピアレビュー・承認プロセス・監査可能な履歴などは、ソースコードリポジトリを使った構成管理ツールがもたらすもののほんの一部です。

構成管理ツールの私のお気に入りの機能の1つに、リモートでのコマンド実行があります。ツールによって得意不得意はありますが、リモート実行の機能によって、さまざまなサーバでコマンドを実行する必要がある場合に一貫性を保つことができます。これらのツールはどのサーバに対してコマンドを実行するかを指定する構文を提供しており、コマンドを実行するノードをバッチやタイミングの要件とともに指定できます。たとえば、すべてのジョブ処理ノードでサービスを再起動したいとします。その際、サーバの再起動は5つごとのバッチで行い、各バッチの間に15分の待ち時間を設けるというような指定ができます。

DevOpsのワークフローに移行したいのであれば、何らかの構成管理ツールによってサーバを管理することが重要になります。

8.8　デプロイパイプラインの自動化

デプロイアーティファクトができたので、これらの要素をすべて組み合わせてデプロイパイプラインを形成しましょう。5章で説明したように、テストワークフローの一環として自動テストがあるはずです。その最後でビルドアーティファクトが作成されているはずです。さて、このビルドアーティファクトが完成したら、それをパッケージ化してデプロイアーティファクトに含めましょう。デプロイアーティファクトは、ビルドアーティファクトに、コードを顧客に提供するために必要なセットアップ手順を加えたものです。これらをまとめて最終的なデリバリのしくみを作り、デプロイアーティファクトをフリート全体にデプロイします。何度も言いますが、これらの作業は可能な限り自動化する必要があります。

ワークフローの自動化をどのように進めるかは、アーキテクチャに大きく影響されますが、基本的な手順はほとんど同じです。

1. データベーススキーマの変更など、前提となる手順を実行する。
2. ノードのサービスを停止し、処理を行わないようにする。
3. ソフトウェアパッケージをノードにデプロイする。
4. デプロイが正常に完了したことを確認する。
5. ノードをサービスに戻す。
6. 次のノードに移動する。

この手順はデプロイのやり方によって多少異なる場合があります。たとえば、すべての新規サーバに新しいコードをデプロイする場合は、個別のサーバにデプロイするのではなく、すべての新規サーバに対してこれらの手順を実行し新規サーバ全体を同時にオンラインにできます。フリートのロールバックについては本章の前半で説明しましたので、ここではあらためて説明しません。フリートのロールバックを実践できていない場合は、この6つのステップを参考にしてみてください。

8.8.1　新しいアプリケーションを安全にインストールする

フロントエンドにロードバランサ、バックエンドにWebサーバを配置した、よくある構成のWebアプリケーションがあるとします。デプロイプロセスでまず最初に行うべきことは、ロードバランサプールからノードを削除することです。これにはいくつかの方法があります。運が良ければ、ロードバランサのAPIを使ってプールからノードを削除できます。

もう一つの方法は、デプロイ中にロードバランサからのトラフィックをブロックするよう、ホストベースのファイアウォールルールを追加することです。この場合、いくつかの例外を除いて、デプロイ中のノードの443番ポートのすべてのトラフィックをブロックします。これにより、ロードバランサはノードにアクセスできないと判断し、プールからそのノードを削除します。ほかにもいろいろな方法があると思いますが、APIが提供されていなくても目標は達成できます。常識にとらわれずに考えてみましょう。

ロードバランサからノードが削除されたので、ノードへのデプロイを開始できます。パッケージマネージャーを使用している場合、`yum update funco-webserver`のように、パッケージ管理システムのアップデートコマンドを実行するだけの簡単な作業です。これはYUMパッケージ管理システムによって処理され、前のバージョンのアンインストール、新しいバージョンのインストール、パッケージで定義済みのコマンドの実行などを行います。

パッケージがインストールされたら、検証プロセスを実行します。私は、何らかの方法でノードからサイトを取得するやり方をよく使います。ロードバランサを介さずに、ノードやノードグループに直接`curl`コマンドを実行するといった簡単な方法です。この時点では、デプロイが正常に完了したことを確認するだけで、必ずしもリリース自体が正常であることを確認するわけではありません。ロードバランサプールにノードを戻したときに、そのノードがリクエストをきちんと処理できるかどうかを確認したいのです。私は通常、ログインページが読み込まれるかを確認するような単純なタスクを使います。時間をかけてより洗練されたものにもできますが、このようなシンプルなチェックであっても、何もチェックしないよりはるかに良いです。段階的に改善する方が、さまざまな障害に遭遇する中で得られた情報をもとに改善できるため、より迅速に前進できます。

パッケージがインストールされ、サービスが実行されていることが確認できたら、プールから削除したノードを元に戻します。次のノードへのデプロイに移る前に、アプリケーションがプールに戻されトラフィックを処理できていることを確認します。これを行うには、アプリケーションサーバのログをチェックするか、ロードバランサにAPIがある場合は、そのAPIにアクセスします。追加されたら、次のノードに移ります。どのようにサーバが稼働しているかを確認するにせよ、それは自動化されてデプロイプロセスに組み込まれている必要があります。自動的にデプロイの状態を判断できない場合は、ほとんどの場合この段階でデプロイプロセスをやめるのが賢明でしょう。自動的にロールバックすべきかどうかは、環境とロールバックプロセスに大きく依存します。理想的には、避けられるのであれば、自動処理がアプリケーションを壊れた状態のままにしておくことは避けたいでしょう。

デプロイは、デプロイパイプラインというプロセスにおいて自動化するべき最後のピースです。機能フラグを使えば、手動のリグレッションテストや自動テストスイートなどによるリリースプロセスの検証に基づいて、機能を有効にしたり無効にできます。機能フラグがあれば、アプリケーション全体をロールバックすることなく、新しい機能を無効にできます。もしロールバックが必要になったとしても、パッケージ管理プロセスによってある程度は容易になります。`yum downgrade`コマンドを使用すると、アプリケーションを以前のバージョンにロールバックできます。アプリケーションの依存関係によっては、依存関係もダウングレードする必要があるかもしれませんが、多くの場合はアプリケーションパッケージをダウングレードするだけで十分です。このような処理の組み合わせにより、デプロイプロセスの恐怖心を減らすために必要な安全性を得ることができます。リリースサイクルが遅くなる主な要因は恐怖心です。

もう一つの重要な点は、これらのステップやフェーズは、それぞれ個別に構築できることです。まずは自動テストを推し進めることで、パイプラインを構築できます。次にデプロイアーティファクトをパッケージ化して改善します。その後、デプロイプロセスの自動化に移行します。このようにすべてを一度に行う必要はありません！　今やっていることを継続的に改善するために、ゆっくりと進めてください。時間をかければ必ず到達できます。ただ今日の状況に満足せず、明日の生活を少しでも良くするための方法を常に探してください。

8.9 本章のまとめ

- 恐怖心はリリースサイクルを遅くする主な要因です。
- リスクが軽減され、正常な状態への復帰が迅速かつ十分に理解されているときには恐怖心は軽減されます。
- ステージング環境は本番環境とまったく同じにはなりません。それを前提に計画しなければなりません。
- OSのパッケージ管理機能はデプロイアーティファクトを作成するのに最適な方法です。
- データベースの変更は常に追加的に行い、2つのリリースを経るべきです。1回目のリリースで新しいカラムを追加し、2回目のリリースで古いカラムを削除します。
- デプロイパイプラインの自動化は段階的に進めましょう。

9章 せっかくのインシデントを無駄にする

本章の内容

- 非難のないポストモーテムの実施
- インシデント発生時に人々が持つメンタルモデルへの対応
- システムの改善を促進するアクションアイテムの作成

予期せぬ、あるいは計画外の出来事が起きてシステムに悪影響を及ぼす場合、その出来事を**インシデント**と定義します。会社によっては、この言葉は大規模な壊滅的イベントのみを表す場合もありますが、このように広く定義することで、インシデントが発生したときにチームで学習する機会を増やすことができます。

これまで述べてきたように、DevOpsの中心にあるのは継続的な改善という考え方です。DevOpsの組織では、漸進的な変化が勝利をもたらします。この継続的な改善の原動力となるのは、継続的な学習です。新しいテクノロジ・既存のテクノロジ・チームの運営方法・チームのコミュニケーション方法に加えて、これらがどう相互に関連して、エンジニアリング部門という人間と技術のシステムを形成しているのかを学ぶのです。

学びの場として最適なのは、物事がうまくいったときではなく、うまくいかなかったときです。物事がうまくいっているときは、自分がシステムについて知っていると思っていることと、システムの中で実際に起こっていることが、必ずしも矛盾しないのです。たとえば15ガロンのガソリンタンクを搭載した車があるとします。そして、あなたはなぜかそのガソリンタンクの容量が30ガロンだと思い込んでいました。しかし、10ガロンほど使い切ったらガソリンを入れるという習慣があったため、ガソリンタンクの容量に対するあなたの理解と、現実は対立しませんでした。この状態で何度車に乗っても、現実に関する新しい学びは得られません。しかし、いざ長距離ドライブをしようと思った場合、15ガロンを消費した時に問題が発生します。そのうちに自分の愚かさに気付き、新しい情報を得て適切な注意を払うようになります。

問題が発生した際に、あなたができることはいくつかあります。なぜ15ガロンでガス欠になったのかと、その理由を深く追求もできますし、「念のため5ガロン使うごとにガソリンを入れたほうが良いな」と考えることもできます。多くの組織では後者のような選択が行われており、ただただ驚くばかりです。

多くの組織は、システムがなぜそのように機能したのか、どうすれば改善できるのかを理解するための思考訓練を行っていません。インシデントは、システムに対するあなたの理解が現実と一致しているかどうかを確かめる決定的な機会です。この訓練をしないことで、インシデントの良い部分を無駄にしてしまうことになります。このような出来事から学ぶことができないと、今後の取り組みに支障をきたします。

システム障害から得られる教訓は、必ずしも自然に得られるものではありません。多くの場合、体系的に構造化された方法で、システムやチームメンバーから教訓を引き出す必要があります。このプロセスは**アフターアクションレポート**、**インシデントレポート**、**レトロスペクティブ**など、さまざまな名称で呼ばれています。しかし、私は**ポストモーテム**という言葉を使います。

ポストモーテムとは、チームがインシデントに至るまでの出来事を評価するプロセスです。ポストモーテムは通常、関連するステークホルダーやインシデント対応に関わった人全員でのミーティングという形式で行われます。

本章ではポストモーテムのプロセスと構造について説明し、エンジニアがなぜそのような行動をとったのかについて、より深く掘り下げた質問をすることでシステムをより深く理解する方法についても説明します。

9.1 良いポストモーテムの構成要素

それなりの規模のインシデントが発生すると、人々は責任のなすりつけ合いを始めます。人々は問題から距離を置こうとしたり、情報に壁を作ったり、自分が無実であると示すのに役に立つ点についてだけ手助けするのです。もしあなたの組織でこのようなことが起こっているとしたら、あなたは非難と懲罰の文化の中に生きている可能性が高いです。そういった環境におけるインシデントへの対応は「ミス」をした責任者を見つけ出し、彼らを適切に罰し、恥をかかせ、追いやることです。

その後、インシデントを起こした作業については誰かの承認を必須とするというような、余分なプロセスを追加します。そして、同じ問題が二度と起こらないことを確信して満足しながらその場を後にします。しかし、いつも問題は再発します。

責任のなすりつけ合いがうまくいかないのは、問題が人にあると攻撃してしまうからです。もし人々がもっと良いトレーニングを受けていたら。もっと多くの人がその変更に気付いていれば。あの人がその手順に従っていれば。あの人がコマンドを誤入力していなかったら。誤解のないように言うと、これらはすべて物事がうまくいかない正当な理由ですが、**なぜ**その活動（またはその活動の欠如）がこのような壊滅的な失敗を引き起こしたのかという核心には触れていません。

トレーニングがうまく機能していないケースを例にとってみましょう。エンジニアが適切なトレーニングを受けておらず、ミスを犯してしまった場合、「なぜ彼はトレーニングを受けていなかったのか？」と自問すべきです。そのエンジニアはどこでそのトレーニングを受けるはずだったのだろうか？　そのトレーニングを受けていなかったのは、そのエンジニアに十分な時間がなかったからなのだろうか？　もしそのトレーニングを受けていないのであれば、なぜ実行する準備ができていないのにシステムへのアクセスを与えられたのだろうか？

この考え方は、**システム**の問題を**個人**の問題としてとらえてしまっています。トレーニングプログラムが不十分な場合、そのエンジニアを非難しても問題は解決しません。なぜなら次に採用されるエンジニアも同じ問題に遭遇するかもしれないからです。要件を満たしていない人に危険な行為を許可してしまうと、組織内のシステムやセキュリティ管理の不備が浮き彫りになります。これを放置すると、同じ過ちを犯す従業員を生み出し続けることになります。

責任のなすりつけ合いから脱却するためには、システム・プロセス・ドキュメント・システムの理解のすべてが、どのようにしてインシデントにつながったかを考えなければなりません。ポストモーテムが懲罰のための取り組みになってしまうと、誰も参加しなくなり、継続的な学習と成長の機会を失うことになります。

非難する文化のもう一つの副作用は透明性の欠如です。誰も自分が犯したミスのために罰を受けることを望んでいません。おそらく、その人はすでにそのことで自分を責めているでしょう。それに加えて、非難を伴うポストモーテムで公の場で非難されると、インシデントに関する情報や具体的な詳細を隠そうとしてしまいます。

オペレーターがコマンドの入力を間違えたために起きたインシデントを想像してみてください。オペレーターは、このミスを認めれば何らかの罰が待っているとわかっています。彼はミスに対する罰があることを知っているので、ほかの皆がインシデントを解決するために多くの時間を費やしている間、彼は黙っている可能性が高くなります。

懲罰と非難の文化では、従業員が真実をあまり話さなくなります。率直さを欠くと、インシデントから学ぶ能力が妨げられると同時に、インシデントに関する事実をわかりづらくしてしまいます。非難のない文化（blameless culture）では、従業員は懲罰を受けることなく、コラボレーションと学習をより促進する環境を作ることができます。非難のない文化では、誰もが責任逃れをしようとするのではなく、インシデントの原因となった問題や知識のギャップを解決することに関心が向けられます。

非難のない文化は一夜にして実現できるものではありません。懲罰を受けないという安心感を得て、犯したミスやその環境について率直に話し合える環境を作るには、同僚や組織のリーダーがかなりのエネルギーを注ぐ必要があります。読者であるあなたは、自分が傷つきやすいと言うことや自分のミスをチームや組織で最初に共有することで、この変革を促進できます。誰かが最初の一歩を踏み出す必要があります。その誰かとは、本書を読んでいるあなたでしょう。

9.1.1 メンタルモデルの作成

人々がシステムやプロセスをどのようにとらえているかを理解することは、失敗がどのように起こるかを理解する鍵となります。あなたがシステムを扱うとき、あるいはシステムの一部であるとき、そのシステムに対して**メンタルモデル**を作成しています。このモデルには、システムがどのように動作しているかについての考え方が反映されています。

定義

メンタルモデルとは、対象がどのように機能するかについてのある人の思考プロセスを表したものです。メンタルモデルには、コンポーネント間の関係や相互作用、あるコンポーネントの動作がほかのコンポーネントにどのような影響を与えるかについての認識が表されます。人のメンタルモデルは、しばしば間違っていたり、不完全だったりします。

しかし、あなたがそのシステムの完全な専門家でもない限り、あなたのモデルには乖離があると考えるのが妥当でしょう。あるソフトウェアエンジニアが本番環境に対して持っているメンタルモデルを例にしましょう。そのエンジニアは、Webサーバ・データベースサーバ・キャッシュサーバがあるということは認識しています。これらのコンポーネントは、コード上やローカルの開発環境の中で日常的に触っているものだからです。

しかし、このアプリケーションが本番レベルのトラフィックを処理するために必要な、すべてのインフラコンポーネントについては、おそらく認識していないでしょう。データベースサーバにはリードレプリカがあるかもしれませんし、Webサーバの前にはロードバランサがあり、その前にはファイアウォールがあるでしょう。**図9-1**は、エンジニアのモデルとシステムの現実を比較しています。

コンピュータシステムだけでなくプロセスにおいても、このような食い違いに気付くことは重要です。期待と現実のギャップは、インシデントや障害の巣窟となります。ポストモーテムを機に、失敗に関与したシステムのメンタルモデルを全員で更新しましょう。

9.1.2 24時間ルールの遵守

24時間ルールとは、自分たちの環境でインシデントが発生した場合、24時間以内にそのインシデントに関するポストモーテムを行うべきだというシンプルなものです。このルールが必要な理由は2つあります。

まず、インシデントが発生してからドキュメント化されるまでの時間が長くなると、状況の詳細が失われていきます。記憶が薄れ、詳細が失われていくのです。インシデントに関しては、詳細が大きな違いを生みます。このエラーが発生する前にサービスを再起動したのか、後に再起動したのか。サンドラの修正を先に行ったのか、それともブライアンの修正が先だったのか。フランクが最初に起動したときにサービスがクラッシュしたことを忘れていなかったかどうか。それが何を意味するのか？　問題を解決した要因を突きとめるだけであれば、このような詳細はあまり意味がないかもしれませんが、インシデントがどのように解明され、そこから何を学ぶことができるかを理解

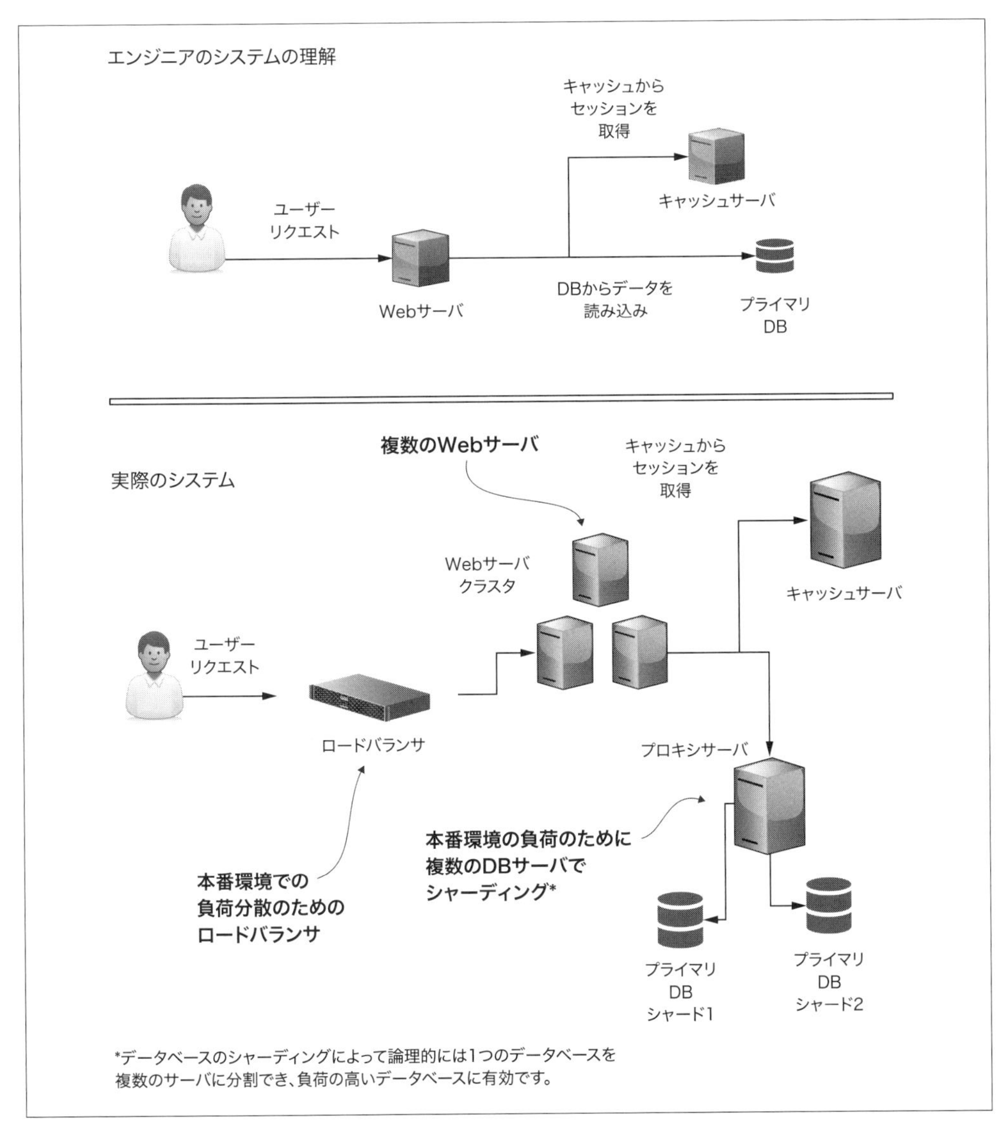

図9-1　エンジニアのメンタルモデル（上）と現実（下）の比較

する際には間違いなく重要です。

24時間以内にポストモーテムを行うべきもう一つの理由は、失敗の背景にある感情やエネルギーを確実に活用するためです。交通事故にニアミスした人は、その後に極度の警戒心を抱きます。そして、その警戒心と集中力は、ある一定の時間は持続します。しかし、遅かれ早かれ以前の習慣に戻り始めます。危機感が薄れ、ハンズフリーユニットなしで運転したり、信号待ちの間にメールに返信するように戻ってしまうのです。

しかし、もしもその短い期間しか持続しない意識の高まりを利用して、そのような不適切な行為や破壊的な行為を未然に防ぐための制御を車に搭載できたとしたらどうでしょう。それが24時間ルールでやろうとしていることです。インシデントの勢いを利用して、それを何か良いことに使うのです。

インシデントは通常では発生しない出来事であるため、たいていは誰かがプレッシャーや失敗の余波にさらされ、多くのエネルギーが蓄積されます。しかし時間が経てば経つほど、その緊張感は薄れていきます。24時間以内に、チームメンバーが注目しているうちに、インシデントのフォローアップ項目に着手しましょう。

最後に、24時間以内にポストモーテムを行うことで、ポストモーテム用のドキュメントを確実に作成できます。ドキュメントが作成されると、ほかの人にも失敗について知ってもらうために広く配布でき、将来のエンジニアのための教材にもなります。インシデントには大量の情報が含まれており、失敗を詳細にドキュメント化することで将来のエンジニアのトレーニングに大いに役立ちます（またインシデントをエンジニア採用での質問として利用することも可能です）。

9.1.3 ポストモーテムのルール設定

どんな会議でもそうですが、ポストモーテムを成功させるためには一定のガイドラインを定めておく必要があります。ポストモーテムの前には、これらのルールを詳しく説明することが重要です。このルールは、協力的でオープンな雰囲気を作るためのものです。

参加者は、自分の知識やシステムの理解にギャップがあることを安心して認める必要があります。チームメンバーが専門知識の欠如を共有することに抵抗を感じる理由はたくさんあります。会社の文化によっては、ほんの少しでも専門知識に欠けるところがあると、敬遠されてしまうかもしれません。非現実的なレベルの完璧さを求める社風のために、ミスをしたり、完全な専門家ではないメンバーが無力であると感じることもあります。

またチームメンバー自身で、このような無力感を抱くことも珍しくありません。このようなネガティブな感情や経験は、全体を理解して学習する妨げになります。そのような感情を静めるよう最善を尽くす必要があります。それが、このルールとガイドラインの目的です。

- 人を直接批判してはならない。行動や振る舞いに焦点を当てる。
- 誰もが、その時点で得られた情報の中で、最善の仕事をしたと考える。
- 今となっては明白な事実であっても、その場ではあいまいだった可能性があることを認識する。
- 人ではなくシステムを責める。
- 最終的な目標は、インシデントに関与したすべての要素を理解することであることを忘れない。

これらのルールによって、会話を本来の目的であるシステムの改善に集中でき、非難合戦から抜け出すことができます。これらのルールが常に守られるかどうかは、会議の進行役にかかっています。もし誰かが一度でもルールを破ったら、経営陣が「誰の責任にしようか」と探しているほかの会議と同じだというシグナルになります。

9.2 インシデントの発生

午前1時29分、バックグラウンド処理のキューの1つのサイズが、事前に設定されたしきい値を超えたことを監視システムが検知しました。運用担当のオンコールエンジニアであるショーンは、午前1時30分ころに呼び出しを受け取ったときには熟睡していました。そのアラートには「ワーカの処理キューのサイズが異常に大きい」と書かれていました。ショーンがアラートを読むと、それは問題が発生しているというよりも状況を知らせているだけに見えました。アラートの内容から、彼はそのままアラートが解除されるのを待ってもリスクはないと考えました。彼はアラートに応答し、それが終わることを期待して30分間居眠りしました。

30分後、再びアラートの呼び出しが発生し、今度はキューのサイズがさらに大きくなっていました。ショーンは、アラートを出しているキューが何に使われているのか、よくわかっていません。彼は、いくつかのバックグラウンド処理ジョブがワーカキューから実行されるということは知っていますが、各ジョブはそれぞれ異なるキューから実行されます。彼はキューのジョブを再起動して、問題が解決するかどうかを確認することを選択しました。しかし問題は解決しません。2つのキューが、依然としてサイズが非常に大きいと報告しています。彼は、同じキューの過去のサイズのグラフと比較することで、この数字が異常であることを確認しました。

この時点で、ショーンはオンコールの開発エンジニアを呼び出す必要があると判断しました。彼は、オンコール情報が記載されているConfluenceのページを開きました。がっかりすることに、そのオンコールエンジニアは電話番号を記載しておらず、メールアドレスが記載されているだけでした。オンコールのページには、プライマリのオンコール担当者が不在の場合に誰に連絡すればよいのかが記載されていません。ショーンは、リストに載っている電話番号に手当たり次第電話をかけるのではなく、自分のマネージャーにエスカレーションして指示を仰ぐことにしました。マネージャーはログインしてトラブルシュートを手伝ってくれましたが、すぐにシステムへの理解の限界に達してしまいました。マネージャーは、プリンシパルエンジニアにエスカレーションすることを決めました。

呼び出しを受けたプリンシパルエンジニアは、調査を開始するためにオンラインになりました。`consumer_daemon`は、ショーンが特定した2つのキューのうちの1つを処理するバックグラウンド処理ジョブです。プリンシパルエンジニアは、`consumer_daemon`が数時間稼働していないことを発見しました。ワーカがキューにメッセージを追加し続ける一方、`consumer_daemon`が稼働しておらず、キューからメッセージを取り出して処理するプロセスがいなかったため、キューサイズが増え続けていたのでした。エンジニアが`consumer_daemon`を再起動すると、処理が再開されました。45分でシステムは正常に戻りました。

9.3　ポストモーテムの実施

ポストモーテムミーティングの運営は骨が折れます。通常ポストモーテムを最大限に活用するには、さまざまなスキルが必要です。全員が参加しなくても十分な効果は得られますが、参加する人数を増やして多様な視点を持つ方が、より価値があると気付くでしょう。

9.3.1　ポストモーテムに招待する人を選ぶ

この節では、まず技術職の中で参加するべき役割をいくつか紹介します。しかし、何をするにしても、ポストモーテムを純粋に技術的な問題として考えないでください。インシデントの際に発生する意思決定の問題には、多くの背景があります。たとえインシデントに直接関与していなくても、利害関係者は、何が発生し、「どうすれば同じことが二度と起こらないようにできるのか」という、昔からある適切ではない疑問を理解したいと思っています。

まず招待すべきは、インシデントからの復旧プロセスに直接関与したすべての人です。復旧作業に少しでも関わった人であれば、出席してもらうことをお勧めします。しかし、通常は見落とされがちなほかの人々もポストモーテムから恩恵を受ける可能性があります。

9.3.1.1　プロジェクトマネージャー

プロジェクトマネージャーが、発生したインシデントに対して、彼らの役割から生じる興味を持っていることは珍しくありません。まず第一に、彼らはほとんどの場合、技術的なリソースを共有しながら、本番環境を運営するという責任を担っています。根本的な技術的問題を理解すると同時に、ほかのプロジェクトへの影響を評価するための生の声を得ることは有益です。

また、プロジェクトマネージャーは、インシデントが既存のプロジェクトやリソースに与えた影響を伝えることができます。ほかの作業への影響を理解することで、インシデントの波及効果を理解できます。プロジェクトマネージャーの計画が、問題を急ぎで解決するよう急かすような状況を生み出していることも珍しくありません。機能・プロダクト・タスクの実施を極端に急かされることが、インシデントにつながる状況を生み出すきっかけとなった可能性もあります。

9.3.1.2　ビジネスステークホルダー

ビジネスステークホルダーは、ポストモーテム中に飛び交う技術用語を完全には理解できないでしょうが、将来的にインシデントにどう対処すべきかを明らかにする突破口となるような詳細を把握しています。ビジネスステークホルダーは、技術的な詳細がビジネスにとってどのような意味を持つのかを説明し、インシデントをビジネスの視点でとらえることができます。

ユーザーの利用が比較的少ない火曜日の午後9時に発生したインシデントは、影響の小さいインシデントに見えるかもしれません。しかし、ビジネスステークホルダーは、この火曜日が月末の決算処理の日であったと教えてくれるかもしれません。障害が発生したため、アナリストが決算処理のための作業を完了できず、請求書の発行が遅れ、売掛金が滞り、資金繰りに支障をきたすことになります。これは少々大げさですが、タイミングの悪いインシデントが生み出す現実と大きな違いはないでしょう。ビジネスステークホルダーが参加することで、インシデントマネジメントプロセスにビジネスの文脈だけでなく透明性も与えることができます。

9.3.1.3 人事担当者

私はこれまで、ポストモーテムに人事担当者に参加してもらうことで、興味深い効果が生み出される場面を経験してきました。すべてのポストモーテムに人事担当者を招待することはお勧めしませんが、インシデント要因の1つがリソースや人員配置にあるとわかっている場合には、間違いなく招待することをお勧めします。

人事担当者にインシデントの経緯を聞いてもらい、スタッフが不足していることによって発生する痛みを知ってもらうことの効果は、目を見張るものがあります。どこでこの手を使うかは慎重に選ぶ必要があります。しかし、オンコールの人数が少なすぎて問題を解決できなかったことや、主要なスタッフが前夜に長時間の移行プロジェクトのために寝ていたことなどを人事担当者に聞いてもらい、追加の人員を確保したことがあります。

9.3.2 タイムラインの振り返り

インシデントの**タイムライン**は、インシデント中に発生した一連のイベントをドキュメント化したものです。発生した一連のイベント、その順番と時間について全員が合意できれば、ポストモーテムはよりスムーズに進みます。

ポストモーテムを運営する人は、出発点として会議の前に大まかなタイムラインを組み立てるようにしてください。会議中にゼロからタイムラインを作成すると、全員が何が起こったかを思い出すために膨大な時間を費やすことになります。ポストモーテムの主催者が出発点を作れば、参加者がインシデントについて思い出すきっかけとなります。このきっかけによって、より細かく入り組んだ情報についての記憶が蘇りやすくなります。

9.3.2.1 イベントの詳細をタイムラインに記載する

タイムライン上の各イベントにはいくつかの情報が必要です。

- どのようなアクションやイベントが行われたのか？
- 誰がそれを行ったのか？
- それが行われた時刻はいつか？

実行されたアクションやイベントの説明は、何が起こったのかを明確かつ簡潔に記述する必要があります。アクションやイベントの詳細は、この時点では解釈やコメント、動機などを一切排除する必要があります。たとえば、「決済サービスがサービスコントロールパネルから再起動された」というように、純粋に事実のみを記載します。これは明確な事実の記述です。

「決済サービスが誤って意図せずに再起動されてしまった」というのは悪い例です。アクションについて議論の余地があるような記載をしているからです。誰の基準で誤っていたのか？　その基準はどこで伝えられたのか？　再起動を行った人は誤ったトレーニングを受けたのか？　このような判断を取り除くことで、行動についてどう判断するかという議論に脱線することなく、会話を継続できます。この解釈が重要でないと言っているわけではありません。実際のところ重要です。ただ、プロセスのこの段階では有益ではありません。

誰がそのアクションをしたかということも記録すべき事実です。場合によっては、そのイベントはユーザーではなくシステム自体が実行したかもしれません。たとえば、「Webサーバがメモリ不足でクラッシュした」というアクションやイベントがあった場合、そのアクションはそのサーバによって行われたことになります。

どのくらい詳細に記述するかは、あなた次第です。私は通常、**誰が**行ったかの部分はアプリケーションとそのコンポーネントで表します。たとえば、「決済Webサーバ」などです。同じ種類の複数のノードが異なる動作をしたことが問題の原因である場合は、ノードを特定できるように「決済Webサーバホスト10.0.2.55」のように、より具体的に記述する場合もあります。詳細については、最終的には対処している問題の性質に依存します。

誰の部分が人である場合は、その人の名前か役割のいずれかを記します。たとえば「ノーマン・チャン」とか、単に「システムエンジニア1」などです。役割で表すことの価値は、ポストモーテムのドキュメントでその人が非難されていると感じるのを防いでくれる点にあります。誰かがうっかりミスをした場合、そのミスとそれによって生じた問題の詳細を記したドキュメントの中で、その人の名前を何度も繰り返すのは少し懲罰的な感じがします。

役割や肩書きを使うもう一つの理由は、時間が経ってもその記録が有用であり続けるというものです。これらのドキュメントは、将来のエンジニアが使用することを前提とした記録です。3年後のエンジニアは、ノーマンが誰で彼の役割や機能が何なのか分からないかもしれません。しかし、システムエンジニアがその行動をしたと明記することで、変更にまつわる状況がより明確になります。名前で記載すると、彼がポストモーテムに記載されているアクションの権限があったのかを確認する必要がありますが、「システムエンジニア1」という役割が使われていれば、そのアクションの権限があると判断できるかもしれません。

最後に、イベントが**いつ**発生したのかを確定し、アクションの順序をチーム全体でよく理解するために、イベントの時間を詳細に記述することが必要です。

このように各イベントを詳細に記載したうえで、タイムラインを見ながら詳細についてチームに確認し、見落としている可能性のあるアクションがないかを確認します。会議の前にタイムラインを配布し皆に確認してもらうことで、オフラインでもタイムラインを更新でき、このプロセスを少し早めることができます。ただ会議の中で詳細を確認する必要がある場合は、それでも構いません。タイムラインが完成したら、次は具体的な項目を確認していきましょう。

ここではp.219「9.2　インシデントの発生」のインシデントの例をどのようにドキュメント化するかについての例を示します。

- 午前1時29分、バックグラウンドの作業キューのサイズが、設定されたしきい値を超えたことを監視システムが検知した。
- 午前1時30分、システムは「ワーカが処理するキューのサイズが異常に大きい」というアラートをオンコールの運用エンジニアに伝えた。
- 午前1時30分、オンコールのエンジニアはアラートを確認し、30分間スヌーズした。

9.3.2.2 イベントに文脈を加える

タイムラインが確定したら、イベントに少しずつ文脈を加えていきます。文脈とは、発生した各イベントの背景にある詳細や動機を示すものです。一般的には、人間が行ったイベントやアクションにのみ文脈を追加する必要がありますが、システムが選択し、その選択を明確にする必要がある場合もあります。たとえばシステムに緊急停止モードがある場合、なぜシステムが緊急停止したのか、その背景を説明することは有益かもしれません。なぜそこまでの思い切ったアクションが必要だったのかが明確でない場合には特に有益です。

イベントの文脈は、その時の状況に対するその人のメンタルモデルを理解するためという動機で与えられるべきです。メンタルモデルを理解することで、なぜその決定がなされたのか、その決定に至るまでの前提条件を説明できます。ポストモーテムのルールを尊重し、システムがどのように機能しているかについての誰かの理解や解釈に対して判断を下すことは避けてください。あなたの目的は学ぶことです。なぜなら一人の人が誤解していることは、そのほかの多くの人も誤解している可能性があるからです。

それぞれの出来事を見て、その決定の背景にある動機を探るような質問をしてみましょう。ここでするべき質問には次のようなものがあります。

- なぜそれが正しい行動だと感じたのか？
- システムで何が起こっているのかについて、なぜそのように解釈したのか？
- ほかの行動を検討したか？　検討した場合、なぜそれらを排除したのか？
- 誰かほかの人がそのアクションをとる場合、あなたがその時に持っていた知識をその人はどのように得るだろうか？

これらの質問を見て、おもしろいことに気付くかもしれません。それは、これらの質問はその人のアクションが正しいか間違っているかを仮定していない点です。

ポストモーテムでは、誰かが正しい行動をしても、間違った行動をしても、同じように多くの学べることがあります。たとえば誰かがあるサービスを再起動し、それがインシデントを解決したアクションであった場合、エンジニアが何を知っていてそのアクションを取ったのかを理解することは価値があります。失敗したタスクがこのサービスによって制御されていることを知っていたのかもしれません。また、このサービスは不安定で、再起動が必要な場合があると知っていたのかもしれません。

こういったことを知っているのはすばらしいことですが、問題はほかのエンジニアがどうやってその知識を得るのかということです。仮にそのような疑いを持ったとしても、それをどうやって確認するのでしょうか？　それは純粋に経験によるものなのか、それともその経験をメトリクスやダッシュボードで公開し、誰でもその疑いを検証できる方法があるのでしょうか？　あるいは、その失敗した状態を検知してエンジニアに知らせるアラートメカニズムを作る方法があるのではないでしょうか？　誰かが正しい行動を取ったとしても、その正しい行動を取るに至った経緯を理解することは重要です。

実際の事例として、デプロイの際に、あるデータベース文の実行時間が長くなったことがありました。デプロイを行っていたエンジニアは、時間がかかっていることを認識し、トラブルシュートのプロセスを開始しました。しかし、なぜそのコマンドの実行時間が長いとわかったのでしょうか？　この文脈における「長い」とはどのくらいでしょうか？　そう聞かれると、ステージング環境のデプロイの際に同じ文を実行したことがあり、前回のイテレーションでどれくらい時間がかかったか大まかに把握していたからだと答えました。もし彼が本番のデプロイを行うエンジニアではなかったとしたら？　そのような状況では、ステージング環境における実績という文脈が失われ、トラブルシュートの開始がもっと遅くなったかもしれません。

このような想定を把握することが、ポストモーテムプロセスの肝となります。人々が長年かけて収集し、トラブルシュートの際に大きく依存しているこの専門知識を共有するために、どのような改善ができるでしょうか？　前述の例では、ステージング環境でのデプロイの際にデータベース文が実行されるたびに、掛かった時間を計測してデータベースに記録することにしました。本番環境への同じデプロイでデータベース文を実行する前に、システムはデプロイエンジニアにステージング環境での実行時間を通知し、エンジニアにどのくらいの時間がかかるかを伝えることにしました。これは、インシデントへの対応でうまくいったことを、なぜ成功したのかを理解し、今後も成功を繰り返すことができるようにした例です。

今回のインシデントの例では、プリンシパルデベロッパーになぜconsumer_daemonの再起動を選択したのかを尋ねると良いでしょう。そこでは次のような会話がなされるはずです。

ファシリテーター「なぜconsumer_daemonを再起動することにしたのですか？」

プリンシパルエンジニア（PE）「まあ、システムにログオンしたときに、問題のキューの1つがconsumer_daemonに対応する命名規則を持っていると気付いたんです。」

ファシリテーター「そうですか。では、すべてのキューが命名規則に従っているのですね？」

PE「はい、キューの命名規則は体系化されているので、そのキューのコンシューマが誰であるか見当がつきます。私はこの命名規則によって、consumer_daemonがコンシューマであると示唆していることに気付きました。そして、consumer_daemonからのログを探しましたが、何もないことに気付きました。これもヒントになりました。」

ファシリテーター「もし運用エンジニアがconsumer_daemonのログを見るべきだと知ってお

り、ログが空だったらそのコンシューマがインシデントの原因であるサインになっていたということですね？」

PE「いや、そうではありません。実際のところ、consumer_daemonはログを記録していましたが、その中に作業を行っている場合に出力されるログメッセージがなかったんです。問題は、そのログメッセージがちょっと意味不明なことです。consumer_daemonは、キューメッセージを処理するたびにMappableEntityUpdateConsumerと呼ばれる内部構造に更新内容を報告します。開発者以外には、その関連性がわからないと思います。」

この会話から、開発者の頭の中には、この問題を解決するために欠かせない知識が存在していることがわかります。この情報は、運用エンジニアにもファシリテーターにも知られていないものでした。このように、開発者が正しく行った行動についてのやりとりは、ポストモーテムの価値を高めるものです。

同じように、誰かが間違った判断をした理由を理解することも価値があります。その目的は、彼らの視点から問題をどのように見ていたかを理解することです。視点を理解することで、インシデントの背景を知ることができます。

ある年、私は『美女と野獣』に出てくる野獣の格好をしてハロウィーンパーティにいきました。しかし、ベルの衣装を着た妻が隣に立っていなかった時、人々は文脈を理解できず、私が狼男の格好をしていると思ってしまいました。妻が隣に立った瞬間、人々は欠けていた文脈を即座に理解し、私の衣装に対する見方が一変したのです。オンコールの運用エンジニアとポストモーテムのファシリテーターの会話から、アラートを確認して行動を起こさなかった彼の判断の背景を見てみましょう。

ファシリテーター「最初にアラートを受け取ったとき、それを確認してスヌーズすることにしましたね。その判断をした要因には何があったのでしょうか？」

運用エンジニア「このアラートは実際の問題を示しているわけではありませんでした。ただキューが停滞しているというだけでした。しかし、それはさまざまな理由で起こりうることです。さらに、それは深夜のことで、夜間には多くのバックグラウンド処理が行われます。それらのバックグラウンド処理は、さまざまなキューのメッセージを介して処理されます。その夜はいつもより処理が重たくなっているだけかもしれないと思いました。」

この会話は運用担当エンジニアの視点についての文脈を示すものです。この文脈がなければ、そのエンジニアは問題に対処するには疲れすぎていたか、あるいは単に問題を避けようとしていたと考えるかもしれません。しかし、この会話から、エンジニアがアラートを無視した理由が完全に理にかなったものであったことが明らかになります。もしかしたらアラートのメッセージは、システムの状態を伝えるのではなく、ビジネスにおける潜在的な影響を示すような、より適切なものにすべきだったのかもしれません。このミスにより、トラブルシュートにさらに30分を費やし、処理しなければならないメッセージがさらに積み重なり、復旧までの時間が長くなる可能性が増えました。

人々は、システムの実際の動作に対して誤った見方をすることがよくあります。これは、先に紹介したメンタルモデルの概念に通じるものです。会話からもう少し文脈を探ってみましょう。

ファシリテーター「consumer_daemonを再起動することは考えられませんでしたか？」
運用エンジニア「『はい』でもあり『いいえ』でもあります。具体的にconsumer_daemonを再起動するということは思いつきませんでしたが、私はすべてを再起動したつもりでした。」
ファシリテーター「もう少し詳しく説明してもらえますか？」
運用エンジニア「私がサービスの再起動に使ったコマンドでは、再起動できるSidekiqサービスの一覧が得られます。その一覧はキューごとのサービスを表示します。consumer_daemonはキューの1つです。私が知らなかったのは、consumer_daemonはSidekiqのプロセスではないということでした。そのため、すべてのSidekiqプロセスを再起動したときに、consumer_daemonはほかのバックグラウンド処理とは異なりSidekiqによって実行されていないので、再起動の対象から除外されていました。さらに、consumer_daemonが単なるキューではなく、そのキューの処理を担当するプロセスの名前でもあることも知りませんでした。」

この文脈から、いかに運用エンジニアのシステムに対するメンタルモデルに不備があったかがわかります。またサービスを再起動するために使用するコマンドの文言にも、障害を長引かせた原因があることがわかります。

図9-2では、システムに対するエンジニアの期待と現実を比較しています。エンジニアのメンタルモデルでは、consumer_daemonはp2_queueから処理されていますが、実際にはcd_queueから処理されています。メンタルモデルのもう一つの欠陥は、エンジニアが汎用的な再起動コマンドがconsumer_daemonも再起動すると想定していたことですが、実際のモデルではconsumer_daemon専用の再起動コマンドがあることがわかります。

このような形で再起動コマンドが作られており、エンジニアが真実ではない推測をしても、その推測が間違っていることを知る方法がありませんでした。これは再起動サービスのヘルプドキュメントの表現を修正するというアクションアイテムにつながるでしょう。

物事に対する命名は、人々のメンタルモデルに影響を与えます。たとえば電気のスイッチがあって、その上に赤い太字で「火災報知器」と書かれていたら、そのスイッチが何をするものかについての理解が変わるでしょう。誰かに「すべての電気を消してください」と言われたら、このスイッチには触れないでしょう。そのラベルによって、そのスイッチが何をするものなのかについての理解を変えたからです。システムのメンタルモデルも同じように影響を受けます。このようなミスを特定して修正することが、ポストモーテムプロセスの重要な課題です。

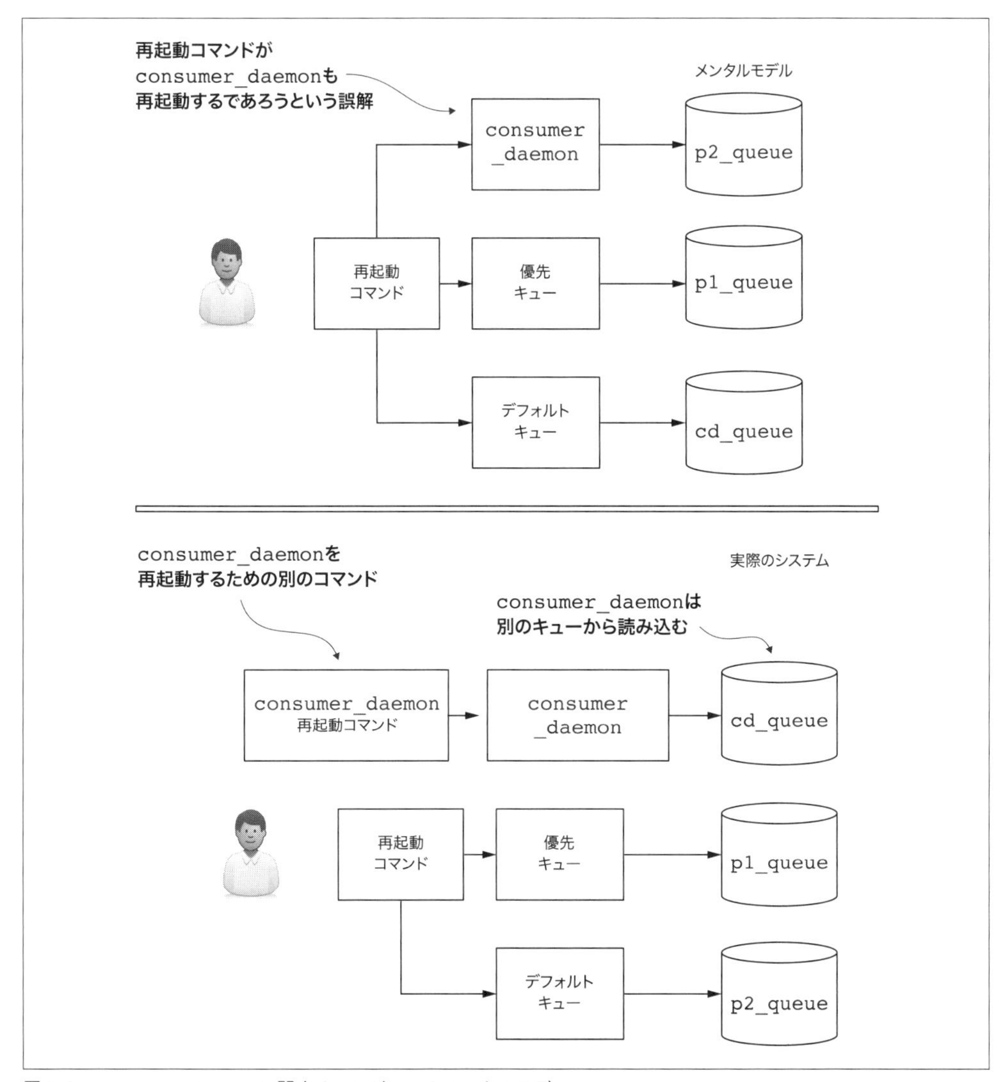

図9-2 consumer_daemonに関するエンジニアのメンタルモデル

9.3.3 アクションアイテムの定義とフォローアップ

ポストモーテムは、インシデントに関する追加の文脈と知識を得るのに最適です。加えて、ポストモーテムでは今後実行するべきアクションアイテムも決めるべきです。たとえばシステムのある部分が可視化されていなかったためにエンジニアが誤った判断を下したとしたら、その部分を可視化することがポストモーテムから得られる有益なアクションアイテムとなります。

ポストモーテムにおけるアクションアイテムのもう一つの利点は、システムの信頼性を向上させるための実際の試みであるという点です。発生したことを読み上げるだけのポストモーテムでは、将来の問題への対処方法を改善するための積極的な対策を示すことはできません。

アクションアイテムは、「**誰**が**いつ**までに**何**をするか」という形式で明確に定義されなければなりません。この3つの重要な要素がそろっていないアクションアイテムは不完全です。多くの組織で、フォローアップタスクの定義があまりにも緩いために具体的な進捗が得られないケースを見てきました。たとえば「私たちは注文処理に追加のメトリクスを導入する」といった定義です。これは、私には実行可能なものには見えません。「私たち」という言葉が具体的に誰なのかは定義されていませんし、注文処理に追加のメトリクスを導入することは崇高な目標のように聞こえますが、タスクに日付がないということは優先順位がないということです。またポストモーテムから出てくるアクションアイテムについては、時間が経つにつれてタスクの緊急性が薄れていきます。

9.3.3.1 アクションアイテムのオーナーシップ

アクションアイテムについて、チームからコミットメントを得るのは難しいです。ほとんどの人は、追加の仕事を探してだらだらしているわけではありません。インシデントが発生したときに、チームにある作業を約束してもらうのは、特にその作業が些細なものでない場合には難しいことです。新しいダッシュボードの作成を依頼するのは簡単ですが、キューシステムの機能を再設計してもらうのは大きなお願いです。

これらの項目を進展させるための最善の方法は、アイテムを分けることです。アクションアイテムは、短期目標と長期目標に分けるべきです。**短期目標**は合理的な時間内に実行可能なタスクであり、最初に優先順位をつけるべきです。**合理的**というのはチームごとの仕事量に応じて変化するものですが、チームの代表者は、何が現実的で何がそうでないかについてある程度の見当をつけることができるはずです。**長期目標**は多大な労力を要する項目であり、上層部による優先順位付けが必要となります。長期目標は、その範囲とスケジュールについて上層部と話し合えるように、十分に詳細に定義されている必要があります。次の内容を定義しておくと良いでしょう。

- 実行する必要のある作業の詳細な説明
- チームが考える、その作業にかかる時間のおおよその見積もり
- 作業の優先順位を決める決定権のある人

アクションアイテムを短期目標と長期目標に分けたら、まずは短期目標に取り組みましょう。前述したように、各アイテムには具体的な責任者、タスクを実行する人を決め、そのアクションアイテムの期日を交渉します。ここでは、すでにその人が持っている仕事量に加えて、予定外の新しい仕事が加わる点を考慮する必要があります。少し先の期日を設定することは、まったく期日を設定しないよりも良いことです。チームメンバーが日程を決める際には、ある程度の柔軟性と理解を示しましょう。誰もがこれらのアイテムはすぐにやらなければならないと思っているでしょう。それが望ましい結果ではありますが、5週間後に仕事が終わっている方が、日付を決めずに会議を終え

てしまうよりも良いでしょう。

短期的なアクションアイテムのリストが埋まったら、長期目標に移ります。短期目標は直接アクションアイテムに変換されるのに対し、長期目標には中間的なステップがあります。長期的なアクションアイテムは、その範囲の広さから、責任者や期日を直接割り当てることはできません。しかし、そのままにしておくと、そのアイテムはどうにもなりません。

アクションアイテムのオーナーは、自ら作業を完了させる代わりに、作業が完了するようを推進する責任を持ちます。誰が、いつまでに、そのアクションアイテムの優先順位を付ける依頼をするのでしょうか？　最終的にそのアイテムのスケジュールが決まり、着手されるまで、アクションアイテムのオーナーは優先順位をつけるプロセスのサポートをします。

これで、アクションアイテムの完全なリストと、長期目標に関する詳細な情報がそろったはずです。**表9-1**はアクションアイテムの例です。

表9-1　ポストモーテムによるアクションアイテムのリスト

アクションアイテム	オーナー	期限
再起動スクリプトに`consumer_daemon`の再起動も含める	ジェフ・スミス	2021年4月3日金曜日
`consumer_daemon`の詳細なログを出力するよう依頼	ジェフ・スミス	2021年4月1日水曜日
長期目標	**おおよその見積もり**	**意思決定者**
`consumer_daemon`のログは不十分。ロギングモジュールの書き直しが必要。	2〜3週間	ブルーチームのマネージャー

9.3.3.2　アクションアイテムのフォローアップ

アクションアイテムに誰かの名前を記載しても、そのアイテムのオーナーが適切な期間内にそれを実行するとは限りません。人々の時間を奪うものはほかにも多くあり、常にほかのタスクが優先される可能性があります。アクションアイテムを完了させるための勢いを維持するのは、ポストモーテムの主催者であるあなたにかかっています。

ポストモーテムでは、グループ全体からの情報のアップデートのサイクルに合意する必要があります。各アクションアイテムにチケットを割り当てて、作業トラッキングシステムを利用するのも効果的です。こうすることで、アクションアイテムの作業を全員に見えるようにし、各自がステータスを確認する方法を提供するのに役立ちます。

その後、ポストモーテムの主催者は、合意した頻度でポストモーテムチームに情報をアップデートする必要があります。また、ファシリテーターは、合意した期日に間に合わなかったチームメンバーに連絡を取り、新しい期日を交渉する必要があります。

期限切れのアイテムを、未完了のアクションアイテムのリストに残し続けてはいけません。合意した期日までにアクションアイテムが完了しなかった場合、ファシリテーターとアクションアイテムのオーナーは、そのタスクの新しい期日を交渉する必要があります。タスクの期日を最新に保つことで、少なくとも個人のToDoリストのほかの項目と比較して、タスクに重要性を感じさせることができます。

ポストモーテムのアクションアイテムを完了させるためのフォローアップの重要性は、いくら強調しても足りません。この種のアクションアイテムは、日々の忙しさに追われ、すぐに優先順位が下がってしまいます。フォローアップをすることで、時には何度も期日を交渉する煩わしさから逃れるために、これらのアクションアイテムの優先順位を維持できます。

あるアイテムの進捗がなかった場合、そのアイテムを完了しないことで生じるリスクをドキュメントに記載するとよいでしょう。たとえばパフォーマンスの低いクエリを修正するアクションアイテムが優先されなかったり、進捗が見られない場合、そのインシデントの一部としてそのリスクを受け入れたと記載しましょう。こうして、その問題があまり重要ではない（または再発の可能性が低い）と判断され、チームの時間に対するほかの要求と比較した場合、完了に必要な努力に見合わないと判断されたとグループに提案するのです。しかし、このことをそのインシデントに関するドキュメントに記載することで、全員がそのリスクを受け入れることに同意し、認めていると示すことが重要です。

これは必ずしも失敗ではありません！　リスクを受け入れることが正しいビジネス判断である場合もあります。障害が発生する確率が1％であり、そのアクションアイテムはチームに大きな労力を必要とする場合、そのリスクを受け入れることは完全に合理的な選択肢です。しかし、チームはしばしば、リスクを受け入れるべきかどうかを**誰**が決定するかに悩まされます。適切なコミュニケーションとグループの意見の一致が、リスクを受け入れるためには必要です。

9.3.4　ポストモーテムのドキュメント化

ポストモーテムの結果をドキュメント化することは非常に大きな価値があります。これは、ポストモーテムチーム以外の人に伝えるための記録として、また将来同じような問題に遭遇したときの歴史的な記録として役立ちます。ポストモーテムのドキュメントの読者は組織内のさまざまなスキルセットを持った人たちであると想定すべきです。ほかのエンジニアを念頭に置いて書くべきで、詳細情報を提供することも覚悟しなければなりません。しかしドキュメントを適切に構成すれば、エンジニアほど技術的に詳しくない人にもハイレベルの概要を提供できます。

ポストモーテムのドキュメントの構造を一貫したものにすることで、ポストモーテムドキュメントの品質を維持するのに役立ちます。ドキュメントがテンプレートに沿って作成されていれば、どういった情報を記載すべきかがわかります。ポストモーテムのドキュメントを読み進めるにつれて、情報がより詳細になっていくように構成すべきです。

9.3.4.1　インシデントの詳細

ポストモーテムのドキュメントの最初の節では、**インシデントの詳細**として以下の重要な項目を記載します。

- インシデントが発生した日時

- インシデントを解決した日時
- インシデントが継続していた期間
- 影響を受けたシステム

このリストの内容は、文としてまとまっている必要はありません。ページの一番上に箇条書きで書いておけば良いです。この情報が一番上にあることで、インシデント全般に関する概要を探しているときに、簡単に見つけることができます。インシデントの具体的な内容を忘れてしまっても、インシデントに関する情報を探すときには、このドキュメントを検索するとよいでしょう。

さらに良い解決策は、これらの情報を何らかのツールやデータベースに追加し、レポートできるようにすることです。Excelドキュメントのようなシンプルなものがあれば、このデータの多くを簡単にまとめることができます。データベースは最も柔軟性に富んでいますが、本節では、紙ベースの基本的なドキュメントに焦点を当てます。

9.3.4.2 インシデントサマリー

インシデントサマリーは、インシデントについてはっきりとまとめた文章を書く節です。この節では、その出来事のハイレベルな内容を、具体的な内容に深入りしない程度に記載する必要があります。この節はエグゼクティブサマリーと考えてください。技術者ではない人でも、インシデントの全体的な影響、インシデント中のユーザー体験（影響があった場合）、インシデントが最終的にどのように解決されたかなどを理解できるようにしましょう。インシデントサマリーは、可能な限り2〜3段落以内に収めることが目標です。

9.3.4.3 インシデントウォークスルー

インシデントウォークスルーは、ポストモーテムレポートの中で最も詳細な節です。この節の対象はエンジニアです。ポストモーテムミーティングで作成されたインシデントタイムラインを一つ一つ詳細に説明します。ここでは、特定のアクションを取った背景にある意思決定プロセスを説明するだけでなく、グラフ・チャート・アラート・スクリーンショットなどの補足資料を提供する必要があります。これにより、インシデントの解決に関わったエンジニアが何を経験し、何を見たのかという文脈を読者に伝えることができます。またスクリーンショットに注釈を入れることも非常に有効です。**図9-3**では、大きな赤い矢印でグラフの問題点を指摘することで、インシデントに関連するデータに文脈を与えることができます。

ウォークスルーの節はエンジニアを対象としていますが、エンジニアが経験や知識を持っているという前提で書いてはいけません。インシデントの主要な技術的側面を説明する際には、問題の原因となった、または問題の一因となった基礎的な技術について説明することが役に立ちます。網羅的である必要はありませんが、エンジニアが何が起こっているのかをハイレベルで理解するのに十分であるか、少なくともエンジニアが自分で調べ始めるのに十分な背景を提供する必要があります。

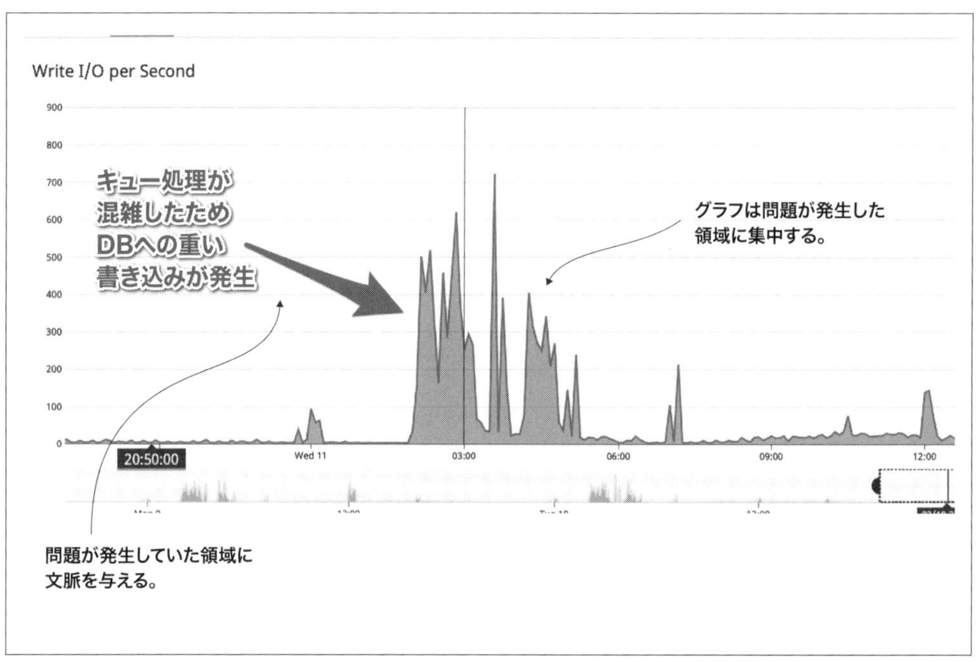

図9-3　ポストモーテムに関連するグラフを共有し説明を加える

たとえば報告されたインシデントが過剰な数のデータベースロックに関連していた場合、データベースロックがどう機能するかを簡単に説明することで、ポストモーテムドキュメントが読者にとって少し明確になります。次に挙げるのは、問題の詳細の説明のしかたについて、実際のポストモーテムドキュメントから抜粋した例です。

本番環境では、通常のデプロイ時には実行されないクエリが多く実行されていました。特にあるクエリは長時間実行されているトランザクションでした。この長時間実行されているトランザクションはauth_usersテーブル上でREAD LOCKを保持していました（残念ながらトラブルシュートの段階では、このクエリを見つけることができませんでした。このクエリがあるSidekiqノードからのものであることは確認できました）。

トランザクションとロック

トランザクションが実行されている場合、データベースはテーブルにアクセスする際にテーブルのロックを取得します。すべてのクエリは何らかのロックを生成します。トランザクションに含まれない単純なSELECTクエリの場合、そのクエリが実行されている間はREADロックが生成されます。しかし、トランザクション内でクエリを実行すると、この状況は変わります。トランザクション内でクエリを実行すると、取得したロックはそのトランザクションの有効期間中維持されます。次のトランザクションを例にしてみましょう。

```
BEGIN TRANSACTION
SELECT COUNT(*) from auth_users;
SELECT COUNT(*) from direct_delivery_items;

COMMIT
```

auth_usersテーブルでは、direct_delivery_itemsのクエリが実行されている間、ずっとREAD LOCKがかかっています。direct_delivery_itemsのサイズを考えると、アプリケーションの観点からは必要のないロックであるにもかかわらず、10分以上はロックされる可能性もあります。これが基本的に、障害が発生した日に起こっていたことです。長時間実行されたクエリがauth_usersをREAD LOCKしていたため、ALTER TABLE文がロックを取得できませんでした。

9.3.4.4 認知とプロセスの問題

この**認知とプロセスの問題**の節では、グループが改善すべき領域として特定した事柄を記載します。人々のメンタルモデルが正しくなかった部分をすべて検討します。インシデント対応のプロセスについてまとめたドキュメントに、ステップが欠けていたのかもしれません。あるいは、そのプロセスで今回の失敗シナリオが考慮されていなかったかもしれません。このように、インシデントの対処法のような単純な内容の場合もありますし、データベースのフェイルオーバーの実行方法のような、より具体的な技術的な内容の場合もあります。

この節では、責任の所在を明らかにするのではなく障害の原因となった重要な部分を特定します。これらの項目は箇条書きで十分で、その周りに少し詳細な情報を記載します。

9.3.4.5 アクションアイテム

最後の節では、ポストモーテムミーティングで出てきた**アクションアイテム**を箇条書きにします。箇条書きのリストには、アクションアイテムの構成要素である**誰**が**いつ**までに**何**をするかをすべて詳細に記載します。

9.3.5 ポストモーテムの共有

ポストモーテムが完了したら、最後にすべきことは、それをエンジニアリング組織全体に共有することです。すべてのポストモーテムは同じ場所に保管しましょう。それらのポストモーテムは組織にとって使いやすいようにグループに分類しても良いですが、その場合もすべてのポストモーテムとそれらのカテゴリは単一の場所で見つけることができるようにしましょう。システム障害は単独では発生しないため、ポストモーテムを分類することは難しいかもしれません。システム障害はプラットフォーム全体に波及する可能性があり、1つのサブシステムの障害がほかのサブシステムの障害を引き起こす可能性があるからです。

多くのドキュメントシステムでは、情報を分類するためにメタデータやラベルを使用できます。ラベルは、一般的には検索の際に追加情報の一部として機能します。ラベルがあれば、ドキュメントの名前やタイトルに関係なく、同じテーマに関連するさまざまなタイプのドキュメントを見つけることができます。使用しているドキュメントシステムで、ラベルやそのほかのメタデータをドキュメントに追加できる場合は、カテゴリや階層を作らず、代わりにメタデータを使ってドキュメントを詳細化する方が良いかもしれません。これにより、1つのドキュメントに多くのキーワードを付加でき、複数のシステムや部門に関連する場合には、影響を受ける領域ごとにラベルを追加できます。

またドキュメントには命名規則があることが望ましいです。規則は組織によって異なりますが、ドキュメント名の初めにインシデントが発生した日付をつけることを強くお勧めします。たとえば「2019-01-01 - デプロイ中の過度のDBロック」というようにポストモーテムのドキュメントに名前を付けます。これによりイベントの簡単な概要がわかり、同時に日付によって、特定のインシデントを探している人が比較的簡単に正しいドキュメントにたどり着くことができます。

最後にポストモーテムを共有する際には、可能な限りドキュメントへのアクセスを制限しないようにしましょう。情報はコミュニケーションのために広く読まれ、ポストモーテムの実施に関する期待を全員が理解できるようにする必要があります。一部の人だけがドキュメントを閲覧できるようにすると、その一部の人だけがポストモーテムドキュメントの責任者であるという誤ったメッセージを送ることになりかねません。

9.4 本章のまとめ

- 非難し合うようなポストモーテムは効果的ではありません。
- 意思決定をよりよく理解するために、エンジニアのシステムに対するメンタルモデルを理解しましょう。
- アクションアイテムでは、**誰**が**いつ**までに**何**をするのかを定義しましょう。
- ポストモーテムをドキュメント化し、それぞれの対象者ごとに節を設けましょう。
- すべてのポストモーテムを同一の場所で共有しましょう。

10章
情報のため込み：ブレントだけが知っている

本章の内容

- 情報がため込まれていることに気付く
- ライトニングトークを利用して関心を引く
- ランチ&ラーンを利用する
- コミュニケーションの手段としてのブログや執筆
- 外部のイベントやグループを利用して知識の共有化を図る

意図的に行動を起こさない限り情報はキーパーソンに集中しがちです。そうなると、そのキーパーソンたちの価値は高まりますが、一方で負担も大きくなります。そのキーパーソンが不在だったりすると、プロセスやプロジェクトがストップしてしまうことがあります。私はこれを、ジーン・キム、ケビン・ベア、ジョージ・スパッフォード著『The DevOps 逆転だ！』（日経BP、2014年、原書“The Phoenix Project” IT Revolution Press、2018年）の登場人物にちなんで**ブレンドだけが知っている**アンチパターン[†1]と呼んでいます。これは、組織全体での情報共有が促進されず、あるトピックに関してキーパーソンにすべてを任せるようになったときに起こります。

私は本書を通して、スタッフ間のコラボレーションの価値と、そのスタッフに成功に必要な能力を与えることの重要性について述べてきました。しかし、能力を与えるということは、単にアクセス制限や承認を取り払うだけではありません。それは、知識や気付きを与えるという実践に深く関わっています。

多くの人は組織内の知識はあるのが当たり前のものと考えていますが、あるテーマについて知識を得れば得るほど、それがいかに複雑で微妙なものであるか痛感します。外から見ると、デプロイは簡単な活動のように見えます。しかしデプロイプロセスに深く入り込めば入り込むほど、素人の

†1　訳注：ブレントは『The DevOps 逆転だ！』に登場する人物で、社内のシステムについて彼だけが知っている事柄が多数ある。そのため彼がボトルネックになってしまっているという状況から、このアンチパターンが名付けられている。

時にはわからなかった小さなステップに気付くことになります。

情報を共有するという行為も同じです。外側から見ると、情報を公開するだけで人々は目覚め、自分が担当している領域以外にも興味を持つようになるように思えます。しかし、残念ながらそうではありません。知識共有の現実は、単に情報をWikiに載せるだけでは十分ではないのです。

情報のため込みは企業が直面するよくある問題です。これは、情報が組織内の特定の領域にサイロ化してしまうことで起こります。知識が集中することは必ずしも悪いことではありませんが、チームはその知識の周りに人工的な障壁を作ってしまいます。

多くの場合、これは意識的な選択ではなく、さまざまな決定の結果引き起こされます。ドキュメントサーバにアクセスできるのは誰でしょうか？　そのドキュメントは誰のために書かれたものでしょうか？　その知識を外部から発見できるようにするために、どのようなキーワードが使われているでしょうか？　このような小さな、何の変哲もない意思決定が重なって、障壁を生み出しているのです。

このような障壁は、情報の流れを妨げ、従業員が自分の専門分野に隣接する分野について効果的に知識を得ることを妨げます。ひどい場合は、誰も全体に目を向けず、自分の小さな領域を最適化することだけに集中するような世界を作り出してしまいます。

これがDevOpsとどう関係があるのかと思われるかもしれません。情報をどのように共有するかによって、チームのコミュニケーション方法や、責任と所有権の境界線の引き方が決まります。DevOpsはサイロを壊すことを目的としていますが、この壁は組織構造の中に存在するだけではなく、私たちの心や言葉の中にも存在しています。自分のチームで情報がため込まれているかどうかや、保護されているかについて敏感になることで、共感する力を養うことができます。自分自身を振り返ることで、個人としてより良い選択ができるようになり、その選択をチームの文化的DNAに組み込むことができます。これはDevOpsのマインドセットの中核を成すものです。

本章では、情報をため込むという考え方、それがどのように起こるのか、そして（願わくば）ほとんどの組織が採用できる明確な活動や習慣を通して、情報をため込まないようにする方法についてお話します。

10.1　どのように情報がため込まれているかを理解する

システムの所有者を、自分が管理責任を負っているシステムがどのように運用されているかを自分たち以外に理解させたくない、悪意に満ちた独裁者と見なすのは簡単です。このような組織の悪役が存在しないふりをしたいわけではありませんが、私の経験では、そういったケースは皆さんが思っているよりもずっと少ないのです。

バックオフィスに座っているジェームズ・ボンドの映画に出てくるような悪役がすべてのWikiドキュメントを隠し持っているわけではないとしたら、このような情報のサイロ化を促進しているのは何なのでしょうか。それは、組織構造・インセンティブ・優先順位・価値観の組み合わせであり、それらすべてによって誰もドキュメントをリポジトリサーバで共有しないという状況を作り出しています。

情報のため込みには主に2つの種類があることを認識し、この2つを区別することがまずは重要です。その2つとは意図的なため込みと、意図しないため込みです。**意図的なため込み**は私たちがよく知っているものです。マネージャーや技術者が自分の利益のために、情報をため込むことです。このようなため込む人については後述しますが、彼らの行動も組織的な影響と不十分なインセンティブの組み合わせの結果なのです。**意図しないため込み**をしている人は自分でも気付かないことが多く、とても興味深いです！　自分が情報をため込んでいることを認識することには価値があります。そして、行動を修正することでエンジニアがより効果的になります。

10.2　意図せずに情報をため込んでいる人を認識する

ヨナは、2週間ほど前からあるプロジェクトに取り組んでいます。このプロジェクトは、サードパーティのサービスに登録するための新しい方法を立ち上げるというものです。しかし、このプロジェクトは概念実証の段階であり、このツールが有用であることが証明された場合にのみ、このプロジェクトは正式なステータスに移行します。

多くの成功した概念実証プロジェクトがそうであるように、このアプリケーションも概念実証後に捨てるにはすでにあまりにも価値があるものになっていました。その結果、このアプリケーションが必要な機能を提供できるようにするために、多くの変更が行われることになりました。アーキテクチャやコードの変更は毎週のように行われ、アプリケーションの状況はかなり頻繁に変化しています。このプロジェクトは流動的であり、いつになるのかもわからない「安定」状態に達するまで、ドキュメント作成は先送りされ続けています。

ようやく変更が落ち着いたと思ったら、チームは別のプロジェクトに移ってしまい、そのために必要になったドキュメントの量が不可能に思えるほど膨大になってしまいました。ドキュメント作成のためのチケットはバックログに入り、二度と誰からも顧みられることがなくなりました。

この話を聞いて、どこかで見たことがあるような気がしたり、ちょっとドキッとしたりする人もいるかもしれません。また適切なドキュメントを作成せずに何かを作ったことで、ヨナを非難する人もいるかもしれません。しかしヨナは悪者であると同時に被害者でもあるのです。この組織はヨナの行動が完全に許容されるように設計され、そのような形でインセンティブが与えられています。ドキュメントは、ヨナのほかのタスクよりも重要度が低いと見なされています。こうして、ヨナは意図しないため込みをしてしまっているのです。

こういったケースは組織の中でよく見られますが、情報をため込んでいるとは思われていないことが多いようです。ヨナは情報が要求された際には積極的に応じているからです。しかし、実際にはヨナは人々が情報を受け取るためのゲートキーパーになってしまっています。

それだけではなく、人々が得るデータは常にヨナ自身のレンズでフィルタされています。どの情報がその問い合わせにとって重要で、どの情報が重要でないかはヨナが判断します。もし、質問した人が取り組んでいることにとって重要ではないとヨナが感じるコンポーネントがあれば、彼はそれについて言及しないかもしれません。これはヨナが悪者であるということではなく、質問や状況、問題の文脈について、人間がどのように異なる見解を持つかという現実を示しています。

また、常にヨナに対して質問できるわけではないと言う問題もあります。ヨナも休暇を取りますよね？ 会議にも出席しますよね？ このようにヨナに質問できる状況かどうかによって、彼の脳に蓄積された情報へアクセスできるかどうかが決まりますが、これは良いことではありません。これは意図せずにため込んでしまう行動の1つ目である、ドキュメントを大切にしないということにつながります。

10.2.1 ドキュメントを大切にしない

「大切に」という言葉をどのような意味で私が使っているか具体的に説明します。誰もがドキュメントを大切にしていると思っていますが、実際にはそうではありません。人々はドキュメントが大切だと思っていますが、そう思うことと実際にドキュメントを大切にすることとはまったく異なります。トイレットペーパーは大切だと思われていますが、実際にトイレットペーパーを**大切にする**のはトイレットペーパーが希少になってからのことなのです（この文章を書いているのは2020年にCOVID-19が大流行し、トイレットペーパーとペーパータオルが突然、全米の食料品店や日用品店で最も需要のある商品になった時です）。

企業において価値があると見なされるドキュメントとそうでないドキュメントがあるという別の例を挙げましょう。あなたはドキュメントが一切ないサービスやアプリケーション、プロダクトを発売したことはありますか？ おそらくほとんどの方が経験していることでしょう。そういったことを行っている組織であっても、ドキュメントは大切だと考えられてはいるでしょう。会社は、あなたがプロダクトに関するドキュメントを書くことをとめようとはしないでしょうし、おそらく褒め称えるでしょう。しかし、いざその製品を発売する必要がある場合、ドキュメントがないからといって発売を遅らせることは決してありません。

一方で、経費を精算する際に、精算する取引についてドキュメントがない状態で、精算プロセスをどこまで進めることができるか試してみてください。おそらく、まったく進まないでしょう。経費を使う際は、会社が詐欺にあったり、存在しない経費を払ったり、そのほかの種類の財務上の不正行為の危険性があるから大切なのだと主張するかもしれません。しかし私は、アプリケーションや技術的なプロダクト、コードの変更でも同じようなリスクがあると主張したいのです。

ドキュメントの価値は、美辞麗句ではなく行動に根ざします。そしてドキュメントを組織の中で価値があるものとして扱うためのシステムが必要です。ドキュメントを省略しようとしているのであれば、そのドキュメントに本当に価値があるのかを考えてみましょう。価値がないのであれば省略しても問題ありません。ドキュメントが組織にとって価値のあるものでなければ、ドキュメントが貧弱であるという習慣から会社を脱却させるのは難しいでしょう。

ドキュメントを書くタイミング

チームにおけるドキュメント作成の大きな問題は、いつドキュメントを書くかということです。ドキュメントを維持するには費用とオーバーヘッドがかかるため、実際にどのドキュメントを書くかを慎重に選択することが重要です。

エンジニアリングに関して言えば、実装の詳細をドキュメントにする必要はほとんどありません。それらの詳細は、コードに対して1回コミットされるだけで陳腐化し、場合によっては潜在的に危険なものとなります。組織の中で最も危険なものの1つは、古いままの詳細なドキュメントです！ 古い情報に基づいて行われた決定は、プロジェクトに波及する可能性があります。ドキュメントに具体的な実装の詳細を書くよりも、動機や背景、戦略について書くことの方がはるかに優れています。

エンジニアリングの現場では、コードの設計についてのトレードオフがよくあります。時にはオブジェクトの階層構造を決める際に良い選択肢がないことがあるでしょう。選んだ階層構造で採用した戦略とそのトレードオフをドキュメント化することは、既存の設計戦略に文脈を与えるだけでなく、オリジナルの作者が去った後も将来の実装の選択に役立つことがあります。

ハイレベルな設計ドキュメントは、読む人の頭の中のシステムについてのイメージを強固なものにするのに役立ちます。その際、具体的なソフトウェアの実装方法やサーバの数など、詳細になりすぎないようにしましょう。それらは時間とともに変化します。フロントエンドとバックエンドの間にバージョン5.2のActiveMQサーバを3台設置しているとドキュメント化する代わりに、「メッセージバス」と一般的に表現するとよいでしょう。ハイレベルな設計ドキュメントでは、不必要な詳細で読者を煩わせることなく、システムの概要を伝えることができます。ドキュメントの内容が具体的になればなるほど、多くの読者が自分には関係がないと思ってしまいます。

ドキュメントは最終的なゴールではありません。最終的なゴールは**情報の共有**です。もし同じ質の情報共有を、管理や作成がより楽な別の手段で得られるなら、膨大な量のドキュメントを書く代わりにその手段を選ぶことには価値があります。ドキュメントの価値は、それを作成するための機会費用を上回るものでなければなりません。

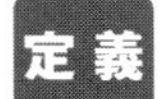

機会費用とは、ある活動や行為を、ほかの活動や行為を差し置いて選択したときに発生する潜在的な損失のことです。開発者がドキュメントの作成に1週間を費やさなければならないとしたら、その機会費用は、ドキュメントを書いていなければ開発者が行うことができたであろう1週間分のコーディングの進捗です。

開発者が次のプロジェクトに移ることが、ドキュメントを作成することよりも組織にとって価値があるのであれば、この選択は問題ないと私は考えます。実際ほとんどのエンジニアはこの選択を常に行っています。彼らは、後でドキュメントの作成に立ち返るつもりでいますが、実際に立ち返ることはめったにありません。ドキュメントを優先しないことは選択の1つではありますが、その選択がいつ行われているのかを正直に考え、情報の共有という真の目的のために代替案を考えなければなりません。本章の後半では、ドキュメント化以外の情報共有の選択肢について説明します。

チームが情報をため込んでしまう領域はドキュメントだけではありません。開発者やアーキテクトがシステムの設計を複雑にしてしまうことも情報をため込む原因となります。非常に個人的な例ですが、私のチームの自動デプロイは非常に便利で力を与えてくれるものでしたが、その難解さゆえにほかのチームがそれに貢献したり完全に理解できませんでした。それどころか、私のチームは開発プロセスの最も重要な機能の1つにおけるゲートキーパーとなってしまっていたのです。

ドキュメントの価値の認識

私がこれまでのキャリアの中で発見した興味深いことは、ドキュメントを取り巻く中でその人がどの位置にいるかによって、人々のドキュメントに対する価値観が異なる傾向にあるということです。誰かがドキュメントを作成しなければならない場合、私たちの心の中ではドキュメントは必要不可欠なものとなります。「適切なドキュメントなしに、どうやってこれを立ち上げることができるだろうか？」と。しかし状況が逆になると、突然ドキュメントは消耗品になります。

これは共感と相手の立場に立って考えるということについての重要な教訓です。誰かがドキュメントを書いていないと非難するのではなく、自分がプロジェクトで経験したさまざまな要因や時間的プレッシャーについて考え、非難ではなく理解するという立場でその状況をとらえましょう。

10.2.2 抽象化 vs. 難読化

複雑なシステムを設計する際には、問題を解決するために、抽象化されたレイヤを扱うことが有効です。

抽象化とは、あるものが相互作用するさまざまな関連要素や実装から、それを独立して扱うという考え方です。そうすることで、それを扱ったり相互作用が容易になります。現実世界の例としては、自動車にはメーカーを問わず、アクセル・ブレーキ・ハンドルが付いています。ユーザーに対しては、車のエンジン内部のステアリング・ブレーキ・アクセルなどの詳細な実装は省かれた状態で説明されます。

このように抽象化レイヤを用いることで、通常であれば把握する必要がある複雑な詳細情報の多くを隠すことができます。たとえば注文を受けるシステムを考えてみましょう。注文を受けた商品は顧客に届ける必要があります。注文には、ピックアップ注文とデリバリ注文があります。抽象化されていなければ、受注システムは、ピックアップ注文のワークフローとデリバリ注文のワークフローの両方を知る必要があります。また配送の詳細や送料など、さまざまな情報を知る必要があります。このような大量のデータは、注文システムに多くの負担と複雑さをもたらします。

しかし、コードを注文システムと配送システムの2つに分けると、注文システムでは注文が**どのように**顧客に届けられるかについて、まったく知る必要がありません。注文システムは、いくつかの重要な情報を記録し、そのデータを配送サービスに渡すだけでよいのです。配送サービスは、注文の配送に関する詳細を把握します。配送サービスは、上流で注文を受け取りそれを配送する必要があるだけで、注文が実際にどのように受け取られ処理されるかについては把握する必要はありません。

図10-1の1つ目を見ると、注文システムは配送のしくみを認識し、ピックアップ注文の配送またはデリバリ注文の配送のいずれかを実装しなければならないことがわかります。2つ目の抽象化レイヤを持つシステムの図では、注文システムは配送システムとだけやりとりしています。配送の詳細は抽象化の中で処理され、注文システムは細かな詳細から守られています。

この抽象化はシステムの複雑さを管理する際に役立ちます。しかし問題となるのは、注文チームが配送チームのプロセスに関する実装の詳細を知る必要が生じた場合です。システムがサイロ化を許すような設計になっているため、これらのチームはドキュメントの価値は低いと評価しています。それぞれのシステムについて知る必要がある人は皆同じチームのメンバーだけであり、それらの情報にはすでに詳しいからです。配送チームは意図的に情報をため込んでいるわけではなく、ドキュメントの実際の読者は自分たちだけだと考えているのです。ほかの皆は「配送サービスに注文と配送タイプを伝えれば、あとは配送サービスがすべてやってくれる！」とだけ知っていれば良いのです。

しかし、注文チームが何かの変更を加えようとしたときに、その変更が配送チームに影響を与えないことを確認する必要が生じたらどうでしょうか？　また、注文チームが問題に遭遇し、トラブルシュートの一環として配送サービスの機能を理解する必要が生じた場合はどうでしょうか？　このような情報のサイロ化は、配送チームが日常的に必要な情報を要求するというやりとりに縛られてしまい、問題を引き起こします。注文チームが、自分たちがやりとりしているシステムがどのように動作しているかを理解する必要がある、あるいは理解したいと思う理由はたくさんあります。これらの情報は、特定の要求や問題に対処するためにシステムを理解する必要があるという、非常に状況に応じたものであることが多いのです。

この抽象化のもう一つの問題点は、チーム間に突然壁を作ってしまうことであり、これがしばしば悪い行動を助長してしまいます。あなたの家を思い浮かべてみてください。あなたの家は、絶対に人に見せたくないような状態になっていることがあると思います。あまりにも無秩序で、混乱していて、人に見せられないような状態です。

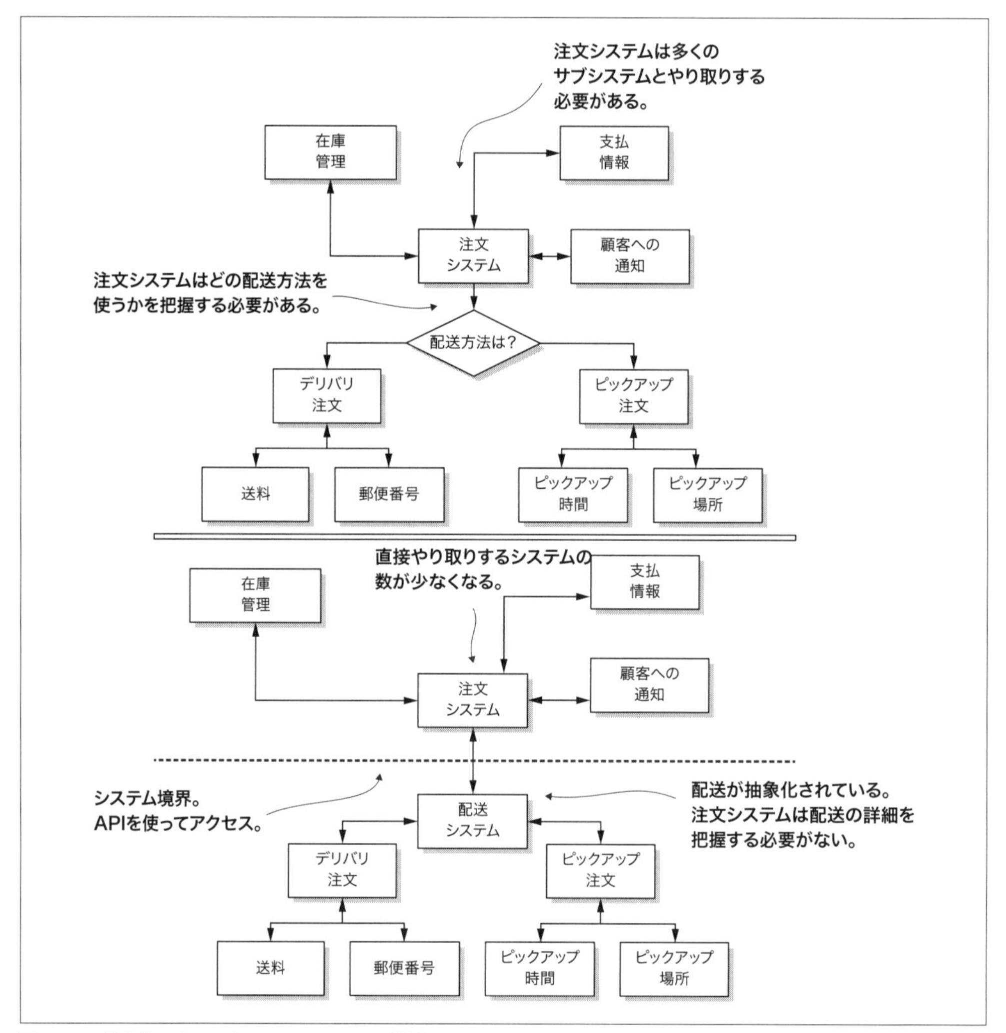

図10-1　抽象化によるコミュニケーションの削減

家に住んでいる人しか汚れているところを見ないという状況で起こるのと同じことがコードでも起こります。こういった状況では、物事がどのように機能しているのか、あるいはなぜそのように機能しているのかを読み解くのが難解になります。もしかしたら開発者の時間が不足していて、締め切りに間に合わせるために近道をしたのかもしれません。もしかしたら、コードにコメントがないために文脈がわからなくなっているかもしれません。あなたのチームは、そのような状況でも問題なく過ごせるかもしれません。なぜなら、あなたたちチームのメンバーは皆、文脈を理解しており、また行ったことの機会費用を認識しているからです。

しかし、ほかのチームにとっては、その文脈は失われ、あなたのコードは難解で複雑な悪夢のように見えてしまいます。誰かがこのコードを見るときに、基本的な部分について間違った仮定をしないよう、最初にあなたのチームはその人に説明する必要が生じます。このように、抽象化は良いことでもありますが、難解なコードにつながり、結果的に情報を意図せずため込んでしまうことになります。この問題は、時間が経つにつれて繰り返される特殊なケース、つまり1回限りの顧客の要求やバグ修正が適切に検討されずコードもリファクタリングされないという状態が蓄積することで悪化します。

10.2.3　アクセス制限

チームには、何らかの理由で、自分たち以外には見せるべきではない情報があると感じる傾向があります。たとえば運用チームの場合、パスワードなどの機密情報を含んだ設定ファイルを持っている場合によく起こります。

たとえばWikiにあなたのプロジェクトスペースがあるとします。そのプロジェクトフォルダには機密情報が含まれているので、チームは自分たちのグループだけにアクセスを制限することにしました。時間が経つにつれてそのフォルダにデータが追加され、より多くの情報が壁の中に置かれるようになりました。しかし、その壁は当初の目的をはるかに超え、機密性の高い情報だけでなく、ほかのチームが日常的に必要な情報も保護するようになってしまいました。

アクセス制限は最初は良かれと思って行うものです。しかし注意深く監視しなければ、すぐに過保護な警察国家のようになってしまいます。このような状況では人々は2つのタイプに分かれます。「鍵のかかったドア」を目の前にすると知的好奇心を抱き、許可を求めたり詮索したりする人は少なからずいます。しかし、大多数の人は「鍵のかかった扉」を前にして、この扉の向こうにあるものは自分には関係ないと思い込んでしまいます。扉の向こうにあるものは、自分の助けにならないと思い込んで、自分の仕事に戻ってしまうのです。さらに悪いことに、この学習された行動は組織の中で自己増殖していきます。

機密情報を保護することが重要でないと言っているわけではありません。当然それらは保護されるべきです。しかし何かを安全性の高いフォルダに置くと決める前に、それが本当にWikiのそのようなアクセスが制限された場所に置く必要があるかどうかを評価する必要があります。

チケット管理システムの権限設定

少し話が逸れますが、チケット管理システムにおけるアクセス制限の重要性について議論することは特に慎重に行うべきだと思います。多くのチケット管理ツールにおけるセキュリティモデルではチームレベルのワークフローや権限を設定できますが、それらの管理は依然として中央集権的に行われることが多いです。チームが、自分たちのプロジェクトへのアクセス要求・チケット・レポート・フィルタなどを迅速に処理できないと、多くの時間が無駄になります。

プロジェクトや部門レベルにおいてアクセス制御の設定が可能なツールであれば、そのプロジェクトを管理するチームは、自分たちのコントロールやワークフローを管理する権限を持つべきです。これにより、ターンアラウンドタイムが短縮され、チームの有効性に影響を与える制約に対処できます。

10.2.4 ゲートキーパーの行動を評価する

私がここまでに挙げた領域に限らず、人々が意図せず情報をため込んでしまうケースはあります。しかしそういった人々は、どこにでもいるような、良心を持っている場合が多いのです。あなたが持っている情報にアクセスするために必要なゲートキーパーに自分がなっていないかどうか振り返ることで、あなたが情報をため込んでしまう可能性を評価してみてください。その情報を手に入れるために、あなたのチームが提供できるほかの方法はありますか？　人々はあなたの専門分野の知識を求めているのか、それともあなたがサポートする何かについてのより一般的な情報を求めているのでしょうか？　そのためのドキュメントは存在するが、人々がその情報を得るために必要なアクセス権限を持っていないのでしょうか？

すべての情報について常に何らかのドキュメントを用意しておく必要はありませんが、将来的には、それぞれの情報を依頼する人自身で対処できるようにする方法を検討する必要があります。チームからの情報がどのように要求され、どのようにそれが取得されているのかを継続して監視する必要があります。意図せず情報をため込んでいる兆候に気付くことができれば、何が不足していて、どこを改善すべきかがすぐにわかるはずです。次の節では、ドキュメント作成を上手に行うための具体的な方法を紹介します。

10.3 コミュニケーションを効果的に構築する

情報共有においてよくある間違いは、誰もが知識を効果的に伝える方法を本質的に知っていると思い込んでしまうことです。知識を伝える方法を構築することは、実際に情報を共有するためにどういった媒体を使うかにかかわらず、大切なスキルです。自分の好きな情報伝達方法があるのであれば、それを捨てろとはけっして言いません。自分に合った方法を使い続けてください。しかし、もしあなたが自分の考えをメッセージとしてまとめるのに苦労しているのであれば、本節はそのための最良の方法を紹介します。

できの悪い教師に習ったことがある人は、知識を持っていることとそれをうまく伝えることは大きな違いがあると知っているでしょう。科学者や心理学者は、人々には4種類の学習方法があると特定しています。それは、視覚・聴覚・読み書き・そして体験（ハンズオン）です。多くの人はこのうちの1つの種類を好みますが、一方で複数の種類が混ざっているときにうまく学習できる人も多くいます。

すべての人があなたと同じ学習スタイルを好むわけではないと覚えておいてください。しかし、どのようなスタイルであっても、情報を伝達する際には人々がそのトピックを最適な方法で処理できるよう、よく練られたアプローチが必要です。

私は次のコミュニケーションのステップに従うことをお勧めします。それぞれについては以降の項で説明します。

1. トピックを定義する。
2. 対象者を定義する。
3. キーポイントを説明する。
4. 最後に行動を喚起する。

10.3.1 トピックの定義

明確なトピックを設定することは、コミュニケーションの第一歩です。もしあなたがテレビについて話すとしたら、カバーすべきポイントはたくさんあります。テレビを放送する技術について話すのでしょうか？　あるいはテレビが提供する無数の番組や娯楽についてでしょうか？　テレビが社会に与えた影響についてはどうでしょうか？　同じテーマについてであっても、その内容はさまざまです。

扱うトピックをしっかりと決めて、それによってあなたの教えを構成するようにしなければなりません。トピックを定義することで、何がコミュニケーションの範囲内で、何が範囲外なのかをすばやく特定できます。

トピックを考える際には、コミュニケーションで何を伝えたいのかを念頭に置くようにしてください。もし、請求に関する最も包括的なドキュメントを作成することを目的としているなら、そのプロセスを詳細に説明する準備をしなければなりません。しかし、請求プロセスの中でチームがどのように相互作用しているかを理解してもらいたいのであれば、ドキュメントで扱うトピックを特定の領域に限定することで、順調に物事を進めることができます。

10.3.2 対象者の定義

トピックが決まったら、それを誰に伝えるのかを考えてみましょう。すべてのコミュニケーションには対象者が必要です。あなたが今までに見たことのあるものについて考えてみてください。情報を効果的に伝えるためには、その情報を受け取る人について、ある種の仮定を立てなければなりません。

その前提があるからこそ、誰を対象とするか、どの程度詳細に説明する必要があるかが決まるのです。エンジニアが対象であれば「コンパイラ」という言葉を定義しなくても、コミュニケーションの中で使って良いでしょう。しかし小学校5年生のクラスを対象とする場合は、「コンパイラ」という言葉を使う前に、別の言葉でコンパイラとは何かを定義する必要があるでしょう。対象者を定義することは、ドキュメントを作成する際に見落とされがちな重要なステップです。

対象者が決まったので、次に核となる対象者グループに含まれない人々を助ける方法を考えましょう。たとえば、「コンパイラ」という言葉は定義なしで使う一方で、コンパイラとは何かをより詳しく説明したほかのドキュメントへのリンクを作成するといったやり方です。

10.3.3　キーポイントの説明

トピックの定義と対象者の選択ができたら、次はキーポイントを構築します。**キーポイント**とはトピックの中で伝えたいことです。これらは、コアとカラーの2つのグループに分けられます。**コアポイント**では、絶対に伝えたい情報や、そのトピックを理解するために必要な情報を扱います。**カラーポイント**は、理解を深めるのに役立つ部分ですが、そのテーマを伝えるのに必須ではないものです。たとえばテレビが社会に与えた影響についての記事を書く場合、テレビの技術はそれほど重要ではないのでカラーポイントに振り分けます。このように分けて考えるのは、コミュニケーションを進める中で、特定の分野を必要に応じて取り除くことができるようにするためです。

10.3.4　行動喚起の提示

最後に行動喚起を行います。対象者はその情報を使って何をすべきなのか、そして次のステップは何なのかを説明します。

促す行動としては、トピックをさらに調査するための情報を共有するだけかもしれませんし、アンケートへの回答を依頼することかもしれませんし、その情報で得たスキルを自分のチームに共有してもらうことかもしれません。しかしコミュニケーションの最後には、必ず何らかの形で対象者を引きつけ、旅を続けてもらうための行動喚起を提示しましょう。

これはコミュニケーションを構築するための1つの方法に過ぎません。繰り返しになりますが、自分に合った方法があれば、ぜひそれを使い続けてください。しかし効果的なコミュニケーションの方法に悩んでいる場合は、このパターンに従うことですばらしいメッセージを構築できます。

10.4　知識を発見可能にする

情報のため込みが意図せず発生するのと同様に、知識を共有するプロセスは意図的に行う必要があります。**ナレッジストア**とは、社員が持っている会社の知識に関する情報・データ・ドキュメントを収集する場所です。これにはWikiやSharePointのサイト、あるいは共有ドライブのフォルダなどが使われます。

しかし、これらのナレッジストアを管理し、その構造に関するガイドラインを設定することは、明示的な注意を必要とする問題です。ドキュメントの作成や知識の伝達は、誰もが日常業務の中で行うことが期待されるタスクですが、実際には明確な指示と優先順位付けがなければ、チームがエンジニアに課すほかの要求に負けてしまいます。

これらのよく知られた問題に対して、知識共有を組織の優先事項とするためには、かなりの構造的変化が必要となる場合が多いです。ここでは、あなた自身や同僚の間で行われている知識共有の量を増やすためのヒントをいくつか紹介します。すべては儀式と習慣から始まります。

10.4.1　ナレッジストアの構築

企業が直面する最大の問題の1つは、優れたドキュメントを作成することだけでなく、作成されたドキュメントを見つけることです。Wikiページやナレッジストアは、しばしば無秩序に混乱しており、実際に情報から学ぶよりも、情報を探すことに多くの時間を費やしてしまいます。

多くのリポジトリでは知識の取得はできても、知識の発見ができるような構造になっていません。たとえば請求書作成プロセスに関する情報を探していて、どこを探せば良いのかわからないとします。自分でドキュメントリポジトリからその情報を見つけることが**知識発見**です。誰の助けも借りずに情報を発見できるということです。これは**知識取得**とはまったく異なります。知識取得とは、ドキュメントが存在することをすでに知っている状態で、それをリポジトリから取り出すことです（これさえも必ずしも簡単な作業ではありません）。

ドキュメントリポジトリで知識発見を確実に行えるようにするためには、次のようなアクションが必要です。

- 共通の辞書を使用する。
- 1つのマスタドキュメントにリンクされた、階層構造のドキュメントを作成する。
- 部門ではなく、トピックを中心に文書を構成する。

10.4.1.1　共通の辞書を使う

私は、2人の人間が同じプロセスについて話しているにもかかわらず、同じプロセスについて話していることに10分間も気付かなかったというような状況を見たことがあります。システムの動作に関するメンタルモデルが異なるだけでも大変ですが、同じシステムやプロセスに異なる名前が付けられていると、さらに大変なことになります。

物事に名前をつけることは、コンピュータサイエンスにおいて最も難しい作業の1つです。しかし、その名前が何であるかを効果的に伝え、全員がその名前を使い続けることで、大きな利益を得ることができます。私が住んでいるシカゴでは、すべての高速道路に2つの名前がついています。実際の州間道路の名称と、市による名誉ある名前です。ダン・ライアン高速道路はI-90/I-94とも呼ばれていますが、いつの間にかI-94と呼ばれるようになりました。シカゴ出身ではない人に道路の説明をするとき、I-94、I-90/I-94、ダン・ライアン高速道路がすべて同じ道路であることに気付かず混乱してしまうことがあります。

ビジネスプロセス・サービス・システム・ツールに共通の語彙や命名戦略を作ることは、入社15年目のベテラン社員を助けるためのものではありません。新入社員が、2つのものが実際には同じものであるかどうかを確かめることなく、会社の内部構造をすばやく理解できるようにするためのものです。

プロジェクト名に注意

チームが新しいプロダクトを開発しているとき、そのプロダクトはしばしば、それを作ったプロジェクトの名前を引き継ぐことがあります。こういう場合にミスコミュニケーションがよく発生します。というのも、そのプロジェクトはかなり前に終了しているにもかかわらず、チームはプロダクト名ではなくプロジェクト名で呼んでいるからです。これでは、そのプロジェクト名を把握していない人にとっては大きな混乱を招きます。

10.4.1.2 ドキュメントの階層化

企業において月末の請求書作成のようなプロセスを実行する場合、そのプロセスは完了してこそ意味があります。売掛金が機能していなければ、運用チームが月末の締めを時間通りに実行するかどうかは重要ではありません。すべては1つのプロセスであり、最終的な結果を出すためには、複数のチームや部門の調整が必要なのです。

しかし、そのプロセスについてのドキュメントを見ると、ほかのチームとはかかわりを持たない孤立した状態で存在しているように書かれている場合があります。多くの組織では、プロセスの最初から最後までを完全に網羅したドキュメントは存在していません。その代わりに、各部門がそれぞれ、自分たちの特定の分野や重点を扱うドキュメントを書いています。

部署間のドキュメントがそれぞれ孤立していても、そこから全体の構造がわかるようになっていれば、このようなやり方も受け入れられるのですが、通常そうはなっていません。プロセスが部門やチームの境界を越えている場合、プロセスのステップをまたいで相互にドキュメントがリンクされることはほとんどありません。運が良ければ、プロセス全体へのちょっとした言及があるかもしれませんが、その場合でもチーム間でそのプロセスを同じ名前で呼んでいる保証すらありません。いら立たしいことに、ドキュメントの管理がこのように困難であるかにもかかわらず、現実世界にはドキュメントはこうあるべきだというほぼ完璧な実例があります。それはWikipediaです。

Wikipediaがこのようなすばらしいツールである理由は、膨大な量のコンテンツがあるだけでなく、そのドキュメントの構造にあります。Wikipediaのコンテンツは、そのトピックの主要なエントリとなるページから始まります。その項目がどれほど複雑であっても関係ありません。1つの主要記事が、そこからリンクされたすべての記事の論調を決定します。

たとえば、「民主主義」(https://en.wikipedia.org/wiki/Democracy) のような幅広い内容を考えてみましょう。このエントリは、ドキュメントの構造を説明する目次から始まります（**図10-2**）。

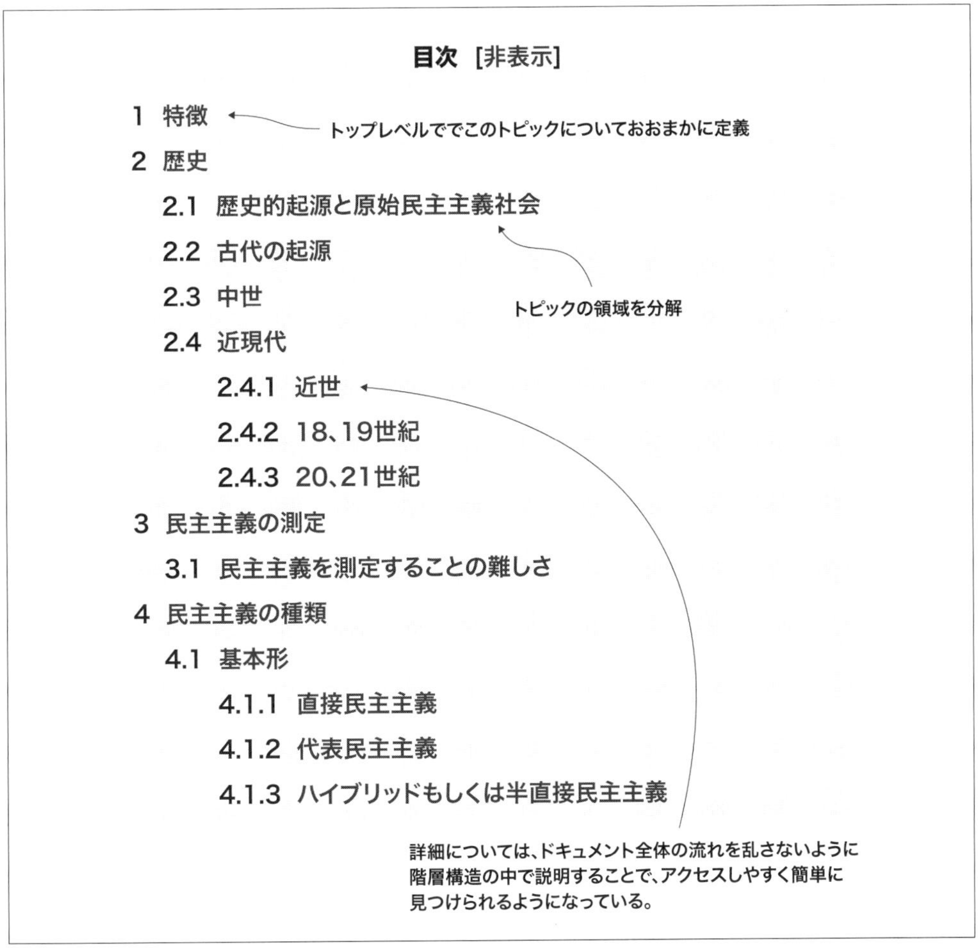

目次 [非表示]

1 特徴
2 歴史
2.1 歴史的起源と原始民主主義社会
2.2 古代の起源
2.3 中世
2.4 近現代
2.4.1 近世
2.4.2 18、19世紀
2.4.3 20、21世紀
3 民主主義の測定
3.1 民主主義を測定することの難しさ
4 民主主義の種類
4.1 基本形
4.1.1 直接民主主義
4.1.2 代表民主主義
4.1.3 ハイブリッドもしくは半直接民主主義

トップレベルででこのトピックについておおまかに定義

トピックの領域を分解

詳細については、ドキュメント全体の流れを乱さないように
階層構造の中で説明することで、アクセスしやすく簡単に
見つけられるようになっている。

図10-2 ドキュメントをうまく構成することで、1つの領域を詳しく説明しつつ、関連するトピックへの誘導を容易にする

このドキュメントには、民主主義というトピックのさまざまな観点についての多くのセクションがあります。また「歴史」のような広範囲で非常に複雑なセクションであっても、主要記事で議論されています。民主主義の歴史について論じるとなると、それだけで1つの記事になってしまいます。しかし、歴史は民主主義を研究する人にとって重要な要素であるため、主要記事の中で触れられています。そして、民主主義の歴史についてのより詳細な記事は、**図10-3**のように適切にリンクされています。

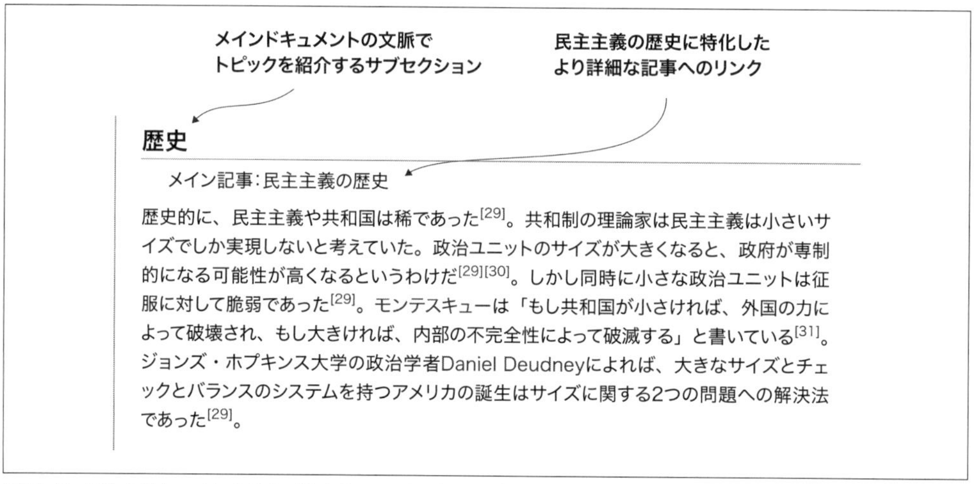

メインドキュメントの文脈で
トピックを紹介するサブセクション

民主主義の歴史に特化した
より詳細な記事へのリンク

歴史

メイン記事：民主主義の歴史

歴史的に、民主主義や共和国は稀であった[29]。共和制の理論家は民主主義は小さいサイズでしか実現しないと考えていた。政治ユニットのサイズが大きくなると、政府が専制的になる可能性が高くなるというわけだ[29][30]。しかし同時に小さな政治ユニットは征服に対して脆弱であった[29]。モンテスキューは「もし共和国が小さければ、外国の力によって破壊され、もし大きければ、内部の不完全性によって破滅する」と書いている[31]。ジョンズ・ホプキンス大学の政治学者Daniel Deudneyによれば、大きなサイズとチェックとバランスのシステムを持つアメリカの誕生はサイズに関する2つの問題への解決法であった[29]。

図10-3　広範なドキュメントのサブセクションで、そのトピックのより詳細なドキュメントへリンクする

このように簡単なリンクを貼るだけで、読者が民主主義に関連する情報を発見できるよう誘導できます。ここで月末締めの請求書作成の例に戻って、同様の原則をどのように適用できるかを見てみましょう。この請求書作成の例では、さまざまな部署で処理される複数のステップがあります。

- 照合（売掛）
- クレジットの申請（ビジネスオペレーション）
- 新規サービスの登録（営業）
- 帳簿の締め（財務）
- 請求処理の実行（IT運用）
- 請求書の発送（設備・IT運用）

これらのステップは部署ごとに大きく異なりますが、どのステップも単独では正しい請求書の送付という結果を得ることはできません。すべてが正常に機能していれば、チームメンバーが部門の壁を越える必要はないかもしれません。しかし何か問題が発生したときには、プロセス全体の理解が非常に重要になります。請求書が届かないというクレームがあった場合、プロセスのどこかで問題が発生している可能性があります。

- 請求書は郵送されたのか、それともメールで届けるはずだったか？
- 請求処理の実行によって請求書が作成されたか？
- 請求額が0ドルになるだけのクレジットが顧客にあった場合、請求処理は請求書を作成するか？

請求プロセスがうまくいかないケースを考えてみると、これらのステップがいかに絡み合っているかや、どれだけ互いに影響を与えているかがわかります。前のステップの情報があれば、請求処理を担当するエンジニアは、自分のタスクがほかのタスクとどのように相互作用しているのかを、より正確に、より明確に理解できるかもしれません。もしかしたら、そのエンジニアは、どのような状況でどのようにクレジットが適用されるのか、まったく把握していないかもしれません。そのような場合には、ちょっとしたドキュメントが大きな助けとなります。

請求プロセスのマスタドキュメントの中で、ほんの少しでもドキュメントが参照されていれば、読者が見落としていることにすら気付いていない情報を簡単に見つけることができます。エンジニアである私が、クレジット付与のプロセスを知らなかったら、どうやってドキュメントを探そうと思うでしょうか。このように、プロセスに関するマスタドキュメントがあれば、より具体的な情報を持つさまざまな領域に読者を導くことができるという強みがあります。

マスタドキュメントは、プロセス・アプリケーション・システムに焦点を当て、必要に応じて特定の部門の情報への出発点となるべきです。それぞれのドキュメントは、マスタドキュメントからの階層構造に基づくべきで、そのマスタドキュメントはトピックについて簡潔かつ具体的であるべきです。ドキュメントが部門やチームが持つドキュメントに結び付けられると、ほかの部署の人は、別のチームがそのドキュメントを所有しているという理由でそのドキュメントに貢献しなくなってしまい、効果的ではありません。しかし、組織全体で単一の「請求処理」というドキュメントがあり、請求処理に関するすべてのものがそこにリンクしている場合、そのドキュメントに対する共同所有者としての意識がより強くなります。**図10-4**は、請求書作成のためのドキュメントの構造の例です。

マスタドキュメントのアプローチのもう一つの利点は、より多くの人の目に触れることです。ドキュメントが古くなってしまう理由の一つは、つじつまが合わない点を見つけて、それを修正するための行動を起こす目が少ないことです。ドキュメントに関しては、80/20ルールとして知られるパレートの法則を考慮する必要があります。この法則は、多くの事象において、20％の原因から80％の結果が得られるというものです。つまり、10人で1つのWikiドキュメントに取り組んでいる場合、そのドキュメントの作業の80％は2人が行っていることになります。

パレートの法則とは、多くの事象において20％の原因から80％の結果が得られるというものです。

パレートの法則は、多くの場合に当てはまります。この原則を念頭に置くと、20％のグループの規模をさらに拡大するために、ドキュメントを見たり、修正したりする人の数を最大化することは理にかなっています。

マスタドキュメント戦略では、人々がその戦略に従っていることを確認するために、多少の調整と管理が必要になります。実際のところWikiやドキュメントリポジトリが効果的でなくなるのは、調整の欠如が原因なのです。

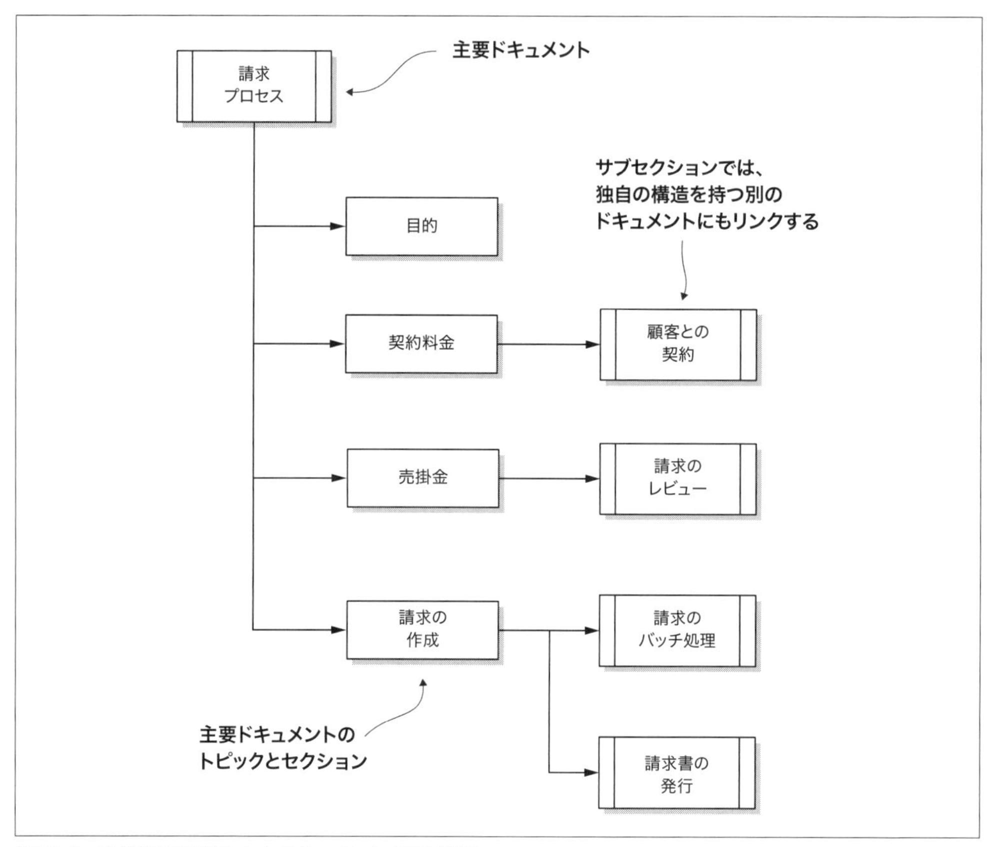

図10-4 請求書作成を例としたドキュメントの階層構造

10.4.1.3 部門ではなくトピックを中心に構成する

マスタドキュメントを作成する際には、部門ではなくトピックを中心にドキュメントを構成しましょう。部門を中心に構成すると、情報がさまざまなチームや領域に分散してしまいます。チーム固有のドキュメント（ポリシー・手順書・会議の成果物など）にも価値があるかもしれませんが、多くの場合、チーム外の人々が興味を持つのはプロセスについての横断的なドキュメントです。

運用グループには、プラットフォームのネットワークアーキテクチャや、主要なアプリケーションサービスに使用されているサーバのトポロジーをまとめたドキュメントがあるでしょう。これはIT運用に特有のもののように思えますが、これをIT運用のスペースに置くのは間違いです。IT運用部門以外の人が、さまざまな理由でネットワークトポロジーに興味を持つかもしれません。たとえばアプリケーションで発生している遅延のトラブルシュートの際に、アプリケーションサーバがデータベースサーバに到達するために必要なネットワークホップ数を把握しようとしているかもしれません。また、相互に通信する2つのサービスが同じネットワーク上に存在するかどうかを知りたいと思っているのかもしれません。

人々が自然に発見できるような方法でドキュメントを作成するには、そのドキュメントへの明確な道筋が必要です。関連するトピックにリンクされているドキュメントは、チーム専用ページのルートからぶら下がっている単独のドキュメントよりも、発見される可能性は大幅に高くなります。ドキュメントが同じまたは類似した文脈のほかのドキュメントと一緒に配置されていると、そのドキュメントが自然と発見される可能性が高まります。

10.4.2　学習の習慣付け

習慣とは、組織が繰り返し行う活動やイベントのことです。習慣は、文化を構築する上で重要な役割を果たします。習慣と文化の関係については、本書で後に詳しく説明します。今の段階では、習慣とは組織内で繰り返されるプロセス・活動・イベントのことだと考えてください。習慣には、良いものもあれば、悪いものもあり、中には特に理由もなく存在しているものもあるかもしれません。しかし学習や知識の共有に関しては、価値があるだけでなく、文化の一部として自立するような習慣を作りましょう。

この習慣について説明する前に、よくある「もっとドキュメント化しなさい」というアプローチだけではうまくいかないもう一つの構造的な理由について話すことが重要です。組織内のほとんどのトピックには、特定の分野やトピックについて専門的な知識を持ったSME（Subject Matter Experts）がいます。SMEの問題点は、その専門性が自己増殖的なシナリオを生み出すことです。特定のトピックについてSMEが1人しかいない場合、すべての情報や依頼はその人に集約されます。SMEは自分の専門分野に関連した依頼を受けることで頭がいっぱいになり、通常の日常業務以外の時間を要求されることになります。また、1人では対応できないほど多くのプロジェクトに参加することになります。このパターンでは、さらに時間が必要になります。解決策としては何らかの形で「知識伝達」を行うことが多いのですが、その伝達はたいていの場合、定義が不十分で、優先順位も低く、構造化もされていません。

知識伝達とは、ある人や組織がほかの人や組織に特定のトピックについて教えたり、トレーニングするプロセスのことです。知識伝達の目的は、組織全体に情報を行き渡らせ、従業員の離職や職務の変更があった場合でも、確実に情報を利用できるようにすることです。

人をトレーニングし教育するという活動は、それだけでSMEの時間を奪うことになります。最終的にはSMEの日常業務という現実が押し寄せ、知識伝達が放棄されてしまいます。**図10-5**は、このようなSMEへの要求の悪循環を示しています。

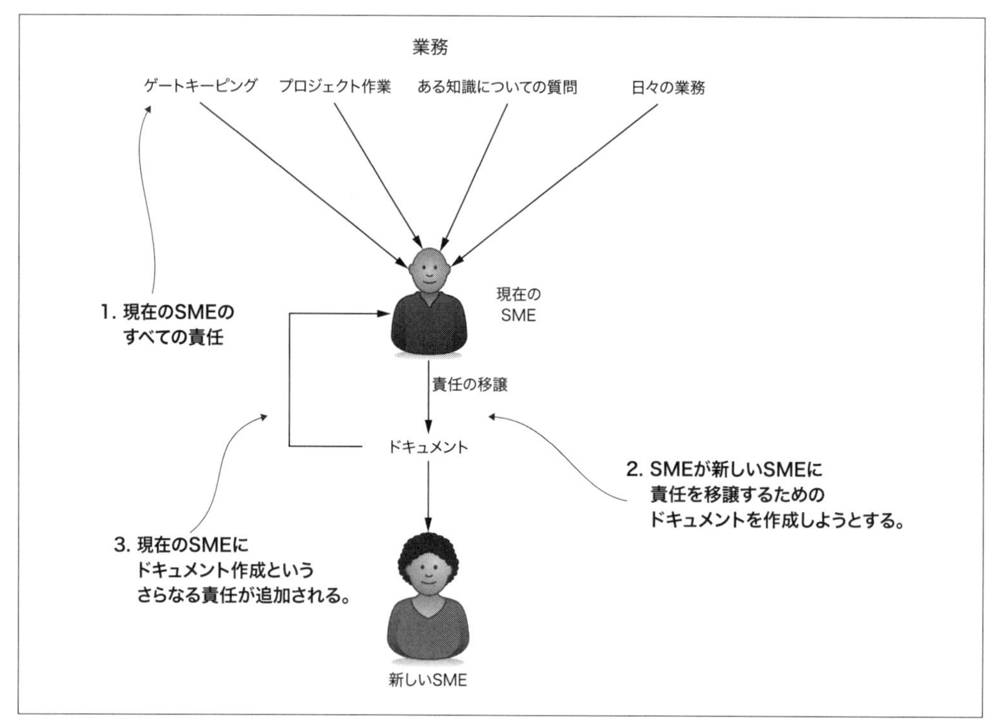

図10-5 ドキュメント作成への要求は、ドキュメント作成のための時間の不足につながる

このサイクルを念頭に置いて、ドキュメント作成の要件を追加するだけではプロセスを解決できないことを認識しなければなりません。ドキュメント作成の優先順位を上げる必要があり、そのためには、ほかのタスクの優先順位を下げなければなりません。またドキュメント作成に時間をかけずに知識の伝達を高める方法があるかもしれません。人によって得意分野は異なりますし、ある人にとっては簡単なことでも、ほかの人にとってはそうではないこともあります。チームメンバーに負担をかけるこのサイクルを意識しながら、知識共有の機会を作る方法を話し合ってみましょう。

10.4.2.1 ランチ&ラーン

食べ物は人々を結び付ける効果があります。食事と学習を組み合わせれば、非常に多くの人々に情報を共有する機会となります。**ランチ&ラーン**とは、昼休みに大勢の聴衆に向けて行うプレゼンテーションのことです。話題は特定の分野に絞られ、包括的な教育を目的としたものではありません。ランチ&ラーンの目的は、あるテーマについて人々に大まかに伝え、その分野に興味を持ってもらうことです。パレートの法則を覚えていますか？　ランチ&ラーンでは、あるテーマについての知識を共有したり、生み出すことのできる20％のメンバーになりたいと思っている人を見つけ出します。

多くの人が同じ時間帯に昼休みを取るため、ランチタイムにイベントを開催することで参加者を増やすことができます。ほとんどのオフィスでは昼休みにはミーティングが行われません。またリモートの社員が簡単に参加できるのもランチ&ラーンの大きな特徴です。ほかのタイプの知識伝達の習慣は、良いしくみがないためにリモートで行うには難しい場合があります。しかし、プレゼンテーションという形式と、先に説明したモデルのようにあるトピックに焦点を当てるということを組み合わせることで、ランチ&ラーンは情報共有のための優れた方法となります。

ランチ&ラーンのスケジュールを立てる際には、質問の時間を十分に確保することが重要です。イベントを成功させるには参加者との対話が重要です。可能な限り質問をしやすい環境を整えて、質問を促しましょう。ランチ&ラーンでは、トピックの複雑さを強調するようにしましょう。そうすることでトピックのある部分が理解できなくても、その複雑さを強調しておくことで人々は安心して質問できます。

もし発表者が「これはとても簡単です。この部分は簡単です。そのため……となるのは明らかです」といった発言を何度もしたら、人々は自分の混乱を認めようとしないでしょう。20分もかけて、いかに簡単な内容であるかを話しているのですから、参加者は大勢の人の前で馬鹿にされるリスクを冒すよりも、自分の無知をそのままにしたいと思うでしょう。参加者から質問を受けたら、その人を褒める方法を見つけましょう。「良い質問ですね」「それは思いつきませんでした」「すばらしい気付きです」というような肯定的な言葉は、人々に、テーマを完全に理解していなくても大丈夫だと思わせます。

1つの質問がさらなる質問を生み、いつの間にか雪崩のように質問が押し寄せてくることがよくあります。この状況を受け入れましょう！　これは、人々がコンテンツに興味を持ち、もっと知りたいと思っている良い兆候です。

ランチ&ラーンの最後には、参加者に何かしらの行動を促しましょう。提供した情報を使って参加者に何をしてもらいたいのかを考えてみましょう。そのプレゼンテーションは一般的な理解をしてもらうためのものですか？　プロジェクトへの貢献を求めているのでしょうか？　それとも、あるシステムのオンコールサポートを分担してもらいたいのでしょうか？　参加者に何を求めているのかを考え、プレゼンテーションの最後にそのお願いを具体的にアピールしましょう。行動を喚起するには、少なくとも次のことを表現する必要があります。

- あなたが助けを求めているのは何ですか？
- どのように行動を起こせば良いのでしょうか？　たとえば、メールを送る、Webサイトにアクセスする、発表者に連絡するなどです。
- 行動を起こすための期限はいつまででしょうか？　期限を設けていない場合でも、緊急性を感じさせるために期限を設定することが望ましいです。これがないと、たとえ本当に興味があったとしても、人々はどうしても行動を起こすのが遅れてしまいます。

10.4.2.2　ライトニングトーク

20分から30分のプレゼンテーションをするのは人によっては大変なことです。その時間に見合うコンテンツを見つけられないと、心が折れそうになります。私自身、講演者として最も怖い思いをしたのは、決められた時間に見合うコンテンツを用意できないのではないかと心配になったときでした。そこでライトニングトークが威力を発揮します。

ライトニングトークとは特定のトピックに焦点を当てた短い講演です。通常は5分から10分程度ですが、アイデアやコンテンツを伝えるために必要であれば、いくらでも短くできます。複雑なテーマには適していませんが、あるテーマの入門編として、あるいは凝縮された教育の場としては最適です。ライトニングトークは通常いくつかのカテゴリに分類されます。

- あるタスクを達成するための技術の共有
- 広範なトピックのハイレベルな概要
- 新しい技術の紹介

技術の共有というトピックは技術チームでよく使われるものです。たとえば、どのようなツールを使い、それをどのように活用してイテレーションのスピードと効率を高めているのかなど、開発のワークフローを紹介するためのトークをよく目にします。どの組織にも、ほかのエンジニアの半分の時間で物事をこなすような技術の達人がいると思います。彼らの開発環境はどうなっているのでしょうか？　どんなIDEを使っているのでしょうか？　どのようにしてテストを繰り返し実行しているのでしょうか？　ライトニングトークは、このようなトピックを掘り下げ、参加者に仕事のヒントやコツを共有するのに最適な形式です。

また、大まかな概要の紹介もライトニングトークのテーマとして最適です。エンジニアは、自分がよく把握していないプロセスや組織で仕事をすることがあります。たとえば私がアドテクノロジ業界に入ったとき、業界がどう構成されているのか、誰がプレイヤーなのか、どうお金が流れているのかを大まかに理解するために、5分間の簡単なプレゼンテーションが役に立ちました。

このプレゼンテーションは、私のすべての質問に答えるものではありませんでしたが、それが目的ではありませんでした。そのプレゼンテーションの目的は、参加者にこの業界の初歩的な理解をしてもらい、質問をするのに十分な情報を提供することでした。今、皆さんに「宇宙物理学について4つ質問してください」とお願いしたら、少し戸惑うでしょう。しかし、宇宙物理学とは何かということについて5分でも話を聞けば、おそらく4つの質問を簡単に思い付くでしょう。それがライトニングトークの目的です。

新しい技術を紹介することも、ライトニングトークのすばらしい使い方です。どんな組織にも、新しい技術を試していたり、多くの人があまり触れたことのない古い技術を使っている小さなグループがいるでしょう。5分間の簡単なプレゼンテーションは、興味はあってもその技術を使ったり触れる機会のない人たちにとって有益です。また、新しい技術が解決しようとしている問題や、既存の技術では対応できない理由を説明するようにライトニングトークを構成すれば、その技術への賛同を得ることができます。繰り返しになりますが、情報の構成には、自分が何を伝えたいのかを把握し、それに基づいてライトニングトークを構築することが重要です。

ライトニングトークは短く、非常に焦点が絞られているため、すべてのトークの最後にはそのトピックに関する詳細情報をまとめたスライドを用意しましょう。ここでは資料を紹介することを忘れないでください。人々が学習の旅を続けるための追加リソースを示すことが重要です。あなたは社内におけるそのトピックの専門家ですので、そのトピックについてもっと知りたいと思ったときに、参加者に正しい方向を示す義務があります。

10.4.2.3 外部イベントのホスト

テック業界では、FANG企業（Facebook、Apple、Netflix、Google）と、彼らがどう問題の解決に取り組んでいるのかに注目が集まりがちです。しかし、実のところ、本書を読んでいる皆さんのほとんどは、FANGグループと同じ種類の課題に直面しているわけではありません。私たちの多くは、同じような問題をばらばらに解決しているのです。

こういった無駄に最初は気が滅入るかもしれませんが、ある意味ではありがたいことなのです。それは、あなたと同じような人や組織があなたの問題に対する有効な解決策を持っていて、それをあなたが再利用できるということだからです。これこそが、外部イベントの開催が有益な理由です。

テクノロジの世界では、カンファレンス・ミートアップ・ネットワーキングイベントが世界中のあらゆる場所で開催されています。Meetup.comの検索ボックスに「DevOps」と入力すると、世界中のミートアップが表示されます。あなたの近くでも開催されているかもしれません。近くになくても、きっと興味を持つ人がいるはずですので、自分で始めてみるのも良いでしょう。探すのはDevOpsに関するものに限定する必要はありません。データベースのミートアップグループ、Kubernetesのクラブ、コーディングキャンプなど、さまざまなテクノロジに焦点を当てたグループがたくさんあります。

これらのグループに自分たちのオフィスを提供することは、学ぶためのすばらしい方法です。あなたのチームメンバーの中には、おそらく仕事以外にもやらなければならない用事が多く、社外の技術コミュニティに参加することが難しい人もいるでしょう。しかし、そのようなコミュニティを自分の職場に持ち込めば、参加したり社外の人とネットワークを作ったり学ぶことが容易になります。このようなグループの多くは、ミーティングを開催するためのスペースを常に探しています。

20枚のピザとソーダにかかる費用だけで、採用の機会だけでなくスタッフ全員の学習の機会を作ることができるのです。企業が社員を派遣するような大規模なイベントについて、イベントで最も価値があるのは「廊下での雑談」だとほとんどの参加者は言うでしょう。つまり、セッションとセッションの間や夜のネットワーキングの場で自然と起こる会話です。このようなインフォーマルな場では、イベントのアジェンダに関係なく、自分にとって重要なトピックを話し合うためのグループを作ることができます。イベントを開催すれば、実際に20人のエンジニアをカンファレンスに連れて行かなくても、この廊下のような雰囲気を作り出すことができるのです。

自分の住んでいる地域を調べて、これらのグループに連絡を取り、開催を提案することを強くお勧めします。社外のグループから学ぶ雰囲気を作れば、その人が学んだことを社内で共有できます。たとえば、ネットワーキングイベントの後で、何人かのグループにそこでの会話から得た情報について、ライトニングトークを行ってもらうというやり方です。こういったことは不思議なほど活用されていないですが、お金をかけずに大きな成果を上げることができます。

10.4.2.4　ブログ

これまで、さまざまなプレゼンテーションのスタイルを紹介してきましたが、プレゼンテーションが苦手な人はどうすれば良いのでしょうか？　聴衆の前では緊張してしまう人、プレッシャーを感じたくない人、スライドを作るのが苦手な人など、さまざまな人がいます。ブログは、組織全体で情報を共有するためのツールとして、見落とされがちです。

ブログと単なる社内ドキュメントの違いはなんでしょうか？　この2つは、実際とても密接な関係があります。私の考えでは、ブログと公式な社内ドキュメントの違いは小さく、主に執筆者の心の中にあります。正式なドキュメントの場合、心の中でビジネスパーソンとしての自覚が芽生え、無駄に堅苦しい文章になってしまいます。このように堅苦しくなってしまうと、契約書を書くような感覚になってしまい、ドキュメントを書くのが苦手だと感じる人もいます。しかしブログの場合は、形式的ではなく、構造的でもなく、創造的な自由度の高い文章を書くことができます。もしドキュメントがない状態と、インフォーマルに書かれたドキュメントがある状態のどちらかを選ぶのであれば、私は常にインフォーマルなドキュメントがある状態を選びます。ブログ記事は、効果的なコミュニケーションを行うために先に説明した原則には従うべきですが、フォーマルな文書に存在するような厳格なフォーマットの要件は必要ありません。

ブログ形式で書くことのもう一つの利点は、チームのメンバーが購読しやすくなることです。ほとんどのブログソフトウェアでは、著者やトピックを登録することで、その人が投稿したときにメールを受け取ることができます。また、RSSリーダーを使用している場合は、RSSフィードを購読するのも一般的な方法です。またブログ記事は時系列順に並んでいるので、各記事はあくまでその時点での内容になっているということが明確となる点も便利です。ドキュメントがWikiやそのほかの公式ドキュメントリポジトリに置かれていると、それらは暗黙的に常に更新されており、最新のものであると考えられがちです。一方ブログ記事は、その時点での内容が書かれていて、情報が古くなっている可能性があると一般的に受け入れられています。たとえば、2004年に書かれたドナルド・トランプ氏に関するブログ記事を見たら、それが彼の大統領としての文脈から外れて書かれていても驚かないでしょう。しかしドナルド・トランプ氏のWikipediaのページを見て、彼の大統領就任について何も書かれていなかったら、少し不思議に思うでしょう。これが、ブログと公式ドキュメントに対して人々が持つ、暗黙的な期待です。私はWikiページに記載されているコマンドであれば躊躇なく従うかもしれませんが、ブログ記事の場合は、その記事の古さやコマンドがまだ有効であるかどうかなどを確認します。

ブログは、プレゼン資料を作りたくない人や、公式ドキュメントの堅苦しさに萎縮している人にとって、すばらしい手段となるでしょう。

あなたが望むドキュメントの成果に集中することを忘れないでください。目標は、スタッフが離職しても、組織が活動するために必要な知識を保持することです。知識を共有するための形式にこだわる必要はありません。監査役のような外部から強制された形式でない限り、どのような方法であっても情報共有を推奨しましょう。

10.5 チャットツールの有効活用

チャットツールは、ほとんどの組織で使われつつあります。もしあなたの会社に公式のチャットツールが導入されていなくても、非公式のものをチームごとに使用している可能性はあります。多くのチャットツールには無料版も提供されているため、会社の許可の有無にかかわらず、チャットツールを使い始める従業員が現れるのに時間はかかりません。

適切に使用すれば、チャットツールはチーム間で情報を共有するためのすばらしい手段となります。しかし、ルールを決め、会社の作法を定義しておかないと、猫の写真やカップケーキのレシピで埋め尽くされ、生産性は低下するでしょう。

10.5.1 会社の作法を確立する

チャットツールの使い方は会社ごとに少しずつ違うようです。すべての決定事項がどこかのチャットログに表示されないと驚く会社もあれば、チャットでの会話をある時点で物理的な会議に切り替えるようなやり方の会社もあります。どうアプローチするかについての正解はありませんが、どのように振る舞うべきかについて組織としての考えを持つことは重要です。このような文化は自然に発展していくもので、チームによって異なる場合もあります。人々がどのように関わるべきかについて、確固たるルールが必要な場合もあるでしょう。ここから私が提案するのは、チャットを管理しやすくするためのルールです。

10.5.1.1 短命でトピックを絞ったチャンネルを使う

チャットツールを使ってアイデアを調整したり議論したりすることのすばらしい点の1つは検索可能であるという点です。これは、新入社員が意思決定の背景を理解するために、あるいは古株の従業員であっても詳細を忘れてしまったときに、非常に有効なツールとなります。しかし、このような検索機能があっても、たとえば「データベースのフェイルオーバー」という言葉はさまざまなケースで使われるでしょう。そうすると、もしある特定のデータベースフェイルオーバーの詳細について3年後に検索しても、それを見つけ出すことはほとんど不可能です。

このような場合には小さくて短命なチャンネルを使うことをお勧めします。これは特に、議論する問題点がチケット管理システムのチケットに記録されている場合に有効です。そういった場合、チャンネル名にはチケット番号を含めましょう。こうすることで議論を見つけやすくなります。チケット番号によって、その問題点についてリアルタイムで議論している場所（チャット検索によって）や、そのチケットに関連するコミット（コミットメッセージにチケット番号を含めることによって）、さらにはそのチケットがほかのプロジェクトとどのように関連しているか（チケットシステムによって）を知ることができます。

チケットに紐づいていない作業をしている場合は、チャンネルにわかりやすい名前をつけると検索が少し楽になります。#generalチャンネルで「データベースの障害」と検索すると200件ヒットするかもしれませんが、「database_failure_20180203」という名前のチャンネルで1件ヒットすれば、もう少し関連性があると思われます。たとえ関連がなかったとしても興味深い内容であることは間違いありません。

チャンネルを分けることのもう一つの利点は、そのトピックに関する会話の終わりが明確になることです。一般的なチャットチャンネルでは、ある会話が数時間後、あるいは数日後に復活することがあります。その間には、あなたが気になっている点に関係のないほかの会話が行われてしまいます。目的別にチャットチャンネルを用意することで、チャットで発生するカジュアルな雑談をコントロールすることが容易になります。

会話が終わり、タスクが終了したり問題が解決したりしたら、そのチャンネルをアーカイブします。そうすることで、チャンネルのリスト全体をある程度管理しやすくなります。

10.5.1.2 スレッド機能を使う

現在、多くのチャットツールが**スレッド機能**を提供しています。これにより、多くのメッセージを1つのメッセージの下にまとめることができます。これにより、チャットアプリケーションのメインタイムラインを汚すことなく、特定の会話をグループ化できます。しかし、別のチャンネルを作成するのとは異なり、この機能は主要なチャンネルに残るので、会話に参加したいと思っているほかの人がすぐに見つけて参加できます。

スレッドは、複数の会話が同時に行われているような大規模なチームで特に有効です。少人数のグループがオブジェクトモデルの設計について議論している間に、同じチャットチャンネルにいる別のグループが、最近話題になっているインターネットミームについても会話できます。

スレッドをうまく使う鍵は、スレッドを開始するタイミングを知ることです。最適なタイミングは議論を始める時です。これは特にフィードバックを募る際に顕著です。スレッドメッセージを「新しいオブジェクトモデルについて議論するスレッド」のようなわかりやすい言葉で始め、最初のメッセージでは問題点や解決しようとしていることを詳しく説明します。これにより通常のチャットではなく、スレッドで応答すべきだという明確なシグナルが全員に伝わります。また、スレッド名を覚えておけば、将来的に検索するのに便利です！

10.5.1.3 定期的に自分のステータスを更新する

チャットアプリケーションでは自分の現在のステータスを更新できます。できるだけ頻繁に利用して、現在の状況を正確に反映しましょう。私の場合、割り込まれたくないときは「取り込み中」

というステータスを使います。これは、深い思考を要する仕事で途切れのないまとまった時間が必要なときに使います。このステータスを設定し、通知をオフにして、その間に集中して仕事をします。

この状態にすることで、常に連絡が取れる状態ではないという罪悪感から解放されます。緊急の場合はチャット以外の方法で連絡を取るでしょうから、人々を失望させているとは思わないでください。自分の時間に責任を持てば良いのです。

10.5.1.4　チャンネル全体への通知の利用を制限する

誰に質問をすれば良いのかわからないとき、ユーザーはチャンネルに入って、@here、@allや@channelといった形でチャンネル全体に通知やブロードキャストを行うことがあります。これは、できるだけ避けましょう！　これは現実世界では、会議に参加して「今すぐ質問に答えろ」と要求するのと同じことです。

メッセージの中でユーザーをタグ付けしてその人の注意を引くことができるのは、注目してもらう必要がある会話では便利なツールです。しかし@here、@all、@channelを使うと、全員にあなたを待っているメッセージがあるという通知を送ることになります。騒がしいアラームと同じように、時間が経てば人々は広い通知に反応しなくなります。

一部のツールでは、これらのメンションを使用できる人を制限できます。使うべき時のガイドラインを明確にして、限られた人だけに限定するようにしましょう。

10.5.2　チャットだけではない

チャットツールでの作業に慣れてくると、チャットコラボレーションツールを使用することで、特に実行や自動化の面で、さらに大きなメリットがあることにすぐに気付くでしょう。チャットツールを自動化のコマンドラインと考えると、信じられないほど強力な可能性の領域を開くことができます。

10.5.2.1　チャットボットの利点

Hubot（https://hubot.github.com/）のようなツールでは、チャットツールを自動化フレームワークのインタフェースとして使用できます。これはいくつかのレベルで力を発揮します。まず第一に、人々がシステムと対話できる場所や時間が広がります。Centroでの私の現在の環境では、食料品の買い物中に携帯電話からデータベースの復元を開始しました。チャットのインタフェースは、どのようなデバイスでも一貫していて、通常はコンピュータにログインしなければならないようなコマンドを実行できるようになっています。

もう一つの利点は、これらのコマンドとその出力が、ほかのすべてのチャンネル参加者も見える形でチャンネル内で行われることです。これにより、修復やトラブルシュート作業の可視性が高まります。インシデント管理のようなケースでは、対処の方針に同意した後は、誰かが自分の端末でコマンドを実行し、明示的にそれを共有しない限りその人だけが出力を見ることができるということがよくあります。しかし、Hubotのようなツールを使えば、実行されたコマンドだけでなく（再現性のため)、コマンドの出力やその出力にまつわる会話もチャンネル全体で見ることができます(学習の共有のため)。

また、フォローアップのポストモーテムの一環として状況を再確認する必要がある場合にも、チャットボットは非常に有効なツールです。会話・行動・結果のすべてが1つの場所にきちんとまとめられています。どのコマンドがどのような順番で実行されたのかを見分けるために会話をする必要はありません。すべては、チャットチャンネル上にタイムラインとして明確に残っています。

10.5.2.2 チャットボットによる責任の共有

チャットボットのもう一つの利点は、責任の共有という考え方です。これまでの章で述べてきたように、アクセス制限があると、より多くの人がツールや自動化を利用できません。たとえ高度に自動化されたものであっても、コマンドを実行するためにユーザーが本番サーバにログオンする必要があるかもしれません。チャットボットのようなツールでは、インタフェースと自動化が分離されているため、より多くの人がこれらのツールを使用できます。

ただしコマンドが実行されたときに害がないかどうか、間違って実行されたときに最悪の事態にならないかどうか、十分な注意を払う必要があります。しかし、本書でこれまで述べてきたように、こういった要件はどのような自動化を構築する場合でも必要です。チャットボットを使えば、特定のタスクの責任を、運用チームほど権限を持っていないほかのユーザーと共有できます。

チャットボットというトピックは膨大で奥が深く、本書の範囲をはるかに超えています。しかし、もしあなたの組織がチャットでの仕事に慣れていたら、ワークフローの自動化のためにチャットボットの利用を検討してみてはいかがでしょうか。先に述べたように、Hubotはチャットコンポーネントの多くを処理してくれるので、始めるのに最適なツールです。またStackStorm (https://stackstorm.co/) もお勧めです。StackStormは、チャットの自動化に必要な多くの労力を、比較的簡単なツールセットにまとめ、独自の自動化を始められるようにしています。洗練されたワークフローエンジンも搭載されており、プログラミングをほとんど必要とせずに一連のステップを自動化できます。

10.6 本章のまとめ

- SMGのタイプに応じて、さまざまな形式で知識共有することを許容しましょう。
- 標準的なドキュメントの代わりに、学習のための習慣をつけましょう。
- 情報の検索を容易にするために、ドキュメントの保管場所に構造を作りましょう。
- 情報のゲートキーパーは、意図しない情報のため込みの原因となります。

11章 命じられた文化

本章の内容

- 文化を構成する要素の理解
- 文化が行動に与える影響
- 変化を促すための新しい文化的振る舞いの創出
- 企業文化にマッチした人材の採用
- 採用面接の構成

命じられた文化というアンチパターンは、組織の文化が、メインロビーに飾られているくどい声明やプレートに記されているものの、実際には具体的な形では存在していない場合に発生します。文化は、育て、発展させ、言葉だけではなく行動で示されなければなりません。

ほとんどの採用面接で「御社の企業文化はどのようなものですか？」という質問を受けます。こういった質問を多く受けるということは、企業文化が持つ重要性と重みを示唆しています。しかし、面接官から返ってくる答えは、必ずしも真実ではなく実証できるものでもありません。返ってくるのは、その意味や真実かどうかを疑うことすらしないほどに染み付いている文章やキャッチフレーズの羅列でしかないのです。

もしあなたが本章のタイトルを見て、「うちの会社にはすでに卓球台とビールタップがあって、文化には定評がある！」と思っているのなら、本章を2回読んだほうが良いでしょう。文化とは、オフィスパーティでの楽しいアクティビティや、休憩室に用意されているグルテンフリーのスナックの種類の多さではありません。

エンロンは、2000年にフォーチュン誌の「アメリカで最も働きがいのある100社」の1つに選ばれ（https://mng.bz/emmJ）、その要因として、文化とすばらしい従業員が挙げられていました。しかしエンロンの実際の文化は、公言された文化とは根本的に異なることがすぐに明らかになりました。トップから現場の従業員に至るまで、貪欲さが組織を活気付けていました。福利厚生は従業員を大切にするようなものであったかもしれませんが、会社を導く倫理基準は腐っていました。

2001年12月にはアメリカ史上最大の財務会計スキャンダルでエンロンは破産申請しました。エンロン破綻の犠牲者たちは、最高の年末パーティができたことでしょう。

ビジネスリーダーの間では、文化が重要視されています。文化に関する最も有名な慣用句は、マネジメントの権威であるピーター・ドラッカーの「企業文化は戦略に勝る（Culture eats strategy for breakfast.）」というものです。企業が採用活動を行う際には、候補者が組織の文化に適合しているかどうかを確認することに、異常なほど執着します。

しかし、なぜDevOps組織では文化がそれほど重要なのでしょうか？　それは、文化が仕事の進め方の風潮を決めるからです。文化はある行動を許容し、別の行動を要求します。品質ではなくアウトプットを重視する企業文化であれば、品質を重視する社員であっても、品質よりもアウトプットを重視するチームメンバーと歩調を合わせるために、自分の理念を捨てざるを得なくなります。

悪い文化は最終的に悪い結果をもたらします。優れた強力な文化を持つ企業は、財務スキャンダルで崩壊することはありません。恐怖と報復の文化を持つ企業には、オープンで協力的な職場環境はありません。その代わりに縄張り争いが行われます。

DevOpsコミュニティでは、チームが共通の目標に向かって前進するような、より望ましい環境を作り出すために文化は使われます。文化は、より良い結果を生み出すために使われます。こういったことを実現するためには、文化とは何か、それが組織の中でどのように位置付けられるのか、そして悪い文化がどのようにチームの足を引っ張っているのかを理解することが重要です。文化は不変のものではありませんが、それを変えるには努力が必要であり、現状を意図的に打破する必要があります。

本章は2つの部分に分かれています。前半では、企業文化の背景にある構造と、それに影響を与えるためにあなたができることについて説明します。後半では採用に重点を置きます。文化を維持し、安定した軌道に乗せるためには、採用が重要な役割を果たします。多くのテック企業では、面接の際にアルゴリズムを重視するあまり、候補者が会社の繁栄に必要な人間的資質を備えているかどうかのソフトスキルを評価できていません。たった一人でも間違った採用をしてしまうことで、築き始めた文化を台なしにしてしまう可能性があります。

11.1　文化とは何か？

文化とは、あるグループの人々をほかのグループから区別する、共有された価値観・習慣・信念の集合体として定義されます。この広い定義は、チーム・会社・国など、あらゆる種類の文化を含みます。価値観・習慣・信念は、組織内の文化を特定し、変化させるために使用できる3つのつまみです。

11.1.1　文化的価値観

文化的価値観とは、組織を運営し行動する上で不可欠であると組織が考えている原則や基準のことです。文化的価値観は、企業のミッションステートメントの中で、行動規範の一部として表現されることもあります。いずれにしても、文化的価値観は、その企業が重視する理想の姿を書き表したものです。たとえばエンロンのコアバリューは次の4つでした。

- 敬意
- 誠実さ
- コミュニケーション
- 卓越性

これらの価値観は完全に表現されたものではありませんが、組織や従業員の行動に関して会社が重視していたとされるものを感じ取ることができます。

しかし文化的価値観は単独で存在するものではありません。価値観は行動を伴わない宣言に過ぎません。文化的規範とは、文化的価値観を具体的なものにするための活動です。

文化的規範とは、根底にある価値観を表現する行動や活動のことです。文化的規範とは、集団が自分たちの価値観を実現するために作るルールや行動のことです。たとえば、有給の家族休暇という文化的規範は、家族を支援するという文化的価値観を表したものです。

文化的規範について考える際には、望ましい行動を引き出すために作られた組織内のルールやガイドラインを思い浮かべるとよいでしょう。たとえば、あなたの会社に従業員の健康と幸福を重視するという**価値観**があるとします。そのための**文化的規範**は従業員がジムの会員になるための費用を支給するプログラムといったものです。ジムに入会するための経済的な障壁を取り除くことで、会社はジムへの入会と利用を促し、ひいては従業員の健康を促進したいと考えています。

企業の価値観を単なる宣言に終わらせないためには、文化的規範を見極めることが重要なプロセスとなります。文化的規範のない文化的価値観は、単なる空虚な決まり文句にすぎません。

11.1.2 文化的習慣

文化的習慣とは、組織内で行われる特定の習慣や行動のことです。たとえば、私が勤めている会社では、新入社員が入社すると技術グループ全体に紹介メールを送るという文化的習慣があります。このメールには、その社員の名前・組織内での役割・座席の場所・前職・大学の学歴・写真・その社員に関する4つの興味深い事実（本人が提供）が書かれています。

この習慣には2つの目的があります。まず新入社員が歓迎されていると感じることができます。また現役社員にとっては自己紹介や会話のきっかけになります。自己紹介メールの中で興味深い事実を紹介することで、最初の数分間の話題探しのような気まずい状況を避けることができます。

文化的習慣は社内の広範なプロセスフレームワークの中にも存在します。多くの開発組織では、ソフトウェア開発に**アジャイルメソッド**を採用しています。

定義 **アジャイルメソッド**とは、機能横断的なチームのコラボレーションを通じて、要求とソリューションを時間とともに進化させていくソフトウェア開発の手法です。

アジャイルメソッドには、仕事のスタイルやコラボレーションを支援する習慣がたくさんあります。最もよく見られる習慣は**スタンドアップミーティング**です。スタンドアップミーティングの背景にある考え方は、現在の担当している仕事について議論するために、チームメンバーと頻繁に共有する場を提供することです。チームメンバーは、昨日取り組んだこと・今日取り組む予定のこと・仕事を進める上で障害となっていることを話します。全員が立った状態で行うことで、会議への集中力を高め、とりとめのない報告を防ぐことができます。しかし、スタンドアップに参加したことがある人なら、大勢の人と話すのが好きな人にとっては、立っていることは何の妨げにならないことも知っているでしょう。

習慣は、そのグループの文化的価値観を反映しています。従業員の幸福という**価値観**は、月曜のヨガクラスをオフィスで行うという**文化的習慣**につながります。こういった習慣がなければ、価値観に人々をつなぎとめておくのは難しいでしょう。新入社員のメールの例のような習慣は、新しいプロセスを教えるために使うこともできます。習慣は、従業員が新しいことに簡単に移行するためのガイドとなります。オンコールのあるチームでは、あるメンバーが初めてオンコールを担当することは、新入社員の移行期間の終わりを告げるお祝い、通過儀礼として使用できます。

あなたの組織では、さまざまな形式や大きさの習慣が行われています。あるものはお祝いとして、あるものは勢いを保つために、またあるものは通過儀礼として行われています。組織内の習慣を理解し、それがあなたの意図する信念や価値観を促進しているかどうかを確認することが重要です。

組織レベルで文化を設定はできないかもしれませんが、よりミクロなレベルで文化を調整する機会はたくさんあります。小さなチームの中で設定されている文化的習慣や規範を考えてみましょう。プルリクエストの作法、ユニットテストの要求、自動化などの小さな慣習です。これらはすべて、チーム内に存在する習慣や規範であり、組織的には強制されないかもしれませんが、あなたの影響力の範囲内で強制できます。チームミーティングの運営方法のような単純なことでも、チームメンバーが組織を文化的にどのように見ているかに影響を与えることができます。

毎週行われる状況確認ミーティングが、すぐに仲間内の定期的な不満を出し合う会になってしまうことはよくあることです。憂さ晴らしは、オフィスでの人気のある娯楽です。しかし、それがチームメンバーの長期的な組織観や、組織に何ができるのか、あるいは何ができないのかに影響を与えるようになったら要注意です。チーム内で起きている小さな出来事が、文化を表す一面であることを忘れないでください。

11.1.3 信念

グループの**信念**は、組織の能力を最も制限する要因となります。会社の仕事のやり方を大きく変えるような議論をしたことがある人は、必ずと言って良いほど、「それはここではうまくいかない」

と言う人に遭遇したことがあるでしょう。その言葉は信念の表れです。

その社員は人材であれ、能力であれ、政府の規制であれ、組織の何かが会社の変化を妨げていると感じています。社内で多くの人がこれを信じていると、その信念は事実となり、人々はその考え方に縛られます。信念の例としては、次のようなものがあります。

- 顧客のことを考えると、週に2回のリリースはできない。
- アジャイルソフトウェア開発は、十分に計画されていないので、ここではうまくいかない。
- アプリケーションのダウンタイムなしでソフトウェアをデプロイする方法はない。
- 自分たちのプロセスは複雑すぎて自動化できない。

これらはほんの一例に過ぎませんが、もっと多くのことをこのリストに加えることができるでしょう。信念によって、疑問を感じない文化が生み出され、より良い方法は実現可能性が非常に低く、試みることさえも愚かに思えてしまいます。

信念は必ずしもネガティブなものではありません。強い文化を持つ会社では、社員が持っている信念が、その会社の強さの一部になっています。たとえば、次のような信念です。

- 経営陣は、きちんとした理由で主張されたアイデアを支持する。
- 必要に応じて変更する権限が与えられている。
- この組織は手動のプロセスを受け入れない。
- 誰も問題の解決に取り組んでいない場合、リーダーシップがその問題に気付いていないだけだろう。

このような対照的な信念が生み出す行動の違いを考えるのに、多くの想像力は必要ありません。組織に対する信念によって、問題のとらえ方が変わります。否定的な信念に縛られていると、その型を破って革新的な解決策を打ち出すことは非常に難しくなります。

このような文化の3つの要素（文化的価値観・文化的習慣・信念）を念頭に置くことで、文化の創出の基礎ができあがります。しかし、文化は良くも悪くも組織の中に広がり、隅々まで浸透していきます。文化を変えようと思うのであれば、文化がどのように共有されているかを理解することが重要です。

11.2 文化はどのように行動に影響を与えるか？

前節では、企業文化を変えるために使用できる3つのつまみについて説明しました。しかし文化は社員のパフォーマンスや行動にどのように影響するのでしょうか？　これらの3つの領域（価値観や規範、習慣、信念）は、その文化に属する人に影響を与える期待というものを作り出します。そして、組織はその文化によって、期待をポジティブなものにもネガティブなものにもできるのです。例を使って説明しましょう。

ジャスティンは、Web Capitalという金融機関の開発チームに参加したばかりです。この会社は、自動化・テスト・環境の再現性などに多大な投資をしています。ジャスティンの前の会社では、自動化やテストカバレッジの計測をあまり行わず、多くの作業を手作業で行っていました。その会社では、コードレビューでさえ行き当たりばったりで行われていました。

ジャスティンは最初のコーディングタスクの担当になりました。彼への要求は、顧客がWeb Capitalのほかの口座保有者に予定された日時に送金する新機能を作成することです。ジャスティンが最初のコード変更をチームに提出すると、チームはそれをレビューし、基準を満たしていないと判断しました。

- この変更には自動テストが存在しない。
- この機能は、データをセットアップするために手動で実行されるデータベースの変更に依存している。
- ログメッセージが出力されていない。

ジャスティンはこれまで自動テストを扱ったことがなく、自動化された反復可能なデータベースの変更を扱ったこともありませんでした。Web Capitalのほかのチームメンバーは、価値観を守るために毅然とした態度で臨んでいます。さらなるコーチングとトレーニングにより、ジャスティンは適切に変更し、その変更を再提出し、速やかに承認を得ました。

これは、文化がいかに行動に影響を与えるかを示す例です。もしレビュアーが、ジャスティンにチームの文化的規範を満たすように主張していなかったら、彼は基準以下の変更を簡単にパイプラインに滑り込ませることができたでしょう。2、3週間後にほかの誰かがそれを見つけ、それを理由に、同じように規範に満たない変更を提出するかもしれません。最終的には、このようなことが繰り返され、価値観とそれを支える規範を蝕んでいきます。しかし、チームの文化とその規範を守ることで、グループの基準を維持できました。

この例は、文化がチームや組織を束ねる役割を果たしていることを示しています。文化は、高い基準を強制することも、低い基準を許すこともできるのです。AmazonのCEOであるJeff Bezosが2018年に株主に宛てた手紙の中で、高い基準は後天的に習得可能であると書いています(https://mng.bz/pzzP)。高い基準は、先天的に有しているかどうかが決まるような資質ではありません。しかし、基準を教えるには規律と、基準以下のものは認めないという文化が必要です。

Googleでは、自動テストを書かずにコードを変更することは誰も考えません。なぜGoogleはあなたの会社と違うのでしょうか？　それは、その文化の中でどういった行動は許され、どういった行動は許されないかという点にあります。何が許され、何が許されないかを簡単に説明するのに、400人もエンジニアがいる必要はありません。自分のチームがうまく機能するために行ってはならないことについてじっくり考える必要があるだけです。しかし、その前に、あなたとあなたのチームが大切にしているものは何なのかを理解する必要があります。

11.3 文化を変えるには？

文化を構成する要素を明らかにしたことで、組織の文化を変えるというとてつもないタスクの準備ができました。まず最初にすべきことは、自分たちには文化を変えることができるという信念を確立することです。文化は、多くの場合1つのきっかけで変化します。

最初はチーム内だけの小さな変化かもしれませんが、文化がどのように広がっていくのかを学ぶことで、より多くの人に影響を与えることができます。ある人が会社や組織を辞めた後、その人がいなくなってから文化が変わったと言われたことはありませんか？ 「クインツが会社を辞めてから、おもしろくなくなった！」というように。これは、一人の人間が集団に与える影響力の大きさを物語っています。しかし、文化を変えるためには、社会集団の中で文化がどのように伝達されるかを理解することが重要です。

11.3.1 文化の共有

文化について考える際には、その文化に属する人たちの共通点を思い浮かべましょう。文化を共有する上で、**言葉**は最も重要な要素の1つです。言葉は、文化についてコミュニケーションする土台となるからです。

言葉を使って**物語**やアイデアを共有します。言葉を通じて、文化の理想を促進するための制度を組織し、構築します。さまざまな集団の中で、共有された信念や価値観を表現するために、習慣を作り、伝えます。言葉は、文化を表現するすべての中心にあるのです。

11.3.1.1 言葉による文化の共有

職場の仲間と話をするとき、何をどのように話すかによって、自分が働いている環境やそれをどのように見ているのかがよくわかります。同僚についての言葉遣いや話し方を通して、どのチームとうまくいっているか、どのチームとはうまくいっていないか、そしてそれぞれに対する敬意の度合いをすぐに判断できます。

こういった言葉遣いは、メンバーがグループ内のほかの人の行動を真似ることで、良い点も悪い点もチーム全体に伝わります。もしあなたがデータベース管理者の悪口ばかり言っていたら、すぐに周りの人もデータベース管理者を否定的に見るようになるでしょう。このように、言葉遣いはネガティブな面ばかりが強調されがちですが、ポジティブな影響を与えることもできます。

言葉がネガティブな感情を広めるのと同じように、ポジティブな交流や影響を広めることもできるのです。たとえば、「わからない」という言葉があります。このようにシンプルなことを率直に言えることで、チームや組織の多くの文化的価値観や規範を伝えることができます。

まず、この発言によって、その人が常に答えを知っているわけではないと受け入れていることを示しています。特にテクノロジの分野では、こういった発言を誰かがすることによって、自分の仕事について常に何でも知っていなければならないと感じているチームメンバーの心理的負担を軽減できます。「わからない」と言えることで、技術をすべて知らなければならないという非現実的な信条を否定できます。

すべてを知らなければならないというプレッシャーを克服して「わからない」と言えることは、仕事の場ではなかなか見かけられない、人の弱さをさらけ出します。この弱さは、ミスや偏見、誤った信念を持つ人間であってもかまわないという意味で、チームメンバーを人間らしくします。この弱さによって、自分自身と他人について率直な感覚を植え付けることができます。誰かのスキルセットが不足しているという懸念が、その人の地位や肩書きの価値を非難するものではなく、無邪気な意見として解釈されるようになります。大げさに感じる人もいるかもしれませんが、多くの人がこれに同意しています。

「わからない」のようなシンプルな一言で、言葉を介して文化が共有されることを見てきました。言い回しによって、言葉は価値観を表すこともできます。NBCのテレビ番組「ニューアムステルダム」には、マックス・グッドウィンという若くて優秀な医師が登場します。彼は、経営難に陥っている病院であるニューアムステルダムの再建を任されています。グッドウィン博士は、病院の焦点を患者のケアに戻そうとしており、彼は病院に残っているスタッフが患者のケアに集中できるように力づけようとします。

「ニューアムステルダム」では、権限委譲と患者第一主義というグッドウィンの基本的な価値観を強調するために、かなり多くの言葉が使われています。彼の特徴的な言葉は「どういった助けが必要ですか？（How can I help?）」です。スタッフや患者が何か問題を抱えてグッドウィンのもとを訪れると、彼の最初の返事はほとんどが「どういった助けが必要ですか？」です。この言葉は、「わからない」と同様に、組織の文化をよく表しています。

まず比較的高い地位にあるにもかかわらず、グッドウィン博士が身近な存在であり、スタッフのニーズに応え、手助けするためにそこにいることが強調されています。上司のオフィスに問題を持ち込むと、上司が確実に支援を申し出てくれると知っていたら、どれほど力が湧いてくることでしょう。

第二に、グッドウィンのアプローチは問題を完全に部下に委ねています。問題や負担を軽減することはせず、依然としてスタッフがその問題を解決する必要があります。しかし、彼はリーダーとしての経験と影響力を提供し、彼らが自分たちで問題を解決するために必要なリソースを得る手助けをします。これは、言葉とその使い方が、文化を定着させるだけでなく、それを広めることにもつながるという例です（ご想像のように、ほかの登場人物もこのフレーズを使い始め、文化の普及につながっていくのです）。

言葉が文化を発展させるきっかけとなるのは、それが社会構造の礎となるからです。言葉を通して物語や言い伝えを利用し、アイデアや抽象的な概念を固めることができます。

11.3.1.2 物語による文化の共有

人類は太古の昔から何らかの形で物語を伝えてきました。人間は単純な話よりも物語に共感します。物語によって、数多くのアイデアやコンセプトを再現性のある形にまとめ上げることができます。組織における物語は、エンターテイメント性に欠けることが多いですが、その役割は似ています。

私がこれまでに勤めた会社には、その会社に長く勤めている人がいて、そういった人が物語の伝承者となっていました。彼らは、その組織がどのようにして今の状態になったのかをさまざまな状況で説明できます。現在の変更管理プロセスはあるシステム障害に根ざしていると何度も語られてきたことでしょう。

これは、物語を通して文化を広める方法の核心を突いています。たとえば、あなたの会社で起こった障害の話を考えてみてください。これらの話は単なる伝承ではありません。その物語は現在の行動を正当化するために使われます。私の以前の会社では、ある開発者がアプリケーションにキャッシュ層を実装したところ、期待通りに機能せずに長時間のダウンタイムが発生したという話がありました（キャッシュの無効化はかなりやっかいです）。

この話が広まった結果、誰もがキャッシュ層を恐れ、さまざまな箇所で解決策の選択肢からキャッシュ層は除外されてしまいました。その結果、この欠陥を回避しようとして、組織内で多くの摩擦が生じました。ある状況に最適なツールが恐れられ、禁止されているものであった場合、悩みの種はさらに増します。

成功譚は企業文化の基盤となり、企業に目的を与え、問題に取り組む姿勢を形成することもあります。多くのテック企業がシリコンバレーのガレージからスタートしており、起源の物語は使い古されているように感じられます。しかし、これらの物語から生まれた企業にとって、この物語は会社全体の指針として機能しています。チームは自分たちのことを、より大きくよりリソースの豊富な競合他社との戦いにおける劣等生、すなわち不器用で創意に富み、実験的で何でもするプレイヤーだと表現します。

一部の企業は、業界における巨大な存在となってからも、この文化をその適用範囲を超えて持ち続けます。その企業の起源の物語は文化に力を与えます。その物語は非常に強力で、会社の中で作られた物語は、会社が大きく成長した後も影響を与え続けます。物語は人々を引きつけ、より高い目的を理解し、共感し、コミットさせるという点で強力です。物語は、企業文化を発信するのに最適な方法なのです。

11.3.1.3 習慣による文化の共有

あなたの家庭での幼少期のポジティブな経験を思い返してみると、おそらく何らかの習慣が中心になっているのではないでしょうか。休日の食事、毎年の夏休み、誕生日のお祝い、家族での映画鑑賞などは、家族の中で行われる習慣の一例です。

これらと同じ種類の習慣が会社の中で行われ、会社が従業員に価値観を共有する方法の大きな部分を占めています。本章の冒頭で触れたCentroの新入社員メールは、社員の居心地の良さと帰属意識というCentroの価値観が表現されている一例です。技術チームは、コードレビューやそのほかの開発プラクティスを通じて、自分たちの価値観を表現することがよくあります。

優れた技術組織は複雑さに対する健全な敬意を持っています。この敬意は価値観に転化され、その価値観はペアプログラミングという習慣を通して表現されます。**ペアプログラミング**では、2人の開発者が並んで同じコードに取り組みます。1人がコードを書き、もう1人が同じワークステーション上で、入力されたコードの各行をレビューします。この方法では、1人がコードを書くことに集中し、もう1人はプロセス全体を観察したり、指導できます。互いに頻繁に役割を交代することで、書かれているコードをしっかりと理解できます。

このプロセスは、それぞれのスケジュール・リズム・コミュニケーションスタイルを確立することで、習慣のようになっていきます。この習慣にはコラボレーション・コミュニケーション・建設的なフィードバックといった価値観が盛り込まれています。ペアプログラミングが必須の環境で働いていると、この習慣から逃れられないだけでなく、組織の文化的規範によって強制されることになります。

集団は、メンバーが集団の文化的規範に違反し続けることを許しません。フィードバックや集団の社会的圧力、そして時には罰を与えることで、メンバーは集団の習慣にほかのメンバーを巻き込みます。習慣の隠された力の1つは、チームへの調和を教え込む力です。しかし、この力には裏があります。あなたの習慣は、純然たるプラスの効果を生んでいますか、それともマイナスを拡大していますか？　あなたのチームが求めている文化的影響を生み出す習慣を育てるようにしましょう。

言葉・物語・習慣は、文化を伝える3つの重要な方法です（良くも悪くも）。文化が組織内に広がる3つの主な方法がわかったところで、文化を誇れるものにするためにはどうすれば良いかを考えてみましょう。

11.3.2　個人が文化を変えることができる

あなたが同僚の送別会に参加しているとします。彼女はこの会社に数年間在籍し、組織内でも尊敬されています。皆が彼女の次の大きな冒険に向けての幸運を祈って、パーティに立ち寄っています。このようなパーティでは、同僚たちが「あの優秀な人がいなくなったら、この会社は変わってしまう」という思いを共有しています。私はこのような人たちを**文化チーフ**と呼んでいます。

文化チーフとは、組織の文化的価値観を体現する社員のことです。組織の中での階層にかかわらず、会社の中で影響力のある人物とみなされます。チームやグループの感情面でのリーダーとみなされることもあります。

文化チーフは、チームや部門の組織や機能のあり方を完全に変える力を持っています。そんなことができるのでしょうか？　たった1人の人間が、本当に組織全体の感情を形成できるのでしょうか？

優秀ではあるが嫌な人が会社を去っても、その人が去った後のぽっかりとした感情に取り乱す人などいません。その人は情報や知識の宝庫かもしれませんが、会社の価値観を体現する社員のような温かさはありません。若いエンジニアに議論を促し、指導し、チームの過去の仕事を完全に否定せずにチームをより良くするために費やす文化チーフの時間と、優秀な嫌な奴の5,000回のコードコミットを定量的に比較することは困難です。しかし、あなたが文化チーフであろうと優秀な嫌な奴であろうと、たった1人の人間が良くも悪くも文化を変えることができることを理解しましょう。

11.3.2.1 文化チーフ

文化チーフは、会社の中で簡単に見つけることができます。彼らは、会社が推進する文化的価値観を体現する人です。コラボレーションとメンターシップを重視するチームでは、文化チーフがミーティングでアイデアを議論し、異なるアプローチの長所と短所を検討し、自分の意見に反対意見を求める姿が見られます。

文化チーフは一緒に仕事をするのが楽しく、チームを横断した関係を悩ませる些細な論争を乗り越えようとします。文化チーフは思慮深く、エゴを捨て、より大きな目標に集中することで、チーム・部門・組織を変える力を持っています。

優秀な嫌な奴、それとも悪い文化チーフ？

文化チーフは常に賞賛されるべき人物だと思いがちです。しかし、もしあなたの会社が強いポジティブな価値観を持っていなければ、文化チーフはすぐに会社の文化のネガティブな面を表す人になってしまうでしょう。

個人の努力に価値を置き、勝者がすべてを手にするという世界観を持つチームでは、文化チーフが誰かに対して、彼が愚かなミスとみなしたものを非難することがあります。しかし、それがミスかどうかは、ミスをした人ではなく、文化チーフのこれまでの経験に照らし合わせて判断されてしまいます。このような環境では共感は得られません。

あなたの会社には、優秀な嫌な奴がたくさんいますか？　もしそうであれば、採用活動がどのようなものであるか、優秀な嫌な奴がなぜあなたの会社に惹きつけられているのかを検証してみてください。しかし、優秀な嫌な奴と、良くない文化的価値観や規範とを区別する必要があります。

あなたの会社の文化チーフは、単にあなたの会社の文化的規範の悪さを表しているだけかもしれません。優秀な嫌な奴がたくさんいることと、悪い文化的規範があることは、異なる問題であり、解決方法も異なります。優秀な嫌な奴を雇ったり解雇したりすることは必要ですが、悪い文化的規範を修正することが本章の主題です。

すべての組織には、少なくとも1人の文化チーフがいます。それはあなたかもしれません。もしあなたが文化を変えようとしているのであれば、尊敬されている文化チーフがあなたと一緒に変化を提唱してくれること以上の贈り物はありません。会社の文化を変えるのは個人の力です。

難しいことのように思えるかもしれませんが、文化の変化は、その変化がどこに向かっていて、何をもたらすのかを人々が知っている限り、火をつけることができるのです。あなたの会社が文化的な変化を必要としていると感じているのは、おそらくあなただけではありません。同僚はもちろん、社長に至るまで、何かがおかしいと感じているはずです。もしあなたが経営層でなくても、何が問題なのかを経営陣よりもよく理解しているのであれば、必要な変化をもたらすのに適しているでしょう。

まずは、会社のコアバリューを確認することから始めましょう。それがわからない場合は、人事部に会社のミッションとバリューステートメントのコピーをもらいましょう。このステートメントは、あなたが今後行うすべての変更や決定の土台となります。ただし、これは会社が**表明している**価値観であって、**実際の**価値観ではないことに注意してください。

しかし、表明された価値観があれば、それに照らし合わせて活動を比較検討することが非常に容易になり、また正当性を保つことができます。もしあなたの組織が品質をコアバリューの1つとして掲げているならば、プロジェクトのテスト部分を省くことはできません。そのことをリーダーに強調しても必ずしも状況は変わらないかもしれませんが、偽善を目立たせることができます。美辞麗句と現実とのずれに組織がどう対処するかに注目してください。それによって、その会社の真の価値観を知ることができます。

11.3.3　会社の価値観を調べる

まずはじめに、会社の価値観をしっかりと理解しておく必要があります。文化を変えるというこの旅を始めるとき、会社の価値観があなたの行動の盾となります。もしあなたの会社でコアバリューが重要であると定着していれば、これらの価値観を体現するようなプロセスや活動への取り組みに反論することは困難です。地域貢献を重視する会社であれば、地元の食料配給所でのボランティア活動を企画すれば、広く支持されるはずです。

会社の価値観の例としては次のようなものがあります。

- コラボレーション
- 率直でオープンな会話
- 社員全員の健康
- 地域社会の一員であること

これらの価値観を理解したら、言葉や習慣を通じて社内に設定できる文化的規範について考え始めましょう。言葉から始めるのは、周囲の賛同を必要としない最も簡単な方法です。文化チーフが賛同してくれれば、かなりの確率で変化を起こすことができます。

会社の価値観を支持するように言葉遣いを変えれば、チームのメンバーに強い影響を与えることができます。先ほどのテレビ番組「ニューアムステルダム」の例を考えてみてください。「どういった助けが必要ですか？」という言葉は、チームメンバーのマインドセットに影響を与えることができました。今回の例でも、同じフレーズをコラボレーションを重視すると言う価値観に結び付けることで非常に役に立ちます。言葉遣いを変えることによって、率直でオープンな会話という価値観も恩恵を受けることができます。

チーム内では、相手を侮辱したり傷つけたりすることを恐れて、率直な会話が行われません。チームメンバーとの関係がうまくいかないと、仕事から得られる幸福度に大きな影響を与えます。多くの人は対立を避けようとします。これでは組織が麻痺してしまいます。人々は互いに難しい会話をしたり、より良い結果、より良いデザイン、より良い製品を生み出すための厳しい議論をしたりしません。このような文化的変化を起こすには、率直な会話をする際の言葉を変えるだけでよいのです。たとえば、あなたのフィードバックは断定的な真実ではなく、あなたの視点からのものであることを認めるような言葉を使うことです。例を挙げましょう。

キアラは開発者で、近日中に発売される新しいソフトウェアに取り組んでいます。チンは運用エンジニアで、ソフトウェアの立ち上げに必要なすべてのインフラのセットアップを担当しています。チンは、発売前に徹底的なパフォーマンステストを行うことを強く求めています。キアラはこのソフトウェアに対する需要がそこまで大きくないと理解しており、すぐに発売することで得られる貴重なユーザーからのフィードバックと比較すると、今すぐにパフォーマンステストを行うことは労力が大きすぎると感じています。アプリケーションの設計やインフラが、キアラが予測した以上の成長によって支えきれなくなるのではないかとチンは懸念しています。

どちらの主張も価値があり、正しいです。キアラは、いくつかの方法でチンと対話できます。たとえばキアラは「今はパフォーマンステストをする必要はありません。そんなに多くのユーザーはいないだろうし、すぐにユーザーからのフィードバックを得たほうが良いです」と言うことができます。チンからすると、これは会話になっていません。使われている言葉は独断的です。すべてが既成事実として語られるのなら、チンが議論する余地がどこにあるでしょう？

キアラは、あたかもすべてが普遍的な真理であるかのように話を進めています。しかし、彼女は自分の見方を語っているに過ぎず、そのすべては自分の置かれている状況によってフィルタをかけられ、偏ったものになっています。

このような対話のスタイルは、チーム間の対立の火種となります。ほかのチームと対話するときには、次のような言葉を使いましょう。

- 確固たる事実と、その事実から導き出された視点や意見を明確に分ける。
- 議論の余地のある表現を使う。
- 自分の行動の最終目標を明確にする。

キアラの発言をより良いものにするには次のようにします。「エンドユーザーを調査したところ、50人程度のユーザーしか獲得できないというデータが出ました。私の考えでは、このアプリケーションは50人のユーザーを簡単にサポートできるはずで、もしそれ以上のユーザーが集まるのであれば、それはリスクを取る価値があると思います。会社はこのソリューションに長期的には多くを賭けていますが、まずはお客様が求めるものを確実に構築する必要があります」。この言い方では、キアラの発言は20秒ほど余分にかかりますが、チンからすると不満の残る当初の会話と比べて、議論ができるようになりました。

さて、チンは何を求められているのか、なぜ今はパフォーマンステストが必要ないかもしれないのか、その背景を理解できました。最初の会話では、チンはいつパフォーマンステストが重要になるかはわかりませんでした。果たして重要度が上がることなんてあるのだろうか？　キアラは余計な仕事を敵視しているだけではないのか？　チンにとってはこういった多くの推論が必要となります。自分のメッセージに関する理由や文脈を提供しなければ、メッセージの受け手がそれを補います。しかし、彼らが正確に補うとは限りません。

これは1回のやりとりだけの簡単な例ですが、このパターンを繰り返すと、組織全体でよりオープンで率直な会話が広く行われます。これにより、あなたが表明した価値観を支持する文化に変わっていきます。このようにコミュニケーションの方法を変えることで、言葉と習慣を組み合わせて、文化的規範を採用するための原動力にできます。

11.3.4 習慣を作る

前に、文化的規範によって文化が決まると述べたことを思い出してください。文化的規範は、グループ内でのコミュニケーション方法や習慣に影響されます。

あなたは誰かに9月25日の予定を聞いたことがありますか？　おそらくそれほど多くはないでしょうし、もし誰かに聞いたとしてもなぜその日の予定を聞くのかと戸惑うかもしれません。しかし7月4日の予定を聞かれたら、即座にその文脈を理解するでしょう。なぜならアメリカ人であればその日は独立記念日であり、それを祝うためのバーベキューや花火、友人や家族との時間を過ごす習慣があるという共通の文化を持っているからです。

習慣の力を利用して、チームメンバーの間で共有される行動を作ることができます。組織における習慣には社会的習慣とプロセス的習慣の2種類があります。**社会的習慣**は皆さんがよく知っているものです。社会的な雰囲気の中で行われ、人間関係が主な動機となります。社会的習慣の例としては、食事をともにすること、職場での年に一度のホリデーパーティ、ハッピーアワーなどが挙げられます。**プロセス的習慣**は、タスクをどう完了にこぎつけるかや、大きなタスクをどうサポートするかに根ざしています。プロセス的習慣とは、朝会・変更承認会議・パフォーマンスレビューなどです。

新しい習慣に取り組む際には、次のような質問を自問する必要があります。

1. 習慣の目的は何か？
2. どのようなスタイルの習慣を作るのか（社会的習慣か、プロセス的習慣か）？
3. 習慣で期待されるアウトプットは何か？
4. 何が習慣の実行のきっかけとなるか？

習慣の最終的な目標を定めることは、最も重要なステップかもしれません。あなたは、チーム内でより良い関係を築こうとしているのでしょうか？　それとも、チームのコードレビューを改善しようとしているのでしょうか？

習慣の最終的な目的を知ることで、どのように習慣に臨むべきか、またどのような種類の習慣なのかといった必要な文脈が見えてきます。変更承認会議では、より強い人間関係や社会的絆を築くことはできません。

次に習慣のアウトプットを定義します。アウトプットは、習慣の効果を判断するのに役立ちます。社会的習慣の場合、アウトプットは、同僚について何か新しいことを知るというような、無形のものであることがほとんどです。プロセス的習慣の場合は、完成したレビューやコードに対する詳細なコメントなど、何らかの成果物がアウトプットになることがあります。

最後に、何が習慣のきっかけになるかを定義する必要があります。自発的にやると定義してしまうと、実際には一貫して起こらないものです。実施するきっかけを明確にしていない活動は、日々の業務の中で失われていきます。習慣を行うための具体的なきっかけを定義することが重要です。

たとえば、毎月第2金曜日にハッピーアワーを実施するといったように、日付を基準にできます。また従業員の勤続100日目のように、節目を基準にもできます。サポートが必要となるようなシステムの障害が発生したときに開始もできます。何にしても習慣のきっかけとなるものを選ぶようにしましょう。のちほど例を挙げて説明します。

11.3.4.1 習慣によって失敗を受け入れる

Web Capitalでは、誰もがキャッシュ層のコードに触れることを嫌がっています。キャッシュ層のコードは、回りくどく過剰なエンジニアリングと、システムの実際の制約に対する誤解が絡み合っています。問題は、キャッシュ層がシステムの全体的な動作にとって非常に重要であるということです。キャッシュ層のコードをコミットすると、多くの場合システム障害を起こしてしまいました。その結果、人々はキャッシュ層には手を付けず、その周りにコードを追加するようになってしまいました。

新任のエンジニアリングマネージャーであるサーシャは、この状況を変えたいと考えています。彼女は、失敗を祝福し、知識を共有する習慣を行うことにしました。彼女はチームに、失敗は起こるものであり、チームは適切な方法で失敗に対処すればよいのだと理解してもらいたいと思っています。彼女の目標は、なぜその失敗が起こったのかを理解し、再び失敗が起こる可能性を減らすことです。

彼女はこれをプロセス的習慣に分類していますが、社会的な側面も織り交ぜたいと考えています。キャッシュ層に対するコード変更が原因でシステム障害が発生すると、チームはそれを祝うようにしました。彼女は、この習慣を楽しんでもらおうと考えました。彼らはキャッシュ層のコード変更による障害が発生してからの日数を壁の貼ったグラフに記録しています。彼女はチームのためにピザを注文し、ミーティングには誰でも参加できるようにしました。システムをダウンさせた開発者は、次のような内容のプレゼンテーションを行います。

- 変更の意図と、変更によって実際に行われたことを比較。
- 変更に関わった全員が、なぜその変更がうまくいくと考えたのか、変更時のシステムに対する理解とメンタルモデルについて。注目すべき主な点は、その結論に至った要因です。古くなったドキュメント・難解で複雑なメソッド・定義が不十分な要件などが、システムのメンタルモデルにつながる例です。
- なぜその変更が失敗を引き起こしたのか、そしてチームのシステムに対する新しい理解について。メンタルモデルの何が悪かったのか、それらがどのように影響したのかに焦点を当てます。
- 次にキャッシュ層を変更する際によりよく理解できるように、変更が必要なすべてのことについての説明。

このプレゼンテーションは、以前に定義したポストモーテムプロセスにうまく適合していますが、たとえ障害や大きなインシデントを起こさない小規模な場合でも、この習慣は有効です。この縮小版のポストモーテムでは、失敗は起こるべくして起こること、二度と起こらないように願うだけではだめだということを受け入れましょう。

この習慣は、失敗が会社でのキャリアにとって致命的なものではないという組織的な安全性の感覚をはぐくみます。この習慣は、コラボレーションと率直な会話という会社の価値観を表しています。議論の中心となるのは、開発者がミスをしたという点ではなく、どのようにミスをしたのか、そして開発者だけでなくシステムの欠点についても議論します。失敗というものは、ほかと関わりを持たずにそれ単体で起こるものではありません。

このような習慣を作るためのテンプレートは、さまざまな行動や文化の変化を生み出すために使用できます。あなたが影響を与えようとしている行動の範囲を完全に理解するためには、あなた自身が深く考えることが必要です。しかし、そのような行動を理解した後は、習慣作成のステップを踏むことで、変化への旅の助けとなるでしょう。

11.3.5 習慣と言葉を使って文化的規範を変える

言葉遣いを変え、新しい習慣を手に入れたら、これらのツールを文化的規範の柱として使い始めることができます。ただ単に定義するだけではなく、文化的規範に違反した場合にそれを表明することも重要です。そうしないと、その文化的規範はチーム全体に受け入れられた普遍的なものではなくなってしまい、消滅してしまいます。

チームの中でコーディング規約を守る唯一の人間になりたいと思う人はいません。もし誰もその規約を気にしなければ、その特定の習慣や行動は消滅してしまいます。文化的規範にはグループからの賛同が必要ですが、規範はグループがすでに合意した価値の表現にすぎないことを忘れないでください！　もしあなたの会社が、変更承認プロセスを重視すると言って変更承認プロセスにまつわる習慣を作ったとしたら、論理的には、そのプロセスに違反した人は会社の価値観に反していることになります。

テクノロジの分野では、文化的規範の多くをテクノロジで強制できるという利点があります。自動テストやコードレビューを重視する価値観を持っている場合、ソースコード管理ツールを設定することで文化的規範を強制できます。たとえばソースコード管理ツールにおいて、少なくとも1人の承認と1つのテストビルドが成功していなければ、誰もコードコミットをマージできないようなルールを設定できます。

こうして、自分のコードをほかの人がレビューするというコラボレーションの文化的価値観を強制し、レビューされた変更がテストで成功しないといけないと言うルールを作ることで自動テストの文化的価値観を強制できます。ツールは規範を強化するだけでなく、新しいユーザーにその規範を伝えることができるので、できるだけツールを使いましょう。

例としてコードリンティングを考えてみましょう。**リンティング**とは、コードが一定のスタイル基準を満たしているかどうかをチェックし、検証するプロセスのことです。もし、あなたのチームがタブとスペースの違いにこだわっているのであれば、コードレビューの際に人間が開発者にそのことを伝える必要はなく、リンティングツールが自動でユーザーに警告するように設定できます。コードコミットをレビューのために提出したり、ほかのチームメンバーと議論する前に、開発者はあなたのチームが設定した文化的規範を確認できます。これは数ある自動化のアイデアのうちの1つに過ぎません。

しかし多くの場合、コードというバイト列の世界の外に出て、現実の世界で規範を強化する必要があります。規範を実行することで、チームメンバーは会社の文化に対する期待を再認識できます。言葉と習慣の組み合わせは文化的規範への違反を気付かせる健全な方法として機能します。一例を挙げましょう。

チャドはソフトウェア開発者で、アプリケーションに新しい機能を実装しようとしています。そのために、彼はインターネット上で話題になっている新しいライブラリを選択しました。チャドは、このライブラリを使うにあたってコードアーキテクチャレビューチームに確認するべきであると知っていますが、そのプロセスは自分の持ち時間よりも長い時間がかかることも知っています。彼はそれをスキップして、そのライブラリがすでにコードアーキテクチャレビューチームが確認したものとして、同僚からコミットを承認してもらいました。

コードアーキテクチャレビューチームがそれを知り、彼と話し合うことにしました。「やあ、チャド。7月8日にあなたが新しいライブラリを含むコードをコミットしたことに気付きました。しかし、あなたがアーキテクチャレビューのプロセスをスキップしたのではないかと思っています。このプロセスは、新しい技術を評価するだけでなく、依存関係に関するドキュメントの更新や新しいセキュリティスキャンの追加など、ほかのタスクを開始するために非常に重要です。アーキテクチャチームに提出して私が見逃しているだけでしょうか？　もし提出していないのであれば、今後は必ず提出するようにしてもらえますか？　ありがとうございます！」

このメッセージも少々長いですが、コミュニケーションに余分に20秒費やすことで、長期的な行動の変化に関して大きな見返りが得られます。この例をさらに進めると、チャドはアーキテクチャレビューチームのプロセスにかかる時間に対する自分の不満について話し合うべきです。レビューに時間がかかる理由と、それが開発のスピードに与える影響を評価することで、付加価値を得ることができるでしょう。アーキテクチャレビューは、何もないところで行われるわけではありません。ある意味では、アーキテクチャレビューの遅さによって、チャドはそのレビューを回避したいというプレッシャーを感じたわけです。だからといって、それをスキップすることが許されるわけではありませんが、アーキテクチャレビューチームが組織全体のニーズ、つまり開発者のニーズを満たしていない可能性を示唆しています。ほかの実例を挙げてみましょう。

ある時、私のチームでアプリケーションのビルドサーバに新しいアラートを導入したことがありました。その際、チームメンバーがJenkinsの子サーバに誰かがログインしていることを発見しました。これらのサーバへのログインは珍しいことです。調べてみると、ある開発者がJenkinsの子サーバへSSHキーでアクセスが可能になっていることがわかりました。彼は時折その鍵を使ってログインし、Jenkinsノードへの接続を修正していました。通常この作業は運用チームがサポートチケットを使って行うのですが、そのチケットが確認され、優先順位が付けられ、処理されるまでに1日以上かかることがありました。

開発者がSSHでアクセス可能であるべきではなかったにもかかわらず、運用チームによって、開発者がSSHアクセスするべきだと感じるような状況を作り出してしまっていました。問題の性質について話し合った後、運用チームは、開発者がアクセスできるコマンドを作成し、開発者が必要とする修復手順を安全かつセキュアな方法で実行できるようにしました。このような会話を通じて、チームは開発者にさらに権限を与えることができ、より効率的な作業方法についてさらに深い会話ができるようになりました。

度重なる文化的規範への違反

文化的規範を定期的に違反している人がいる場合、その人への何らかの対応を検討した方がよいでしょう。直接コミットする権限を剥奪したり、その人のコードコミットをさらに精査したりするといった対応が考えられます。さらに良い方法として、ライブラリの追加を自動的に検知し、その際にはコミットレビューにコードアーキテクチャレビューチームを追加するといったものもあります。

11.4 文化に合った人材

人材は、DevOpsの変革と企業の全体的な成功に不可欠です。最終的に企業文化を決定するのは人材であるため、人材と文化は非常に密接に絡み合っています。

ハードスキルとソフトスキルの両方の観点から適切な人材を配置しなければ、DevOps文化の構築は成功しません。優秀であっても、チームとのコラボレーションができない人材は、作業を自動化するスキルはなくとも人間味があって情熱的な運用エンジニアよりも効果的ではありません。

才能ある人材を見つけ、維持することは、DevOpsを進める上で最も困難な障壁の1つです。そのためには時間・エネルギー・よく練られたアプローチ・ほぼ常に採用を意識することが必要です。本節では、チームに参加してもらうのに適した人材を見つけるためのヒントと戦略をいくつか紹介します。

11.4.1 古い役割、新しい考え方

これまでの章で説明してきたように、DevOpsではハードスキルと同じくらいマインドセットが重要です。チームは、システムをオンラインにして本番稼働させるために必要なことを総合的に考えなければなりません。これまでほかのグループが担当していた問題の一部にも関わっていかなければなりません。

運用チームは開発者が直面する問題について考える必要があり、開発者は自分たちのシステムが本番環境でどのように動作するかを考え、本番環境のシステムを共有する意識を持つ必要があります。セキュリティチームは、ビジネスのニーズとビジネスへのリスクのバランスを取り、それを実装し維持する必要のあるチームの観点から考える必要があります。共感はDevOpsに強さを与える核です。

「その人の靴を履いて1マイル歩いてみないと、その人を理解できない」という格言は、DevOpsにおける共感にも当てはまります。チームの目標やメトリクスの定義のしかたによっては、チームの目標が互いに独立してしまい、共感が根付かないことがあります。しかし、12章で説明するように、共通の目標を持つことで共感を根付かせることができます。あなたが運用部門にいる場合でも、開発者と同じような目標で評価されていれば彼らのフラストレーションに共感しやすくなります。開発者であれば、問題が発生したときに夜中に呼び出されることで、そういった事態を定期的に扱っているオペレーターに共感できます。このように責任を共有するアプローチは、共感を体系的に構築する方法となります。そして多くの場合、過去に相手と同じ役割を担当しており、その状況に置かれたことがあり、ほかのチームに共感できる人を見つけることも同様に効果的です。

チームが新しい考え方を導入する準備をする際には、ほかのチームメンバーの仕事に興味を持つことを目標にするべきです。そういった興味は、これまで説明してきたように責任を共有することで生じる場合もありますし、生来の好奇心や過去の経験から生じる場合もあります。しかし開発者は運用面に関心を抱いているはずですし、運用も同様に開発のハードルに関心を持っているはずです。社員の中には、すでにそのような関心を持っている人もいるかもしれませんが、そうでない人に対しては関心を持つよう促す必要があるでしょう。

11.4.1.1 会話を通して問題を共有する

共感を生むには、対話や会話が大切です。一般的に、お互いの問題を理解していないチームメンバーは、お互いにあまりコミュニケーションをとっていません。共感の構築を始める簡単な方法は、チームが集まってコミュニケーションをとることです。これには、定期的な知識共有セッショ

ンのようなフォーマルなものから、食べ物を持ち寄ったランチセッションのようなインフォーマルなものまであります。このようなイベントで共有すべき重要な情報は以下の通りです。

- チームの現在の目標と、達成しようとしていること
- チームが直面している現在のペインポイント
- ほかのチームが支援できる可能性のある領域

ゴールとペインポイントを共有することで、チームが直面している課題を伝えることができます。また、ほかのチームが支援できるような文脈を作り上げることもできます。たとえば、あるチームがカスタムメトリクスのソリューションに悩んでいる時に、運用チームがその問題解決に必要な専門知識を持っているかもしれません。また運用チームにとっても、このような問題を抱えているほかのグループの助けになるツールを社内にうまく広めることができていないと気付くことができます。

ここで重要なのは、このセッションは、各チームが作業を交換したり、追加のタスクを渡したりするためのものではないということです。このセッションは、気付きを与えることだけを目的としています。もしチームがお互いに助け合うために仕事を引き受けることにしたら、それはすばらしいことです！ しかし、このミーティングが情報提供のみを目的としていることは、前もって伝えておくべきです。

その理由は簡単です。誰も自分に割り当てられる仕事が増えるようなミーティングには参加したくないからです。ほとんどのチームはすでにキャパシティぎりぎりで活動しており、仕事のバックログが残っています。いかなる新しい仕事も、チームが通常の仕事を受け入れるやり方で受け入れる必要があります。この段階での対話の目的は問題を解決することではなく、その問題から直接の影響を受けないメンバーに問題に対する共感を生み出すことです。しかし繰り返しになりますが、ミーティングの目的については前もって知らせておかないと、すぐに参加者が減り始めます。

チーム全体を集められない場合は、個々のメンバーを集めて会話をすることも有効です。こういった活動を促すことで、人々がお互いに連絡を取ることを後押しできます。Centroの私のオフィスでは、Donut（https://www.donut.com/）というチャットボットプラグインを使っています。このプラグインは、2人の人間をランダムにペアにして、ドーナツやコーヒーを一緒に食べることを促します。このプラグインは、定期的にペアを作り、彼らが会ったことを確認するためのフォローアップを行い、実際に行われたミーティングの数を報告します。これは、チームメンバー間の交流を促し、ほかのグループが直面しているさまざまな問題を知るためのすばらしいツールです。また遠隔地にいる社員同士でも、ビデオチャットでこのようなことができます。

たとえあなたの会社がチャットツールを使っていなくても、このような機能をツールを使わずに再現することは非常に簡単です。メンバーの名前を書いた紙をチームごとの箱に入れておき、各チームの箱から1人ずつ名前を取り出してペアを組むというローテクな方法でも、十分に機能します。どのように交流したかは、実際に交流が行われることに比べれば重要ではありません。異なる

チームのメンバー間で交流を生み出すことは、共感を生み、ほかの人の役割に対する好奇心を刺激するすばらしいツールです。

既存のチームどうしで共感を生み出すことは、プロセスの一部に過ぎません。いずれは新しいチームメンバーを採用しなければなりません。そのプロセスはけっして簡単ではありません。

11.4.2 シニアエンジニアへのこだわり

私の経験では、企業はシニアエンジニアを採用しようと躍起になっています。採用できるのであれば、経験豊富な人に来てもらって、入社初日から価値を発揮してもらいたいと考えています。シニアエンジニアへの需要は高いです。

しかし、あなたやあなたの会社はシニアエンジニアをどのように定義していますか？　経験年数は典型的なバロメーターですが、経験年数が十分だからといって採用するべきかどうかを示す定性的なデータになるでしょうか？　同じことを15年間続けているだけのエンジニアがいるかもしれません。運用の分野で言えば、20年の経験を持つ運用エンジニアがいるでしょう。しかし、その20年の中で構成管理のような最新のアプローチをどれだけ使っていたでしょうか？　オペレーティングシステムのソフトウェアパッケージを手作業で20年間インストールしてきたエンジニアがいたとして、同様の仕事を構成管理ソフトウェアを使って3年間行ってきた人とは大きな違いがあります。

シニアエンジニアを採用する場合は、何をもってシニアとするかを定義することが重要です。さまざまな経験とその分野での経験年数を組み合わせを重視もできます。もしくは、これまでに遭遇してきた問題の種類の多さが大事であれば、経験年数を重視することもあるでしょう。5年の経験を持つエンジニアよりも、15年の経験を持つエンジニアの方が、より幅広い問題に遭遇してきた可能性があります。どの経験の定義が、あなたにとって正しいものでしょうか？

なぜその年数の経験が必要なのか、時間は経験を測るのに適しているのかを問わなければなりません。さまざまな問題に触れた経験を重視するのであれば、半年ごとにさまざまなクライアントの現場に出向くコンサルタントを3年務めた人の方が、同じ会社に10年勤める人よりも多くの経験を積むことができるでしょう。しかし、1つのシステムを成長させ、維持し、その結果として発生するあらゆる問題に対処した経験を持つ人材を探しているのであれば、長年の経験、特に1つの会社での経験のほうがはるかに大切です。

要するに、シニアであるとは何かを定義する必要があります。そうすれば、あなたが重要視していない職務要件によって応募者を恐れさせることなく、候補者の範囲を広げることができます。

シニアとは何かを定義したら、次の質問は、なぜそのシニアエンジニアが必要なのかを自分に問いかけることです。もし設計の選択や意思決定においてチームを導くテクニカルリーダーが必要だからなのであれば、それは確かな理由です。しかしチームにすでに2〜3人のシニアエンジニアがいる場合は、ジュニアエンジニアよりもシニアエンジニアがもたらすハードスキルを優先している可能性が高いと考えられます。

一般的な職務記述書にはいくつかのセクションがあり、その中の1つに必須要件があります。このセクションでは通常、スキルを箇条書きにして、そのスキルに関する経験年数を記載する形になっています。しかし、ここで本当に必要なのは経験年数ではなく、実際の熟練度です。人によって、または学習のスタイルによっては、その熟練度を獲得するのには、その経験年数が必要なのかもしれません。しかし、多くの応募者は、経験年数が少なくても、その仕事に適任である可能性も否定できません。

そういった人たちは、概念・理論・考えを獲得し、ほかの人よりもはるかに短い時間で機能するスキルに変えることができます。彼らにとって、ある技術の経験が1年であるということは、ほかの人にとっての数年分の経験に相当します！　しかし、経験年数の記載がある職務記述書は、そういった応募者を拒否して、応募する気を挫いてしまっています。すべての項目を満たす候補者を探すのに3〜6ヵ月を費やす代わりに、職務上の必要性を満たす技術やスキルに集中的に触れている成長が早いタイプの候補者を獲得することに時間を費やしましょう。

11.4.2.1 経験年数の記述を捨てる

熟練度を測る物差しとして、経験年数を使わないようにするのは難しいことです。大規模なLinuxベースのインフラ環境で10年の経験を持つ運用エンジニアが、論理ボリュームマネージャー・パッケージ管理・基本的なファイルシステムなどを扱ってきたことは容易に想像がつきます。しかし入社初日からそれらのスキルを発揮することが重要なのであれば、職務記述書にそれらを個別に記載すべきです。一度リストアップしてみると、そのすべてが初日に必要なスキルではないことがすぐにわかるでしょう。

エンジニアが初めはスキルを持っていなくても、その点に固執しすぎないようにしましょう。100％必要でなければ、エンジニアが仕事の中で学んでいくことに何の問題はありません。エンジニアが持っている（あるいは持っているべき）最大のスキルの1つは学ぶ力です！　必須なスキルと、そこまで重要ではないスキルを分けて考えましょう。そして、そのスキルを人々が持っていることをどのようにして示すのか、具体的な例を挙げてみましょう。

たとえば、「ActiveMQを使ったメッセージングシステムの使用経験が2〜3年あること」という要件があったとします。これを紐解くと、実際にはどのような経験が必要なのでしょうか？ActiveMQの経験でなければならないのでしょうか？　メッセージバスやイベントバスを使った非同期環境での作業経験があることが、ここでの本当の核となる要件です。これは、さらに具体的な箇条書きのリストにできます。

- 非同期処理環境での作業経験
- ワークキューの設計・実装の経験
- 重複した仕事が処理されるのを防ぐための重複排除アルゴリズムを設計した経験

これらは実際に示すことのできるスキルであり、あなたが最初に求めていた2〜3年の経験は必要ないかもしれません。もしかしたら、ある候補者はこの1年間、この問題領域のみを扱うプロジェクトに取り組んでいたかもしれません。これは、応募者にこの経験を強調した履歴書を作成する機会を与えるだけでなく、面接において、応募者の経験に関する質問を考えるための十分な情報源となります。メッセージバスを使う会社で働いたことがある人であっても、そのメッセージバスをその人自身は使ったことがほとんどないという場合もあります。次の履歴書からの抜粋について考えてみましょう。

- リードソフトウェアエンジニア：デシジョンテック社　1999年～2019年10月
  - 主要なJava製品プラットフォームの開発と保守
  - ActiveMQを使った非同期メッセージングの実装

これでは、採用チームが読み解くのは難しいでしょう。この候補者はActiveMQの実装に20年かけて取り組んだのか、それともActiveMQを使ったのは入社後の9ヵ月間だけで、その後は二度と関わりがなかったのかがわかりません。こういった疑問は、たしかに面接で確認することで解決は可能ですが、もし要求する経験がより明確に記載されていれば、応募者はより密接にその要件に合わせて履歴書を作成できます。すべての応募者がそういったことをするわけではありませんが、要件に合わせて履歴書を作成するような応募者は確実に上位に上がります。これは、多くの応募者の中から選別するのに役立ちます。

シニアエンジニアはチームに貢献してくれます。シニアとは何かを定義するのは簡単なことではありませんが、一度定義してしまえば、経験年数に頼ることなく、必要なスキルに焦点を当てて候補者を探すことができます。

しかし人材を採用するのに時間がかかると、チームの負担が大きくなります。面接はチームのエネルギーをかなり消費します。ある時点でシニアエンジニアは必要ないと認識するかもしれません。その時には、ジュニアエンジニアの採用を検討してみてはいかがでしょうか。

11.4.2.2　ジュニアエンジニアの採用

ジュニアエンジニアは、さまざまな理由でチームにすばらしい付加価値をもたらします。まず第一に、ジュニアエンジニアは、あなたの組織の仕事のスタイルにより簡単に適応できます。ほかのやり方を何年もしてきたわけではないので、ジュニアエンジニアは新しい仕事のスタイルに簡単に適応できます。もちろん、これは諸刃の剣で、あなたがジュニアエンジニアに課している仕事のスタイルが良いものであることを前提としています。ジュニアエンジニアに悪い習慣を教えることは、良い習慣を教えることと同じくらい簡単です。

またジュニアエンジニアを採用することは、シニアエンジニアがメンターとなる機会にもなります。これによって、シニアスタッフに管理職に就くよう強いることなく、責任の範囲を広げることができます。多くのシニアエンジニアは技術者であり続けたいと考えていますが、自分の専門知識を組織の中で共有したいとも思っています。メンタリングは、シニアエンジニアにその機会を与えると同時に、ジュニアスタッフに学習のためのすばらしい機会を提供する優れた方法です。

ジュニアエンジニアによって、タスクを遂行するためのコストを削減できます。通常エンジニアのコストを時給換算で考えることはありませんが、そうすることには価値があります。ジュニアエンジニアができる仕事をシニアエンジニアがすることは、シニアエンジニアが本来発揮できるはずの価値と貢献を組織から奪うことになります。レストランの料理長がお客さんからの注文を受けることはありません。それをやってしまうと、料理長が本来の仕事を果たすべき場所であるキッチンにいる時間が減ってしまうからです。シニアエンジニアが行っている複雑ではないが価値のある仕事を、ジュニアエンジニアが代わりに行ってくれます。これは、つまらない仕事をジュニアエンジニアに押し付けるのではなく、シニアスタッフから最も価値のあるアウトプットを得られるようにするためです。

ジュニアスタッフの学習曲線

ジュニアスタッフには学ぶ期間が必要であり、そのためにはシニアエンジニアの時間を犠牲にすることになります。私の知る限り、この時間税を払わずに済む方法はありません。

しかし、この時間税は時間の経過とともに低減していきます。加えてシニアエンジニアは貴重なメンタリングの時間を得て、初心者の目でシステムを見なければならなくなります。時折、こういった別の観点からシステムを見ることが問題解決に役立つこともあります。ある設計は、過去5年間その設計を扱ってきたシニアエンジニアにとっては当たり前のように思えるかもしれません。しかし初心者にとっては非常に煩雑でわかりにくい設計になっているかもしれません。その設計に思い入れのない人に説明しなければならないことは、将来的にそのアプローチを見直すきっかけになることが多いのです。

ジュニアエンジニアとシニアエンジニアのどちらを採用するにしても面接は困難なプロセスとなります。いくつかの工夫をすることで面接のプロセスを円滑に進めることができます。

11.4.3 候補者との面接

面接のプロセスは関係する皆にとって少々ストレスのたまるものです。あなたのチームのメンバーは、日々の仕事から離れ、審問官のような役割を担わなければなりません。典型的な面接プロセスは、候補者の仕事に対するスキルを評価するのに最も不自然な設定です。候補者によっては、プレッシャーが苦手な場合もあります。緊張や不安で頭が真っ白になってしまうのです。

役割によっては、プレッシャーがかかる状況で面接をすることによって、候補者について必要なことを知ることができるかもしれません。運用部門に応募している場合は、一刻を争うような厳しい状況でうまく働けるかどうかを見極めたいでしょう。一方でQAエンジニアであれば、プレッシャーのかかる事故調査のような環境での仕事は必要ではないでしょう。

面接を設計する際には、この点を考慮する必要があります。プレッシャーのかかる状況が実際の仕事でも発生する場合、面接の過程でもその状況を再現しましょう。そうでない場合は、可能な限り典型的な職場環境に近い形で面接をしましょう。

11.4.3.1 パネル面接[†1]

面接は複数の人が、可能であれば複数のチームが行うべきです。そのポジションの採用者が成功を収めるためには、間違いなくさまざまなグループや部門にまたがって仕事をする必要があります。候補者に対する視点を提供するために、これらのグループがパネル面接に参加していると便利です。

各グループから少なくとも2人は面接に参加すると良いでしょう。同じ候補者に対して2つの視点を得ることができるからです。たとえば開発者から2人、プロダクトチームからアナリスト2人に面接に参加してもらい、それぞれの意見を比較しましょう。すべてのグループから参加してもらう必要はありませんが、技術者以外のメンバーに参加してもらうことは重要です。

採用責任者（hiring manager）はパネル面接の一員であるべきですが、自分の職務分野のパネル面接に同席もできますし、別の面接を設定もできます[†2]。私は、採用責任者はパネル面接に参加する方が、ほかの人の意見を合わせて反映できるので効率的だと考えています。たとえば、採用責任者が一人だけで面接した場合、その人の観察に異議を唱えたり、見解を述べたりする人がいません。また候補者が「十分な回答をしていないように見えた」としても、その観察結果に異なる視点を与える人もいません。同じ面接でも、2人の人間の意見はまったく違うものになるかもしれません。

面接が長くなりすぎないようにしましょう。面接が長引くと、候補者は疲れ始め、最初の面接とはまったく違う人物像を見せます。そのような変化を見ることが、あなたが募集しているポジションにとって価値がある場合を除き、面接は午前中か午後の1回だけにしましょう。間に昼休みを必要とするような面接は長すぎるでしょう。

面接官に会って、各グループが候補者に何を質問するのかを事前に理解しておきましょう。質問する人によって候補者の回答が変わるかどうかを確認するために、いくつかのグループで同じ質問をするのも良いでしょう。

面接官が集まったら、確認したい事項をすべてカバーできるように、面接の質問を検討しましょう。

11.4.3.2 面接での質問の構成

面接では、次のような重要な領域を中心に回答を引き出すようにしましょう。

- 組織の価値観との適合性
- チームの価値観との適合性

---

†1 訳注：面接官が複数人いる状態で行われる面接のこと。

†2 訳注：US企業では一般的に各ポジションの採用責任者は、人事部門のメンバーではなく、そのポジションで採用する人のマネージャーになる人が担当する。

- 技術力

これらのカテゴリはどれも同じように重要です。強力な技術者を採用しても、チームに溶け込めなかったり、チームの信念とは相反する信念を持っていたりしたら意味がありません。採用した人が組織の価値観に合わないと、ほかのグループやチームがその人と接する必要があるときに、常に摩擦の原因となり、組織のほかの部分にあなたのチームの悪評を与えてしまう可能性があります。

私は、技術的な面を重視して採用し、組織やチームとの適合性を十分に考慮しなかった結果、そのようなことが起こるのを実際に見てきました。その結果、チームに癌のように蔓延し、チーム全体の士気が低下し、チームの勢いが阻害されてしまいました。幸運なことに、その採用者は価値観の相違を認識して自ら動いてくれましたが、この状況は不幸な結末を招いた可能性もあります。

これらのカテゴリを検討する際には、まず実際に能力を発揮してほしい領域をリストアップしてみましょう。組織の価値観として健全な対立を重視するのであれば、それを書き出し、各領域のスキルのリストを作成します。たとえば組織の価値観のリストは次のようになります。

組織の価値観

- 健全な対立
- 部署を超えたコラボレーション
- 従業員の満足度

こうした価値観をリストアップしたら、候補者にその価値観を実証する機会を与えるような質問を作りましょう。候補者がどのようにスキルを発揮したか、具体的な例を尋ねましょう。健全な対立に関する質問の例としては、次のようなものがあります。「非常に重要な点について、同僚と意見の相違があった例を教えてください。最終的にどのように解決しましたか？」　この質問は、候補者に具体的な経験を示す機会を与え、彼らがどのようにその状況をやりくりしたのかの実例を示すものです。

また質問を少し変えて、さまざまな結果にどう対処するかを見ることもできます。たとえば次のような質問です。「あなたと同僚が何か重要なことについて意見の相違があり、あなたの解決策が選ばれなかった場合の例を教えてください。どのようにして解決に至ったのか、また、ほかの人の解決策を受け入れた理由は何ですか？」　これを聞くことにより、候補者がどう妥協するのかを確認できます。

このプロセスを各カテゴリの価値観に対して繰り返します。質問は「はい」か「いいえ」で答えられるものではなく、自由形式で回答するようなものにしましょう。重要度が高いと思われる質問については、複数の例を挙げてもらい、異なるシナリオでその行動が繰り返されるかどうかを確認すると良いでしょう。

また面接のプロセスは、異なる候補者に対しても可能な限り同じように行いましょう。面接のたびに評価基準が変わってしまうと、候補者どうしを適切に評価することが難しくなります。そのため事前に質問リストを作成し、その質問にできるだけ沿うことが重要です。候補者の回答を深掘りするような質問はまったくもって問題ありませんが、一番初めの質問としてほかの候補者には聞かないようなものをしてはいけません。もしある候補者がその回答であなたを魅了したら、ほかの候補者には与えられなかった機会がその候補者に与えられたことになります。

11.4.3.3 情熱を見極める

私がこれまでに出会った優秀なエンジニアは皆、技術に対する情熱を核に持っています。その分野で成功し続けている人は、単に9時から5時までの仕事をしているだけではありませんでした。情熱は候補者の可能性の上限を引き上げるものであり、私は面接のできるだけ早い段階でそれを見極めるようにしています。

情熱を持っているかどうかは、言葉で説明するものではなく、行動に表れるものです。候補者が何かに情熱を持っていると言ったら、その情熱がどういった行動に表れているかを尋ねてみてください。ブログを読んでいるでしょうか？ 家でもいろいろ試しているでしょうか？ オープンソースのプロジェクトに参加しているでしょうか？ 情熱の表れる形はさまざまですが、必ず何かしらの形で表れます。そうでなければ、それは単なる興味にすぎません。候補者に何に情熱を持っているのかを尋ねてみてください。彼らはその情熱をどのように表現していますか？

11.4.3.4 面接における技術的な質問

ソフトスキルを問う質問もありますが、エンジニアを採用する際にはそれだけでは不十分です。エンジニアの面接では、ある程度の技術評価が**必要**です。実際、技術的な面も評価しないと、あなたの会社に警戒心を抱く候補者もいるかもしれません。候補者の技術的能力を評価しないということは、ほかの採用された人も技術面の評価をしていないということになります。これは、あなたの組織の技術的能力が低いと候補者に知らせることになります。

技術的な質問を作成する際には、単純な「はい」、「いいえ」で答えられるものを避けるようにしましょう。単に候補者の記憶力を評価したいわけではありません。候補者が新しい職務で直面するであろう問題について、どのように考え、推論するかをテストしたいわけです。

データベースサーバのデフォルトのページサイズについて聞くだけでは、データベースのチューニングに関する知識を試すことにはならず、事実を記憶する能力を試しているだけです。しかし、「読み取りの多いデータベースのパフォーマンスを向上させるために、あなたなら何をしますか？」という質問をした場合に、候補者がデフォルトのページサイズをチューニングすると言及したら、その人の熟練度についてより多くの情報を得ることができます。難解な暗記問題は避け、実際に遭遇する可能性のある実用的なシナリオに焦点を当てるようにしましょう。

声に出して問題を考えるように候補者を促しましょう。真っ白なホワイトボードの前で大声で話している候補者からは、黙って解決策を書いている場合よりも多くを学ぶことができます。その解決策は候補者が自然と思い浮かんだものか？ 以前にこの問題を解決したことがあるか？ なぜそのような答えを選んだのか？ エンジニアが自分の中で考えをまとめるのを聞くことで、彼らの経験を知ることができます。例を挙げましょう。

デシジョンテック社は、新しいシステムアーキテクトを採用しようとしています。技術を評価するための質問の1つに、受注システムの設計に関するものがあります。ある候補者は、すばらしい実装を回答しましたが、実際にはそれは単に前職のシステムをコピーしたに過ぎませんでした。彼は、そのシステムの技術的な選択を完全には理解・把握しておらず、単に慣れ親しんだものを回答しただけなのです。一方、別の候補者はその問題についてその場で考えており、具体的にどの技術を使うべきかは分からないものの、解決しようとしている問題をしっかりと把握しています。

> **候補者**「ここでどの技術を使えば良いのかはわかりません。しかし新しい注文が入ったときに、すぐにHTTPリクエストとレスポンスのやりとりを開始して処理するべきではないということはわかっています。そうすれば、もしプロセスが停止したりしても注文を失うことはありません。さらに、この方法では注文処理と注文受け付けを分離できます。それぞれの処理の関心時を別々に解決できます。」

この候補者は具体的な答えを持っていませんが、その思考プロセスは的確です。現実の仕事の現場では、初めから技術の選択肢まで提示する必要はないでしょう。調査し、問題の範囲を理解し、トレードオフを評価するという段階を経ることが許されるはずです。仕事でそのような進め方をしているのであれば、面接でも同じような余地を与えることは理にかなっています。

技術的な評価をする際にもう一つ重要なことは、候補者が行った選択に疑問を投げかけることです。決断によって生じるトレードオフを考慮しているかどうかを知ることには価値があります。また候補者の選択に疑問を投げかけることで、フィードバックや批判をどのように受けとめるかを直接確認できます。

最後に技術的な面接では、候補者は実際の仕事で使用するのと同じ、または似たようなツールを使用できる状態にする必要があります。答えのない問題をどのように解決するかは、以前遭遇したことのある問題を解決するのを見るよりも、間違いなく重要です。

候補者がコードの適切な構文がわからなかったとしても、インターネットを使って答えを見つけられるようにしてあげる方が、関数呼び出しの位置の順番で苦労するのを見るよりもずっと生産的です。インターネットを使った調査ができないような環境で働くのでなければ、面接中にインターネットを使えるようにするのは有益です。もし候補者が技術評価のすべてにおいて、答えるためにインターネットを使う必要があるとしたら、それはインターネットが使えずにそれぞれの部分で苦労しているのを見るのと同じくらい多くの情報を与えてくれます。また面接官が気まずい思いをすることもありません。

面接の質問を、キャリアゴール・技術的な専門知識・性格の適合性などのカテゴリに分けることで、面接のプロセスに論理的な流れを作ることができます。これは面接中のメモ取りにも役立ちます。候補者の評価についてメモを取るのは、その候補者についての考えや感情が新鮮な面接中に行う必要があります。時間が経てば経つほど、面接のニュアンスは薄れていき、後になって思い出すのはほんの一握りの瞬間だけです。

面接をスムーズに進めるためには、候補者に対するメモやフィードバックをすぐに書き留められるような簡単な点数付けシステムを使うことをお勧めします。面接での質問をカテゴリに分けておけば、質問の流れに合わせて書き留めるメモもカテゴリに分けて記載できます。ざっくりとしたメモを残しておくことは、ほかの面接官と一緒に自分の経験を振り返るときに重要になります。**図11-1**は、面接中にすぐにアクセスできるように、面接のドキュメントをどのように構成するかを示しています。

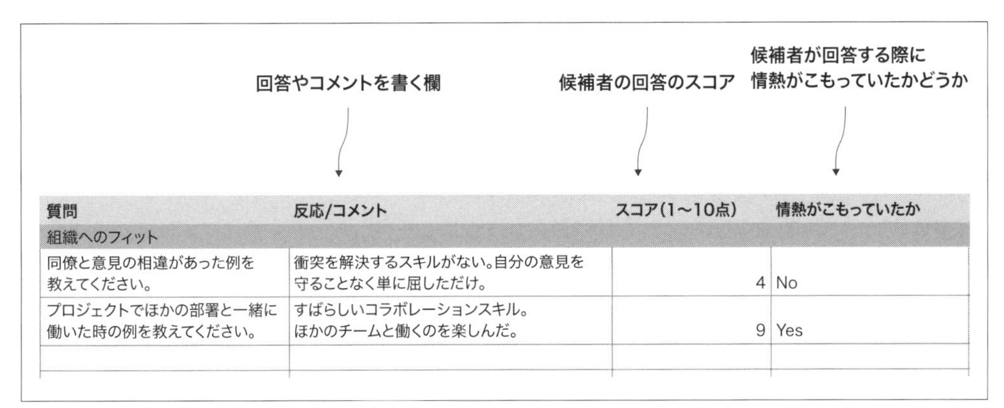

質問	反応/コメント	スコア(1〜10点)	情熱がこもっていたか
組織へのフィット			
同僚と意見の相違があった例を教えてください。	衝突を解決するスキルがない。自分の意見を守ることなく単に屈しただけ。	4	No
プロジェクトでほかの部署と一緒に働いた時の例を教えてください。	すばらしいコラボレーションスキル。ほかのチームと働くのを楽しんだ。	9	Yes

図11-1　簡単なメモを残すための面接ドキュメント

11.4.4　候補者の評価

候補者が各面接官との面接を終えたら、面接と**同じ日**に面接官のグループを招集しましょう。これは重要なことです。なぜならば記憶は時間と共に薄れ、面接でのいくつかの瞬間だけが残るからです。しかし詳細な情報は面接で起こる小さな瞬間の中にあります。一瞬現れる才気や不満、特定の質問に対するボディランゲージ、特定のトピックについての議論における興奮など、その場では小さなことに見えても、それが積み重なることで候補者の印象はより深くなるのです。候補者の面接が終わったら、できるだけ早く面接官が集まって話し合うことの重要性は、いくら強調しても足りません。

面接官が全員そろったら、同時に候補者を採用したいのか、したくないのかを明らかにしましょう。複雑に考える必要はなく、親指を立てるかどうかといったシンプルな方法で問題ありません。重要なのは、全員がイエスかノーのどちらかに投票することです。迷っている人がいてはいけません。私の個人的な考えでは、もし迷っているのであれば、慎重を期して最初はノーとします。しかし、どちらでもないという立場に立とうとしている人には、イエスかノーの投票を強制しましょう。意見を修正する機会はすぐに与えられます。

全員がいずれかの意思表示をしたところで、その場で一人を選んで、なぜそのように投票したのかを話してもらいます。その際、具体的な例を挙げてもらいます。ある人物について「なんとなく」と言うだけでは、ほかの面接官の意見を動かすための実用的な情報にはならないからです。

直感が重要でないというわけではありません。直感とは通常、過去の経験に基づいた無意識のパターン認識です。これは意思決定において非常に重要な要素ですが、それがすべてではありません。自分の直感に影響を与えている要因をよく考えて概念化し、それをグループのほかのメンバーと共有して伝えるようにしましょう。最初の人が話し終えたら、時計回りに次の人に移り、全員がなぜそのように投票したのかを話し終えるまで続けます。

この時点で、面接官はそれぞれの視点で面接についての意見を持っています。あなたが見ていないものをほかの面接官が見ているかもしれません。あるいは、彼ら独自の背景に基づいて異なる質問をした結果、興味深い回答が得られたのかもしれません。このようなフィードバックを受けて、自分の判断を変えることも許容しましょう。ほかの面接官のフィードバックを聞き、そこから得た候補者の長所と短所を、採用しようとしているポジションに関連付けるようにします。この時点で、各面接官には意見を変える機会が与えられます。全員が（必要に応じて）意見を変更したら、採用責任者にバトンを戻して追加の質問や議論をします。

このプロセスでは、面接官がそれぞれの視点から意見を述べ、チーム全体にフィードバックを提供しますが、最終的には採用責任者がその候補者を採用するかどうかを決定します。採用責任者は、全員の意見が一致することを求めるかもしれませんし、面接官のフィードバックは判断材料の1つとするだけかもしれません。しかし間違ってはいけないのは採用プロセスは委員会で行われるものではないということです。採用責任者が最終的な意思決定者であることを忘れてはいけません。

11.4.5 何人の候補者と面接をするか？

理想的な世界では、すべての項目を満たし、チームの同意を得られるトップ候補が見つかるまで、候補者を面接し続けます。この方法だと候補者どうしを比較する必要はありません。それぞれの候補者を、あなたの要求リストに照らし合わせ、それを満たしてあなたを感心させるか、あるいは不足していてすぐに却下するかのどちらかです。しかし残念ながら、私たちの皆が完璧な世界に住んでいるわけではありません。

採用には予算がつきものですが、組織によって予算のサイクルは異なります。組織によっては、新しいポジションの募集が一定期間を超えると、そのポジションの採用予算がほかの予算に吸収されるというような、非公式の時間枠を設けているところもあります。このような方針は時代遅れのように思えますが、読者の皆さんはこのプロセスに影響を与える力を持っていないでしょうから、こういった制限の中で採用プロセスを進めるしかないと思います。そこで問題になるのが、候補者との面接をいつ終了するかということです。

数学者たちは、この問題のアルゴリズムを考え出しました。その1つが**最適停止問題**で、**秘書問題**とも呼ばれます（詳しくは、P.R. Freeman著“The Secretary Problem and Its Extensions: A Review”, International Statistics Review, 1983を参照）。最適停止問題をそのまま採用に使うことはできないと私は考えていますが、それを利用して少し違った戦略を立てることができます。

面接プロセスの最初の段階で、**停止モード**と呼ばれる状態になるまでに何人の候補者と面接するかを決めます。ある候補者を採用しない場合は、候補者がいなくなるまでX人の面接を続けることになります。今回の例では、6を停止モードの数字とします。

最初の候補者を面接して、その候補者をすばらしいと思ったのであれば、その候補者を採用して採用プロセスは終了です。そうでなければ、2人目の候補者を面接します。その候補者がすばらしいのであれば、その候補者を採用し、そうでなければ3人目に進みます。このプロセスを、停止モードの数に達するまで繰り返します。

停止モードの数に達したら、面接した6人の候補者のうち、誰が一番良い候補者かを決めます。候補者の数が停止モードの数に達しても、新たな候補者の面接は続けます。その際、最初の6人の中で最も良い候補者よりも優れているかどうかを判断します。**図11-2**で、この点をもう少し詳しく説明しています。

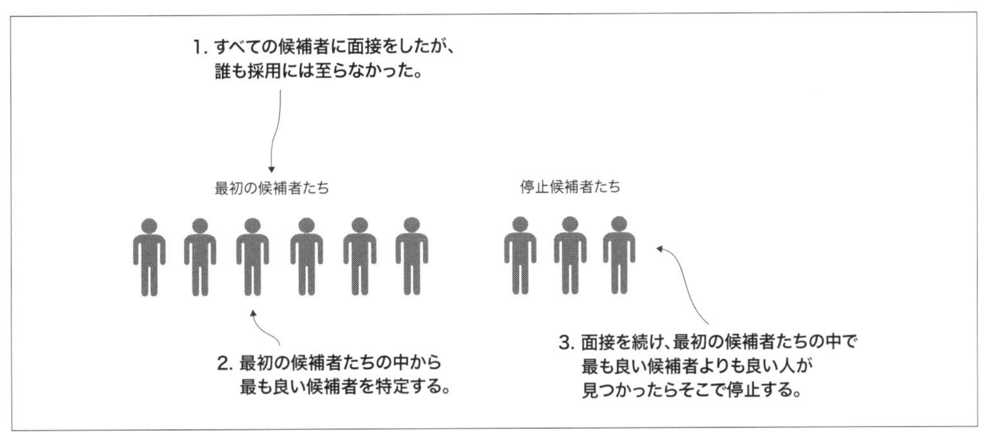

図11-2 採用活動向けに修正を加えた停止問題

この戦略には、当然ながらいくつかの注意点があります。もし、停止モードの候補がすべてひどいものだったら？ そのような場合には、選考プロセスの見直しを検討する必要があるかもしれませんが、これは起こり得ることです。このプロセスは厳格なルールというよりも、採用プロセス中に動きがなくて採用枠が減らされないようにするためのシステムを構築するものです。

チームは、DevOps文化を構築するための重要な構成要素です。しかし採用は常に努力が必要です。人は辞めたり、昇進したり、成長したり、ほかのことに興味を持ったりします。現在チームにいる誰であっても、いつかはその人がいなくなる時が来ます。募集しているポジションがない時期はあるにしても、採用活動に終わりはありません。採用のプロセスと哲学を持っていれば、チームが直面する最大の決断の1つである採用活動をスムーズに行うことができます。

11.5　本章のまとめ

- 文化を構成するさまざまな要素が、組織の文化全体に影響を与えます。
- コミュニケーションの際の言葉遣いを修正することで、より効果的に働き、文化的価値観や規範の普及を促進できます。
- 言葉や習慣を通じて文化を変え、その変化を利用して文化的規範を強化できます。
- チームメンバーが組織内のほかの役割に共感できるように、新しい考え方を生み出す必要があります。
- 各候補者が同じ質問を受けるように面接を構成しましょう。そうすれば、候補者どうしをより正確に比較できます。
- 企業文化や組織への適合性を考慮して採用しましょう。

12章
多すぎる尺度

本章の内容

- チーム目標の設定
- チームが仕事を受け付けるためのシステムの構築
- 予定外の作業への対処
- 何に取り組むかの決定

組織の力の源は、個人では不可能な仕事を集団でやり遂げることにあります。組織には1つの目標に向かって人を動かす力があり、そのためには**優先順位**が必要です。高層ビルを建設することは、優先順位付けされた目標に向けて人・スキル・規律がまとまらなければ、信じられないほど困難になります。

しかし多くのチームは、全体的な目標ではなく、その目標の特定の部分に集中してしまう傾向があります。その特定の部分が、組織全体の目標よりも優先されてしまいます。その部分がより具体的になればなるほど、それを測定する方法も具体的になっていきます。やがて、チームのパフォーマンスを測る方法がチームごとにバラバラになり、さらにはそれらの手段が全体の目標を損なうような行動にインセンティブを与えるようになるかもしれません。これが**多すぎる尺度**というアンチパターンです。

目標設定と優先順位付けのプロセスは、DevOpsの文化において非常に重要です。この2つが、これまで軽視されてきた仕事にエネルギーを注ぐ土台となるからです。3ヵ月間で30もの機能をリリースしている一方で、サーバにパッチを当てる時間がないのは、一方のタスクが優先されていて、もう一方のタスクが優先されていないからです。優先順位付けとは、あるタスクをやると決めるだけではなく、別のタスクをやらないと決めることでもあります。時間は限られているので、何かを重要だと言うだけでは十分ではありません。どこかのタイミングで、あるタスクがほかのタスク**よりも重要である**と言わなければなりません。これは難しく少し痛みを伴いますが、実際には選択をしないことで暗黙のうちに選択をしていることが多いです。

では優先順位はどこから来るのでしょうか？ 優先順位は、チーム・部門・組織の目標や目的に基づいて設定した目標や目的から生まれます。自分のプログラムが使用しているOpenSSLライブラリをアップグレードするというToDoアイテムがあっても、それが実行されないのは、あなたがそれに優先順位をつけていないからです。優先順位をつけていないのは、それが目標や目的に含まれていないからでしょう。その代わりに、ほかの項目に意識を向けてしまいます。タスクがお膳立てされた状態で提示されると、そのタスクがほかのタスクよりも重要であると受け入れてしまうのです。本章では、そのようなプロセスに目を向け、客観的な重要度からタスクを評価することについて説明します。

12.1 目標の階層

一般的に目標には**階層**があり、上層の目標によって下層の目標が決まります。組織は、収益の増加・新製品の発売・顧客の維持など、その年の目標を掲げます。組織の目標を知ることは、次のレベルの目標である部門の目標を作るために必要です。

各部門では、組織の目標を支える目標を設定します。こういった階層間の目標の波及が個人に至るまで繰り返されます。個人の目標は自分の部門の目標に影響され、その結果、組織の目標にも影響されます。**図12-1**は目標が階層間で波及する様子を示したものです。

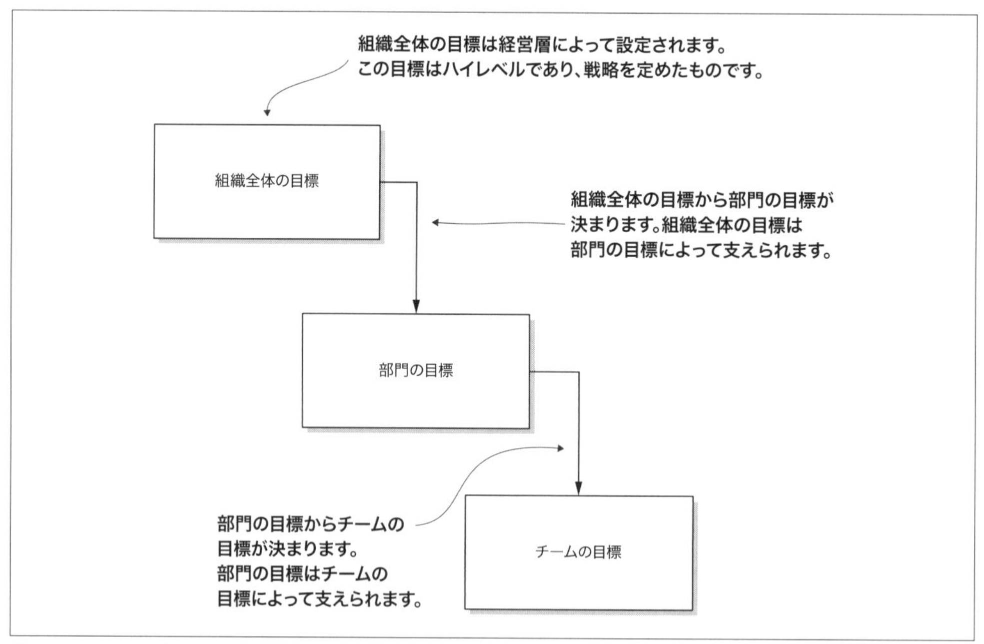

図12-1 目標は組織の最上位から波及する

自分の目標が組織の大きな目標にどのように関わっているかを知ることは、多くの人にとって仕事の満足度につながります。自分の仕事が孤立無援で、自分の仕事やその仕事をしている理由を誰も評価してくれないと、組織のほかの部分とのつながりが切れてしまいます。みんなが全社会議で語られる目標に向かって進んでいる中、自分は傍観者で、なぜ自分のやっていることが重要なのかと考えてしまうのです。組織の目標を理解し、自分の仕事をその目標に結び付けることで、そういった感覚をなくすことができます。

目標とOKR

ここで紹介している目標の構造は、OKR（objectives and key results）と呼ばれる目標設定の手法を用いています。本節では、目標を設定すること自体についてではなく、目標が組織内でどのように波及するかを理解することが目的です。最上位の会社の目標が設定されたとしても、その下にあるチームが会社の目標を達成するためにそれぞれの目標を設定しなければ、会社の目標は達成されません。そういった目標をどのように設定するかは本書の範囲外ですが、目標設定の手法やOKRに特に興味がある方には、クリスティーナ・ウォドキー著『OKR（オーケーアール） シリコンバレー式で大胆な目標を達成する方法』（日経BP、2018年、原書“Radical focus”、Cucina Media、2015年）やジョン・ドーア著『Measure What Matters：伝説のベンチャー投資家がGoogleに教えた成功手法OKR』（日経BP、2018年、原書“Measure What Matters”、Portfolio、2018年）を強くお勧めします。

12.1.1 組織の目標

あなたが会社の経営陣でもない限り、組織全体での優先事項を決めるのはあなたの範疇ではないでしょう。経営陣は、物事をどのように進めるかという戦術的な現場の詳細から離れているため、**組織の目標**はハイレベルで戦略的なものとなります。

あなたのエンジニアリングに特化した戦術的な仕事を、これらのハイレベルの目標に対応付けるのは難しいことです。これには既存の枠にとらわれない考え方が必要になることもあります。多くの場合、この対応付けは技術部門のシニアマネジメントチームによって行われます。たとえば組織の目標が次のようなものだとします。

- 運用コストの15％削減
- 加入者数の前年比20％増
- 既存顧客の支出10％増

技術的な観点からは、自分の仕事をこれらの目標に対応付けることは直感的にできるものではないかもしれません。最初の目標である運用コストの削減については、インフラで使用しているサーバの数を減らすことで、プラットフォームの運用費を削減できるかもしれません。もしかしたら、ほかの部門を支援するために、大したコストをかけずに自動化できる部分があるかもしれません。加入者数を前年比で増やすには、一部の加入者が望んでいるにもかかわらず、なかなか着手できていない重要な機能に取り組むことが有効かもしれません。新機能はプロダクトチームの手に渡り、プロダクトチームからセールスチームの手に渡り、セールスチームは、これまで加入を迷っていた潜在顧客に対して新機能をアピールします。また、既存顧客の支出を増やすことについても同じことが言えます。

重要なのは、組織の目標を認識すると、自分がこれから取り掛かる予定の仕事が違って見えるようになるということです。チームのToDoリストを、組織の目標というレンズを通して見るようになります。しかし、これは目標のうちの1つのレベルに過ぎません。あなたの部門にも、優先して取り組んでほしいとマネージャーが考えている目標があるでしょう。

12.1.2 部門の目標

部門の目標は、マネジメントチームがエンジニアリングの文脈を考慮して作成したもので、あなたの日常業務に少し近いものになるでしょう。部門の目標をチームの目標や個人の目標に対応付けることは、とても簡単です。

あなたの職位によっては、部門の目標設定に関わっているかもしれません。その場合、部門の目標が、組織の目標という大きな枠組みにどうつながるかを検討する必要があります。前述したように、すべての技術的な仕事が組織の目標に一直線につながるわけではありません。しかし、目の前の仕事が目標にどうつながっているのかという道のりを示すことは価値があります。より大きな目標に対して自分の仕事がつながっているという感覚は、チームメンバーの仕事の満足度を高める重要な要因となります。**表12-1**に、部門の目標をどのように定義し、組織の目標に対応づけるかを示します。

表12-1 組織目標にマッピングされた部門別目標

部門の目標	組織の目標
ソフトウェアのバージョン2.0を発売する	加入者数の前年比20％増
データパイプラインプロセスの再構築	既存顧客の支出10％増
請求書作成プロセスのパフォーマンス向上	運用コストの15％削減

自分の仕事が重要であり、ほかの部門にも影響を与えていると知ることは、チームの大きなモチベーションになります。

12.1.3 チームの目標

チームの目標では、部門内の個々のチームが何に取り組むかに焦点を当てます。部門の目標が組織の目標に対応付けられているように、チームの目標も部門の目標に対応付けられている必要があります。これは組織の目標に直接対応付けるよりも簡単なはずです。なぜなら部門の目標は技術的な観点で作成されているはずだからです。実際チームの目標は、部門の目標をより具体的にしたものになります。

チームの目標は、部門の目標のより戦術的なバージョンです。チームの目標は、部門の目標を達成するための具体的な方法を提示します。「請求書作成プロセスのパフォーマンス向上」というのは部門レベルで設定された戦略的な目標ですが、それを達成するための計画は何も示されていません。チームの目標は、部門がどのようにして請求書作成のパフォーマンスを向上させるかという、具体的な方法を提供します。

この目標は1つのチームだけのものとは限りません。目標は複数のチームにまたがることもあります。開発チームがコードの中でも特に遅いとされる部分に焦点を当て、運用チームは既存のハードウェアをチューニングすることでより高いパフォーマンスを引き出すことに焦点を当てるかもしれません。**表12-2**は、チームの目標が部門や組織の目標とどのように対応しているかを示した例です。

表12-2 複数のチームで部門の目標に焦点を当てる

チーム	チームの目標	部門の目標	組織の目標
開発チーム1	請求計算モジュールの書き換え	請求書作成プロセスのパフォーマンス向上	運用コストの15%削減
開発チーム2	請求処理をキューを使ったマルチスレッド処理に移行	請求書作成プロセスのパフォーマンス向上	運用コストの15%削減
運用チーム	ワークロードに合わせた請求データベースのチューニング	請求書作成プロセスのパフォーマンス向上	運用コストの15%削減

チームの目標が示されたことで、個々のメンバーが何に取り組むべきかを明確に理解できるだけでなく、それがより大きな組織の目標にどのように適合するのかを理解できるようになりました。これで、全員が同じ方向に向かって進むことができます。

12.1.4 目標の確認

あなたがマネジメントチームの一員でない場合、組織やチームの目標が何なのかと困惑しているかもしれません。あなたの会社では、目標設定や計画に関する強固なコミュニケーションがないかもしれません。しかし、どんな会社でも、ある程度は組織の目標を理解しているはずです。

頻繁に変更されるかもしれませんが、シニアレベルの誰かが、会社が何に焦点を当てたいと考えているかを知っています。しかし、その情報がどこかで停滞したまま組織内に浸透していないのかもしれません。この問題を解決する最も簡単な方法は聞くことです！

目標を聞くというのは単純すぎるように見えますが、うまくいく理由は簡単です。目標設定は、マネジメントチームの中核的な仕事の1つです。マネージャーに自分や自分のチームの目標を明確にしてもらうことは、合理的な要求です。たとえ直属のマネージャーが知らなかったとしても、「私は知らないし、知るつもりもない」とは答えないでしょう。この反応はまったくもって理不尽です。もし、そのような返事が返ってきたら、「では私のために調べてくれませんか」と優しく促すだけでも物事が動き出すはずです。会社の目的や目標が組織の個々のメンバーまで浸透していないことを知ることは、シニアリーダーシップチームにとって非常に貴重なフィードバックとなります。

皆さんの中には、自分のマネージャーが非常にひどい人で、目標について絶対に答えてくれないと考えている人もいるかもしれません。そのような場合は、ほかの人のマネージャーに聞いてみてはいかがでしょうか。組織の目標の良さは、会社全体で普遍的なものであることです！ 仕事をする上で一番大切なことを見極めようとして、解雇されるような人はいないでしょう。

目標を聞くということは、本質的にはそういうことなのです。自分が会社のためにできる最も重要な仕事を理解しようとしているのです。もしあなたがマネージャーのことを極端に心配しているのであれば、自分の仕事が組織の大きな仕事とどのようにつながっているのかを理解する方法として、ほかのリーダーに質問を投げかけることもできます。自分の仕事がほかのチームにどのように影響を与え、高めているかという純粋な質問によって、ほかのリーダーから多くの追加情報を得ることができます。

それでも問題が解決しない場合は文化チーフに相談してみましょう。**11章**で説明したように、**文化チーフ**は通常、組織内で人脈が広く、尊敬されています。自分の仕事が、組織の大きな目標をどのように支えているかを理解する手助けをしてくれる可能性があります。

目標がきちんと定義されていれば、自分やチームが担当している作業を批判的に見て、時間の使い方をより意識的に考えることができます。

12.2 どの仕事に取り掛かるかに意識的になる

あなたの時間に対して、数え切れないほどの要求があるでしょう。チームは常に、限度を超える量の仕事を抱えています。さまざまな方向に引き込まれないようにするには、自分が今何に取り組んでいるのか、その選択を守れるようにしておく必要があります。目標と優先順位は、現在の仕事を守るための盾となります。この盾を突破できるほどのタスクやアイテムのみが、チームの作業キューに追加できます。あなたの盾は、目標とそれに関連するタスクを明確に理解しているときに最も強くなります。

自分の仕事に意識的になるということは、**コミットメント**という考え方に根ざしています。あなたは同僚やマネージャーとコミットメントを交わしています。そしてあなたの部門は組織とコミットメントを交わしていく、という形で連鎖していきます。個人にとって、コミットメントは信頼を測る通貨のようなものです。誰かが何かにコミットするとき、人々はその人の信頼を即座に計算します。その人は、自分がやると言ったことをきちんと実行しているだろうか？ あるいは、その人やその部署は、タスクを完了するために必要な時間を常に過小評価していないだろうか？ このような信頼は、どのくらいの数のコミットメントにうまく対処してきたかに大きく左右されます。一度コミットメントを交わしたら、それを実現するか再交渉する必要があります。このことを理解していれば、重要な仕事にはイエス、重要でない仕事にはノーと言えるようになります。

12.2.1　優先度、緊急度、重要度

多くの人が**重要度**と**優先度**を混同しています。**優先事項**は、ほかの行動よりも優先されます。しかし、もし優先事項がほかの行動よりも優先されるのであれば、複数の優先事項が存在することはあり得ないでしょう。特に、複数のタスクを任されているメンバーにとっては、すべてのタスクを優先事項とみなすのは難しいでしょう。

私の主張は、1人の人間が持つことのできる優先事項は一度に1つだけだというものです。ToDoリストにほかの重要な事項がないわけではありませんが、その中で最も重要なことは1つだけです。たとえば、重要な取締役会があったとして、その直前に大切な人が事故に遭ったことを知った場合、あなたは複数の優先事項をこなすのでしょうか？　そうではなく、どちらかを選択しなければなりません。

優先事項を1つに絞った場合であっても、ほかの仕事を分類するしくみが必要です。入ってくる仕事には、**緊急度**と**重要度**という2つの特性があります。

緊急度とは、どれだけ早くその仕事をしなければならないかということです。期限がある場合や、停滞している別のプロセスへのインプットとして必要な場合もあります。**重要度**とは、その仕事の深刻さや価値に関係しています。1人の開発者のワークフローを楽にする作業は、何千人ものお客様に影響を与える機能変更よりも重要度が低いと考えられます。どちらも緊急ではないかもしれませんが、一方の作業の方がより重要です。

タスクの**重要度**とは、組織にとっての価値や深刻さのことです。**緊急度**とは、タスクを完了させる必要のある時間軸に関連します。緊急度には、要求者の希望だけでなく、客観的な期限が必要です。

緊急度と重要度のどちらも、文脈によって変わりうるということを認識することが重要です。タスクの依頼者にとっては、そのタスクは彼らが実行しなければならないほかのタスクと関連しているので重要だとみなすでしょう。一方で、そのタスクを実行する側は、同じ文脈を持っていないため、依頼に対する見方が異なる場合があります。これが、あなたのチーム・部門・組織の目標を理解することが重要な理由の1つです。目標はその依頼を評価するための客観的なレンズとなります。

あなたに与えられたタスクが優先事項の場合、あなたが仕事をする際にはそのタスクに取り掛かるのが当然のはずです。ほかのすべてのコミットメントは、与えられた優先事項に関係があるかどうかを考える必要があります。ほかの締め切りのコミットメントについては優先事項のレンズを通して検討する必要があります。新しいコミットメントが優先事項に影響を与える可能性がある場合

は、新しい仕事を延期するか、新しい仕事を優先事項とするか、既存の優先事項の期限を再交渉するという選択肢があります。この場合、次のことを考えましょう。

- この新しいコミットメントは、優先事項を時間通りに提供する能力に影響を与えるか？
- この新しいコミットメントは、新しい優先事項になる可能性があるか？
- この新しいコミットメントは、優先事項の期限のコミットメントを再交渉する必要があるほど重要か？

これらの質問は、あなたがこの新しいコミットメントを引き受けることができるかどうかを評価するのに役立ちます。それが会議であれ、新しいプロジェクトであれ、あるいは単に新しい小さなタスクであれ同じことです。その新しいタスクが優先事項への時間的コミットメントに影響を与えないのであれば、新しいタスクを受け入れることは問題ありません。優先事項のコミットメントに影響を与える場合は、その新しいタスクの相対的な重要度と緊急度を評価しなければなりません。それは新しい優先事項になるほど重要なのでしょうか？　これは、おそらくマネージャーと一緒に決めることになるでしょう。

予期せぬ新しい仕事が出てきて、それが自分の新たな優先事項になるほど重要である可能性はあります（よくあることです）。マネージャーと一緒にそれを評価し決めてください。新たな優先事項になるほど重要ではなくても、既存の優先事項の期限を再交渉する必要がある程度には重要かもしれません。この場合もマネージャーと話し合う必要があるでしょう。

しかし、こういった会話をする前に、優先事項にどれだけの時間がかかるのかを把握しておきましょう。優先事項がどのくらい遅れるかわからないのに、優先事項を遅らせるという決定はできません。どうしてもどのくらい遅れるかがわからない場合は、マネージャーにその旨を伝えるようにしましょう。どの程度遅れるかがわからないということは、新たな時間へのコミットメントを受け入れるかどうかの判断に影響を与える可能性があります。これらの選択肢のいずれもうまく利用できない場合は、新しい時間へのコミットメントの受け入れを拒否すべきです。

仕事を断るというのはとんでもないことだと思う人もいるかもしれません。しかし、実際には、あなたやあなたのチームはすでに仕事を断っているのです。違いは、仕事を依頼してきた人に「やります」と言っておきながら、一貫してほかの活動を優先しているという点です。どの作業キューを見ても、優先される可能性のない仕事の依頼がかなりの期間放置されていることでしょう。

このような作業は注意を奪うだけでなく、依頼を無視するというのは信じられないほど依頼者に対してプロ意識にかける態度です。この作業を依頼した人は、このチケットが最終的に完成したときに何をするかについて、何らかの希望や夢、計画を持っているでしょう。しかし、もしこのチケットが優先事項になる見込みがないのであれば、依頼者からその現実に対して適切な計画を立てる機会を奪うことになります。依頼者は、別の選択肢を検討したり、自分のタスクに対してより多くの上層部のサポートを得るための活動ができるかもしれません。その代わりに、彼らは自分の仕事がすぐに実現するという誤った信念を持って待っているのです。

タスクを引き受けて実行しないよりも、タスクを断る方がプロとしてあるべき姿です。

12.2.2　アイゼンハワーの意思決定マトリックス

前節では、タスクを引き受けるべきかどうかを解釈するための評価メカニズムについて説明しました。このプロセスは、**アイゼンハワーマトリックス**を参考にしています。アイゼンハワー意思決定マトリックスとは、第34代アメリカ大統領のドワイト・アイゼンハワーが使ったツールです。アイゼンハワーは洞察力のある意思決定者として知られており、このツールをよく活用していました。

このツールの目的は、4つの正方形の意思決定マトリックスを作成し、各タスクをマトリックスの中に配置して、そのタスクに対処するための最適な方法を決めることです。**図12-2**に、アイゼンハワー意思決定マトリックスを示しています。Y軸には**重要・重要でない**というラベルを付けてい

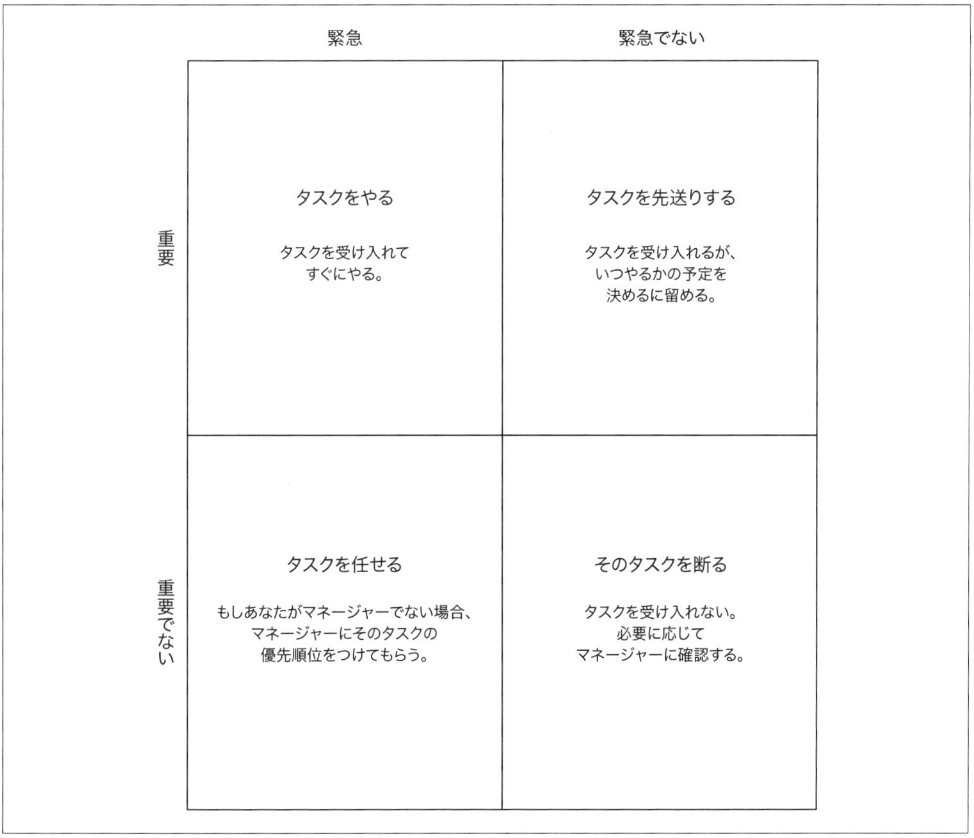

	緊急	緊急でない
重要	タスクをやる タスクを受け入れて すぐにやる。	タスクを先送りする タスクを受け入れるが、 いつやるかの予定を 決めるに留める。
重要でない	タスクを任せる もしあなたがマネージャーでない場合、 マネージャーにそのタスクの 優先順位をつけてもらう。	そのタスクを断る タスクを受け入れない。 必要に応じて マネージャーに確認する。

図12-2　アイゼンハワー意思決定マトリックスは、依頼された仕事を評価するために使うことができる。

ます。X軸には、**緊急・緊急でない**というラベルを付けています。マトリックスの中の4つのボックスには、**実行する・先送りする・任せる・断る**というラベルを付けています。

タスクが入ってくるたびに、緊急度と重要度の両方を使って分類します。タスクは、緊急か緊急でないか、重要か重要でないかのどちらかです。これらの分類に基づいてタスクをマトリックスに配置することで、そのタスクに対して何をすべきかを知ることができます。

あなたが取り組むタスクに対して完全な決定権を持っていない場合があることを考慮して、各ボックスの文脈を少し変更しています。あなたが管理職でないのであれば、どう対処するかについて直属のマネージャーに確認する必要があるかもしれません。このマトリックスの目的は、自分が何に取り組むべきで、何に取り組むべきでないかを判断する際の助けになることです。

12.2.3 コミットメントにノーと言う方法

新しいコミットメントにノーと言うのは難しいですが必要なことです。コミットメントは信頼を測る通貨です。安易にコミットメントを受け入れることは、組織の信頼を危険にさらします。達成できない新しいコミットメントにノーと言うことは、信頼を維持するための1つの方法です。時にはコミットメントを強く要求されることもあります。しかし、これまでの努力のおかげで、新しいコミットメントを断ることが可能になっただけでなく、完全に正当化できるようになったのです。あなたの目標と優先事項は、新たなコミットメントに対する盾となります。

仕事が目標と一致し、優先順位が設定されていれば、新しいコミットメントはアイゼンハワーマトリックスで実行すべきかどうかを確認できます。実行する必要がある場合は、先に述べた次の質問に照らし合わせましょう。

- この新しいコミットメントは、優先事項を時間通りに提供する能力に影響を与えるか？
- この新しいコミットメントは、新しい優先事項になる可能性があるか？
- この新しいコミットメントは、優先事項の期限のコミットメントを再交渉する必要があるほど重要か？

これらの質問に答えることで、新しいコミットメントを拒否することは簡単になります。その新しいコミットメントがあなたの現在の優先事項を妨げるため、受け入れることができないと伝えることができます。そのコミットメントが自分の目標と一致している（つまり、重要である）場合は、その作業を後でやるよう予定を決めます。依頼者と相談し、必要であればマネージャーとも相談して、そのタスクをいつ実行するかについて合意しましょう。

あなたが管理職でないのであれば、この時点では締め切りの日付をコミットしないことを強くお勧めします。コミットメントを守れるかどうかはあなたの信用につながりますが、優先順位を決めるのはあなたではなく、あなたのマネージャーであることを忘れないでください。マネージャーにその依頼の優先順位を決めてもらうようコミットはできますが、それだけです。

自分の仕事の優先順位を完全にコントロールできない限り、守れない可能性のあるコミットメントを交わしてはいけません。これは依頼者にとってだけでなく、組織内でのあなた自身の評判にとっても重要です。

依頼者が依頼を受け入れるよう固執している場合でも、仕事を断ることは以前のコミットメントを守ることであり、コミットメントを破ってはいけないということを思い出してください。依頼者がどうしても固執する場合は、マネージャーに相談しましょう。

次のようなシンプルで落ち着いた言葉を返しましょう。「お手伝いしたいのですが、以前からのコミットメントがありますので。もし優先事項について話したり、この件がより重要であると主張したいのであれば、私のマネージャーであるサンドラに話してください。彼女が私の優先事項やそのほかのタスクを決めます」。このシンプルな断り方には議論の余地がありません。あなたが優先順位を決めるのではなく、マネージャーが決めるわけです。あなたはすでにほかのコミットメントをしていることを念頭に置きましょう。それを破るような新しいコミットメントを断ることに対して、悪いと感じたり、プレッシャーを感じる必要はありません。

マネージャーとして仕事を評価する

あなたがチームのマネージャーなのであれば、優先順位を決めるのはあなたですので、少し話は変わってきます。しかしプロセスはあまり変わりません。

あなたは、ほかのチームメンバーにタスクを任せることができます。ほかのメンバーは、新たに発生したコミットメントよりも緊急度や重要度が低いもの（あるいは優先事項への影響が少ないもの）に取り組んでいるのかもしれません。

重要なのは、チームメンバーに対して優先事項とその期限を明確に示すことです。もしチームメンバーが自分の優先事項を明確に理解していなければ、間違いなく重要度の低いタスクに時間を費やしてしまうでしょう。

あなたのマネージャーが、あなたと同じように仕事に優先順位をつけるとは限りません。マネージャーが、影響の大きさにかかわらず、コミットメントを引き受けるように求めてきた場合は、優先事項の新しい期日を明確にしてください。再交渉**しなければなりません**。

新しいコミットメントを引き受けることによって、優先事項を期限内に完了できなくなると明確にする必要があります。また優先事項が変わっていないことを確認する必要もあります。マネージャーがタスクBではなくタスクAをやるように言うということが、優先事項が変わったことを暗に含んでいる場合があります。「念のため確認ですが、これは私の優先事項を変えるということですか？」と質問し、常に明確にしましょう。

マネージャーは自分が無理なお願いをしていることに気付いていないことが意外と多いもので

す。優先順位を争うタスクの中から選択をしてもらうことで、新たなコミットメントを再評価してもらうことができます。常に現在の優先事項を明確に把握しておきましょう。また優先事項は1つしかないことを忘れないでください。マネージャーに1つの優先事項を選んでもらいましょう。新たに取り決めた優先事項をメールであらためて共有することで、その決定を明確に示すことができます。

以下は、従業員のブライアンがマネージャーのサンドラと優先事項を再交渉するときのやりとりの例です。

ブライアン「こんにちは、サンドラ。ジョアンから、採用チームがキャリアページのSEO問題を解決するために、このチケットに取り組むように私に依頼してきました。でも私はあなたから請求書作成のための計算モジュールを担当するよう言われています。木曜日までにSEOの作業と計算モジュールの変更はできません」

サンドラ「うーん、SEOの問題は、私たちがスポンサーをしている採用イベントでかなり重要です。先にSEOのページを作っておいてください」

ブライアン「わかりました。でもそうすると木曜日までに計算モジュールを完成できません。SEOの作業にはおそらく1週間かかるので、計算モジュールは2週間後の木曜日になります。それで大丈夫ですか？」

サンドラ「ああ、それはだめですね。ユーザー受け入れテストに間に合わせるために、それより前に計算モジュールが必要なのです」

ブライアン「わかりました。どちらを優先しますか？　請求書の計算モジュールの仕事と、SEOの仕事と」

サンドラ「間違いなく、請求書の計算モジュールですね」

ブライアン「わかりました。ということで、SEOの作業は請求書計算モジュールの作成後に行います。しかし、それでは採用イベントまでにSEOの作業が終わらないかもしれませんね」

サンドラ「そうですね。計算モジュールは私たちの部門の目標に結び付いていますから、そちらに専念したほうが良いでしょう。採用イベントは私たちの目標や優先事項には含まれていないので、何かを犠牲にしなければならないとしたら、SEOの方でしょう。SEOの仕事はほかの人に任せても良いかもしれませんね」

ブライアン「わかりました。今決めたことを簡単にまとめてメールを送ります。ありがとうございます！」

この対話は、タスクやチームが行っている作業の目標・優先順位・緊急度・重要度を知ることが、何に取り組むべきかを決める助けになることを示しています。タスクを途中で簡単にはやめられないこともあります。今の仕事を抱えたまま、次の新しい仕事に注意が向かってしまうこともあるでしょう。しかし、仕事をどのように管理するかによって、その状況に対する無力感を解消できます。

12.3　チームの仕事を整理する

あなたとあなたのチームには、現在実行している仕事と、以前のコミットした仕事の両方を追跡する方法が必要です。ここでは、特定のツールを推奨するものではありません。あなたの組織では、すでに何らかのツールが導入されているでしょう。

もし、あるツールが組織内で広く受け入れられていて、あなたのチームでそれを使っていないのであれば、ほかの人たちが使っているそのツールを採用するのが良いでしょう。広く使われているツールを採用することで、すでに利用が承認されていて、ほかのチームとの相互のやりとりやコラボレーションがより容易になるため、摩擦を避けることができます。何のツールもないよりは何かしらのツールを使った方が確実に良いでしょう。

そういったツールがない場合、紙とペンを使うことになるかもしれません。それも良いでしょう。唯一必要なのは、すべての未処理の作業を**どこか**に記録し、チームが見えるようにすることです。仕事は、人々の頭の中だけにあってすぐに消えてしまうようなものであってはならないのです。どのような解決策を採用するにしても、私はそういったツールを**作業キューシステム**と呼ぶことにします。

作業キューシステムとは、チームの現在の作業を可視化するためのツールまたはプラクティスです。各作業は**作業項目**と呼ばれ、チケット管理システムやふせん、そのほかの物理的またはデジタル的な表現によって表されます。これにより、チームメンバーは、チームの未処理および進行中の作業を目に見える形で確認できます。

本節の残りの部分では、目の前にあるすべての仕事に目を向ける方法について説明します。これらの方法は、個人を対象にしていますが、もしあなたがマネージャーであれば、自分自身ではなくチーム全体に同じ方法が適用できます。

12.3.1　作業を細分化する

やるべきことをリストアップすると、その数の多さにすぐに圧倒されてしまいます。私たちは常に自分の限界以上の仕事を抱えています。リストを全部見てしまうというのは失敗のもとです。人間の心は、一度にそれほど多くのものには集中できません。50項目もあるToDoリストを見ると、一瞬にして分析麻痺状態に陥り、何も進められなくなってしまいます。

まず最初にやるべきことは、作業を小さな時間に分割することです。**小さな時間に分割**することは、作業のイテレーションを小さくするためによく使われる手法です。たとえば30分単位で作業し、その間にストレッチや水分補給、休憩などの時間を設けて、再び作業に取り掛かるというものです。

ここでは時間で分割する考え方をさらに発展させます。多くの作業に直面したとき、時間を区切って、一部の作業項目に集中するのが一番です。私はこのような時間の区切りを**イテレーショ**

ンと呼んでいます。アジャイル手法の1つであるスクラムでは、これを**スプリント**と呼びます。

イテレーション（またはスプリント）とは、個人やチームがあらかじめ決めた作業を提供することをコミットした、タイムボックス化された期間のことです。

多くの企業ではアジャイル手法を使わず、プロジェクトを一連のフェーズに分割し、各フェーズのアウトプットが次のフェーズへのインプットとなるスタイルを選択しています。このようなスタイルは**ウォーターフォールモデル**と呼ばれています。しかし、このプロセスはどちらのモデルもサポートしています。

今回の例では、2週間のイテレーションで仕事をしていると仮定します。つまり、与えられた作業を2週間以内に終わらせることをコミットしているわけです。現実の世界では、自分でイテレーションの長さを決める必要があります。イテレーションの長さは比較的短くしたほうが良いでしょう。そうすれば多くの依存するタスクを投げ出すことなく、作業項目を追加したり削除したりできます。またプロジェクトでの活動のリズムに基づいてイテレーションの長さを選択もできます。

たとえば進捗確認ミーティングを3週間ごとに行っている場合、それに合わせて3週間のイテレーションにするのが良いかもしれません。また、あなたの会社ではもう少し動きが速いかもしれません。その場合は1週間のイテレーションが理にかなっているでしょう。

イテレーションを使用する最大のメリットは、現在取り組んで**いない**ほかの作業項目を無視できることです。これは重要なことです。なぜなら作業キューシステムにほかの仕事が散乱していると気が散るだけでなく、未完了の仕事がたくさんあると圧倒されてしまう人にとっては不安感を与えてしまうからです。一度にすべての作業項目を行うのは無理だとわかっているのですから、今できる項目にレーザーのような集中力を向ける方が良いでしょう。

12.3.2 イテレーションの作成

時間の区切りを決めたので、その区切りの中で完了するとコミットする項目を定めます。コミットする作業項目の総数は、チーム内の作業項目の数、作業項目の複雑さ、アドホックにチームに依頼される作業など、さまざまな要因によって決まります。アドホックの作業は時に予測不可能で、現在のイテレーションに含める作業項目を評価し直す必要が生じることがあります。このような作業は**予定外の作業**と呼ばれ、次の節で詳しく説明します。

予定外の作業とは、現在の作業を妨げ、以前に予定を決めた作業を中断せざるを得ない新しい作業のことです。予定外の作業によって、現在の作業をすぐに中断したり短期間で終え、新しいタスクに切り替える必要が生じ、以前していたコミットメントを危うくする可能性があります。予定外の作業の例としては、前のスプリントで発生した緊急度の高いバグをすぐに修正する必要がある場合などです。

あなたがコミットできる作業項目の数に影響を与える項目のリストは、以下のようになります。

- あなたのチームで作業項目に取り組む人数
- 作業項目の複雑さ
- あなたのチームに課される予定外の作業の量

チームで働く人数は、コミットすべき作業項目の最大数に強く影響します。2週間のイテレーションの場合、私は経験則から1人あたり4つの作業項目を超えないようにしています。この数はチームの生産性によって異なります。最初の数ヵ月間は、イテレーションごとにコミットした作業項目の数と、その期間中に完了できた作業項目の数を記録します。これを参考にして、イテレーションごとに現実的にコミットできる作業項目の数を調整し、改善していきます。

作業項目の複雑さも考慮する必要があります。複雑なタスクはイテレーションの中で複数の項目としてカウントします。たとえばデータベースのリストアを自動化するタスクが非常に複雑であるとわかっている場合、その作業を1つではなく4つとしてカウントすることで、イテレーション内に含めることのできるほかの作業を減らすことができます。

どうしても1回のイテレーションに収まらない作業項目がある場合は、タスクを小さなサブタスクに分割して、その小さなサブタスクの計画を立てましょう。たとえば、すべてのサーバに最新版のパッチを当てるというチケットがあったとして、それが手作業の場合、1回のイテレーションではできないかもしれません。そこで「Webサーバにパッチを当てる」「データベースサーバにパッチを当てる」というようにタスクを小さなサブタスクに分割しましょう。そして、それらのタスクを複数のイテレーションに分けて、完了するまで計画に含めましょう。

予定外の作業というのは誰にとっても不幸な現実です。チームが遭遇する予定外の作業を把握する必要があります。なぜなら、そのような作業が発生した場合、それらのタスクが作業キューの一番上に飛び込んでくることが珍しくないからです。本章で紹介したテクニックを応用して、予定外の作業をなくす努力を続けなければなりません。予定外の作業の量には常に注意を払い、その原因を追跡して理解できるようにしておくべきです。

目標はイテレーションでコミットしたすべてのタスクを成果物の期日までに完了させることです。予期せぬ事態でそれができないこともありますが、それはそれで良いのです。常に予定外の作業に直面し、時にはその仕事が優先されることもあるでしょう。一見簡単そうに見える作業でも、1回のイテレーションでは到底やりきれないほどの量に膨れ上がることもあります。それでも、コミットメントの精度を上げる努力を続け、予定外の作業を減らす努力を続けてください。

イテレーションの計画を決めると、作業の山が2つできます。1つ目の山は次のイテレーションで実行するとコミットした作業です。2つ目の山は、受け入れたものの、まだいつやるかは計画していない作業項目の集まりです。ここではアジャイルコミュニティの用語を借りて、これらの作業を**バックログ**と呼ぶことにします。

バックログとは、検討中の作業として人やチームに受け入れられたものの、それを行うかどうか、またはいつ行うかの決定がまだなされていない作業項目の集まりです。

バックログは多くのチームにとって精神的な罠のようなものです。延々と続く作業項目の山を見ていると、前進しているという感覚がなくなってしまいます。そのためチームはできる限り現在のイテレーションに集中することが非常に重要です。バックログは次のイテレーションの計画を立てる際に見直すべきですが、バックログ自体は現在の作業ビューからは隠すべきです。チームは現在のイテレーションでコミットされた作業のみに集中すべきです。

また作業キューには、すべての仕事が物理的またデジタル上に置かれているため、誰でも見ることができるという利点もあります。これにより、あなたやあなたのチームが取り組んでいることの透明性を確保できます。

12.4 予定外の作業

時折、同僚が予告なしに訪ねてきて、何かを手伝ってほしいと頼まれることがあります。良き同僚でありたいと思い、あなたは彼らを手伝うことにしました。30秒ほどのなんてことはない作業に見えたものが、あっという間に考え違いと混乱の連鎖に陥り、最終的には想像以上に時間を消費してしまうことがあります。

その混乱が落ち着くころには、その日のスケジュールがすべて台なしになってしまったことに気付くのです。**予定外の作業**の犠牲になってしまったわけです。予定外の作業は、自分の時間と注意力をむしばみ、新たなタスクの方に意識を向けることを強います。

予定外の作業の問題点は多岐にわたります。まず、現在やっているタスクから意識が離れてしまいます。新しいタスクの大小にかかわらず、タスクの切り替えにはコストがかかります。前のタスクに集中していた状態に戻るのは、時間がかかり簡単ではありません。これは**コンテキストスイッチ**と呼ばれ、エンジニアの仕事の流れを大きく乱すことになります。

コンテキストスイッチ、ひいては予定外の作業によって、前に取り組んでいたタスクのフロー状態に戻るのに時間がかかるようになり、認知的なコストが非常にかかります。一度でも問題に没頭したことのある人なら、元のリズムに戻るのがいかに難しいかを知っているはずです。エンジニアが予定外の作業の前の精神状態に戻るには、15分から30分かかることもあります。

あるエンジニアが問題に取り組んでいて、1日に1回作業を中断されるような環境を想像してみてください。週5日勤務の場合、1週間に少なくとも75分の生産性が失われることになります！ 4人のエンジニアのチームでは、これは1週間に約5時間もの時間に相当します！ 予定外の作業をなくすことはできませんが、それをコントロールすることは非常に重要です。

12.4.1　予定外の作業のコントロール

次のようなステップによって予定外の作業をコントロールできます。

1. 入ってくる仕事を評価する。
2. その仕事がどこから来たか記録する。
3. その仕事が本当に緊急のものかどうかを判断する。緊急であれば実行する。そうでなければ後回しにする。
4. 集中している作業が終わったら、後回しにした仕事をさらに詳しく評価し、いつ作業するかを決める。

予定外の作業をコントロールする前に、まずあなたの環境に存在する予定外の作業の種類とそれがどこから来たのかを理解する必要があります。まずは管理しやすい種類の予定外の作業である同僚からの依頼についてお話しします。

12.4.1.1　同僚からの予定外の作業

あなたの同僚からの依頼は、オフィスで最もよく発生する予定外の作業の1つです。気を付けないと、あなたはやるべきことを抱えたまま同僚の問題も背負い込むことになってしまいます。彼らは無礼なわけではないですが、つながりの強い現代では人々はリソース・情報・ほかの人々にすぐにアクセスすることに慣れています。

どういうわけか、多くの人が常に連絡が取れるようにしておかなければならないと暗黙のうちに思い込んでいます。しかし、このような考え方では1日のうちで生産性の低い時間が増えてしまうだけです。同僚からの予定外の作業に対処する最善の方法は、深い集中力が必要な時には連絡を取りにくくすることです。メールを閉じ、チャットを閉じて、ヘッドフォンをして、ひたすらタスクに没頭してください。

チャットやメールを閉じるというと、ちょっと不安になるかもしれません。重要なコミュニケーションを逃してしまうのではないか、すぐに行動を起こさなければならない緊急のチャットがあるのではないか、と不安になるかもしれません。チャットやメールは手軽だからこそ利用されているのですが、それらだけがすべてのコミュニケーション手段ではありません。

期待値を設定することも、同僚の割り込みを抑制する方法です。一日の中で、緊急ではないが自分の時間を必要としている人のために、空いている時間帯を設定します。月・水・金の午前10時から正午の間であれば臨時のミーティングも可能であるとカレンダーに記入しておけば、あなたに割り込むのに最も適した時間を知ることができます。重要なのは、その時間を守ることです！　その時間外に急ぎでない用件で声をかけられた時はやんわりと断り、空いている時間を伝え、その時間に来てもらうか、カレンダーにミーティングの予定を入れるように提案します。

実際に緊急を要する状況では、人々は電話や実際に机に来るなどのコミュニケーション手段を駆使するでしょう。緊急度と重要度は別物です。

> 私は2種類の問題を抱えています。それは緊急な問題と重要な問題です。緊急のものは重要ではなく、重要なものは決して緊急ではありません。
>
> ドワイト・D・アイゼンハワー
>
> 1954年8月19日、イリノイ州エバンストンで開催された第2回世界教会総会での演説

チャットやメールをオフにすることがあなたの職場で受け入れられない場合は、不在中の自動返信をオンにしたり、チャットのステータスを離席中に設定するとよいでしょう。これらのメッセージの中に、本当に緊急の場合にあなたと連絡を取るための代替手段を記載しておきます。ほとんどの人は、あなたを邪魔する必要がないことを認識し、あなたが再び連絡可能な状態になるまで待ってくれると思います。

小規模なオフィスでは、同僚があなたに連絡する時はチャットやメールではなく、直接デスクに来るかもしれません。デスクでの予定外の作業を解決する一番の方法は、訪問者に正直に話すことです。あなたのデスクに立ち寄る人は、しばしば「やあ、カリード。少し時間あるかい？」のように会話を始めます。その際、正直に「いいえ」と答えるのが一番です。あなたが問題に没頭していることを伝え、30分か60分後であれば話ができると伝えてください。

これは驚くほど効き目があります！　相手はあなたの時間を要求していることを忘れないでください。つまり本当に緊急でない限り、あなたが条件を決めることができるのです。時には中断は正当なもので、コンテキストスイッチのコストを払わなければならないこともあります。しかし、1週間に発生する予定外の作業の半分をなくすことができれば、かなりの時間を取り戻すことができます。

ただし、この対応で重要なのはコミットメントを守ることです！　後でフォローアップをすると言ったのなら、必ずフォローアップをしましょう。そうしないと、次に相手があなたに割り込もうとしたときに、相手は待てないと言うかもしれません。

なぜ人は割り込みをするのか？

割り込みをする人は無礼なわけではなく、たいていは善意の持ち主です。ただツールや同僚が近くにいることを利用して、自分のニーズをできるだけ早く解決しようとしているのです。これは無意識的なものです。

あなたがこれまでに大して重要ではない質問をするのに誰かにインスタントメッセージを送ったことが何回あるか考えてみてください。そのメッセージはもっと待ってから送るのでもよかったのではないでしょうか？　さらに言えば、そのメッセージをメールにしておけば、相手の注意を現在のタスクから逸らしてしまうことがなかったのではないでしょうか？

> 人々は、自分のタスクをできるだけ早く達成することに集中しているため、お互いに予定外の作業を発生させてしまいます。依頼者は、あなたから重要な情報を得ることで、自分のコンテキストスイッチを避けようとしているのかもしれません。

12.4.1.2 システムからの予定外の作業

システム自身が予定外の作業を発生させることがあります。システムからの予定外の作業とは、システム障害のような複雑なものかもしれませんし、ちょっとした調査が必要なイベントのようなありふれたものかもしれません。

いずれにしてもシステムからの予定外の作業は無視できません。システムからの予定外の作業がどこから発生しているのかを把握することが重要です。自動化されたアラームやシステムメッセージに対処するために頻繁にコンテキストスイッチしなければならないとしたら、全体的な生産性にとって常にやっかいです。

システムからの予定外の作業に対処するには、まず原因を分類することから始めます。自動化されたシステムの処理からの予定外の作業は、次のようないくつかの軸で分類すると良いでしょう。

- どのシステムがアラートを生成したのか（たとえばユーザーの操作、監視システム、またはログ集約ツールなど）。
- どのサービスやシステムに問題が発生しているか？
- 問題が検出された日時は？

時間が経つにつれて、収集したいデータはほかにもたくさん出てくるでしょうが、上記は収集すべき最低限のデータポイントです。これらの質問に答えることでアラートを分類し、予定外の作業の背後にある根本的な問題を解決できます。これらのデータにより、予定外の作業にどんなパターンがあるかを把握できます。

- 予定外の作業は、あるシステムの特定の時間帯に発生しているか？
- あるシステムがほかのシステムよりも多くの予定外の作業を発生させているか？
- 予定外の作業が多く発生する時間帯があるか？

6章ではアラート疲れに関する多くのヒントやアドバイスを紹介し、**3章**ではメトリクスを作成するための方法を紹介しました。予定外の作業のパターンを特定したら、最もひどい割り込みにエネルギーを集中させることができます。

これはパレートの法則を適用できる箇所でもあります。この場合、システムによる予定外の作業の80％は、おそらく20％のシステムが原因であるということになります。その20％のシステムを見つけ出すことで生産性の大幅な向上につながります。

12.4.1.3 今やるか、後回しにするか

同僚からのものかシステムからのものかにかかわらず、今の作業を継続できるかどうかは、予定外の作業をすぐに処理する必要があるのか、それとも後回しにできるのかをいかに早く把握できるかで決まります。どれほど後回しにするかは、状況に応じて数時間かもしれませんし、数日かもしれません。しかし重要なのは、新しいタスクを理解するために深入りしすぎて、現在のタスクからのコンテキストスイッチが発生しないようにすることです。

そのタスクに**すぐに**注意を払う必要があるかどうかをすばやく評価しましょう。その必要がない場合は、そのタスクを後回しにして、目の前のタスクに注意を戻します。休憩時間に、そのタスクの影響度や重要度を把握するために、じっくりと検討しましょう。

何気なく同僚が訪れてきた結果、一度の会話では処理しきれないほどの大きな依頼に変わることはよくあることです。大きな仕事は、さまざまなところからチームに入ってきます。次項で後回しにした仕事をどう管理するかを説明します。

12.4.2 予定外の作業への対応

予定外の作業を処理するには継続的な努力と労力が必要です。ほかの人やシステムと一緒に仕事をしていると、この種の仕事を簡単に片付ける方法はありません。前項では、イテレーションの期間中にどれだけの予定外の作業が発生するかを考慮すべきだと述べました。

まず予定外の作業の緊急度を把握することが大切です。最低限の検討によって、見た目ほど緊急度の高い仕事ではないと判断できる場合もあります。緊急でなければ、次のイテレーションで検討するために、その依頼をバックログに入れることができます。

また緊急ではなくても、時間的な制約がある場合もあります。そのような場合は、次のイテレーションでやることを保証すればよいのです。これにより依頼者はそのタスクがすぐに対処されるという安心感を得ることができ、あなたも現在のイテレーションでのコミットメントを守ることができます。

しかし、これがいつもうまくいくとは限りません。時には、緊急度の高い仕事が現れることもあります。運が良ければ、予定外の作業のために作ったバッファが十分にあり、すでに行ったコミットメントに影響を与えることなく、この仕事を吸収できる場合もあります。しかし、その予定外の作業が、かなりの労力を要するものだったらどうでしょう？　その場合は、意識的に取り組む項目を決めるという原則に立ち返る必要があります。つまり既存のコミットメントについて再交渉する必要があります。

もし、あなたの仕事に依存している人がいて、あなたがコミットメントを果たせないことでその人が困る可能性があるなら、コミットメントを構築し直す必要があります。まずは予定外の作業の依頼者から交渉を始めることをお勧めします。もしその人が、あなたのキューにあるほかの作業項目も依頼している場合、それらの項目を入れ替えるのが理にかなっています。イテレーションに含

まれている項目の中で彼らが依頼したものを提示し、どの作業項目を外したいかを尋ねます。これにより、予定外の作業を依頼してきた人は自分の依頼に優先順位をつけざるを得なくなります。

しかし予定外の作業の依頼者は、現在のイテレーションにほかの作業項目を持っていないかもしれません。そうなると、あなたはこの新しい作業項目に関与していない人に交渉することを余儀なくされます。スケジュールに余裕があるとわかっている項目があれば、依頼者に連絡を取り、新しいコミットメントの日を交渉します。スケジュールに柔軟性があれば、これは簡単にできることです。そうでない場合は、状況をマネージャーに相談する必要があるかもしれません。

時には、スケジュール変更を快く引き受けてくれる人がいない場合もあります。そのような場合は依頼者たちを集めて、それぞれの依頼の投資対効果を考えてもらうのがよいでしょう。投資対効果を検討することで、関係者全員が競合するタスクを評価するのに必要な文脈を得ることができます。その際、次のような点を検討する必要があります。

- その依頼はなぜ重要なのか？ それは組織の目標に関連しているか？
- その依頼が遅れることで何が影響を受けるか？
- その依頼のほかの関係者は誰か？（たとえば依頼が遅れることでほかに影響を受けるのは誰か？）

この3つの質問をグループ内で整理しておけば、ビジネスにとっての重要度と影響度に基づいてどれかの項目の延期を交渉できるはずです。これは非常にかっちりとしたプロセスのように聞こえますが、通常であれば10分以内で行うことができます。延期した作業項目は、次のイテレーションで優先されるべきです。

メンテナンス・パッチ適用・セキュリティ・再設計などといった、自分の作業の延期を検討したくなることもあるでしょう。しかし、自分の仕事を低く評価したいという衝動を抑えましょう。技術者として、これらのタスクに対処するための時間を守る必要があります。もしあなたがそういった作業の延期を申し出るなら、次のイテレーションでそれらが優先されるようにしてください。

予定外の作業を管理する鍵は、予定外の作業自体とその原因を特定することです。手動で行う必要のある予定外の作業が、繰り返し依頼されているでしょうか？ それは自動化できるかもしれません。もしかしたらテスト環境に必要以上にメンテナンスのコストをかけているかもしれません。理由が何であれ、予定外の作業を特定して、後で検討できるようにしておく必要があります。

これは、作業キューシステムとしてどういったツールを使うかによって異なります。多くのソフトウェアでは、レポート作成のために作業項目にラベルやタグを適用できます。ここではソフトウェアの選択肢をいくつか紹介します。

- Jira Software（https://www.atlassian.com/software/jira）
- Trello（https://trello.com）
- Microsoft Planner（https://www.microsoft.com/en-us/microsoft-365/business/task-management-software）
- monday.com（https://monday.com/）
- Asana（https://asana.com/）
- BMC Helix ITSM（旧 Remedy）（https://www.bmc.com/it-solutions/remedy-itsm.html）

紙ベースの作業キューシステムを使用している場合は、この情報を追跡する別のログやスプレッドシートを作成する必要があるかもしれません。Microsoft ExcelやGoogle Sheetsは、特定の情報に関するレポートを簡単に作成するための多くの機能を備えた、ぴったりのソリューションです。

どのような方法であれ、予定外の作業がどこから発生しているのかを特定するためのレポートを作成できる必要があります。これが予定外の作業を減らすための第一のヒントになります。

難しい仕事と時間のかかる仕事は混同されがちです。非常に負担が大きくても、発生頻度が低い予定外の作業もあるでしょう。それと比較して、実行するのが簡単な仕事は苦痛を感じず、すぐに処理できます。しかし、3〜4人のチームメンバーが週に何度もそれを行っていた場合、かかる時間は積み上がっていきます。予定外の作業の発生源を特定することで、仕事がどこからきているかを客観的に把握できます。

アジャイルやカンバンとの違いは何か？

アジャイル手法を採用している企業で働いたことがある方なら、ここまで説明したことには馴染みがあるでしょう。このプロセスは、カンバン方式の仕事のやり方を大きく取り入れています。私はこのプロセスを特にアジャイルやカンバンとは呼んでいませんが、それはこの2つの言葉が組織によっては大きな負担になっている可能性があるからです。またアジャイルの実践には、作業内容を把握するためのもの以上の習慣や儀式がつきものです。カンバンに興味があるなら、Dominica DeGrandis著“Making Work Visible”（IT Revolution Press、2017年）を読むことを強くお勧めします。

仕事に対処するためのしっかりとしたアプローチを持つことは、DevOps環境にとって非常に重要です。DevOpsにおいて重要なのは、これまで軽視されてきた自動化・根本的な修正・内部ツールのための時間を作ることです。自分の仕事に優先順位をつけ、その優先順位付けのプロセスを守ることは必須のスキルです。

イテレーションは余計なタスクをできる限り排除し、一部のタスクに集中するための確かな方法です。計画的に仕事を進めるにあたって、予定外の作業を見極めることが容易になります。自分やチームに予定外の作業が舞い込んできたら、その緊急度を客観的に判断する必要があります。それは本当に緊急なのか、それとも単に重要な仕事なのか。重要なタスクはバックログに入れ、次のイテレーションで優先順位をつけます。自分がコミットしている仕事をしっかりと把握することで、新しい仕事を意図的に受け入れたり、時には拒否したりできるのです。

12.5　本章のまとめ

- 目標は組織全体に波及します。
- 適切なタスクを実行するためには、仕事を分類し、優先順位をつける必要があります。
- 緊急度と重要度によって仕事を分類しましょう。
- チームが保留中の仕事や進行中の仕事を把握できるように仕事を整理する必要があります。
- 予定外の作業は混乱を招くため、特定し、追跡し、可能な限り減らす必要があります。

本書のまとめ

やりました。あなたはDevOpsと呼ばれるこの荒っぽいドライブの終わりに到達しました。そうでなくても、少なくとも取扱説明書は手に入れたはずです。しかし今度はあなたの組織でこれを実践しなければなりません。その際のよくある質問は、「どこから始めれば良いのか？」というものです。私のアドバイスは、一番簡単なところから始めるというものです。

DevOps文化は、必ずしもあらかじめ決められた道のりをA地点からB地点へ進むようなものではないことを覚えておいてください。組織によって苦労する部分は異なるでしょう。また本書で取り上げたすべての問題を抱えていない企業もあります。すべての企業はそれぞれ異なる問題を抱えているので、唯一正解の道があると決めつけないように本書では細心の注意を払ってきました。

しかし、どのような企業にも当てはまるのは、DevOpsの力を発揮させるために必要なことは1つだけではないということです。チームがより緊密に連携し、共通の問題を解決し、共通の目標に向かって働くためには、いくつかの領域でいくつかの変更が必要になります。最も簡単なところ、つまり自分自身の努力で最も価値を提供できるところから始めましょう。たとえば知識の伝達を促進するためのランチ&ラーンを開催することが最もやりやすいかもしれません。またインシデントが発生した後のポストモーテムプロセスを確立し、会話を円滑にして、チームが失敗の本質をより深く追求できるようにもできるでしょう。

カンファレンスや技術ブログ記事で紹介されているツールやワークフローにすぐに飛びつきたくなるものです。お願いですから、その衝動を抑えるようにしましょう。ツールも重要ですが、本書で紹介されているソフトスキルの方がより重要だからです。このようなソフトスキルを組織に根付かせることで、テクノロジを選択する際に、それを使用するチームメンバーの要望についてオープンで誠実な対話をしながら、難しい質問をできるようになります。

最後に、組織の外でDevOpsについて語り合えるコミュニティを見つけることをお勧めします。Meetup.comは、新しい仕事のやり方に飛躍しようとするときの苦労・悩み・勝利を共有するために、同じような考えを持つ人を見つけるのに最適な場所です。ほかの人と会い、彼らのアプローチに影響を受けることは救いとなります。ほかの組織にも似たような性格の人をすぐに見つけることができますし、得られた知識の中には広く応用できるものもあります。

お住まいの地域にDevOpsグループがない場合は、ぜひ立ち上げてみてください！　もしあなたがDevOpsに興味を持っているなら、半径30キロ以内に同じように興味を持っている人は必ずいます。まずは互いを知り、会話をするためだけにでも、コンスタントに集まることから始めましょう。状況が好転してきたら、コミュニティのメンバーがプレゼンテーションを行うなど、よりミーティングの体裁を整え始めましょう。またDatadogやPagerDuty、GitHubなど、Meetupグループに講演者を派遣してくれる企業が多いことにも驚かされます。このような機会を積極的に利用しましょう。

私たちの交流は本書の最後のページで終わる必要はありません。私は皆さんと交流し、可能であればみなさんにアドバイスできることを楽しみにしています。ぜひTwitter（https://twitter.com/darkandnerdy）やLinkedIn（https://www.linkedin.com/in/jeffery-smith-devops/）で私に連絡してください。また私のWebサイト（https://attainabledevops.com）からも私の連絡先をご覧いただけます。あなたのDevOpsの旅路に幸あれ！

訳者あとがき

本書の最大の特徴は、権限を持たない一般のエンジニアを対象としているという点です。DevOpsを実践する上で、組織の上層部の理解がある方がやりやすいのは間違いありません。しかし、すべての組織において上層部がDevOpsに対する取り組みに理解があり、積極的というわけではありません。すでに多くのDevOpsに関する書籍が出版されていますが、その多くは組織の上層部の協力を必要とするものです。そのため、上層部がDevOpsに積極的ではない組織において、一般のエンジニアが具体的にどういった行動によってソフトウェア開発を良くしていくのかについてまとめられた書籍はあまりないと思います。

そこに本書の最大の価値があります。本書はアンチパターンという形で、一般のエンジニアが日々遭遇するであろう問題を具体的なシナリオを通して取り上げ、その問題を解決するための具体的な行動を提示しています。おそらく多くの読者が、各章のアンチパターンのシナリオを読んだ時に、過去に似たような状況に遭遇したことがあると感じるでしょう。そうすることで、その後に提示される具体的な解決に向けた行動がすんなりと頭に入ってきます。

私の場合、2章が特に身につまされる思いをしながら読んだ章でした。煩雑で時間のかかる承認プロセスのある組織で働くのはエンジニアにとって苦痛そのものです。そのうえ、どんなに良い技術を使っていたとしても、承認プロセスが煩雑な組織では迅速なソフトウェア開発は実現できません。しかし、一方で一般のエンジニアには承認プロセスを改善するのは敷居が高いと考えている場合が多いと思います。そう言った意味で、承認プロセスについての改善を一般のエンジニアが取り組んでいくための指針を示した2章は本書の中でも私のお気に入りです。

おそらく読者の皆さんも、それぞれ深く共感できるアンチパターンがあったかと思います。著者も言っているように本書は各章をどのような順番で読んでもかまいません。ぜひ、皆さんが深く共感し、取り組めそうだと感じた章から実際に行動を起こしてみてください。本書が、皆さんのDevOpsの旅路の指針となってくれたら、訳者としてこれ以上の喜びはありません。

このようなすばらしい書籍を執筆くださったJeffery D. Smithさんには感謝します。本書によって多くの組織が改善のきっかけをつかめると信じています。

最後になりましたが、オライリー・ジャパンの高恵子さんには、本書の翻訳の機会をいただけたこと、たいへん感謝します。

2022年4月
田中 裕一

索引

数字

A

B

C

D

E

F

I

K

M

O

P

S

T

V

W

あ

い

う

え

お

か

き

す

せ

と

な

の

は

ひ

ふ

ゆ

よ

ら

り

れ

ろ

わ

● 著者紹介

Jeffery D. Smith（ジェフリー・D・スミス）

テクノロジ業界で20年以上のキャリアを持ち、マネジメントと一般社員と定期的に行き来している。現在イリノイ州シカゴに本社を置く広告ソフトウェア会社、Centroのプロダクションオペレーションディレクターを務めている。大小さまざまな組織におけるDevOpsの変革に情熱を注ぎ、特に企業における問題の心理的側面に関心を持つ。妻のStephanieと2人の子供、EllaとXanderと一緒にシカゴに住んでいる。

● 訳者紹介

田中 裕一（たなか ゆういち）

1982年、東京生まれ。東京工業大学情報理工学研究科計算工学専攻修士課程修了。2007年にサイボウズ株式会社に入社し、企業向けグループウェアの開発に従事。その後2018年にギットハブ・ジャパン合同会社に入社し、現在に至る。

システム運用アンチパターン
エンジニアがDevOpsで解決する組織・自動化・コミュニケーション

2022年4月8日　初版第1刷発行
2022年5月9日　初版第2刷発行

著　　者　Jeffery D. Smith（ジェフリー・D・スミス）
訳　　者　田中 裕一（たなか ゆういち）
発 行 人　ティム・オライリー
D T P　株式会社トップスタジオ
印刷・製本　株式会社平河工業社
発 行 所　株式会社オライリー・ジャパン
〒160-0002　東京都新宿区四谷坂町12番22号
Tel（03）3356-5227
Fax（03）3356-5263
電子メール　japan@oreilly.co.jp
発 売 元　株式会社オーム社
〒101-8460　東京都千代田区神田錦町3-1
Tel（03）3233-0641（代表）
Fax（03）3233-3440

Printed in Japan（ISBN978-4-87311-984-7）
乱丁、落丁の際はお取り替えいたします。